江苏高校优势学科建设工程资助项目

数字城市规划教程

编著 徐建刚 祁 毅

胡 宏 张 翔

U0396191

东南大学出版社
SOUTHEAST UNIVERSITY PRESS
·南京·

内 容 提 要

当前,我国城乡规划正在从价值理念、编制方法到实施方式等多方面发生重大转变。本书试图构建一种属于未来智慧国土空间规划框架下的数字规划教程。

全书共分为五个部分:第一部分为数字城市规划空间测控理论与技术,提出了一套具有 5 层结构的数字城市规划技术体系。基于城市空间坐标理论体系,介绍了基于遥感影像的城市用地、建筑现状调查与制图以及空间信息配准与集成建库技术方法。第二部分为区域城乡规划空间分析方法,重点介绍如何整合新兴数据和传统空间数据,运用数理统计方法,实现对区域自然生态空间的支撑保障分析、城市物质生产空间的功能优化分析以及城市社会生活空间的公平配置分析。第三部分为数字国土空间规划方案编制,系统介绍了数字国土空间规划体系下的总体规划、详细规划以及规划成果图辅助设计等方案编制的数字化技术方法。第四部分为数字城市规划技术拓展与智慧规划创新,分别通过案例介绍了数字集成模拟技术如何全方位地渗透到专项城市规划编制全过程,以及社会空间大数据采集、空间组织分析和规划运用案例新技术。第五部分为配套实验指导,详细介绍了配套设计的 10 个上机实验的主要实验步骤、操作流程及其要点和释疑。

本书可作为高等学校建筑类城乡规划专业及地理类相近专业的教学用书,也可为全国自然资源与住房和城乡建设部门的规划设计和管理决策提供参考。

图书在版编目(CIP)数据

数字城市规划教程/徐建刚等编著. —南京:东南大学出版社,2019.11
ISBN 978 - 7 - 5641 - 8653 - 1

Ⅰ. ①数… Ⅱ. ①徐… Ⅲ. ① 数字技术—应用—城市规划—教材 Ⅳ. ①TU984-39

中国版本图书馆 CIP 数据核字(2019)第 263566 号

数字城市规划教程 Shuzi Chengshi Guihua Jiaocheng

编　　著:徐建刚　祁　毅　胡　宏　张　翔
出版发行:东南大学出版社
社　　址:南京市四牌楼 2 号　　邮　　编:210096
网　　址:http://www.seupress.com
出 版 人:江建中

印　　刷:南京新世纪联盟印务有限公司
开　　本:787 mm×1092 mm　1/16
印　　张:26
字　　数:699 千
版　　次:2019 年 11 月第 1 版
印　　次:2019 年 11 月第 1 次印刷
书　　号:ISBN 978 - 7 - 5641 - 8653 - 1
定　　价:98.00 元

经　　销:全国各地新华书店
发行热线:025-83790519　83791830

序　言

　　白驹过隙、时光荏苒,转眼间我在南京大学城乡规划学科教研岗位上走过了近 20 年的历程。回首 1999 年下半年,受老同学之邀,友情为南京大学 1996 级人文地理与城乡规划专业本科生开设了一门称之为"城市规划 CAD"的课程,尽管我极尽所能,讲授的内容实在是名不副实,当时规划常用的 AutoCAD 软件我是一窍不通,我只会讲遥感与 GIS 技术在城市研究与规划管理中的应用。由于在讲课之前,我带着华东师范大学的硕士弟子参与了南京大学主持的深圳采石取土矿山修复规划项目,已对规划编制有了一定兴趣,并在尝试做如何用桌面 GIS 软件进行规划设计与制图自动化方面的研究。于是,我将自己在华东师范大学近十年教研岗位上开拓的空间分析方法与应用开发技术创新相结合的教学模式引入该课程,结果还颇受同学们的欢迎。每次实验课都会有学生废寝忘食地在努力完成实验任务,尤其是一些悟性高的同学已经能将我额外布置的高难度开发实验完成了。一学期下来我深刻地感受到规划学科迫切需要空间信息技术的支持。特别是有几位优秀的学生表达了想跟我读研的强烈愿望,进一步促使我下决心返回母校从遥感与 GIS 学科转身投入人文地理和城市规划这一新的领域。

　　近 20 年来,在南京大学城市规划专业一届又一届高年级本科生和研究生的协助下,城市规划 CAD 课程经历了漫长的教学相长、教研相长的磨合过程。可以说,该课程紧密结合规划学科从工程技术向空间公共政策的范式转型导向,教学理念也从初期的 CAD 规划制图转变为基于城市信息化空间的规划模型分析和智慧化设计,课程名称也经历了《数字城市规划与技术》和《数字城市规划与设计》两次调整,从而实现了该课程从规划辅助制图技术应用到数字规划理论、方法、技术与应用的一体化转型。特别是近 10 年来,教学团队结合国家新型城镇化、智慧城市、韧性城市、多规合一、空间规划、人工智能等学科新兴方向,从教学理念、课程体系、教学内容、教学方法、教学研究等多方面进行了创新性探索。时至今日,总算初步形成了城乡规划专业具有南京大学理学思维的、融规划理论方法和技术实践应用于一体的、准出必修的特色课程。在上述教学实践中,本课程团队结合规划科学研究与实践应用创新,在本教程中体现了如下四方面的教学探索性成果:

　　(1) 将课程团队在国内外城市规划及相关学科顶级学术期刊,如 *Environment and Planning B*：*Planning and Design*,*Journal of Urban Planning and Development*,*Urban Studies*,*Transportation Research Part D*：*Transport and Environment*,*Urban Geography*,*Land Use Policy*,《城市规划》《规划师》《地理学报》《生态学报》《遥感信息》《经济地理》《人文地理》,以及《城市规划信息技术开发与应用》《智慧城市规划方法》专著等理论与方法、技术和实证研究成果融入课程教学中,建构了本教程完整的体系,包括空间基础理论、模型化分析方法、信息化规划技术和智慧型设计案例等四大板块。

　　(2) 结合课程团队在全国范围承接的近百项多层次多类型的规划实践项目和 20 余项

国家级科技攻关与自然科学基金项目研究成果,不断对国家新出台的规划法规与编制管理办法进行深入研读和规划实践创新,第一时间引入课堂教学,尤其是 2015 年以来,团队创立了一套具有中国特色的、基于复杂科学前沿理论的智慧城市规划理论与方法体系,经过 4 年多的努力其核心内容已基本融入本课程教学中,并实现了对实验课程体系及其指导的全面升级。

(3)强调通过课堂讲授与对应的上机实验结合,再辅以贯穿课程全过程的每一位同学均熟悉的自己家乡规划案例研究训练,使学生能够系统地理解和掌握"城市空间科学认知基础＋GIS 技术＋数字城市规划设计核心任务训练＋家乡规划应用"的完整空间信息化支持下的现代城市规划与设计技术体系,培养具有"南大学派"特色的理性规划思维、科学分析思路及创新探索能力的高级人才。

(4)强调理论联系实际,以当代社会核心价值观与现代规划理论为指导思想,使学生能够掌握多层次城乡规划中的空间热点问题的分析模型与规划解决方法的技术途径。结合规划空间研究成果介绍,将本团队创建的城市复杂适应系统模型引入本课程教学,开拓了学生的创新思路。以规划综合研究与支撑数字技术运用相结合的教学理念,践行"知行合一"的人才培养模式。具体采用大量的规划案例讲授,突出 RS、GIS 技术分析与应用训练,传授"调查—分析—规划"系统方法,使学生能够在未来规划实践中发挥数字规划方法与技术的作用。

本教程是一项集体成果,南京大学城市规划专业多届研究生参与教程编写工作。从 2012 年起课程体系趋于稳定,2014 年开始整理教案,2017 年完成第一稿,现提交的完整稿分工如下:

章　节	负责老师	参与研究生
第 1 章　概论 第 2 章　城市空间数据库设计 第 3 章　城市建设现状遥感调查与 GIS 建库	第一部分(徐建刚,祁毅)	杜金莹,范峻恺 周逸欢,徐晗,王潇
第 4 章　区域自然生态空间的支撑保障分析 第 5 章　城市物质生产空间的功能优化分析 第 6 章　城市社会生活空间的公平配置分析	第二部分(胡宏,徐建刚)	赵迪先,殷一鸣,郑预诺
第 7 章　数字国土空间规划 第 8 章　数字总体规划与设计 第 9 章　数字国土空间详细规划 第 10 章　规划成果图辅助设计	第三部分(张翔,徐建刚)	王潇,龙湘雪,周逸欢 向进,唐寄翁,杜金莹 付博
第 11 章　数字规划技术集成开发应用案例 第 12 章　大数据技术应用与智慧规划创新	第四部分(徐建刚,张翔)	郑臣坤,索南曲珍卓玛 胡琪
配套实验指导	第五部分(祁毅)	—

本教程历经坎坷,编写不易。衷心感谢江苏省优势学科建设的各级领导们的鼓励与鞭策。

徐建刚

2019 年 4 月

目　　录

第一部分　数字城市规划空间测控理论与技术

第二部分　区域城乡规划空间分析方法

第三部分　数字国土空间规划方案编制

第四部分　数字城市规划技术拓展与智慧规划创新

第五部分　配套实验指导

第一部分

数字城市规划空间测控理论与技术

　　数字城市规划的概念是随着人类信息技术的快速发展和城市建设对规划管理要求的提升而出现的。20世纪六七十年代,早期的城市规划设计与实施依托于测绘技术对城市建设基地的工程测量而保障空间位置的精确性。在这一阶段中,大比例尺地形图的测绘成为城市规划建设最为紧迫的任务。从1980年代起,我国逐步建立起从支撑城市的区域宏观层面、城市整体空间的中观层面到城市局部街区的微观层面等多个空间尺度的城市规划体系。区域城镇体系规划、城市总体规划、片区控制性详细规划,以及相应的交通、基础设施、园林绿地、生态景观、环境保护和防灾安全等一系列专项规划,对多种大中比例尺地形图的测绘需求,随着我国城镇化的高速推进呈井喷式的增长,借助数字化、自动化的遥感遥测技术,多种尺度、多种形式的数字地形图和影像地图产品的快速生产,在满足城市规划建设应用需求的同时,又催生了城市规划编制与管理信息化。时至今日,数字城市规划信息技术应用的飞速进步正在融入区域城乡规划、建设和管理的全过程,业已成为城乡规划本科专业规划技术方面的核心内容。

　　基于上述认知,本教程第一部分第1章系统地归纳总结了城市规划领域的数字技术应用发展历程,并结合作者近20年来在城市规划编制与管理领域的理论与实践探索,提出了一套具有5层结构的数字城市规划技术体系,作为本教程章节组织的逻辑框架,引领本书其他部分及其章节内容之间的有机关联。进而分别以空间信息科学的两个理论基础学科(地图学与遥感科学)的基本概念出发,以两章的篇幅阐述了城市空间测控管理数字技术空间坐标系统构建的地学基本原理、基于遥感影像特征识别的城市用地与建筑现状调查与制图的地学机理以及空间信息集成的地理配准方法与技术,从而科学地建构了本教程第一部分数字城市规划空间测控理论与技术的基本内核。

① 概　论

　　中国的城市规划学科是随着改革开放 40 年来的经济发展和社会进步而逐渐成长起来的,尤其是国家"五位一体"战略中信息化对城镇化的推动作用,使得城市规划领域的信息化发展走在了国内前列,也成为城市规划实现尊重自然、尊重科学的空间化转型的有力推手。本章开宗明义,首先梳理了信息技术飞速进步下从数字地球到数字城市,再到数字城市规划的一系列新理念的由来;进而探讨了现代城市规划转型中对信息化的需求与依赖;进一步又从城乡规划领域的数据具有的多空间尺度、多源异构的特点出发,系统地概括了城市规划信息的空间化特征,从而提出了一套具有 5 层结构的数字城市规划技术体系。在上述基础上,结合当前城市规划编制与管理实践中的信息化开发应用水平,构建了涵盖城市规划工作全过程的,从数据采集与处理、空间数据库组织设计、空间建模分析、多尺度数字规划编制与方案设计、智慧规划管理决策支持的方法体系与技术实践框架。

1.1　数字城市规划的由来

1.1.1　信息时代的到来

　　1990 年代以来,信息技术(IT, Information Technology)的飞速发展及其在全球的广泛应用,使人类认识到我们已经进入了一个新的时代——信息时代。1 万年前,人类还主要使用石头和木棍进行简单的采集和渔猎,历史学家将人类不会生产复杂劳动工具的 200 多万年漫长时期称之为石器时代;18 世纪中期以前的几千年里,人类主要使用铁器作为种植业生产工具,故称之为农业时代;18 世纪中期以来的 200 多年时间里,人类从发明蒸汽机开始,实现了飞跃式的技术进步:电力代替了体力,机器代替了人工工具,从而使人类的生产力发生了质的变化,称之为工业时代;然而,从 20 世纪以来人类对科学与技术的发展倾注了极大的热情,科学与技术的进步使人类逐渐迈进了主要依靠信息(包括知识与技术)进行生产的新时期,因而被称为信息时代、信息社会。

　　"信息时代"一词的产生与美国三位未来学家的三本畅销书有关。美国未来学家托夫勒在《第三次浪潮》一书中指出:人类社会已经走过了农业社会和工业社会两个时代,经历了两次巨大浪潮的冲击。在第一次浪潮中,农业的发展由采集野果发展到种植作物,其中的畜牧业由游猎发展到饲养放牧牲畜。在第二次浪潮中,许多国家实现了工业化,用机器代替了手工劳动。第三次浪潮就是指新的产业革命——信息革命。

另一位美国社会学家贝尔在《后工业化社会的到来》一书中认为：第一次工业革命是指18世纪70年代，由于在动力上采用了蒸汽技术，社会生产力实现了全面革新，这次工业革命又被称为"蒸汽时代"的开端；第二次工业革命是指19世纪40年代，由于在动力上采用了电力和内燃机，社会生产力又一次有了重大发展，这次工业革命又被称为"电气时代"的开端；第三次工业革命是指20世纪初期，由于原子能的使用、空间技术的发展，社会生产力再一次突飞猛进，这次工业革命又被称为"原子时代"的开端；第四次工业革命，也就是当今的信息革命，主要是指微电子技术、生物工程的发展，引起了社会生产力新的变革，这次革命便是"信息时代"的开端。

美国麻省理工学院教授尼葛洛庞帝在其名著《数字化生存》中根据电子出版物和国际互联网（Internet）等新事物迅速普及现象大胆预言："计算机不再只和计算机有关，它决定我们的生存。比特，作为信息的'DNA'，正迅速取代原子而成为人类社会的基本要素。"尼葛洛庞帝教授还对计算机-网络数字化传播信息方式给出了一条著名的定理："比特与原子遵循着完全不同的法则。比特没有重量，易于复制，可以以极快的速度传播。在它传播时，时空障碍完全消失。原子只能由有限的人使用，使用的人越多，其价值越低；比特可以由无限的人使用，使用的人越多，其价值越高。"

今天，《数字化生存》一书中将以计算机为基础的信息处理表述为"数字化"的概念已得到全世界的认可，从而出现了地球科学、资源环境领域与信息科学、信息技术交融所产生的新领域——"数字地球"。紧随其后，"数字城市""数字城市规划""智慧城市规划"也应运而生。

1.1.2　数字地球：推动地球信息科学与技术的诞生

1990年代以来，地理信息系统（GIS，Geographic Information System）技术的迅猛发展与应用领域的拓展，使很多科学家意识到一门新的科学——地球信息科学正在逐渐形成。其中，有一些科学家对人类社会的信息流总量进行统计分析后得到以下结论："具有地理参考特征的各种属性信息约占总信息流量的80%"。对地理信息如此相关的一些研究极大地推动了地理信息技术的发展，使以"3S"（GIS、RS、GPS）为主的地理信息技术迅速产业化，并在IT产业中的份额呈不断扩大的趋势。

"数字地球"的概念发轫于美国的国家信息化战略。1991年9月，《科学美国人》的一份专辑首次报告了美国高级智囊团对信息社会及国家信息基础设施蓝图的勾画。1993年9月，美国副总统戈尔提出了建设国家信息基础设施的构想。1994年9月，美国提出了建设全球信息基础设施的倡议。1995年2月，西方七国成立了"全球信息基础设施委员会"，并提出了建设全球信息基础设施的五项原则。

国家信息基础设施（NII，National Information Infrastructure），形象地被称为信息高速公路，是指高速、大容量的通信网络设备以及相关的技术系统，它由计算机、光纤、通信卫星以及附属设备等硬件及软件以及各种接口和协议等组成，是全球信息共享的硬件支持。而要实现全球无障碍地可视化信息交流，还需要有对信息进行空间可识别的载体。因此，美国于1994年4月13日颁布了12906号总统行政令，提出了国家空间数据基础设施（NSDI）的实施计划。NSDI也被称为信息高速公路上的货车，是协调基础地理空间数据集的收集、管理、分发和共享的基础设施。

1998 年 1 月 31 日,美国副总统戈尔发表了题为《数字地球:21 世纪理解我们行星的方式》的报告,正式提出了"数字地球"的概念。目前,国内外学者普遍认同的"数字地球"为:一个以地理坐标(经纬网)为依据的,具有多分辨率的、海量数据的和多维显示的虚拟系统。这是一个数字化的三维虚拟地球技术系统,其具有数字化、网络化、智能化与可视化等特征。

1.1.3　数字城市:中国城市信息化建设热潮的兴起

1998 年 9 月,戈尔还适时地提出了"数字化舒适社区建设"的理念,这被后来专家们认为是最早的数字化城市的倡议。戈尔的倡议包括了"数字城市"下列三个方面的城市信息化基础建设:

(1) 城市设施的数字化

城市设施的数字化包括了城市建设和管理多个方面的信息化建设。主要可分为城市基础设施(建筑设施、管线设施、环境设施等),交通设施(地面交通、地下交通、空中交通),金融业(银行、保险、交易所等),文教卫生(教育科研、医疗卫生、博物馆、科技馆、运动场、体育馆、名胜古迹等),安全保障(消防、公安、环保、环卫等),政府管理等各级政府的城市职能部门(重点为海关税务、土地管理、房产管理、城市规划与管理等)。

(2) 城市的网络化

城市的网络化是以宽带城域网(MAN)建设为基础,实现电话网、有线电视网和 Internet 网的三网连接。具体通过建立涵盖整个城市的数据仓库与信息交换中心,将分散在各部门的分布式数据库及其管理信息系统连接起来,建立互操作平台,从而实现城市公共信息资源的高度共享。

(3) 城市的智能化

城市智能化的内涵是构建城市电子商务与电子服务平台,实现快捷、高效和低成本的城市贸易与服务功能。目前已能实现的城市智能化功能有:电子商务(网上贸易、虚拟商场、网上市场管理等),电子金融(网上银行、网上股市、网上期货、网上保险等),网上教育(虚拟教室、虚拟实验、虚拟图书馆等),网上医院(网上健康咨询、网上会诊等),网上政务(网上会议等)。

综上所述,数字城市概念可定义为:利用空间信息构筑虚拟平台,将包括城市自然资源、社会资源、基础设施、人文、经济等有关的城市信息,以数字形式获取并加载上去,从而为政府和社会各方面提供广泛的服务。数字城市能实现对城市信息的综合分析和有效利用,通过先进的信息化手段支撑城市的规划、建设、运营、管理及应急,能有效提升政府管理和服务水平,提高城市管理效率、节约资源,促进城市可持续发展。

自国际上提出"数字地球"概念后,中国学者特别是地学界的专家认识到"数字地球"战略将是推动我国信息化建设和社会经济、资源环境可持续发展的重要武器,1999 年 11 月在北京召开了首届国际"数字地球"大会。从这之后,"数字中国""数字省""数字城市""数字化行业""数字化社区"等名词充斥新闻媒体,成了当时最热门的话题之一,甚至许多省、市把它作为"十五"经济技术发展的一个重要战略来抓。国家测绘局在 2000 年就明确提出,测绘局系统今后一个时期的主要任务是构建"数字中国"的基础框架;海南、湖南、山西、福建等省分别正式立项启动"数字海南""数字湖南""数字山西""数字福建"工程,其他省区的立项也在紧锣密鼓地筹划之中,而数字城市的立项更是如火如荼。中国自此形成了持续至今的城市信息化建设浪潮。

1.1.4　数字城市规划：城市规划领域的空间信息化工程

在上述"数字城市"建设中，"数字城市规划"被作为城市建设与管理信息化的重要组成部分。其实，随着信息技术的进步与普及，城市规划领域从 1970 年代起，就从地理信息系统（GIS）和计算机辅助设计（CAD）两个方面的技术运用开始了"数字城市规划"的探索。在国际上，产生于 1970 年代初期的 GIS 很快在城市建设与管理领域得到了广泛应用，1970 年代末出现了城市地理信息系统（UGIS，UrbanGIS）。UGIS 作为对城市各种空间信息及其属性数据进行采集、处理、存储、管理、查询、分析、制图和维护更新的空间信息系统，为城市规划、建设、管理以及决策支持的定量化、科学化提供了先进的技术和方法，成为城市规划信息系统的核心技术。CAD 作为数字工程图形设计技术于 1980 年代开始应用于城市规划方案的辅助设计。时至今日，其仍为详细规划和管网等专项规划不可或缺的设计工具。然而，在规划管理中，需要对各类规划空间要素进行定量分析、评价。由于 CAD 软件中数据结构主要表达图形特征，难以转换为 GIS 结构，因此，在未来很长时间还将是数字城市规划的技术瓶颈。此外，当代的城市规划正面临着前所未有的城市问题，迫切需要发展城市产业、交通、居住、公共服务、生态环境等功能协同发展的空间定量分析与评价手段。因此，数字城市规划作为城市规划领域的空间信息化工程，其方法与技术亟待创新。

1.1.5　智慧城市规划：城市规划信息化发展的新方向

2008 年 11 月，在纽约召开的外国关系理事会上，IBM 公司发布《智慧地球：下一代领导人议程》的主题报告，该报告首次提出"智慧地球"的概念。按照该报告提法："智慧地球"指在医院、电网、铁路等各种介质中，形成物联网和互联网连接，实现人类社会和物理系统的整合，使城市管理生产和生活更加精细化和动态化，达到智慧化的状态。在"智慧地球"之后IBM 公司提出"智慧城市"的概念，并得到政府、学者和公民的共同关注。IBM 指出智慧城市运用先进的信息通信技术（ICT，Information Communications Technology），将人、商业、运输、通信、水和能源等城市运行的各个核心系统进行整合，使之成为"系统之系统"，以更为智慧的方式运行，促进城市可持续发展。

基于对"智慧"一词含义理解的不同，众多社会团体和学者从信息技术、城市管理和城市规划等不同视角对"智慧城市"的概念进行了分类诠释。信息技术视角下的"智慧城市"的定义多侧重于"智能城市"，是基于智能化硬件基础上的城市建设与管理的新型城市。IBM 认为："智慧城市就是在城市发展过程中，在其管辖的环境、公用事业、城市服务、公民和本地产业发展中，充分利用信息通信技术，智慧地感知、分析、集成和应对地方政府在行使经济调节、市场监管、社会管理和公共服务政府职能过程中的相关活动与需求，创造一个更好的生活、工作、休息和娱乐环境。"两院院士、摄影测量与遥感学家李德仁教授认为："智慧城市是在城市全面数字化基础之上建立的可视化和可量测的智能化城市管理和运营，数字城市＋物联网＝智慧城市"。城市管理视角下的"智慧城市"是信息技术视角下认识的提升，已经初步开始关注城市的经济发展、社会关系和自然资源管理的效率等。美国学者 Andrea Caragliu 等认为："智慧城市是通过参与式治理，对人力资本、社会资本、传统和现代的通信基础设施进行投资，促进经济的可持续增长、提高居民生活质量以及对自然资源明智的管理。"城市规划视角下的"智慧城市"概念更加侧重于智慧的城市规划管理、"以人为本"的城市理念和可持续的发展模式。2007年10月,欧盟委员会发表的《欧洲智慧城市报告》中认为:智慧城市是以信息、知识为核心资源,以新一代信息技术为支撑手段,以泛在高速光纤为基础,通过广泛的信息获取和对环境的透彻感知以及科学有效的信息处理,创新城市管理模式、提高城市运行效率、改善城市公共服务水平,以达到智慧经济、智慧流动、智慧环境、智能人口、智能家居、智慧管理等目标,实现人口、产业、空间、土地、环境、社会生活和公共服务等领域智能化的全新城市形态和发展模式。

　　智慧城市的提出为城市规划提供了新的发展方向,被视为新型的城市发展理念与范式,迅速成为全球城市发展与规划领域关注的焦点,但同时也对传统城市规划提出补正与革新的要求。将现代城市看作一个"复杂巨系统"已是国内外城市规划领域的共识,随着大数据挖掘等智慧城市技术的发展与应用,将使得城市系统模型的构建变得更为容易。但是,从新的第三代系统观角度来看,城市的社会、经济和环境等诸多要素在全球化、城市化和信息化共同推动下在城市及其区域有限的空间上相互交织、相互影响和相互作用,关系却变得十分复杂,呈现出一种具有非线性、多样性和自组织等复杂特征的"复杂适应系统"。目前的城市规划理论与方法还不能有效地解决现代城市的社会公平、交通拥堵和环境恶化等复杂性问题,需要引进复杂性科学理论来发展城市系统理论及其规划方法体系,促使城市规划研究范式发生革命性的变革,结合大数据技术向智慧城市规划方向迈进。

1.2　现代城市规划转型发展及其信息化需求

1.2.1　城市规划价值理念的变化

　　我国的城市化发展是在全球化背景下进行的,到了20世纪末,我国已成为世界性"加工厂",参与了全世界的市场竞争。市场经济的高度不确定性,导致了城市发展机遇与条件错综复杂变化。1980年初,农村经济体制改革,乡镇企业崛起,引发了我国小城镇大发展。1990年起,在"做大、做强"城市的国家城市化发展战略引导下,我国开始了快速城市化的发展历程。时至21世纪初,我国的城市化已被国际上公认为是20世纪世界经济增长与社会发展的两大驱动因素之一。然而,伴随这一过程,我国城市化的无序蔓延现象逐渐凸显,引发严重的土地资源浪费、生态环境恶化和文化遗产湮没等问题。经过20余年的城市规划实践与理论探索,我国规划界学者普遍认为:长期以来,我国城市规划的指导思想一直以"物质"规划为主,规划手段"重设计、轻分析",因而无法解决快速城市化带来的经济、社会、资源、环境和文化保护等与物质建设在城市空间上的严重冲突问题。2003年,党的十一届三中全会及时地提出了"科学发展观",为我国规划界指明了新的方向。同时,在我国规划界引发了规划思路的重大转变,城市规划价值观由单一满足生产生活基本需求转向了经济、社会、环境和文化等多元价值体系,"以人为本"开始真正地成为城市发展与规划的核心价值观。2006年以来随着新的规划编制办法和《中华人民共和国城乡规划法》的出台,五个统筹中的四个统筹"统筹城乡发展,统筹区域发展,统筹社会经济发展,统筹人与自然和谐发展",成为新时期城乡规划的行动指南。有关城乡一体化发展规划、生态城市规划、历史街区保护与复兴规划、城市公共安全与防灾规划、低碳城市规划等体现新价值观的规划模式正在兴起。这些新型规划成为我国在新形势下探索城市与区域可持续发展的有效途径。

2018 年国家机关进行大部制改革，将住房和城乡建设部的城市规划与管理职能并入新组建的自然资源部，并提出了建立区域城乡一体化的国土空间规划体系，这一举措将推进我国规划领域的学科范畴发生重大转变。城乡统筹、城市双修、生态城市、特色小镇、美丽乡村、多规合一、乡村振兴等体现中国新时期特色社会主义核心价值观的规划建设实践呼唤着一个全新的、区域城乡一体化的国土空间规划体系的诞生。

1.2.2　城市规划编制方法的转变

改革开放以来，我国在持续多年经济高速增长的背景下，城市化进程突飞猛进，许多城市面貌发生了翻天覆地的变化。时代已对城市规划提出了更新、更高的要求。纵观近 40 年来，我国城市规划领域为适应这种变化与要求，在城市规划编制方法上已发生了重大的转变。

（1）由静态规划向动态规划发展

我国的城市规划事业是伴随着城市化的推进而逐渐发展起来的。改革之初的 1980 年代，城市规划主要进行的是以土地利用控制为核心的物质形态设计，关注的是既定蓝图的实现，而忽视了城市规划对城市开发过程的控制与引导作用。规划缺乏对实施的可行性论证和评估，造成规划目标过于僵化、实施中可操作性不足，加上缺乏必要的理论指导，造成了许多规划就事论事，在事实上成为一种短期行为或局部行为。

1990 年代以后，我国的城市化开始出现了加速推进的状态，尤其是沿海发达地区呈现出区域城市化的趋势，使得传统规划的静态终极蓝图编制方法不能适应市场经济发展模式对城市建设用地的动态化需求。我国规划界开始引入国际上已发展较为成熟的战略规划模式，规划编制方法开始倡导从"方案"（Plan）到"过程"（Process）的转变，强调规划是一种动态发展与整体协调发展的过程。将规划理解成是"动态的过程"，一方面是因为规划面对的城市和城市问题在不断变化，另一方面也由于参与决策的各方面对城市问题的态度在不断改变。同时，现代规划还强调规划中软性指标的运用，使规划在实施时更具弹性。近年来，多规合一的模式兴起，正是规划对区域城乡全域时空整体协调发展重要性的体现。

（2）从物质规划转向物质、社会、经济与环境规划并重

2006 年原建设部出台的《城市规划编制办法》体现了我国规划编制方法真正从注重物质规划转向物质、社会、经济与环境规划并重。物质文明和精神文明是社会文明的两个组成部分，任何一者的薄弱或缺乏都会阻碍社会进步。城市规划是社会发展规划的一种形式，理应对这两方面都给予重视，但传统的规划却只注重物质部分，而忽视了人作为一个社会个体的物质与精神需求。规划的"以人为本"不仅要考虑人的衣食住行等基本物质需求，还要考虑人的文化、艺术、游憩、政治等精神方面的需求，而且随着收入水平的提高，人们在精神方面的追求大大加强。这就要求在规划中必须全面考虑人的各种需求，要将政府中社会经济各个部门的发展融入城市规划之中。

（3）由专家审查到公众参与规划

我国规划审查制度长期采取专家评审方式。由于专家未必对规划区域很熟悉，很难发现规划中的隐患。城市规划涉及公众利益，故而不应只是少数"智者"做出决定该怎么办，而应由社会主要利益群体的格局所决定。当群体利益发生冲突时，专家们往往会考虑采取折

中方案,此时,若有更广泛的社会各阶层的参与,问题的解决就会更合理、更公平。因此,规划必须结合专家意见、公众参与才能有效地落实。目前,问卷调查、专家评审、方案公示等规划方法技术已成为规划编制、实施和管理的基本途径。

1.2.3　城市规划实施方式的转变

1989 年我国通过了《中华人民共和国城市规划法》,城市建设的法制化进程开始向前迈进了一步。然而,"有规划却难以实施"是多年来困扰我国规划工作的一个主要问题。究其原因,其中之一就是缺乏必要的规划实施保障。过去,我国基本上是将城市规划作为一项行政制度,而对应的规划法规与监督机制还远远不够完善。因此,在规划实施时,开发建设项目尽管必须获得"一书两证"作为建设许可基本条件,但由于规划管理者权力很大,开发商往往通过腐蚀拉拢规划官员,采取暗中修改用地和建筑规划指标等手段,获取高额利润,而损害公共利益。

2007 年 10 月,我国颁布了新的《中华人民共和国城乡规划法》,该法根据 1990 年代以来我国城市化快速推进中出现的土地资源浪费、生态环境恶化和文化遗产湮没等城市及其支撑的乡村区域共生的突出问题,从规划编制、实施、修改、监督和法律责任等方面全面地进行立法。经过全国近三年的宣传与具体落实,规划领域的法制化建设有了长足的进步,过去规划管理下产生的腐败现象得到了有效的遏制。

根据《城乡规划法》,"一书两证"是对中国城市规划实施管理的基本制度的统称,即城市规划行政主管部门核准发放的建设项目选址意见书、建设用地规划许可证和建设工程规划许可证,根据依法审批的城市规划和相关法律规范,对各项建设用地和各类建设工程进行组织、控制、引导、协调,使其纳入城市规划的轨道。2009 年起,全国各地实行环境影响评价"一票否决",凡是违反环境影响评价的规划不予审批,凡是不符合环境影响评价要求的建设项目不得实施。

1.2.4　城市规划对信息技术的需求

随着城市规划价值理念、编制方法和管理模式的重大转变,城市规划领域对规划与管理信息的处理有了更高的要求,具体表现在以下 4 个方面。

(1) 多类型数据的处理与综合

城市规划与管理涉及地理空间要素、资源环境和社会经济等多种类型的数据,包括文字、数字、地图、影像、照片、视频等信息形式。这些数据在时相上是多相的,结构上是多层次的,性质上又有"空间定位"与"属性"之分;既有以图形为主的矢量数据,又有以遥感图像为源的栅格数据,还有关系型的统计数据。随着城市社会感知大数据技术的发展,海量数据之间的关系变得更为复杂,因此,对多种类型数据的处理和综合分析要求必然大大提高。

(2) 多层次服务对象的满足

城市规划作为城市发展的"龙头",担负着协调城市社会各阶层利益的重任。要实现城市空间上的社会公正,必须做好城市规划广泛的公众参与。市民、开发商、企业主、政府部门、专家等不同群体对规划信息有不同类别和深度的查询、处理、分析和可视化要求。其中,城市规划师需要对城市各个政府职能部门、企事业单位、居住社区等各种数据进行分析、评价,并对未来发展进行预测。规划管理者需借助建立的规划管理信息系统,根据信息使用对象的不同要求,进行信息提取加工,网上公示。这对规划设计与管理信息处理在服务对象的多层次性上提出了很高的要求。

（3）时间上的现势性、空间上的高精度

随着我国城市化进程的加快,城市建设日新月异。城市规划也必须加快其更新速度,以适应城市的快速发展。此外,由于弹性规划、滚动规划模式的倡导,规划的制定与修编周期大大缩短。在城市规划编制过程中,城市用地与建筑空间分布现状信息,是规划方案设计的基础,必须保持时间上的现势性和空间上的高精度。这是规划科学性和合理性的基本保障。

在空间上,要求提高规划布局图空间定位的精确性。由于现代规划与规划管理结合得更加紧密,规划设计逐渐在摆脱"墙上挂"的窘境,而且从总体规划到详细规划层层深入、互相衔接,最终必须落实到地上,故各种规划图,只有达到一定的定位精度才有可能实现规划目标。

（4）信息管理规范化、智能化和可视化

从规划编制到规划实施的过程中,产生了大量的数据,包括现状的和规划的,而在规划实施后又有了新的现状数据,因而,规划信息管理任务日益繁重。如何将规划数据规范化并进行科学的组织与管理是现代城市规划的重要任务之一。同时,如何与办公自动化实现一体化,实现对信息产品集成可视化处理,以便用户简单、明了地进行使用,亦是规划信息管理亟待解决的问题。最近20年来,随着信息技术的迅猛发展,规划领域在信息管理新技术运用方面走在了时代的前面。OA、DB、MIS、GIS、PSS、VR等软件产品及其应用系统的集成开发已在规划管理部门得到了普及,并发挥了重要作用。

1.3　城市规划数据与信息基本特征

1.3.1　城市规划数据来源

城市规划数据资料有三大来源,其一是城市管理中积累的基础性资料,包括基础地理、自然资源与环境、经济社会、土地利用和城市基础设施等5个方面;其二是规划编制成果;其三是城市规划与实施管理中的项目报审批案卷等。

（1）城市基础资料

城市规划是人类对自身生存环境进行理性认识的产物。对城市的理性认识源自对城市感性认识的积累,即对城市发展的历史、地理、自然、文化背景以及经济社会发展状况和有关条件的不断了解与深入把握。所以,城市规划的首要工作就是进行城市基础资料的收集。根据原建设部2006年发布的《城市规划编制办法》及1995年发布的《城市规划编制办法实施细则》(以下简称《细则》),可以从以下5个方面了解城市规划所涉及的基础资料的内容。

① 地形图

地形图是对空间信息的直观描述,即运用坐标位置、符号和注记以图解的形式表达地面的形状大小与高低起伏。通过地形图可以了解到特定时相的地形与地物状况,进而对自然条件、土地利用、空间布局等现状有所掌握。目前获得的地形图主要是数字的,属于图形数据;若为纸质地形图,则属于图像数据。对于后者需要采用数字化方法,将其转化成数字地形图,才能为计算机所接受并进行处理。随着计算机技术的普及,许多地方已开始提供数字地图,但是仍有部分偏远地区或者发达地区的农村地域没有数字地形图。电子地图不仅给城市规划与管理工作带来了方便,而且也避免了纸质地形图在数字化中造成的误差。

② 自然环境与资源条件

自然环境条件(习惯上称自然条件)是城市依存的物质载体,也是城市发展所需考虑的一个条件,主要包括气象、水文、地貌、地质、自然灾害、生态环境等。自然环境条件不仅为城市居民的生存提供所必需的条件,同时也在很大程度上决定了城市的形态、土地利用、景观组织与发展方向。资源条件包括土地资源、矿产资源、森林资源、草地资源、水资源、农副产品资源等。城市建设应与资源的保护与利用相结合,以真正实现区域的可持续发展。自然环境与资源条件的资料主要通过相应的专题地图及相关文字说明获得。

③ 经济社会发展

经济社会发展资料一方面包括城市国民经济和社会发展现状及长远规划、国土规划、区域规划等有关资料,另一方面还涉及城市行政、经济、人口、工矿企业、交通、商业、金融、文教、公共事业等部门与单位的现状与发展资料,以及城市的历史发展背景资料等,主要通过实地调查或从统计部门提供的资料中获得。这部分资料绝大部分可用统计表格的形式反映,部分数据需要运用专题地图制图方法制作分布图。

④ 土地利用

土地利用是城市规划的空间载体,也是城市规划成果转化最为直接的反映。土地利用资料包括历年现状城市土地利用分类统计、城市用地增长状况、规划区内各类用地分布情况等。随着遥感技术的发展,可以运用卫星影像或航空相片结合实地调查编制不同比例尺的土地利用图,还可以通过不同时相的遥感图像进行发展演变分析。

⑤ 城市建筑及公共服务设施

住宅、公共服务设施、市政公用工程设施、公共交通、园林绿化、风景古迹、人防设施等的分布现状与质量数量指标是编制城市专项规划的基础。

(2) 规划成果资料

依据《城市规划编制办法》,城市规划设计成果一般包括规划文本(用以表达规划的意图与目标以及对有关内容提出规定性要求的文字说明)、规划图纸(绘制在近期测绘的现状地形图上用以表达现状和规划设计内容的图像或图形)和附件(包括规划说明书和基础资料汇编)三个部分。城市规划成果的表达应当清晰、规范,成果文件、图件与附件中说明、专题研究、分析图纸等表达应有区分。

(3) 城市管理资料

城市管理需要涉及的资料不仅包括城市的现状基础资料和各层次规划的成果资料,而且包括在规划的实施与管理过程中产生的一些资料,如项目申请、审批案卷的登记、流转、批注、查询、统计等。前两项资料在某时段内是相对静止的,而规划实施与管理中产生的资料却在日新月异地变化着。城市管理资料的这种动态特性是其收集的难点,也是其价值的亮点。

1.3.2　城市规划信息化基本特征

(1) 多尺度的空间信息组构

根据《细则》及《城市规划制图标准》要求,规划图应绘制在测绘行政主管部门最新公布的地形图纸上。因此各种比例尺的地形图成了规划成果显示的空间信息平台。这要求地形图具有精确性和现势性。

《城乡规划法》所称的城乡规划,包括城镇体系规划、城市规划、镇规划、乡规划和村庄规划。城市规划、镇规划分为总体规划和详细规划。详细规划分为控制性详细规划和修建性详细规划。就实际需要而言,应将区域规划纳入城市规划法律体系中,而且,城市规划事实上也基本按区域规划、总体规划和详细规划三个层次进行。根据《细则》与《村镇规划编制办法》不同层次的规划所需收集的地形图及其最终成果图的比例尺也不相同,这里列出现状地形图与相应的规划成果图的比例尺关系表(表1.1)。

表 1.1　现状地形图与规划成果图的比例尺关系表

规划类型		现状地形图比例尺	规划成果图比例尺
区域规划	地区级区域规划	一般为 1∶200 000	一般为 1∶200 000
	县域规划	一般为 1∶50 000	一般为 1∶50 000
总体规划	市(县)域 城镇体系规划	1∶50 000～1∶200 000	1∶50 000～1∶200 000
	城市总体规划	1∶5 000～1∶25 000	大中城市:1∶10 000 或 1∶25 000 小城市:1∶5 000
	城市分区规划 (大中城市)	1∶5 000～1∶25 000	1∶5 000
	村镇总体规划	1∶5 000～1∶25 000	一般为 1∶10 000 或 1∶5 000
详细规划	控制性详细规划	1∶1 000～1∶2 000	1∶1 000～1∶2 000 (地块划分编号图为 1∶5 000)
	修建性详细规划	1∶500～1∶2 000	1∶500～1∶2 000
	镇区建设规划	1∶1 000～1∶5 000	1∶1 000～1∶2 000
	新农村规划	1∶500～1∶2 000	1∶500～1∶2 000

（2）多类型的源数据

城市是一个复杂的巨系统,城市规划信息涉及城市社会的方方面面,其源数据来自不同的单位与部门,有着不同的表现形式,有图像数据(如各种遥感图像)、图形数据(如各种专题地图)和属性数据(如各种统计资料)之分,这就要求信息具有完整性和可靠性。

（3）多层次的规划成果信息

不同层次的规划对文本、图纸和附件说明的侧重有所不同。趋于宏观的规划侧重于文本部分,趋于微观的规划则强调图件部分,因为前者的意义主要体现在宏观政策方面,后者的价值则主要反映于微观修建方面。一般而言,在区域规划中"重文轻图",注重政策引导;从总体规划开始逐渐"重图轻文",视点转移到空间建设上,并且规划做得越细对其空间功能要求越高。这种多层次性要求信息具有一致性和合理性。

（4）多时相的信息集成

城市的发展是一个漫长的历史过程,在其发展过程中自然会累积不同时期的城市资料。在编制规划之前必须对这些多时相的数据进行集成分析,对其发展轨迹做出恰当的评估、分析与预测。然而,利用当时的现状资料编制规划成果后,在规划实施时,又产生了新的现状资料(图1.1),这就意味着城市的现状资料处于不断更新之中。因此,城市规划信息实际上是多时相信息的集成。为了避免不同时相的资料相混淆,必须要求城市信息具有条理性和明确性。

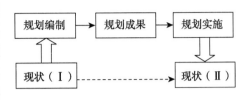

图 1.1 城市规划信息更新示意图

1.3.3　城市规划数字化组织特征

城市规划由于其综合多学科领域知识的应用性特点,其数据特征的最重要体现就是多源异构,主要表现为以下几个方面:①数据来源的多样性,主要有规划、国土、环保、统计等部门;②数据种类的多样性,主要有CAD数据、地形图数据、遥感影像数据、图像数据(jpg等)、统计数据等(表1.2),近年来大数据的兴起,为城市规划提供了更加丰富的数据种类(POI数据、签到数据、轨迹数据、视频数据、社交网络数据等);③数据时间尺度的多样性,主要体现在数据拥有不同的时间尺度(基于年、月、周等尺度进行分析)、时间序列(不同时间版本规划)等;④数据空间尺度的多样性,主要体现在规划数据分析涉及全国、省、市、县等空间尺度;⑤数据存储组织结构的多样性,主要体现在结构化数据、半结构化数据、非结构化数据等。

表 1.2 城市规划数据种类

数据种类	数据格式	数据用途
CAD 数据	矢量数据	获取研究区基础地理地图、现状空间信息,规划制图
遥感影像数据	栅格数据	获取城市用地的动态变化信息
DEM 数据	栅格数据	地形分析、流域提取、防洪排涝规划、竖向规划
统计数据	文本数据	关联空间数据,以进行相关空间分析
GIS 格式数据	矢量数据	空间建模分析、空间可视化表达与规划制图
规划文本说明书	文本数据	提出研究区不同时期发展特征、规划目标、成果说明

(1)文档数据

计算机中的文字编辑与处理已成为计算机应用的基础功能。目前在微机环境中,Word已成为最普及、最流行的文字处理软件。中文版 Word 可以将不同大小的汉字体、表格、图形、照片等资料集成处理输出。城市规划设计中的有关规划文本、说明书和一些基础汇编报告通过文字处理软件输入,在 Word 中保存为专门的文件格式,其后缀名为. doc。为了进行不同图文系统的转换,可以通过保存不同格式功能将 DOC 转换成纯文本格式 TXT。

(2)关系数据库文件

对于城市规划调查与统计整理的表格数据,可运用关系数据库软件,通过设计数据字段,给定数据类型,将表格内容保存为一条一条的记录数据库文件,运用数据库计算、分析功能,可以派生新的数据项,得到综合统计的规划指标数据。微机 GIS 软件常用的数据库系统有 Access,数据库文件后缀名为. mdb。每个数据库系统软件均提供转化为纯文本格式功能,供数据交换使用。

（3）图像文件

近几年来,计算机图像处理发展迅速。图像文件是一个以栅格网排列数据的格式文件,数据值通常表示颜色亮暗级别,通过扫描仪可以将各种纸质资料,包括文字、表格、地图、照片等,扫描成图像文件,然后运用图像处理软件可将文字图像自动转换成文本文件、表格转录入数据库、地图再矢量化、照片进行增强处理等。在规划设计中,对于地形等图件,通常采用扫描成图像,再进行多幅地形图图像拼接,生成一个城市完整的地形底图,作为规划设计的基础。遥感数字图像也是一种栅格数据,可直接从中解译土地利用信息。最新的高分辨率卫星图像可以直接处理成影像地形图,供规划设计使用。

（4）图形文件

计算机图形数据是指以 x,y 坐标将图像或地图按几何特征抽象成以点、线、面、体等 4 种类型为数据单元的一种数据形式,由此获得的信息称图形信息(Graphic Information)。规划成果图件均可以用图形数据表示。目前,在规划设计中已全面使用计算机图形技术支撑的应用软件——CAD 来进行规划图的绘制与编辑。最著名的 CAD 软件是 AutoCAD,其数据格式为 DWG,其数据交换格式为 DXF,是一种为各种图形软件都接受的格式。另外,规划管理部门已普遍采用 GIS 数据库,其主要是一种矢量结构的图形数据组织形式,ArcGIS 已成为国际上最流行、功能最全面、独树一帜的专业平台型 GIS 软件。

1.4　数字城市规划技术体系

1.4.1　数字规划技术体系框架构建

2012 年党的十八大报告提出了"坚持走中国特色新型工业化、信息化、城镇化、农业现代化道路,推动信息化和工业化深度融合、工业化和城镇化良性互动、城镇化和农业现代化相互协调,促进工业化、信息化、城镇化、农业现代化同步发展"国家战略导向。2016 年 7月,国务院制定了《国家信息化发展战略纲要》,开始实施以信息化驱动现代化,建设网络强国的重要举措。在上述时代背景下,城乡规划领域的信息化建设日新月异,成为国家和地方政府信息化建设的主推领域之一。因此,我们对城市规划领域近年来深度融合信息化技术的数字规划技术应用特点进行了系统性的梳理,提出了从信息技术基础、数据获取、信息分析、可视化设计到智慧决策等五个层面的数字规划技术体系(图 1.2),具体是计算机网络系统基础层、空间数据获取平台层、空间信息分析模块层、规划设计表达工具层与智慧规划决策支持层。

1.4.2　计算机网络系统基础层

信息时代的核心技术支撑就是计算机网络系统。从 20 世纪 60 年代起,计算机网络系统经历了初级的计算机网络模型、网络体系结构与协议完整的计算机网络、计算机联网与互联标准化和计算机网络全球化等四个发展阶段。21 世纪的计算机网络技术正在向互连、高速、智能化和全球化发展,并且迅速得到普及,实现了全球化的广泛应用。计算机网络系统作为数字城市规划体系的基础层,包括计算机系统、数据库管理系统、网络与大数据技术三

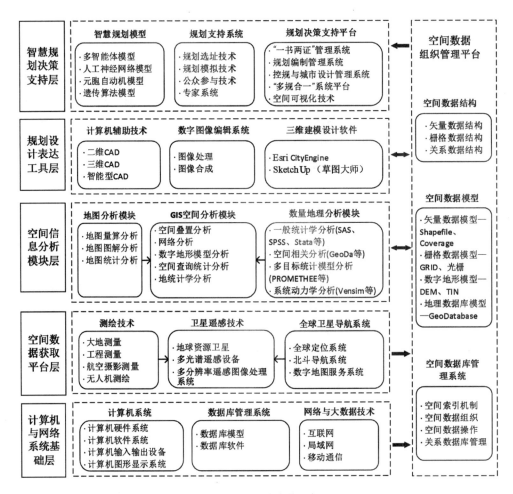

图 1.2　数字规划技术体系框架图

个方面。

（1）计算机系统

计算机系统包括计算机硬件系统、计算机软件系统、计算机输入输出设备及计算机图形显示系统。计算机硬件系统包括主机（机箱）、显示器、UPS、键盘、鼠标等，由运算器、控制器、存储器、输入设备和输出设备五部分组成。计算机软件系统是指计算机在运行的各种程序、数据及相关的文档资料，通常被分为系统软件和应用软件两大类。计算机输入输出（IO）设备是数据处理系统的关键外部设备之一，可以和计算机本体进行交互使用，如键盘、写字板、麦克风、音响、显示器等，因此输入输出设备起到了人与机器之间进行联系的作用。而计算机图形显示系统（CG）是一种使用数学算法将二维或三维图形转化为计算机显示器的栅格形式的技术系统。

（2）数据库管理系统

数据库管理系统（DBMS，Database Management System）是一种操纵和管理数据库的大型软件，用于建立、使用和维护数据库，对数据库进行统一的管理和控制，以保证数据库的安全性和完整性。DBMS包括数据库模型和数据库软件两个层面。数据库模型描述了在数据库中结构化和操纵数据的方法,模型的结构部分规定了数据如何被描述(例如树、表等)。模型的操纵部分规定了数据的添加、删除、显示、维护、打印、查找、选择、排序和更新等操作。数据库软件实现数据库模型所描述的各种数据处理和操纵功能。数据库是以一定方式储存在一起、能为多个用户共享、具有尽可能小的冗余度、与应用程序彼此独立的数据集合,具有整体性、共享性。Acess 系统是美国 Microsoft 公司于 1994 年推出的微机版数据库管理系统。它具有界面友好、易学易用、开发简单、接口灵活等特点,是典型的新一代桌面数据库管理系统。ArcGIS 微机版软件直接采用 Acess 存储与编辑个人版地理数据库。

(3) 网络与大数据技术

互联网属于传媒领域,又称国际网络,始于 1969 年美国的阿帕网。互联网是网络与网络之间所串连成的庞大网络,这些网络以一组通用的协议相连,形成逻辑上的单一巨大国际网络。互联网大数据的获取与存储,包括了静态或动态 WEB 页面内容获取技术、结构化或非结构化数据的存储、常见的开源系统等;大数据的处理与分析技术,包括了文本数据预处理、数据内容的语义分析技术、文本内容分类技术、聚类分析、大数据中的隐私保护、大数据可视化等方面。局域网则是指在某一区域内由多台计算机互联成的计算机组。一般是方圆几千米以内。局域网可以实现文件管理、应用软件共享、打印机共享、工作组内的日程安排、电子邮件和传真通信服务等功能。移动通信是沟通移动用户与固定点用户之间或移动用户之间的通信方式。移动通信系统从 20 世纪 80 年代诞生以来,到 2020 年大体经过 5 代的发展历程,2010 年以来从第 3 代过渡到第 4 代(4G),目前除蜂窝电话系统外,宽带无线接入系统、毫米波 LAN、智能传输系统(ITS)和同温层平台(HAPS)系统都已投入使用。

固定网络与移动通信的结合催生出了一个高速发展的新领域——大数据技术与应用。大数据是指一种在获取、存储、管理、分析方面大大超出了传统数据库软件工具能力范围的数据集合,具有海量的数据规模、快速的数据流转、多样的数据类型和价值密度低四大特征。大数据包括结构化、半结构化和非结构化数据,非结构化数据越来越成为数据的主要部分。随着信息化在全球范围的拓展,海量的多源空间大数据也呈现指数级增长。目前普遍采用的空间大数据包括移动设备的全球定位轨迹、公共交通信息、位置社交网络数据、无线设备定位数据、手机通信信令基站定位数据及带地理坐标的图片等。空间大数据引起了地理学、规划学等与空间紧密相关的学科研究范式向数据驱动研究的重大转变,城市规划与管理等方面的应用方兴未艾。

1.4.3　空间数据获取平台层

空间数据又称几何数据,用来表示物体的位置、形态、大小、分布等各方面的信息,是对现实世界中存在的具有定位意义的事物和现象的定量描述。空间数据可以通过测绘技术、卫星遥感技术、全球卫星导航系统等途径获取。

(1) 测绘技术

测绘是以计算机技术、光电技术、网络通信技术、空间科学、信息科学为基础,以全球导航卫星定位系统(GNSS)、遥感(RS)、地理信息系统(GIS)为技术核心,将地面已有的特征点和界线通过测量手段获得反映地面现状的图形和位置信息,供工程建设的规划设计和行政管理之用。通过不同空间尺度的测量平台和测绘工具可将其分为大地测量、工程测量、航空摄影测量和无人机测绘等。

大地测量是为建立和维持测绘基准与测绘系统而进行的确定位置、地球形状、重力场及其随时间和空间变化的测绘活动,内容包括三角测量、精密导线测量、水准测量、天文测量、卫星大地测量、重力测量和大地测量计算等。工程测量包括在工程建设勘测、设计、施工和管理阶段所进行的各种测量工作,是直接为各项建设项目的勘测、设计、施工、安装、竣工、监测以及营运管理等一系列工程工序服务的。航空摄影测量指在飞机上用航摄仪器对地面连续摄取相片,结合地面控制点测量、调绘和立体测绘等步骤,绘制出地形图的作业。无人机测绘作为传统航空摄影测量手段的有力补充,具有机动灵活、高效快速、精细准确、作业成本低、适用范围广、生产周期短等特点,在小区域和飞行困难地区高分辨率影像快速获取方面具有明显优势。无人机测绘可广泛应用于国家重大工程建设、灾害应急与处理、国土监察、资源开发、新农村和小城镇建设等方面,尤其在基础测绘、土地资源调查监测、土地利用动态监测、数字城市建设和应急救灾测绘数据获取等方面具有广阔前景。

（2）卫星遥感技术

卫星遥感技术是一门综合性的科学技术,集中了空间、电子、光学、计算机通信和地学等学科的成就,是3S(RS、GIS、GPS)技术的主要组成成分。卫星遥感技术包括地球资源卫星、多光谱遥感设备、多分辨率遥感图像处理系统等。

地球资源卫星是勘探和研究地球自然资源和环境的人造地球卫星,卫星所载的多光谱遥感设备获取地物目标辐射和反射的多种波段的电磁波信息,并将其发回地面接收站。地面接收站根据各种资源的波谱特征,对接收的信息进行处理和判读,得到各类资源的特征、分布和状态资料。多光谱遥感设备因其体积小、质量轻、造价低等显著特点而非常适用于低空的目标探测,该套设备在光谱成像方面采用棋盘式微滤片进行滤波。多分辨率遥感图像处理系统是利用计算机图像处理系统对遥感图像中的像素进行一系列操作的过程,包括图像增强、图像校正、信息提取等内容。

（3）全球卫星导航系统

全球卫星导航系统,也称为全球导航卫星系统,是能在地球表面或近地空间的任何地点为用户提供全天候的三维坐标和速度以及时间信息的无线电导航定位系统,常见系统有全球定位系统(GPS)、北斗导航系统(BDS)、数字地图服务系统。

全球定位系统是由美国国防部研制建立的一种具有全方位、全天候、全时段、高精度的卫星导航系统,能为全球用户提供低成本、高精度的三维位置、速度和精确定时等导航信息,是卫星通信技术在导航领域的应用典范,它极大地提高了地球社会的信息化水平,有力地推动了数字经济的发展。北斗导航系统是中国自行研制的全球卫星导航系统,是继美国全球定位系统(GPS)、俄罗斯格洛纳斯卫星导航系统(GLONASS)、欧洲伽利略卫星导航系统(GALILEO)之后第四个成熟的卫星导航系统。数字地图服务系统是纸质地图的数字存在,是在一定坐标系统内具有确定的坐标和属性的地面要素和现象的离散数据,在计算机可识别的可存储介质上概括的、有序的集合。数字地图服务系统可以实现城市全景360°三维全息展现、信息查询、搭建系统分析管理和指导等功能。

1.4.4 空间信息分析模块层

20世纪60年代,随着信息技术引入地图学和地理学,地理信息系统(GIS)开始孕育、发展。以数字形式存在于计算机中的地图,向人们展示了更为广阔的应用领域。利用计算机分析地图、提取信息、支持空间决策,成为地理信息系统的重要研究内容,"空间分析"这个词汇也就成了这一领域的一个专门术语。

空间分析是 GIS 的核心和灵魂,是 GIS 区别于一般的信息系统、CAD 或者电子地图系统的主要标志之一。空间分析配合空间数据的属性信息,能提供强大、丰富的空间数据查询功能。城市规划领域的空间信息分析主要运用专业 GIS 提供的多种空间分析与制图模块,主要包括把地图作为研究对象的地图分析与制图模块,基于点、线、面位置和形态特征的空间关系分析模块,以及以定量统计为基础,集成统计分析软件的数量地理分析模块。下面分别介绍这三大类模块的技术特点。

（1）地图分析模块

地图分析就是将地图作为研究对象,采用各种定量和定性的方法,对地图上表示的制图对象时空分布特征及相互关系规律进行研究,得出有用的结论,并指导人们的各种空间活动。在 GIS 软件中,地图分析的功能模块主要包括地图量算分析、地图图解分析和地图统计分析。

地图量算是研究地图上量测和计算地面各要素数据的原理与方法,包括在地图上量算物体的长度、高度、坡度、角度、面积和体积,确定地面点的地理坐标或平面直角坐标、两点间距离和方位等。地图图解分析法是根据地图制作各种图形、图表来分析各种现象的方法。应用较多的是剖面图、块状断面图以及玫瑰图表等。在绘制图形、图表的过程中用到了数学方法。例如在剖面图的绘制过程中,要根据比例尺制作剖面线、坐标 Z 值的等间距线以及把平面上的剖面线、各特征点展绘到剖面上等都使用了数学方法。地图统计分析主要包括两个方面：其一是地图要素分布的统计特征和分布密度。地图上表示的某种现象可以看成是在不同空间或时间范围内存在的总体,而总体是由无数相同性质的个体组成的,我们可以从总体中选取若干个体样本,从地图上获得样本的观测值组成该现象的统计数列。从统计数列中进一步分析现象的数量特征,用样本推测总体。其二是制图现象相互关系密切性的分析。首先要确定两种或两种以上现象的不同数量指标,如利用等值线图或分级统计图获取数量指标的观测值,然后通过计算其相关系数来判断现象间的密切性。

（2）GIS 空间分析模块

GIS 空间分析指的是在地理信息系统里实现分析空间数据,即从空间数据中获取有关地理对象的空间位置、分布、形态、形成和演变等信息并进行分析,包括空间叠置分析、网络分析、数字地形模型分析、空间查询统计分析、地统计学分析,常用的软件包括 ArcMap、ArcScene 等。

空间叠置分析是指在统一空间参照系统条件下,每次将同一地区两个地理对象的图像进行叠置,以产生空间区域的多种属性特征,或建立地理对象之间的空间对应关系。在 GIS 中,网络分析是指依据网络拓扑关系(结点与弧段拓扑、弧段的连通性),通过考察网络元素的空间及属性数据,以数学理论模型为基础,对网络的性能特征进行多方面研究的一种分析计算。数字地形模型分析是测绘工作在一个区域内,以密集的地形模型点的坐标 X、Y、Z 表达地面形态。这样的地形模型点,就其平面位置来说,可以是随机分布的(包括像片上取规则格网的情况在内),也可以是规则分布的。空间查询统计分析一般是从空间数据库中找出所有满足属性约束条件和空间约束条件的地理对象,是 GIS 最基本的功能之一。空间查询可以不改变原有数据集,但复杂的查询结果往往具有新的知识发现。地统计学分析可借助于 ArcGIS 地统计分析模块来实现，包括探索性数据分析（直方图、QQPlot 分布图、趋势分析、Voronoi Map 等）、地统计分析向导（插值）（反距离权重法、格里格插值、全局多项式法等）等分析。

（3）数量地理分析模块

数量地理分析模块是应用数学方法研究地理学方法论学科的技术，运用统计推理、数学分析、数学程序和数学模拟等数学工具，凭借计算机技术，分析自然地理和人文地理的各种要素，以获得有关地理现象的科学结论。常用的数量地理分析模块包括一般统计学分析、空间相关分析、多目标统计模型分析及系统动力学分析。

一般统计学分析是指运用统计学来认识客观现象总体数量特征和数量关系的分析方法，是通过搜集、整理、分析统计数据，来认识客观现象的数量的规律性，常用的软件为 SAS、SPSS、Stata 等。空间相关分析的目的是确定某一变量是否在空间上相关，其相关程度如何。常用来定量地描述事物在空间上的依赖关系，是用来度量物理或生态学变量在空间上的分布特征及其对领域的影响程度，常通过 GeoDa 等软件实现。多目标统计模型分析对于多方案多目标的决策问题来说，综合分析是决策的前提，而正确的决策源于多目标模型分析。多目标统计模型分析包括层次分析法（AHP）、代数模型与离散模型等，可通过 PROMETHEE 等软件实现。而系统动力学分析则是由美国麻省理工学院（MIT）的弗雷斯特教授于 1956 年提出的一种以反馈控制理论为基础，借助于计算机仿真而定量地研究非线性、多重反馈、复杂时变系统的系统分析技术，可通过 Vensim 等软件进行分析。

1.4.5 规划设计表达工具层

规划设计表达是借助一系列软件进行规划设计思想及方案的可视化表达，包括计算机辅助技术、数字图像编辑系统、三维建模设计软件。

（1）计算机辅助技术

计算机辅助技术（Computer Aided Technology）是以计算机为工具，辅助人在特定应用领域内完成任务的理论、方法和技术。它包括计算机辅助设计（CAD）、计算机辅助制造（CAM）、计算机辅助教学（CAI）、计算机辅助质量控制（CAQ）及计算机辅助绘图等。本书主要介绍 CAD。

CAD 包括二维 CAD、三维 CAD 及智能型 CAD 三种，可通过 AutoCAD 软件操作实现。二维 CAD 是指利用 CAD 软件的二维功能绘制二维图纸，可以使工人对产品进行更好的组装与服务。三维 CAD 是指利用 CAD 软件的三维功能进行空间建模等操作，以使研究对象能够三维立体。而智能型 CAD 包括天正、湘源控规等 CAD 扩展功能软件，可以快速实现 CAD 的基本操作，包括绘制道路、种植行道树等操作，操作简捷方便，能够大量节省绘图时间。

（2）数字图像编辑系统

数字图像编辑系统是进行数字处理及编辑的操作系统，包括图像处理及图像合成等处理操作，可通过应用 PS、AI 等软件实现。

图像处理是指用计算机对图像进行分析，以达到所需结果的技术，又称影像处理。图像处理一般指数字图像处理。图像合成是将多谱段黑白图像经多光谱图像彩色合成而变成彩色图像的一种处理技术,包括彩色合成(合成的图像色彩与原景物的天然色彩一致或近似一致)和假彩色合成(合成的图像色彩则不同于原景物的天然色彩)。常用的软件为 PS、AI 软件,其中,PS 主要处理由像素所构成的数字图像,使用其众多的编修与绘图工具,可以有效地进行图片编辑工作。PS 有很多功能,在图像、图形、文字、视频、出版等各方面都有涉及;AI 则是作为一款非常好的矢量图形处理工具,该软件主要应用于印刷出版、海报书籍排版、专业插画、多媒体图像处理和互联网页面制作等,也可以为线稿提供较高的精度和控制,适合生产任何小型设计到大型的复杂项目。

（3）三维建模设计软件

三维建模设计软件是一种对城市进行三维建模与设计的交互式系统。

三维城市模型是在二维地理信息基础上制作出的一种三维模型,经过程序开发,已发展成为三维地理信息系统,可以利用该系统分析城市的自然要素和建设要素,用户通过交互操作,得到一种真实、直观的虚拟城市环境感受。它们研究的核心内容都是以数字化的形式再现三维空间世界及在三维空间中的应用模拟,满足各个应用领域的需要。Esri CityEngine 是三维城市建模的首选软件,应用于数字城市、城市规划、轨道交通、电力、管线、建筑、国防、仿真、游戏开发和电影制作等领域。Esri CityEngine 可以利用二维数据快速创建三维场景,并能高效地进行规划设计。Sketch Up 又名"草图大师",是一款可供用于创建、共享和展示 3D 模型的软件;通过一个使用简单、内容详尽的颜色、线条和文本提示指导系统,不必键入坐标,就能帮助其跟踪位置和完成相关建模操作。

1.4.6　智慧规划决策支持层

随着"互联网＋"浪潮对信息时代的冲击,智慧城市建设呈现出诸多新的特征。新的城乡规划业务办公平台需要从封闭的业务办公系统提升为基于互联网和大数据的智慧决策支持系统。智慧城乡规划决策支持系统作为智慧规划建设的抓手,其实质是面向城乡规划全生命周期的一整套决策支持服务。

（1）智慧规划模型

智慧规划模型是指采用现代化的信息技术进行规划决策与管理的模型,包括多智能体模型、人工神经网络模型、元胞自动机模型与遗传算法模型等。

多智能体模型是多个智能体组成的集合,它的目标是将大而复杂的模型建设成小的、彼此互相通信和协调的、易于管理的模型。多智能体模型具有自主性、分布性、协调性,并具有自组织能力、学习能力和推理能力。采用多智能体模型解决实际应用问题,具有很强的鲁棒性和可靠性,并具有较高的问题求解效率。人工神经网络模型是由大量的、简单的处理单元(称为神经元)广泛地互相连接而形成的复杂网络系统,它反映了人脑功能的许多基本特征,是一个高度复杂的非线性动力学习系统。神经网络具有大规模并行、分布式存储和处理、自组织、自适应和自学能力,特别适合处理需要同时考虑许多因素和条件的、不精确和模糊的信息处理问题。元胞自动机(CA)模型是一种时间、空间、状态都离散,空间相互作用和时间因果关系为局部的网格动力学模型,具有模拟复杂系统时空演化过程的能力。遗传算法(GA)模型是模拟达尔文生物进化论的自然选择和遗传学机理的生物进化过程的计算模型,是一种通过模拟自然进化过程搜索最优解的方法。

（2）规划支持系统

规划支持系统是具有区位和空间相互作用的分析能力，能够为城市规划提供必需的一系列解释性、解析性和预测性的分析模型。包括规划选址技术、规划模拟技术、公众参与技术与专家系统。规划选址技术是指运用现代化信息技术手段，将地块的现状条件与选址需求输入计算机系统中，通过计算机进行模拟与计算，从而找到适合选址的位置。规划模拟技术是指应用计算机模拟技术进行科学技术、数据处理、辅助设计、过程控制、人工智能、网络应用这六大方面的应用。公众参与技术是确定适当的公众、团体或者组织参与规划环境影响评价，综合考虑规划的特性、公众参与者的素质与资源的可获取性等，以代表参与的会议式、民意参与的问卷式、公众信访接待式等方式参与规划的决策和管理。专家系统是一个智能计算机程序系统，其内部含有大量的某个领域专家水平的知识与经验，能够利用人类专家的知识和解决问题的方法来处理该领域问题。

（3）规划决策支持平台

规划决策支持平台包括"一书两证"管理系统、规划编制管理系统、控规与城市设计管理系统、"多规合一"系统平台以及空间可视化技术等功能模块。"一书两证"管理、规划编制管理以及控规与城市设计管理等规划业务系统通过建立包含数据层、协同平台层、应用层以及人机界面四个部分的图文一体化规划管理信息系统平台，实现对规划项目案件报建、审查、督办、查询、分析和批准等一系列业务流程进行自动化和一体化辅助决策处理。其中，基于CAD与GIS的集成技术开发，能够实现CAD客户端对空间数据库的直接访问和编辑，并提供一系列辅助制图、管图、算图、出图的规划管理特色功能。目前，新一代的规划管理系统正在朝着利用规划知识规则实现三维辅助审批、比对规划指标实现自动预警等智慧化功能。

"多规合一"是指在一级政府一级事权下，强化国民经济和社会发展规划、城乡规划、土地利用规划、环境保护、文物保护、林地与耕地保护、综合交通、水资源、文化与生态旅游资源、社会事业规划等各类规划的衔接，确保"多规"确定的保护性空间、开发边界、城市规模等重要空间参数一致，并在统一的空间信息平台上建立控制线体系，以实现优化空间布局、有效配置土地资源、提高政府空间管控水平和治理能力的目标。

1.4.7 空间数据组织管理平台

空间数据的组织管理是GIS各种功能实现的基础，也是地理信息科学理论与方法的出发点。空间数据结构是建立在空间数据结构理论基础上的，GIS软件系统主要采用矢量和栅格两种数据结构来组织空间数据。其中，矢量数据结构表达的数据模型还须利用关系结构（即二维表）来表达空间数据的属性特征。目前，以ArcGIS为代表的专业型GIS软件主要采用矢量、栅格结构建立空间数据模型，对地球表面的地形模型采用栅格和三角网两种数据结构建立数据模型，分别称之为DEM模型和TIN模型。

GeoDatabase是一种采用标准关系数据库技术来表现地理信息的数据模型，亦是ArcGIS空间数据库管理的核心支撑。空间数据库管理系统（Spatial DataBase Management System，SDBMS）是一种具有空间索引机制、空间数据组织、空间数据操作和关系数据库管理等功能的数据库系统，其具有三方面特有功能：一是空间数据和属性数据的统一存储和管理，通过设计实现空间数据的索引机制，提高数据的存储性能和共享程度，为查询处理提供快速可靠的支撑环境；二是支持空间查询的SQL语言，通过对核心SQL进行扩充，使之支持标准的空间运算；三是查询功能，具有最短路径、连通性等多种空间查询功能。

1.5　数字城市规划技术实现

"数字城市规划"不仅是数字城市发展的必然,同时也是城市规划应对信息化、城市化和工业化等多重挑战的重要手段之一。"数字城市规划"的技术进步,对于提高城市规划与管理的效率和水平、促进多种技术方法的综合应用,并最终实现"智慧城市规划"都是具有重要意义的。本书将数字城市规划技术流程归纳为5个阶段,分别是数据采集与处理、空间数据库构建、空间建模分析、多尺度规划编制支持及规划管理决策系统(图1.3)。

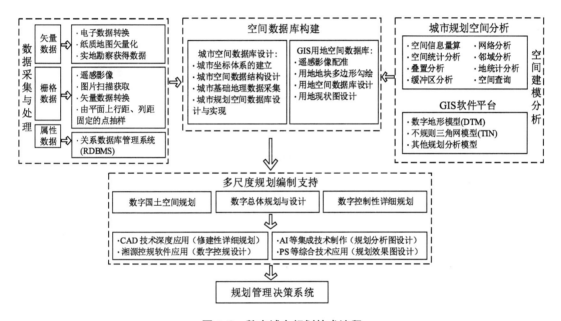

图 1.3　数字城市规划技术流程

1.5.1　数据采集与处理

数字城市规划所用数据包括矢量数据、栅格数据及属性数据等。

矢量数据主要通过以下渠道获得:①电子数据转换,例如 AutoCAD、MapGIS 等软件平台转换而来,也可通过已有栅格数据进行矢量转换;②纸质地图矢量化,主要通过对纸质地图扫描进而数字化;③实地勘察获得数据,通过 GPS 定位仪等仪器进行测量,将上述仪器获得的数据通过固定的格式转换为矢量数据。按上述方式采集矢量数据后,都需要将其储存在数据库系统中,目前常用的数据存储系统是基于 ArcGIS 平台的 GeoDatabase(地理数据库)。

栅格数据主要通过以下方式获取:①遥感影像,根据遥感卫星传感器对地监测的图像均以栅格格式储存;②图片扫描获取(纸介质的地图等扫描),传统的纸质图片通过扫描仪可以转换成不带空间信息的栅格图像;③矢量数据转换,通过 GIS 平台将获取的矢量数据转换为栅格存储;④由平面上行距、列距固定的点抽样。栅格数据基本运算包括栅格数据的平移、算术组合、布尔逻辑组合、叠置分析以及其他基本运算。

属性数据的管理与应用，目前 GIS 采用的是比较成熟的关系数据库管理系统(RDBMS)。

1.5.2 空间数据库构建

城市空间数据库设计的过程包括城市坐标体系的建立、城市空间数据结构设计、城市基础地理数据采集、城市规划空间数据库设计与实现等 4 个步骤。

城市建筑遥感调查与数据建库的过程主要包括以下 7 个步骤：①卫星影像配准。在 ArcGIS 软件平台中，遥感影像配准基本过程为：设置影像文件空间参考、调入影像栅格图层、调入地形图层、采集控制点、保存配准结果。配准工具主要有 Georeferencing 栅格配准工具条和 Spatial Adjustment 矢量配准工具条。②地块与建筑多边形的数字化。屏幕跟踪矢量化指将栅格数据如遥感影像，作为底图显示在计算机屏幕上，用 GIS 软件使用各种矢量要素图形(点、线、多边形)描绘底图上的地理实体。③地块图层与建筑图层属性结构确定。属性结构的确定取决于数据库结构和数据自身的构成特点等因素。地块的属性字段主要包括 ID、地块面积、建筑总面积和容积率等。④建筑底面积数据的生成。⑤层数数据属性的录入。⑥建筑总面积数据的生成。⑦建筑容积率的生成。

基于 GIS 用地空间数据库建立的过程包括 4 步：遥感影像配准；用地地块多边形勾绘；用地空间数据库设计；用地现状图设计。

1.5.3 空间建模分析

空间分析(SA，Spatial Analysis)是 GIS 的核心，是进行城市用地分类统计与分析的基础。常见的空间分析功能有空间信息量算、空间统计分析、叠置分析、缓冲区分析、网络分析、邻域分析、地统计分析、空间查询等。其中，邻域分析是定性描述空间目标距离关系的重要物理量之一，表示地理空间中两个目标地物距离相近的程度。以距离关系为分析基础的邻近度分析构成了 GIS 空间几何关系分析的一个重要手段，其中缓冲区分析是解决邻域分析问题的空间分析工具之一。叠置分析是指将同一地区、同一比例尺、同一数学基础、不同信息表达的两组或多组专题要素的图形或数据文件进行叠置，根据各类要素与多边形边界的交点或多边形属性建立具有多重属性组合的新图层，叠置分析是 GIS 中最常用的提取空间隐含信息的手段之一。在 ArcGIS 叠置分析工具 Analysis Tools 中典型功能有 Identify、Intersect、Union、Update、Spatial Join 等。

数字地形模型(DTM，Digital Terrain Model)是地形表面形态属性信息的数字表达，是带有空间位置特征和地形属性特征的数字描述。DTM 建模可用于土地利用现状的分析、合理规划及洪水险情预报等。不规则三角网模型(TIN，Triangulated Irregular Network)是表示数字高程模型的方法：它既减少了规则格网方法带来的数据冗余，同时在计算(如坡度)效率方面又优于纯粹基于等高线的方法。区域生态敏感性分析采用层次分析法和定性描述定量化的方法，建立起一个相对直观、易于理解的分析区域生态系统的适应能力的方法模型。本书将详细介绍生态敏感性模型、城市建设用地适宜性评价模型及城市社会生活空间公平配置模型等。

1.5.4　多尺度规划编制支持

城市规划制图空间尺度一般可分为按区域规划、总体规划和详细规划三个层次进行。不同层次的规划所需收集的地形图及其最终成果图的比例尺也不相同。

空间规划体系是以空间资源的合理保护和有效利用为核心，特别强调各种空间要素的实体数据在空间点位、形态和类型特征上的一致性，并以此来保障空间资源（土地、海洋、生态等）保护、空间要素统筹、空间结构优化、空间效率提升、空间权利公平等方面的科学合理推进，从而建立"多规融合"模式下的规划编制、实施、管理与监督机制。我国的空间规划体系包括全国、省、市县三个层面。空间系列规划的地理坐标系的统一已成为空间规划信息化的基础。

城市总体规划的方案设计是城市规划编制工作的核心任务，最能体现城乡规划学科的特点。按照城市规划编制的系统化方法，城市总体规划的编制过程可以大致分为5个阶段：资料收集和现状调研阶段、规划纲要编制阶段、专家评审阶段、行政评审阶段和上报审批阶段。在资料收集和现状调研阶段，一项重要的工作就是城市现状图的制作。传统的城市现状图一般用 AutoCAD 软件制作。借助 GIS 技术，可以有效地将用地的属性数据（建筑高度、建筑质量、道路宽度等属性）和空间数据关联起来，并利用 GIS 分析模块制作现状容积率、现状建筑质量等专题地图。同时，城市规划成果图件必须借助空间分析工具进行 GIS 建库。

控制性详细规划（简称控规）是对总体规划的深化。经过法定的审批程序，控规成为受国家法律法规保障的规划管理文件，以规范城市开发行为并保障规划管理的权威性。控规保障了城市开发在规划意图内有序进行，提供修建性详细规划的编制依据或具体城市开发项目的规划条件。控规最常用的技术软件是湘源控规，湘源控规是一套基于 AutoCAD 平台开发的城市控制性详细规划设计辅助软件，适用于城市分区规划、城市控制性详细规划的设计和管理。其主要功能模块包括地形生成及分析、道路系统规划、用地规划、控制指标规划、市政管网设计、总平面图设计、园林绿化设计、土方计算、日照分析、制作图则、制作图库、规划审查等。

修建性详细规划是以城市总体规划、分区规划或控制性详细规划为依据，制订用以指导各项建筑和工程设施的设计和施工的规划设计，是城市详细规划的一种。编制修建性详细规划的主要任务是满足上一层次规划的要求，直接对建设项目做出具体的安排和规划设计，并为下一层次建筑、园林和市政工程设计提供依据。对于当前要进行建设的地区，应当编制修建性详细规划，用以指导各项建筑和工程设施的设计和施工。最常用的软件是 AutoCAD 软件，具体流程包括新建总图文件，引入现状要素，引入上层次规划要素，确定规划范围，绘制道路网，绘制住宅、公建、公共绿地，绘制宅间小路、配套设施和配置植物，以及其他要素绘制等。

其他的规划编制支持软件还包括 AI 等集成技术应用及 PS 等综合技术运用。AI 等集成技术常用于规划分析图设计。规划分析图具有抽象性、综合性、统一性及准确性等特征。按其不同的规划阶段，分为前期分析、过程分析和结论分析三类规划分析图；按其层次及规划内容，可分为城镇体系规划、城市（镇）总体规划、详细规划等。AI 与 AutoCAD、PS 兼容，可在 AutoCAD 图形基础上编辑处理，用户可以设计、排版和制作具有精彩视觉效果的图像和文件,主要用于抽象性、矢量感强的分析图绘制。PS 等综合技术常用于规划效果图设计,城市规划常见效果图主要包括各种平面图和部分鸟瞰图,例如总体规划中的土地利用总平面图、详细规划中的基地总平面图等,其图面构成元素主要包括路网、建筑和景观,在计算机软件中以点、线、面的形式存储。在 AutoCAD 中完成效果图底稿后,PS 强大的图片美化功能决定了它在后期效果处理中扮演着不可替代的角色,它能对各种效果图做最后的图片编辑和渲染工作。从功能上看,PS 可分为图像编辑、图像合成、校色调色及特效制作等。其中图像合成、校色调色、特效制作等功能,将使 AutoCAD 底稿升华为更具吸引力和辨识度的完整效果图。

1.5.5 规划管理决策系统

GIS 的功能侧重于解决复杂的空间处理与显示问题,主要有建立数据库、数据库查询、缓冲区分析、空间叠置分析、成果显示输出等应用功能,但 GIS 难以完成复杂空间问题上的决策支持,难以满足决策者的需要。而 DSS 在对象的空间位置、空间分布等信息上难以表达描述,无法提供空间可视化的决策环境。空间决策支持系统(SDSS,Spatial Decision Support System)是将模型库和模型库管理系统、空间数据库、数据库管理系统相集成,面向空间半结构和非结构问题领域,用以帮助用户对复杂空间问题做出决策。

思考题

1. 何谓数字地球?何谓数字城市?二者之间的渊源关系如何?
2. 以信息技术为发展脉络,试归纳数字城市规划的发展历程。
3. 试从宏观、中观和微观三个尺度说明城市规划数据的空间特征。
4. 试举例说明规划数据来源的多元异构特点。
5. 本章提出了数字城市规划自下而上的 5 个技术层面,试阐述任意两个层面的技术关联特征。

❷ 城市空间数据库设计

地图学是一门既古老又现代的基础学科,现代地图学建立的地球坐标系统成为空间信息科学与技术的基础,亦是城市规划编制、实施与管理技术实现的科学基础。本章首先介绍了具有科学与艺术相结合特征的地图学理论体系,包括地球椭球体、大地坐标系和地图符号系统等基础概念与原理;其次,推演出了城市空间测控管理的技术基础——城市坐标系的建立方法;再次,针对城市规划信息具有时空与定性定量数据高度关联的特点,详细梳理了借助地理信息科学中矢量和栅格两种基本结构的空间数据模型,如何来设计表达规划空间实体数据;最后,借助 GIS 软件工具,介绍了城市基础地理数据的人机交互采集方法以及城市空间数据库组织设计方法及其实现技术。

2.1 现代地图学基础理论

2.1.1 地图学基本概念

地图学是研究地图的理论、编制技术与应用方法的科学,是一门研究以地图图形反映与揭示各种自然和社会现象空间分布、相互联系及动态变化、技术与艺术相结合的科学。其中,反映与揭示各种自然和社会现象空间分布是城市规划社会调查了解现状的第一步,相互联系及动态变化是规划的重要依据。

地图是地理学的第二语言,它是城乡与区域研究中必不可少的工具,也是规划研究成果的最好表达方式。地图具有可测量性、直观性、一览性的基本特性。可测量性是指地图严密的数学法则使得各种地理信息都可以在地图上精确定位,亦可进行各种量算;直观性是指地图完美的符号系统使得地理信息能够非常直观地得到体现;一览性是指通过制图综合使得地球表面看来拥挤繁杂的事物在地图上表现得有条不紊。

地图设计制作的过程就是从地球表面到地图表面的转换过程。这一过程包括三个阶段,其一是选择适合表达地图主题空间范围大小的、严密的数学法则,主要包括:比例尺、投影与坐标系等;其二是对地理环境诸要素按照地图用途、主题等因素进行要素取舍、图形化简等抽象化制图综合;其三是采用抽象并艺术加工的符号系统来绘制图面上的各种要素。这一设计制作方法同样适用于城市规划图的编绘,亦可将之作为城市规划方案成果图是否科学、合理、清晰地表达城市规划意图的基本准则。

2.1.2 地图学的数学法则

地球是一个近似椭球体,其表面是一个极其复杂而又不规则的曲面,有高山、丘陵、平地、凹地和海洋,最高的珠穆朗玛峰高达 8 844.43 m,而最低的马利亚纳海沟为－11 022 m,两者相差近 20 km。对于这样复杂的自然表面是不可能直接用数学公式来表达的。大地测量学家建立了一整套的计算理论和方法。

(1) 大地水准面与高程系

科学家发现:在地球自然表面上的水面是相对规则的,而且其表面积约占整个地球表面积的 71%。因此,人们假想静止时的海洋面延伸穿透大陆形成一封闭的曲面,那么它相对自然表面来说要规则得多。这样的表面称为水准面。而潮涨潮落使得海平面不断变化,因此水准面有无穷多个,取其中通过平均海平面的水准面为大地水准面。大地水准面上的重力位处处相等,并与其上的铅垂线方向处处保持着正交。

大地水准面在测量上是一个非常重要的面,它是测量工作的基础面,也是绝对高程(即海拔高)的起算面。我国 20 世纪 80 年代以前出版的地形图所采用的"1956 年黄海高程系",俗称青岛零点,是根据青岛验潮站 1950—1956 年共 7 年的观测资料,取其平均值作为我国大地水准面。80 年代后期,国家对高程系做了调整,根据青岛验潮站 1952—1979 年共28 年的观测资料,重新确定了我国的大地水准面,取名为"1985 国家高程基准"。新基准与老基准相差 0.026 m。

(2) 地球椭球体

大地水准面显然要比地球自然表面规则得多,但由于地球表面起伏不平和地球内部质量分布不均匀,大地水准面仍然是不规则的,它还不是一个简单的几何体,因而不能用数学公式来表达。在这样一个不规则的曲面上是无法进行测量计算工作的。

根据几个世纪的实践,人们逐渐认识到地球的形状近似于一个两极略扁平的旋转椭球体。因此,测量上就选择了一个接近大地水准面的椭球面作为测量计算的基础面。这个椭球面所包围的球体称为地球椭球体。如图 2.1 所示,地球椭球体的大小和形状通常用三个参数来表示,即长半径 a、短半径 b、扁率 f,亦统称为椭球体参数。不同的时期、不同的国家、不同的测量手段所获得的椭球体参数是不同的。这个地球椭球体是假想的,故称为参考椭球体。

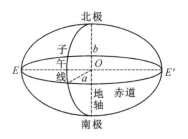

图 2.1 地球椭球体

(3) 大地坐标系

在大地测量中以参考椭球面为基准面建立起来的坐标系被称为大地坐标系。地面点的位置用大地经度、大地纬度和大地高度表示。大地坐标系的确立包括选择一个椭球、对椭球进行定位和确定大地起算数据。所谓椭球体定位就是确定参考椭球面与大地水准面的位置关系。测量的基准面是大地水准面,而测量结果的计算则必须以参考椭球面为基准面,也就是说所有地面点的测量值都需要映射到椭球面上才能计算其大地坐标。椭球面不可能与大地水准面完全吻合,映射误差将不可避免地产生,椭球体如何定位将直接影响误差的大小,进而影响测量计算的结果。

根据椭球体定位的方法,大地坐标系可分为参心坐标系和地心坐标系两种。参心坐标系的定位规则之一(不是唯一)是椭球面与大地水准面局部吻合误差最小,因此椭球体的球心与地球质心往往不能重合,测量计算采用的三维坐标系的原点只能是参考椭球体的球心(参心);地心坐标系的定位规则中首先考虑参心与地心的重合,其次考虑全球范围内椭球面与大地水准面吻合误差最小。显然,地心坐标系更符合现代全球战略。

我国在 1953 年以前采用美国海福特椭球体,1953 年以后采用苏联的克拉索夫斯基椭球体,并在此基础上建立了"1954 年北京坐标系",简称 54 坐标系或北京坐标系。北京坐标系其实是苏联 1942 年坐标系的延伸,它的原点不在北京而是在苏联的普尔科沃。这个坐标系对我国广大国土来说其实并不合适,为此,我国自 1978 年起提出并建立了自己的大地坐标系,即后来的"1980 年国家大地坐标系",简称 80 坐标系或西安坐标系。80 坐标系的原点设在我国中部的陕西省西安市以北的泾阳县永乐镇,简称西安原点。80 坐标系采用国际大地测量与地球物理联合会第 16 届大会推荐的地球椭球体参数,并根据青岛大港验潮站 1952—1979 年观测值确定的黄海平均海水面推算的大地水准面(即 1985 国家高程基准)进行椭球体定位。北京坐标系和西安坐标系都属于参心坐标系。以西安坐标系为例,椭球体定位时尽可能使得我国国土范围内椭球面与大地水准面吻合误差最小,这就使得地形图的精度在我国国土范围内得到了保障。随着社会的进步,国民经济建设、国防建设和社会发展、科学研究,尤其是太空事业等对国家大地坐标系提出了新的要求,"2000 国家大地坐标系"是我国当前最新的国家大地坐标系,英文名称为 China Geodetic Coordinate System 2000,英文缩写为 CGCS2000。根据国务院的要求,国土资源部确定自 2018 年 7 月 1 日起,全面使用 2000 国家大地坐标系。2000 国家大地坐标系是我国自主建立、适应现代空间技术发展趋势的地心坐标系,因而首先应用于我国自行研制的北斗导航卫星系统。相对于美国的全球定位系统 GPS 来说,我国的北斗导航卫星系统起步较晚,目前尚未覆盖全球,还没有达到普及使用的阶段。美国的全球定位系统 GPS 采用的大地坐标系是 WGS-84 坐标系(World Geodetic System-1984 Coordinate System),属于地心坐标系,其椭球体参数见表 2.1。

表 2.1 我国常用大地坐标系的椭球体参数列表

坐标系名称	长半轴 a(m)	短半轴 b(m)	扁率 f
1954 年北京坐标系	6 378 245	6 356 863.018 8	298.3
1980 年国家大地坐标系	6 378 140±5	6 356 755.288 2	298.257 0
2000 国家大地坐标系	6 378 137	6 356 752.314 14	298.257 222 101
WGS-84	6 378 137.000	6 356 752.314	298.257 223 563

(4)地图投影

地图是地球表面的各种信息在二维平面上的缩影,因此地图编制首先必须解决的是球面上的点、线、面如何转换到平面上。从地球表面到地图表面实质上是一个从三维曲面到二维平面的变化过程,这个过程必须按照严密的数学法则进行,以保证地图的可测量性,这个数学法则就是地图投影。形象来说,地图投影就是将地球曲面展开到地图平面上,最直观的地图投影方法是几何投影。几何投影源于透视几何原理,将地球面的经纬网投影到平面上或可以展开成平面的圆柱面和圆锥面等几何面上,从而构成方位投影、圆柱投影和圆锥投影。

由于球面是一个不可展面,即不可能展开成一个既无裂缝又无重叠的完整平面,因此地图投影的变形是不可避免的。为了使投影变形控制在一定的范围内,使地图具有可靠的精度,地图投影学家们研究出了各种不同的地图投影,以适应各种不同的要求。在实际应用中,大多数地图投影都已经不能用几何透视原理来解释,但本质上讲,无论是几何投影还是非几何投影(投影学上称为条件投影)都是关于球面地理坐标系与平面直角坐标系转换关系的数学表达。公式 2.1 是地图投影的通用表达式,特定的投影由于投影条件不同则方程式中的变量、参数以及运算方式亦不相同。

$$x = f_1(\varphi, \lambda) \qquad y = f_2(\varphi, \lambda) \tag{2.1}$$

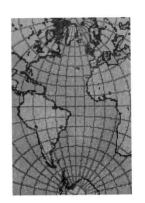

从外观上讲,不同的地图投影经纬网的形状或经纬网的图面分布规律不同,而这种显性变化的内在反映是地图变形性质、变形分布、变形大小的不同。以常用的高斯-克吕格投影为例,其经纬网的形状特征是:中央经线和赤道投影为互相垂直的直线,其他经线投影为对称于中央经线并收敛于南北两极的曲线,其他纬线投影为对称于赤道并向两级弯曲的曲线;其经纬距的变化规律是:中央经线上纬线间隔相等,赤道上经线间隔从中央经线向东西两侧迅速扩大(图 2.2)。高斯-克吕格投影属于等角投影,没有角度变形,但面积变形较大,离开中央经线越远变形越大,中央经线是没有变形的标准线。我国大中比例尺地形图在采用高斯-克吕格投影时,根据制图区所在的经度带不同使用不同的中央经线,以保证所有的地形图的投影变形在允许范围内。高斯-克吕格投影分

图 2.2 高斯-克吕格投影示意图

带有 6°带和 3°带两种,分别适用于不同比例尺的地形图。大于等于 1:1 万的大比例尺地形图采用 3°带,小于等于 1:2.5 万的中比例尺地形图采用 6°带。如图 2.3 所示,6°带从 0°经线开始,0°～6°为第 1 带,6°～12°为第 2 带,顺次把全球分为 60 个投影带,我国处于第 13～第 23 投影带。3°带则从 1°30′开始,每 3°为一个投影带,因此有一半的 3°带与 6°带的中央经线是重合的,这样有利于不同投影带之间的变换。

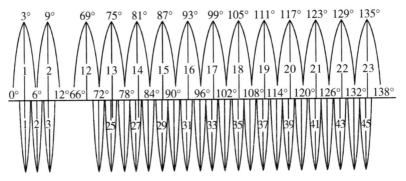

图 2.3 高斯-克吕格投影分带示意图

（5）地图比例尺

地图是地球空间的缩小表达。地图上所表示的空间尺度被称作比例尺。比例尺是表示图上一条线段的长度与地面相应线段的实际长度之比。公式为：比例尺＝图上距离与实际距离的比。比例尺有三种表示方法：数值比例尺、图示比例尺和文字比例尺。一般来讲，大比例尺地图，内容详细，几何精度高，可用于图上测量。小比例尺地图，内容概括性强，不宜于进行图上测量。地图按比例尺分为大比例尺地图、中比例尺地图、小比例尺地图三类，测绘部门将1∶5 000、1∶1万、1∶2.5万、1∶5万、1∶10万、1∶25万、1∶50万和1∶100万等8种比例尺地形图规定为国家基本比例尺地形图，简称基本地形图，亦称国家基本图，以保证满足各部门的基本需要。其中，大比例尺地形图指1∶500、1∶1 000、1∶2 000、1∶5 000；中比例尺地形图指1∶1万、1∶2.5万、1∶5万、1∶10万、1∶25万、1∶50万；小比例尺地形图指1∶100万。

2.1.3 地图上各要素的表示

地图是地理信息的载体，地球表面的各种地理要素均以符号化的形式被表达于地图平面上，地图设计的显性特征便是符号化。地图符号是地理要素的抽象表达，但好的地图设计必须做到抽象却不失直观性、科学却不失艺术性。因此，地图设计者必须首先要了解表达对象的空间分布规律及其属性特征。

空间性是地理要素的最基本特性。根据地理要素的空间分布状况，可以把它们概括为点状分布、线状分布、面状分布等几种类型，相应地可以设计点状符号、线状符号、面状符号。点状符号以唯一的定位点（如几何中心）表示点状要素的空间位置，符号的大小不代表要素实际占地范围；线状符号以其中心线代表线状要素的空间延展情况，符号的宽度或线条的粗细并不代表要素的实际宽度；面状符号的轮廓与表达对象的轮廓相似且表达对象的实际位置与分布情况。

毫无疑问，地理实体在地球上的空间维度是一定的（数学上），但其所属的空间类型则存在不确定性。这种不确定性来自地图比例尺及制图目的。举例来说，城市建成区本身显然具有面状分布特征，然而当制图比例尺小到无法在图面上表示它的实际分布范围时，或者制图目的不需要表达它的实际分布范围时，那么用一个抽象的点状符号表示城市的存在即可。另一个常见的例子就是道路，大多数时候地图上都是采用线状符号来表达的，这是因为一般情况下道路的长度会更多地成为人们关注的重点。

对于地图设计者来说，地图符号对地理要素空间分布的表达灵活性显然是有限的。如何通过符号的变化来表达要素的属性特征的变化才是设计的重点。地理空间上的任何一个物体，必然因个体的独特属性而区别于相邻的其他物体。比如：植物的种类、土地污染的程度、建筑的高度、城市的人口数，等等。概括来说，地理要素的属性有定性和定量之分。定量属性是指那些可以量化的、用具体数值表达的属性，如人口、收入、产值等；定性属性是指不能用数值表达，只能以文字表述的属性，如土地利用类型、产业功能等。对于不同属性特征的表达，符号设计必须同时考虑人的视觉感受特点和心理认知规律。

作为一种视觉产品，地图符号正是通过视觉变量的变化来表达不同的地理属性的。地图符号的基本视觉变量包括：形状、尺寸（大小）、颜色、纹理、方向。

形状变量主要用于表达要素的定性特征的变化,并主要用于点状符号的设计。它们可以是简化的象形符号,如表示机场的飞机、表示码头的锚;它们也可以是完全抽象的几何符号,如圆形表示的城市、等腰三角形表示的山峰,等等。

方向变量往往是配合形状变量使用的,比如倒置的三角形,符号形状虽然没变,但给人的视觉感受显然是不同的。

在表达要素数量变化方面尺寸变量更加直观。例如,人口分布图中通常以圆形符号的大小来表达人口总量的多少;线状符号的粗细则可以表达道路车流量的多少。

颜色是现代地图设计中最重要的视觉变量,色相、亮度、彩度是它的从属变量。颜色既可以表达要素的定性特征,也可以表达定量特征。例如,土地利用类型分布图中以不同的颜色表达不同的类型,其主要是利用了色相变量;对于人口密度图,利用亮度的变化颜色由浅至深对应表达人口密度的疏密变化。

纹理是指在一定区域内若干小的图案规则排列的结果。显然,填充图案的样式、大小、排列方式、排列间隔、排列顺序都将影响纹理的视觉效果。通过这些从属变量,纹理变量可以表达要素的定性特征,亦可以表达其定量特征,因而与颜色变量有着异曲同工之效。不过,纹理的过度使用会干扰其他要素的表达,影响地图的清晰性,故只可以在小范围使用,如大比例尺地形图上的沼泽地、沙地等。

2.2　城市坐标体系的建立

2.2.1　高斯-克吕格直角坐标系

城市规划图的编制普遍采用大、中比例尺地形图作为地理背景底图。高斯-克吕格投影是我国大、中比例尺地形图(≥1∶50万)所采用的投影。如前文所述,高斯-克吕格投影的中央经线与赤道投影为互相垂直的直线,它们即是投影计算中使用的地图直角坐标系的两个坐标轴(图2.4)。

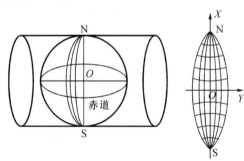

图2.4　高斯-克吕格
投影构成简图

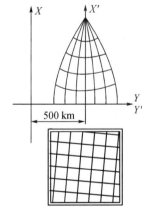

图2.5　高斯-克吕格直角坐标系的
建立及方里网简图

为了避免直角坐标系出现负值,在实际应用中取中央经线以西 500 km 并平行于中央经线的直线为纵轴,横轴保持不变。在我国大比例尺地形图上一般都绘有高斯-克吕格直角坐标网,俗称方里网,网线两端在图廓间标注的即为坐标值(图 2.5)。

2.2.2 城市坐标系

在国家坐标系中,地理要素的直角坐标值通常比较大,对于位于中央经线以东的地区,其横坐标在 500 000 m 以上,纵坐标也是一个六位数,这对于地图的编制、使用、量算来说都有很大的不便。因此,一些大中城市都根据本区的情况重新选择坐标原点,建立地方独立坐标系,即城市坐标系。一些处于高斯投影带中央经线附近的城市往往只需要在国家坐标系的基础上平移坐标纵轴作为其城市坐标系,定义坐标系时修改东伪偏移量即可。对于偏离中央经线较远的城市,投影变形相对比较大,如果地方上(尤其是大城市)认为这样的变形不能为更大比例尺城市地图所允许时,则建立完全独立的地方坐标系。

城市独立坐标系的原点一般选择城市区域的中心。2000 年时的上海城市坐标系的原点位于南京路国际饭店,北京城市坐标系的原点位于复兴立交桥。

2.2.3 GIS 中投影与坐标系的设置

在城市规划工作中,经常发现所使用的地图数据尤其是大比例尺数据,缺少关于其坐标系的描述,其中以 CAD 数据为多。坐标系信息的缺失将严重影响多源数据的集成和后期的数据分析。因此,定义并赋予地图数据坐标系就成了不可避免的一项工作。

严格来说,地图投影与坐标系是两个不同的概念,但是在 GIS 环境中这两个概念几乎被等同,"定义坐标系"或"定义投影"都是指在系统中进行与坐标系相关的参数设置。这些参数可以分为三类:大地坐标系参数、地图坐标系参数、地图投影参数。其中,大地坐标系即大地基准面(Datum),指与地球体有确定位置关系的参考椭球面;地图坐标系参数包括直角坐标系原点经纬度、坐标轴偏移量、直角坐标单位等;地图投影参数包括投影类型、中央经线、标准纬线等。

GIS 软件平台通常已经预设了若干坐标系,用户可以直接使用,也可以修改后使用。以 ArcGIS 为例,该系统将坐标系分为地理坐标系和投影坐标系两大类,其中地理坐标系作为投影坐标系的参数项出现,而地理坐标系的设置则与投影无关。其实道理很简单,地理坐标系即大地坐标系,本就与投影无关。然而地图投影的本质就是将大地坐标转换为图面坐标,所以投影坐标系必然同时涉及投影前的大地坐标系和投影后的直角坐标系。图 2.6 为 ArcGIS 环境下的地理坐标系属性和投影坐标系属性的两个对话框,其中投影坐标系属性对话框是关于高斯-克吕格投影的,从中可以读出这样的信息:该坐标系投影前的地理坐标系是北京 54 坐标系,高斯-克吕格投影的中央经线是 120°,高斯直角坐标系坐标纵轴西移 500 km(False_Easting 东伪偏移),直角坐标单位是米。

在 ArcCatalog 环境中可以查看所有数据的坐标系信息,如果坐标系信息缺失,其属性对话框中"当前坐标系"一栏将显示"〈未知〉",否则会显示坐标系各参数值(图 2.7)。

对缺失坐标系信息的数据只需要从系统预设的坐标系(对话框中的"地理坐标系""投影坐标系"两个目录)或自定义的(对话框中的"收藏夹")中选择一个合适的即可。

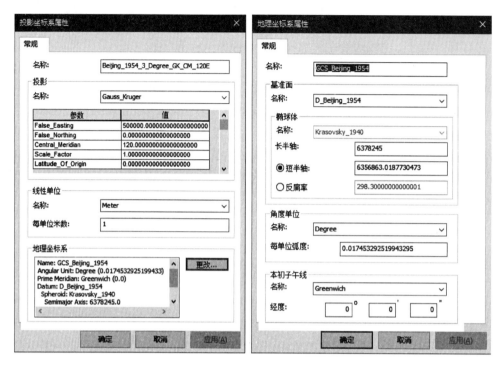

图 2.6 ArcGIS 中的坐标参数设置

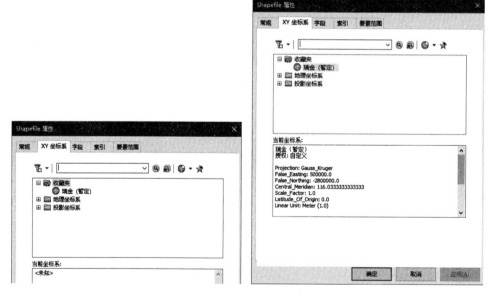

图 2.7 ArcCatalog 中查看数据的坐标系信息

2.2.4　坐标系投影变换

由于地图投影均会引起诸如面积、角度和方位等变形,各种投影的应用就有一定的范围。在编制地图的作业中,原始地图资料可能来源于几种不同的投影,要表现到新编地图上就必须进行投影变换。对于已知的一种资料图投影和新编图投影间的坐标变换一般采用解析变换方法,其数学模型如下:

设资料图投影方程为式(2.1),新编图投影方程为:

$$X = F_1(\phi, \lambda) \qquad Y = F_2(\phi, \lambda) \qquad (2.2)$$

则从式(2.1)中可反解得:

$$\phi = f_1^{-1}(x, y) \qquad \lambda = f_2^{-1}(x, y) \qquad (2.3)$$

代入新编图投影方程,则有:

$$X = F_1[f_1^{-1}(x, y), f_2^{-1}(x, y)]$$
$$Y = F_2[f_1^{-1}(x, y), f_2^{-1}(x, y)] \qquad (2.4)$$

MapInfo 中设计了多种这样的两种投影间解析变换程序,不仅允许用户将一种投影的地图坐标数据变换生成另一种投影的地图坐标数据,而且能够在生成新数据前实时地显示变换图形,供用户快速选择投影。ArcGIS 中使用"投影(Projection)"工具可以实现坐标系的投影变换。

2.3　城市空间数据模型设计

2.3.1　城市规划中的数据模型作用

城市规划过程中大部分数据都具有某种形式的地理空间信息,随着计算机技术和地理空间技术的发展,一个基于地理信息系统、融合现代城市系统工程和计算机信息技术的城市规划信息系统(UPIS,Urban Planning Information System)的产生与发展,将使城市规划与管理工作更加科学化和理性化。城市规划与管理的方法和手段也随着地理信息系统、遥感技术和全球定位技术等 3S 技术的发展和融合得到更新。如图 2.8 表示城市规划过程中通过行为主体和外部环境自身及相互作用,将数据模型存储入计算机,根据不同的空间模型对规划编制、规划实施和规划管理提供支撑。

城市规划中的空间实体大多在计算机中存储和处理,计算机对空间实体的描述主要表征为两种形式:显式描述和隐式描述。显式描述是指通过栅格中一系列像元来表示具体的地物类型。显式描述对地物部分的像元赋以编码值,位置则由行列号定义,进而使计算机识别这些像元,即通常所说的栅格数据格式。隐式描述通过点、线、面等空间要素结合拓扑关系表达空间实体,位置由二维平面坐标系中的坐标确定,即通常所说的矢量数据格式。例如图 2.9 中一幅具有河流、绿地和变电站的地图可以分别采用显式描述和隐式描述。图 2.9(a)用显式方法描述实体,图 2.9(b)用隐式方法描述实体。图 2.9(a)利用直观的栅格网表述地物的形态,根据地物属性不同赋以不同的代码值;图 2.9(b)利用一组点、线及面表示不同的地物。

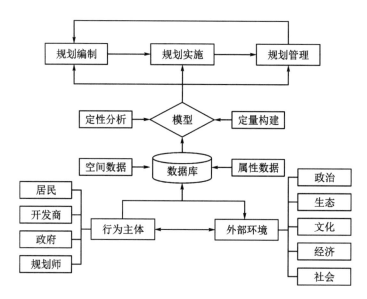

图 2.8　城市规划数据库和模型在规划过程中的应用

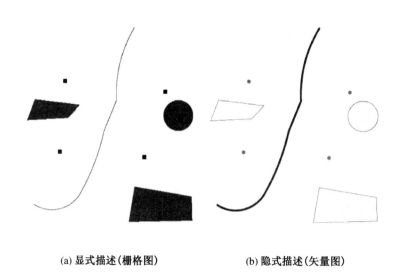

(a) 显式描述(栅格图)　　　　　　(b) 隐式描述(矢量图)

图 2.9　现实世界的空间描述方法

2.3.2　矢量数据模型设计

矢量数据格式通过一系列 x,y 坐标确定地理实体的位置,通过记录坐标的方式精确表达点、线、面等空间实体(表 2.2)。图 2.10 中点、线、面通过 x,y 坐标表示矢量编码方法,文件结构比较简单,较易实现以多边形为单位的运算和显示。矢量数据结构直观明了,每个点、线、面都代表一种地理实体(规划实体),如村落、道路、地块等。在城市规划设计的常规表现和查询统计模块中,可以利用这种数据结构进行组织,符合大多数人的习惯,也容易和城市规划管理相衔接。但是矢量数据结构也会产生诸如相邻多边形公共边重复输入引起的边界不重合、无法解决多边形关系中"洞"和"岛"结构、缺少相邻区域关系的信息等问题。基于上述问题,矢量数据采用拓扑结构编码的方式组织数据,故地理信息空间数据的矢量数据结构表示方法可分为简单结构表示法和拓扑结构表示法两种。简单结构表示法实现过程相对简单方便,称之为实体型矢量数据结构,主要应用于桌面型地理信息系统,如 MapInfo、ArcView 等;拓扑结构表示法能较好地处理面和边界线之间相互关系查询、面和面的相邻查询、面和面以及线和面的叠合分析,大多应用于专业型地理信息系统,如 ArcGIS 等。

表 2.2 矢量数据表示方式

图形对象类型	示例	组织方式
点	车辆出入口、市政基础设施布点、文物古迹分布、公共基础设施	点:(x, y)
线	道路中心线、水管和煤气管线、建筑后退线、道路红线、人行道	线:$(x_1, y_1)(x_2, y_2)(x_3, y_3)\cdots (x_n, y_n)$
面	用地规划、水域、绿地、行政界线、分区界线、建筑边界、邻里界限	面:$(x_1, y_1)(x_2, y_2)(x_3, y_3)\cdots (x_m, y_m)$

(1) 矢量数据采集及存储方式

矢量数据主要通过以下渠道获取:①已有电子数据转换,例如 AutoCAD、MapGIS 等软件平台转换而来,也可通过已有栅格数据进行矢量转换;②纸质地图矢量化、鼠标录入,主要通过对纸质地图进行扫描进而数字化,图 2.11 中长汀主城区土地利用数据通过纸质专题图扫描成栅格图,进而数字化为矢量数据;③实地勘察数据,通过 GPS 定位仪等仪器进行测量,将上述仪器获得的数据通过固定的格式转换为矢量数据。按上述方式采集矢量数据后,都需要将其储存在数据库系统中,目前常用的数据存储系统是基于 ArcGIS 平台的 GeoDatabase(地理数据库)。

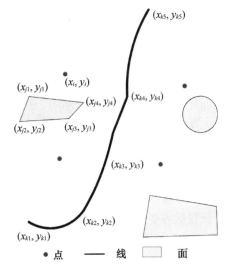

图 2.10 矢量数据格式

GeoDatabase 是基于对象矢量数据模型的一个例子,由 ESRI 公司开发作为 ArcGIS Desktop 基础的 ArcObjects 的一部分。类似于 Shapefile 文件(ESRI 公司的 Shapefile 文件是描述空间数据的几何和属性特征的非拓扑实体矢量数据结构的一种格式),GeoDatabase 用点、聚合线和多边形表示基于矢量的空间要素。GeoDatabase 将矢量数据集分成要素类(Feature class)和要素数据集(Feature dataset)。要素类存储具有相同集合类型(点、线、面等类型)的空间要素;要素数据集存储具有相同坐标系和区域范围的要素类。例如要素类可以代表一个街区,而要素数据集在同一个研究区域内能包括街区、乡镇和县区等。

GeoDatabase 可用于单个用户,也可用于多个用户。单用户数据库可以是个人数据库(Personal GeoDatabase)和文件数据库(File GeoDatabase)。个人数据库将数据存储在 Microsoft Access 数据库的表格中,以 .mdb 为扩展名。文件数据库是把数据以许多小文件的形式存储在文件夹中,以. gdb 为扩展名。文件数据库不像个人数据库,没有数据的大小限制。

GeoDatabase 的等级结构对于数据组织和管理十分有利,而且是 ArcObjects 的一部分,具有面向对象技术的优势。除此之外,GeoDatabase 提供即时拓扑,适用于要素内的要素或者两个或更多的参与要素类。GeoDatabase 基于 ArcObjects 平台,可以利用其对象、属性和方法供用户定制,而且 ArcObjects 提供可以按照各行业需求定制对象的模型。

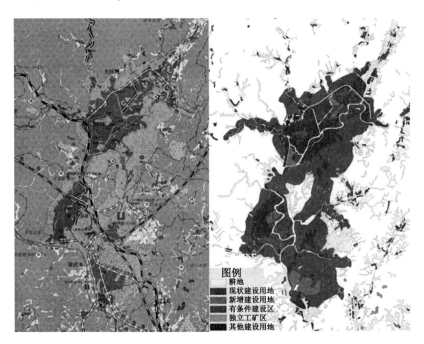

(a) 扫描栅格图　　　　　　　　　　(b) 数字化矢量图

图 2.11　扫描栅格数据通过数字化生成矢量数据

(2) 矢量数据处理方式

矢量数据处理方式主要包括空间位置分析、空间分布分析、空间形态分析和空间关系分析(表 2.3)。空间位置分析主要指通过空间坐标系中坐标值确定空间物体的地理位置,比如在规划选址中通过矢量数据坐标的确定将公共设施分布到具体空间位置上。空间分布分析反映了同类空间物体的群体定位信息,例如在分析人的出行规律时,将矢量数据进行统计分析可以分析出行活动的聚集和扩散趋势。空间形态分析反映空间物体的集合特征,包括形态表示和形态计算两方面。形态表示包括走向、连通性等,形态计算包括面积、周长等。在规划分析中,计算交通网络的流向和流量、统计建筑或者地块的面积等都属于空间形态分析。空间关系分析反映了空间物体之间的各种关系,如方位关系、距离关系、拓扑关系、相似关系等。空间关系分析是矢量数据分析最普遍的应用,在规划过程中计算容积率、分析城市发展潜力等都需要应用到矢量数据空间关系分析。图 2.12 表示空间叠置分析实例图,表示矢量面图层两两叠置分析关系。

空间拓扑关系是明确定义空间结构关系的一种数学方法。在 GIS 分析中,根据拓扑关系可以确定地理实体间的相对空间位置,有利于空间要素查询,也可利用拓扑数据重建地理实体。空间数据的拓扑关系包括拓扑邻接、拓扑关联和拓扑包含。拓扑邻接指同类元素之

表 2.3 矢量数据处理方式

处理方式	说明	示例
空间位置分析	通过空间坐标系中坐标值确定空间物体的地理位置	公共设施选址、交通出入口分析
空间分布分析	反映同类空间物体的群体定位信息	居民出行分析、设施布点离散分布趋势
空间形态分析	反映空间物体的集合特征,包括形态表示和形态计算两方面	交通流向和流量、统计地块面积
空间关系分析	反映空间物体之间的各种关系	容积率计算、城市发展潜力分析

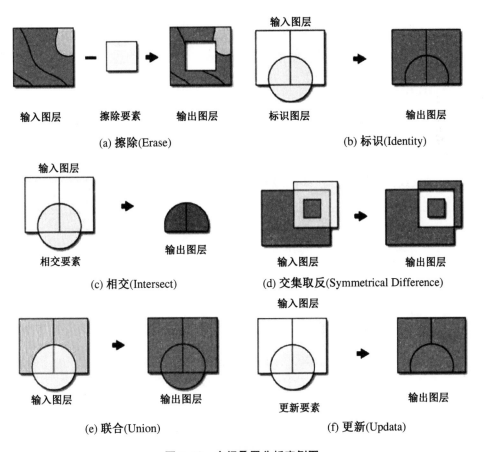

(a) 擦除(Erase) (b) 标识(Identity)

(c) 相交(Intersect) (d) 交集取反(Symmetrical Difference)

(e) 联合(Union) (f) 更新(Updata)

图 2.12 空间叠置分析实例图

间的拓扑关系;拓扑关联表示不同类元素之间的拓扑关系;拓扑包含表示同类不同级元素之间的拓扑关系。空间数据以 GeoDatabase 形式存储,GeoDatabase 将拓扑定义为关系规则,根据用户选择的规则在要素数据集中执行。表 2.4 显示了按要素类归纳的 25 种拓扑规则,一些规则用于一个要素类,而另一些用于两个或多个要素类。用于一个几何要素类的规则,在功能上与 Coverage 模型的拓扑属性很相似,而用于两个或多个要素类的规则只出现在 GeoDatabase 中。表 2.5 显示了拓扑关系的实际应用。图 2.13 表示部分点、线、面拓扑规则,这些规则可以用于 GeoDatabase 中矢量数据的拓扑查错。

表 2.4　GeoDatabase 数据模型中的拓扑规则

要素类	规则
多边形	不能重叠,没有间隙,不能与其他要素重叠,必须被另一要素类覆盖,必须相互覆盖,必须被覆盖,边界必须被覆盖,区域边界必须被另一边界覆盖,必须包含点
线	不能重叠,不能相交,没有悬挂弧段,没有伪节点,不相交或内部接触,不与其他图层重叠,必须被另一要素类覆盖,必须被另一图层的边界覆盖,终结点必须被覆盖,不能自重叠,不能自相交,必须是单一部分
点	必须被另一图层的边界覆盖,必须位于多边形内部,必须被另一图层的终结点覆盖,必须被线覆盖

表 2.5　拓扑关系的实际应用

数据专题	要素类	拓扑规则的子样本
宗地	宗地多边形、宗地边界(线)、宗地拐角(点)	宗地多边形不能叠置,宗地多边形边界必须被宗地边界线覆盖,宗地边界端点必须被宗地拐角(点)覆盖
街道中心线和居住单元	街道中心线、居住建筑、居住地块	街道线不能相交或内部接触,居住建筑不能叠置,居住地块不能叠置,居住地块必须被居住建筑覆盖
用地	用地类型多边形	用地多边形不能叠置。用地多边形不能有空隙
水文	水文线、水文点、流域(多边形)	水文线不能自叠置,水文点必须被水文线覆盖,流域不能叠置,流域不能有间距

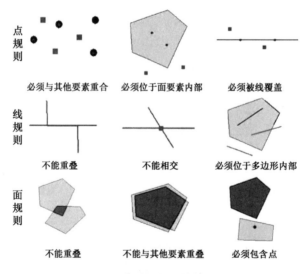

图 2.13　点、线、面拓扑规则示例

2.3.3　栅格数据模型设计

栅格数据实际上是一组像元矩阵,数据结构比较适合计算机运算处理,但数据存储量较大,通常是实际处理过程中采用适当的编码方法以尽量少的存储记录尽量多的信息。在城市规划编制过程中,现状调查的遥感图像、专题图片等都以栅格数据方式存储。

（1）栅格数据采集和存储方式

栅格数据主要通过以下方式获取：①遥感图像,根据遥感卫星传感器对地监测的图像均以栅格格式储存,图 2.14 表示遥感图像的栅格表示,每一像元对应不同的像元值（遥感图像中称为灰度值）,同时通过不同波段组合,可以合成不同波谱信息的图像用于要素识别（图 2.15）；②图片扫描获取（纸介质的地图等扫描）,传统的纸质图片通过扫描仪可以转换成不带空间信息的栅格图像；③矢量数据转换而来,通过 GIS 平台将获取的矢量数据转换为栅格存储；④由平面上行距、列距固定的点抽样而来。

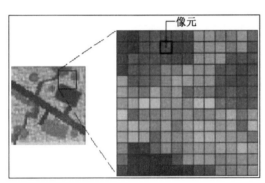

图 2.14　栅格数据表示方法　　　　　　图 2.15　遥感影像波段合成

栅格数据存储主要通过逐个像元编码（Cell-by-cell encoding）、游程编码（Run-length encoding）、四叉树编码（Quad tree encoding）等方式进行存储。逐个像元编码提供最简单的数据结构,栅格模型被存为矩阵,像元值是一个行列式文件。游程编码方式以行和组记录像元值,每一组代表多个连续的拥有相同像元值的相邻像元。四叉树编码用递归分解法将栅格分成具有层次的象限。栅格数据通过上述方式进行存储,但是所占空间较多,通常需要进一步进行数据压缩。数据压缩即数据量的减少,压缩质量对数据传递和网络制图非常重要。数据压缩分为无损压缩和有损压缩,其中无损压缩方法保留像元或者像元值,允许原始栅格或者图像被精确重构；有损压缩与无损压缩相反,不能完全重构原始图像,但是可以达到很高的分辨率。栅格数据可以直接存储在 GeoDatabase 中,也可以储存在 GeoDatabase 中已经存在的栅格数据集中。

（2）栅格数据的基本运算

栅格数据基本运算包括栅格数据的平移、算术组合、布尔逻辑组合、叠置分析以及其他基本运算（表 2.6）。栅格数据的平移主要是指原始栅格图像按事先给定的方向平移一个确定的像元数目,例如在遥感影像配准过程中经常要利用简单的平移。栅格数据的算术组合是将两个栅格图像叠加,使它们对应像元灰度值相加、相减、相乘、相除、开方和平方和等,例如计算地形粗糙度过程中需用到栅格计算。栅格数据的布尔逻辑组合将两个图像对应的像元,利用逻辑算子"或""异或""与"和"非"等进行逻辑组合,例如在对建设用地变化进行判断的时候,常常利用逻辑关系计算分析建设用地变化图。栅格数据的叠置分析类似于矢量数据的叠置分析,将不同栅格数据图像对应的像元进行叠置分析,确定输出的栅格图像,例如在分析土地利用变化时,可以将其转换成栅格图像,通过进行叠置分析计算出土地利用转换矩阵。其他基本运算包括:①栅格灰度值乘上或加上一个常数;②栅格灰度值求其正弦、余弦等,以及方根、对数、指数等;③将某些栅格灰度值设置成常数等;④求一个栅格图像中元素灰度值之和;⑤找出一个栅格图像中元素灰度值最大和最小等;⑥求出两个栅格图像对应灰度值的数量积;⑦将两层栅格图像对应灰度值进行比较,并把一个较大的元素记录到结果栅格图像中;⑧进行"二值图像"处理等。

表 2.6 栅格数据处理方式

处理方式	说明	示例
平移	原始栅格图像按事先给定的方向平移一个确定的像元数目	遥感影像配准
算术组合	将两个栅格图像叠加,使它们对应像元灰度值相加、相减、相乘、相除、开方和平方和等	地形粗糙度计算
布尔逻辑组合	将两个图像对应的像元,利用逻辑算子"或""异或""与"和"非"等进行逻辑组合	建设用地变化
叠置分析	将不同栅格数据图像对应的像元进行叠置分析,确定输出的栅格图像	土地利用转换矩阵
其他基本运算	①栅格灰度值乘上或加上一个常数;②栅格灰度值求其正弦、余弦等,方根、对数、指数等 ……	地表起伏度

2.3.4 栅格数据格式和矢量数据格式对比

空间数据的矢量结构和栅格结构是描述地物空间信息不同的方式。矢量数据模型用几何对象的点、线、面表示空间要素,对于确定位置与形状的离散要素表现较为理想,但对于连续变化的空间现象(如降水量、高程等)的表示则不是很理想。栅格模型能较好地反映离散现象。

栅格数据格式数据结构简单,便于构建数学模拟进行空间分析,但数据存储量大、图形输出不精确、美观性较差;矢量数据格式则存储量小、空间精度高且图形输出质量好,但存在数据结构复杂、数学模拟较难、空间分析不便等问题。总而言之,两种不同的数据结构各有优缺点,应用范围不同,能够互为补缺。在规划应用中,根据具体的数据特点和系统设计的目标,保证数据的输入、修改、检索、处理和输出所需时间少。例如,对遥感影像的处理,常采用栅格数据格式进行计算;而对于地图上地物要素数字化,常采用矢量格式存储。

2.3.5 属性数据模型设计

地理信息系统重要特征之一是将空间图形数据综合到单一系统,使得空间数据和非空间属性数据之间的交互复杂分析和建模成为可能。GIS 区别于 CAD 的主要特征在于空间数据和属性数据的连接。属性数据区别于一般数据库中的文本数据在于空间表示,即每一属性数据都有与之对应的空间实体。例如在城市规划分析中,通过面状矢量要素表示建筑,通过属性数据与空间数据联系,将建筑高度、层数、容积率等属性指标与建筑对象关联,一是实现了空间数据与属性数据无缝对接;二是方便根据属性数据对空间实体数据进行查询。

目前对于属性数据的管理和处理,GIS 采用的是比较成熟的数据管理系统(DBMS),因此数据库技术的发展对 GIS 属性数据管理乃至空间数据的管理具有重要意义。从数据库模型(结构)发展过程中的层次模型、网络模型到关系模型,直至现在的面向对象关系的模型,在 GIS 属性管理方面都有成功应用。图 2.16 表示属性表在 ArcGIS 中的应用,选中的童坊镇的镇域人口、镇区人口、城市化率、农民人均纯收入等都可以通过属性表来表示,通过其建立与空间对象的联系,可以分别进行专题图制作。

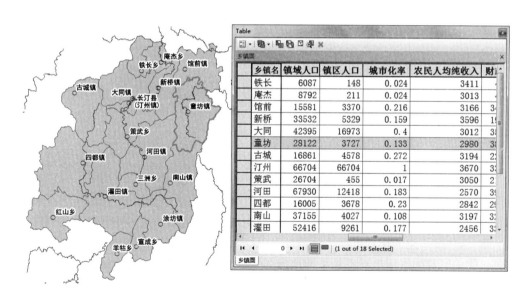

图 2.16 属性数据在 ArcGIS 中的表示

2.3.6 元数据概念及其组织

元数据就是"关于数据的数据"。帮助数据生产单位有效地管理和维护空间数据,建立数据文档。提供有关数据生产单位的数据存储、数据分类、数据内容、数据质量及数据销售等方面的信息,便于用户查询检索地理空间数据。比如城市规划过程中辨识现状的航片数据,航片的范围、坐标系统、分辨率等属性的数据就是元数据。提供通过网络对数据进行查询检索的方法或途径,以及与数据交换和传输有关的辅助信息。元数据帮助用户了解数据,以便就数据是否能满足其需求做出正确的判断提供有关信息,方便用户处理和转换有用的数据。图 2.17 表示栅格数据元数据信息,从图中可以看出栅格图像的像元大小为 5 m,像元深度为 16 Bit,图像大小为 2.05 GB 等。

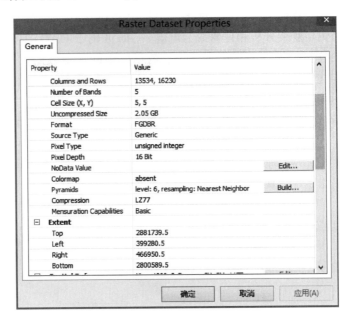

图 2.17　栅格数据元数据

2.4　城市基础地理数据采集

2.4.1　地形图及其符号系统

科学意义上的地形图(Topographic map)指的是地表起伏形态和地理位置、形状在水平面上的投影图。具体来讲,将地面上的地物和地貌按水平投影的方法,即沿铅垂线方向投影到水平面上,并按一定的比例尺缩绘到图纸上,这种图称为地形图。如图上只有地物,不表示地面起伏的图称为平面地形图。平面地形图又分为等高线地形图和分层设色地形图。

地形图指比例尺大于 1∶100 万的着重表示地形的普通地图(根据经纬度进行分幅,常用的有 1∶100 万、1∶50 万、1∶25 万、1∶15 万、1∶10 万、1∶5 万等)。由于制图的区域范围比较小,因此能比较精确而详细地表示地面地貌、水文、地形、土壤、植被等自然地理要素,以及居民点、交通线、境界线、工程建筑等社会经济要素。地形图是根据地形测量或航摄资料绘制的,误差和投影变形都极小。地形图是经济建设、国防建设和科学研究中不可缺少的工具,也是编制各种小比例尺普遍地图、专题地图和地图集的基础资料。在城市规划与建设中,地形图是城市规划编制、实施和监管全过程的质量基本保障。

国家测绘部门对各比例尺标准地形图的符号系统都制定了严格的执行标准,称为地形图图式(表 2.7)。地形图是详细表示地表上居民地、道路、水系、境界、土质、植被等基本地理要素且用等高线表示地面起伏的一种按统一规范生产的普通地图。

表 2.7　地形图常用符号系统示例(城市规划中常用部分)

名称		图例	名称		图例
房屋	房屋		河流	常年河	
	在建房屋	建		时令河	
	破坏房屋			消失河段	
行政边界	国界		道路	高速公路及收费站	收费站
	省、自治区、直辖市界			一般公路	
	地区、自治州、盟、地级市界			建设中的公路	
	县、自治县、旗、县级市界			乡村小路	
	乡镇界			高架路	

2.4.2　地形图扫描成图像

我国中等以上规模城市的规划设计与管理采用的大比例尺地形图主要是 1∶500 和 1∶1 000,图纸大小一般为 40 cm×50 cm。近年来,很多城市为适应新区开发,新测的地形图往往采用 50 cm×50 cm 的图纸幅面。借助 A2 幅面以上的黑白扫描仪,人们可以将地形图扫描成二值图像。对于大比例尺地形图来说,一般采用的扫描分辨率为 300 dpi(Dots Per Inch,每英寸点数)。每幅以一个文件存放,不经压缩的 TIF 文件大小一般为 6 MB(兆字节),压缩为 Packbit 格式存放的 TIF 文件大小一般为 1 MB,地形图文件名应采用扫描原图相应的图号,如苏州市 1∶1 000 地形图以苏州坐标系为空间基础,其分幅大小为 50 cm×50 cm,原图号为 0460632。其中,046 为南北方向的、以千米为单位的分幅编码,063 为东西方向的编码,最末尾一位以 1、2、3、4 来记录同一千米格网内的 4 幅图编码。

以地形图清绘薄膜为底图扫描的图像质量很好,当扫描分辨率为 300 dpi 时,每个扫描像元代表图纸上面积约为 0.08 mm×0.08 mm 的栅格,理论上可以达到地形图绘制线划粗度 0.1~0.2 mm 的精度要求。但是由于扫描仪采用光栅扫描成像技术,理论上只有扫描线中心点栅格图像没有变形,而由中心向两边像元的栅格大小误差在逐渐加大。实际上,由于扫描仪机械传动也会引起误差,从而使得扫描图像表现出不均匀的误差结果。我们曾采用 CONTEX A0 幅面单色扫描仪来扫描地形图薄膜,扫描软件为 CADImage/SCAN,扫描精度为 300 dpi,对图像上沿扫描方向的地形图两两十字丝之间距离进行测量,发现图像距离误差呈随机状态,误差最大可达 8 个像元值,即图纸长度的最大误差可达 0.8 mm,因此,分辨率为 300 dpi 的扫描图像精度远远满足不了地形图的精度要求。

在规划设计部门,人们往往将多幅相邻的地形图像在 PS 等图像处理与制作软件中拼接成完整的一幅,以此作为规划图设计的背景底图使用,这样设计的规划图显然没有足够的空间定位精度,在此规划图上量算的长度、面积等数据精度更是大打折扣。

2.4.3 地形图像自动矢量化

使用扫描的地形图进行光栅到矢量的转换,这种方法在城市规划设计的地形图矢量化方法中是最为常用的一种,它很符合当前规划设计界的习惯,在规划底图的获取方面不需要投入比较大的人力、物力,而又需要满足一定的规划精度要求时,采用 GIS 的处理方法,可以比较快速地得到规划精度要求下的矢量底图。这些 GIS 的处理方法就是指光栅矢量化技术,是 GIS 中研究的热点之一,有很多专家学者对此进行了大量的研究和探索,得出了很多很好的方法,如传统的边界跟踪法、散列线段聚合法、有向边界法、基于图段的整体矢量化算法、基于拓扑关系的矢量化方法等。

运用矢量化工具 I/GEOVEC 中的跟踪功能,对线状地物进行跟踪,定义与要素编码表中一致的要素和层。对不能进行跟踪的注记和符号用工具板或键盘输入。线状地物的自动跟踪方法对许多符号可以"照葫芦画瓢"进行,但有些符号则不能这样做,如房屋建筑、围墙等。由于原地形图基本上为人工绘制,使得原图像上该直角的房子不直角,拐角经常有"弧化"现象,且相邻房屋的公共边或平直线常出现歧义,这时,应该使用 CAD 画任意方向的矩形工具绘制,并注意对相互邻接房屋通过"抓点"使之保持一致。

另外,除了前面介绍的专用矢量化软件外,现在很多 GIS 软件都提供了扫描图预处理及矢量化的模块,如 ArcInfo 的 ARCSCAN 模块、Mapinfo 的 Vertical Mapper、GeoStar 的 GeoScan 模块、MapGIS 的扫描矢量化输入输出模块、Citystar 扫描矢量化模块等。这些矢量化的工具就更加专业了,尤其是将矢量化结果转换成主系统数据格式非常方便,数据也相当精确。

2.4.4 屏幕人工矢量化

在城市规划设计中经常需要人工矢量化各种基础地图或专项地图,其数据精度基本上可以满足绝大部分的城市规划设计的要求。其所需要做的前期准备工作就是设置空间坐标系和进行图像配准,不需要其他外部设备。这种方法需要一定的工作量,在地形复杂的地方也需要投入较大的人力去完成。在矢量化过程中我们主要采用 ArcGIS 软件矢量化工具。

在 ArcMap 中新建 shp 格式的线要素文件,使用编辑器进行要素创建。将底图放大到一定程度后,能够辨识道路的边界,单击鼠标确定线的起点,然后移动鼠标到合适位置(线的拐点处),再单击鼠标添加一个线的拐点,依次操作沿道路边界方向描线,最后双击鼠标完成一条线的创建。按照此方法依次进行屏幕跟踪数字化,直到将所需要的所有道路完成数字化。

计算机制图软件一般都提供若干编辑工具,供用户对输入数据进行适当的编辑修改。如 ArcMap 的图形编辑工具:添加或删除节点、连接节点、分割曲线、直线与曲线转换、曲线延长、曲线自动闭合等;图形变换工具:位移、旋转、缩放、镜像、倾斜等(图 2.18)。

图 2.18 ArcMap 中的编辑器

2.5 城市规划空间数据库设计与技术实现

2.5.1 城市空间数据体系认知模式

空间数据结构是指对空间数据进行合理的组织,以便于进行计算机处理。数据结构是数据模型与文件格式之间的中间媒介。例如,游程编码是一种适用于栅格数据模型的数据结构,它能以各种各样的格式写到数据文件里。数据模型和数据结构之间的区别很模糊,事实上,数据模型是数据表达的概念模型,数据结构是数据表达的物理实现,前者是后者的基础,后者是前者的具体实现。

城市规划设计中,大部分规划实体都是使用矢量数据来表示的,因此其空间数据结构可以分为实体型和拓扑型两大类。实体型数据结构的每个点、线、面都代表了一种规划实体,如村落、道路、地块等。在城市规划设计的常规表现和查询统计模块中,可以利用这种数据结构进行组织,符合大多数人的习惯,也容易和城市规划管理相衔接。现有的计算机硬件设备在桌面的地图显示与查询方面还是允许这些数据冗余的,其效率也足以满足规划设计的要求。拓扑型数据结构比较复杂,其空间属性表中记录了每个点、线、面矢量实体的空间关系,其特点是弧段用点的连接来定义,多边形用点及弧段的连接来定义,这样相邻多边形的公共边不必再重复输入,且通过邻接性的关系,能识别出各地理信息实体的相对位置,从而解译出多种信息。拓扑结构是用确定区域定义、连通性和邻接性的方法来表示要素之间连通性或相邻性关系的一种数据结构。

2.5.2 空间图形对象几何类型设计

和常规的 GIS 一样,数字城市规划中的规划要素的空间实体是以点、线、面作为三种基本元件,分别反映不同的地图特征。

点特征(Point feature)或称点对象,是用一个独立的位置来表达,它所反映的地图对象因太小而无法用线特征和面积特征来表示,或者该对象不具备面积特征(如区域规划中的城镇等);此分布现象如城镇、乡村居民点、交通枢纽、车站、工厂、学校、机关、山峰、风景点等,这种点状地物和地形特征部位,其实也不能说它们全部都是分布在一个点位上,只有从较大的空间规模上来观测这些地物,才能把它们都归结为呈点状分布的规划实体,从较小的尺度上一般都会转化成面状对象。在规划设计中,我们可以用一个点的坐标数(平面坐标或地理坐标)来表示其空间位置,而它们的属性可以有多种描述,不受任何限制。

线特征(Line feature)或称线对象,是由一组有序的坐标点相连接而成,反映的是那些宽度太窄而无法表示为一个面积区域的对象或本身就没有宽度的对象。其中,前面一种类型是属于有规划空间实体与其相对应的,如河流、运河、海岸、铁路、公路、地下管网等,后面一种类型则不是空间中存在的实体,但却是规划设计的操作对象,如等高线、行政边界等。它们有单线、双线和网状之分。在实际地面上,其水面、路面都是一个多变的狭长的或区域的面状,在比例尺放大后也会转化成面对象的。因此,即使是线状分布的地理现象,它们的空间位置数据可以是一线状坐标串也可以是一封闭坐标串。对应于线状地物的属性数据一般均以线段为基本描述单元。

面积特征(Area feature)或称面对象,是由一个封闭的图形区来代表,其边界包围着同一性质的一个区域(如同一土地类型、同一行政区域等)。按照它们的性质可划分为自然地理要素的面对象和社会经济与人文要素的面对象两大类。前者的规划实体是指具有连续分布特征的自然地理要素,如城市、居民地、建筑物、土壤、水面、街区、绿地等,也包括某些断断续续的连续分布现象。后者不是确切的地理实体,但有一条相对确切的分布范围边界,如规划中不同性质的地块、行政区域。显然,描述面状特征的空间数据一定是封闭坐标串,通常称之为多边形。

CAD数据模型是以二进制文件格式存储地理数据,并以点、线和面域的形式表达。属性信息很少能保存在这些文件里,地图图层和注记是主要的属性表达方式,因此它在空间分析方面有着很大的局限性。在GIS中,地图上不同的地图对象(点、线、面)的地理特征及其非空间特性往往是用特定的符号同时反映出来的。不同的地图特征在GIS空间分析中所使用的方法是不同的,因此其空间数据结构也不同。

2.5.3 空间图形对象的属性表设计

规划属性数据一般包括名称、等级、数值、代码等多种内容。属性数据编码即将各种属性数据变为可被计算机接受的数值或字符形式,以便地理信息系统存储管理。编码的优劣决定了属性数据库的存储效率,其内容一般包括三个部分:

标识部分:用来标识属性数据的序号,可以是简单的连续编号,也可划分不同层次进行顺序编码;在城市规划设计中可以根据空间数据的分层进行顺序编码,这样可以提高查询速度,也可以更加明确地分类规划实体。编码原则应该和国家标准的分类编码方法基本一致。

分类部分:用来标识属性的地理特征,可采用多位代码反映多种特征;在数字城市规划设计中的属性数据主要分为三类:第一类是空间几何属性,是指规划实体的地理坐标、面积、长度、高程等在 x、y、z 轴上的几何信息。第二类是空间对象对应的规划实体的性质属性,如城市名称、地块性质、建筑类别、建筑质量、道路等级等。第三类是规划对象的相关属性,如城市人口指标、城市经济指标等,这是城市规划设计中需要用到的分析指标,可以通过外接的数据库进行。

控制部分：用来通过一定的查错算法，检查在编码、录入和传输中的错误。该部分在属性数据量较大的情况下具有重要意义。

2.5.4 城市空间数据库组织

目前，国家基础地理信息中心围绕构建"数字中国"地理空间基础框架，为国土与城乡规划建设等部门提供的数字地图产品主要有：①数字线划地图（DLG）：全国1∶100万和全国1∶25万；②数字栅格地图（DRG）：全国1∶5万；③数字高程模型（DEM）：全国1∶100万、全国1∶25万、全国1∶5万、七大江河流域重点防范区1∶1万；④数字正射影像图（DOM）：全国1∶5万和局部1∶1万。数字线划地图、数字栅格地图、数字高程模型、数字正射影像图简称4D产品，成为国家基础地理信息数据。

（1）地图图形要素分层

地形图上有六大基本要素：水系、地貌、居民地、交通、境界、独立地物，似乎分六个图层即可。但为了充分发挥数字地图的功能，在实际应用中，常常需要以不同比例尺的形式显示或输出专题内容，而且不同的需要对某一要素要求的详细程度也不一样。因此，为了满足不同领域的多样化需求，国家地理信息中心提供的DLG产品中，对要素进行了十分详细的分层，共分38个图层。这些图层可供用户任意选取、任意组合，详见图2.19。

id	类别	图层	图层说明	颜色	符号
1	1	HL0	双线河(及湖)	深兰	细实线
2	1	HL1	通航100吨以上河	次深兰	细实线
3	1	HL2	通航60—100吨河	灰绿	细实线
4	1	HL3	通航60吨以下河	绿	细实线
5	1	HL4	不通航河	淡绿	细实线
6	1	HL5	次要河	淡兰	细实线
7	1	HL6	小湖泊	淡兰	细实线
8	2	DL1	铁路	深红	
9	2	DL2	高速公路	深红	粗实线
10	2	DL3	主要公路	大红	
11	2	DL4	一般公路	品红	
12	2	DL5	大车路	品红	
13	3	TB1	双线堤坝	紫色	
14	3	TB2	单线堤坝	紫色	
15	4	JMD0	各级政府驻地	红色	
16	4	JMD1	主要城镇居民地	黄色	
17	4	JMD2	一般镇	橙色	
18	4	JMD3	村民委员会	橙色	
19	4	JMD4	村庄	橙色	
20	5	JJ1	省直辖市界	黑色	
21	5	JJ2	区县界	黑色	
22	5	JJ3	乡中心城分区界	黑色	
23	6	DX1	主要山峰	棕色	
24	6	DX2	等高线	棕色	
25	7	DLDW	科学测站文物古迹	红色	
26	6	JWW	经纬网	黑色	
27	6	DX3	高程点		
28	1	HL0H	双线河名		
29	1	HL1H	通航100吨以上河名		
30	1	HL2H	通航60—100吨河名		
31	1	HL3H	通航60吨以下河名		
32	1	HL4H	不通航河名		
33	4	JMD0H1	各级政府名		
34	4	JMD2H	一般镇名		
35	4	JMD3H	主要村名		

图 2.19 地形图数字化分层示意

（2）规划基础专题数据体系构建

从数字线划地图中直接提取的规划基础专题数据体系主要包括道路中心线、水域、建筑和数字高程模型四个基本要素，其中，道路中心线为线状矢量数据，属性一般有道路等级、道路长度等；水域和建筑为面状矢量数据，水域的属性一般有水域面积等，建筑的属性一般有建筑材质、建筑高度等；数字高程模型为栅格数据，可分解为高程和坡度两个基本图层，一般可作为专题图的底图（图2.20）。

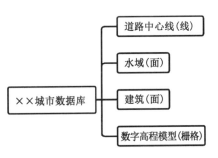

图 2.20 规划基础专题数据体系示意图

（3）CAD转化为GIS数据

通常在规划实际工作中初始图件大多数是CAD数据，那么将CAD数据转化为GIS数据就是在ArcGIS中进行一系列分析研究的基础。首先，需要在ArcCatalog中新建一个File Geodatabase数据库，并打开CAD属性，定义空间参考坐标系，可以从ArcGIS内置的投影坐标系中进行选择，也可以导入自己保存在本地的投影坐标系（图2.21）。然后，对于CAD数据中的点和折线要素类（如高程点、等高线、道路线等），使用ArcMap工具菜单"Selection"中"Select by Attributes"工具，采用SQL语言选择对应图层的CAD数据，并通过右键菜单中的"Export Data"工具导出GIS点/线要素的矢量数据，保存在GDB数据库中（图2.22）；对于CAD数据中的注记要素类，在搜索栏搜索工具"Feature To Point"，转换为点要素类存入GDB数据库中（图2.23）。

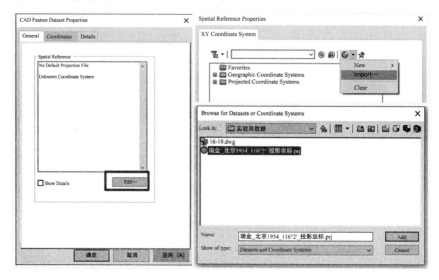

图2.21　定义空间参考坐标系

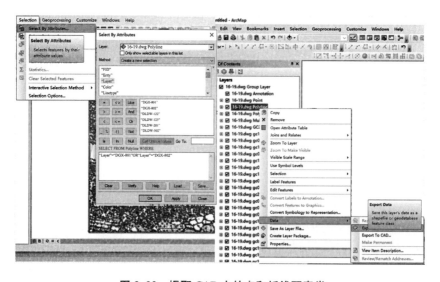

图2.22　提取CAD中的点和折线要素类

图 2.23　提取 CAD 中的注记要素类

（4）专题空间图层数据完善

因为操作平台存在较大差异，将 CAD 数据转换成 GIS 数据后，还需要进一步对提取出来的专题空间图层数据进行完善。①对于道路中心线数据图层，使用 Editor 工具条，对"道路_线"原始数据进行链接，编辑并保存。使用"Collapse Dual Lines To Centerline"工具生成"道路中心线"线要素类数据，合并同一条路要素，添加"道路等级""道路长度"属性（图 2.24）。②对

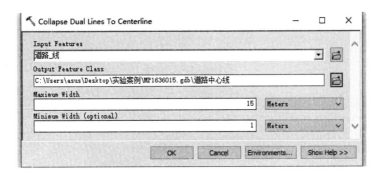

图 2.24　道路中心线数据完善

于水域数据图层，使用 Editor 工具条，对"水系_线"原始数据进行链接、筛选，编辑并保存。使用"Feature To Polygon"工具生成"水域"面要素类数据，并筛选完善，添加"面积"属性（图 2.25）。③对于房屋数据图层，使用"Feature to Polygon"工具将"建筑_线"生成"建筑"面要素类数据，依据面积筛选删除非建筑的面；使用"Spatial Join"工具将"房屋注记"属性中的注记文字属性关联至空间位置对应的"房屋"面中；通过运用表的"Field Calculator"字段计算器功能（主要是 Left 函数和 Replace 函数），将所关

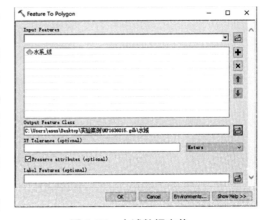

图 2.25　水域数据完善

联的房屋注记属性拆为"建筑高度"与"建筑材质"属性(图 2.26)。④对于数字高程模型图层,使用"Topo to Raster"工具将"GCD"数据(高程点)、"DGX"数据(等高线)生成数字高程模型的栅格数据;使用 ArcMap、ArcScene 中各数据属性菜单中的"Symbology"标签进行符号设计,最终生成各类 2D、3D 专题地图(图 2.27)。

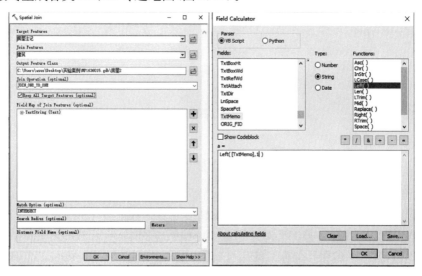

图 2.26　房屋数据完善

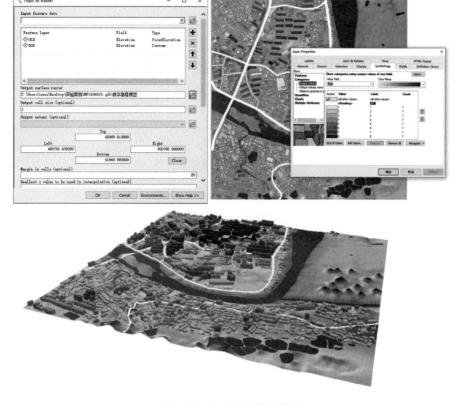

图 2.27　生成数字高程模型

思考题

1. 如何理解地球椭球体？其和地球实际表面的关系如何建立？

2. 地理坐标系是一种什么几何性质的坐标系？

3. 城市坐标系采用什么坐标投影？其投影特点有哪些？

4. 何谓投影变换？其对城市空间数据点位精度有什么影响？

5. 试述矢量数据模型和栅格数据模型的特点，举例说明其对城市空间要素的表达形式与储存方式。

6. 何谓 GeoDatabase？试说明其在专业型 GIS 平台中的核心作用。

7. 城市规划空间实体类型有几种？举例说明如何按实体组织规划空间数据库？

8. CAD 与 GIS 数据模型有什么异同？如何利用 ArcGIS 功能模块将 CAD 数据转换为 GIS 数据格式？

3　城市建设现状遥感调查与 GIS 建库

英国规划大师盖迪斯倡导的"调查—分析—规划"模式,在当代被视为城市规划的一般程序。因此,城市规划编制工作的第一阶段就是城市建设现状与发展调查。秉承这个逻辑编制的规划更具有科学理性,更容易得到专家和公众的认可。地方政府一开始会觉得有短期利益受损,但从长远、未来的角度审视规划就会取得共识。本章针对城市现状的调查研究需要,学习在调查中如何运用遥感和 GIS 技术来进行城市物质空间现状调查。本章主要分为两个层面:一是宏观层面的城市空间功能结构特征,从用地性质的角度来认知它;二是微观层面的城市空间形态特征,从建筑风貌特色上去解读它。这两个层面都可以通过对遥感影像的特征提取来建立标志,从而对城市土地利用与建筑分布特征进行系统性的解译制图,进而应用 GIS 空间建库技术,实现城市空间现状的可视化表达与定量评价。

3.1　遥感信息及其在规划中的运用

遥感信息处理技术在遥感学科中有专门的课程讲授,本课程主要应用该技术处理适用于城市空间调查的影像成果。因此,本章首先介绍遥感技术在规划中的一般应用状况,其次介绍建筑和土地利用两方面的遥感数字制图方法。

3.1.1　卫星遥感影像及其应用特征

在一些法定的城市规划中,如总体规划和历史街区规划,需要对城市街巷空间有充分的掌握,因而对遥感调查有很高的要求。首先需要知道遥感影像是记录地表地物的电磁波特性,从紫外线到微波的范围,可以分波段记录。分波段对不同地表的地物反射的强弱是不同的,规划中应用的仍然是以可见光为主,一般可见光是将波长为 $0.38 \sim 0.76\ \mu m$ 的电磁波综合记录下来。通过遥感的多光谱可以对几个波段进行组合记录,可以对地表的某些特征进行增强提取,如水面、建筑、树木,遥感这些方面的应用在城市调查中非常有用。而红外线可以单独分析,可以感知植物的生长、温度,对于城市热岛效应分析很重要。微波遥感是主动遥感,通过传感器发射微波,地表反射和传感器再接受并记录。微波穿透性特别强,不受云雾的影响,阴天和下雨天都可以成像。表 3.1 概括了城乡规划中常用的遥感影像光谱波段。

城市遥感调查采用多种不同地面分辨率的遥感影像。目前,一般城市规划中区域总体规划层面用得最多的是 $30\ m \times 30\ m$ 的 Landsat 影像,如需识别街区格局特征可以采用 $10\ m \times 10\ m$ 的 SPOT 影像,如需观察每一个建筑可以用 IKONOS 的 $4\ m \times 4\ m$ 影像,如需再进一步了解建筑结构特征可以使用 1 m×1 m 的 Google Earth 影像(谷歌导航地图)。图 3.1 展示了城市规划中使用最广泛的四类遥感影像的基本特征。

表 3.1　城乡规划中常用的遥感影像光谱波段

电磁波	特性	城市调查与规划应用
紫外线	波长范围为 0.01～0.38 μm,太阳光谱中,只有 0.3～0.38 μm 波长的光到达地面,对油污染敏感,但探测高度在 2 000 m 以下	城市环保探测,其杀菌能力强,用于污水处理等
可见光	波长范围为 0.38～0.76 μm,人眼对可见光有敏锐的感觉,是遥感技术应用中的重要波段	对地表的某些特征进行增强提取,可用于土地利用类型识别、道路布局、建筑物分布调查
红外线	波长范围为 0.76～1 000 μm,根据性质分为近红外、中红外、远红外和超远红外	热污染调查,植被的检测,城市热岛效应调查
微波	波长范围为 1 mm～1 m,穿透性好,不受云雾的影响	穿透性特别强,阴天和下雨天都可以使用

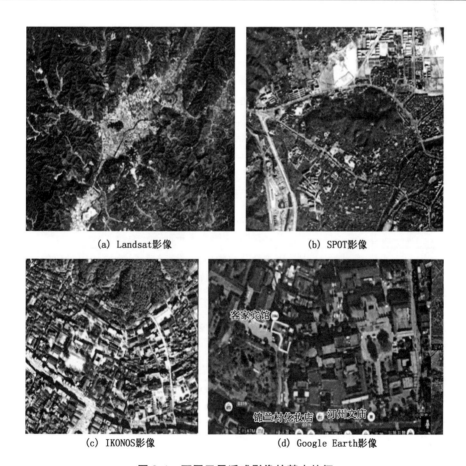

(a) Landsat影像　　　　　　　(b) SPOT影像

(c) IKONOS影像　　　　　　　(d) Google Earth影像

图 3.1　不同卫星遥感影像的基本特征

（1）陆地卫星遥感

美国 Landsat 系列陆地卫星是最早的地球资源卫星，从 1972 年起发射并获取影像。早期的影像偏宏观，对宏观研究非常有用。特点是划分的波段较多，主要应用于森林、草地、水等资源调查，是运用最广的一个系列卫星数据，且通过多波段合成来增强各种不同地物的影像特征。在互联网中，通过地理空间数据云（http://www.gscloud.cn/）获取历史数据最为容易，并且是免费下载的，可以获取针对性的资料，尤其是当代城市规划强调的自然生态保护类数据资料。

Landsat 卫星已发射了 8 颗，目前 Landsat7 和 Landsat8 仍在运行。Landsat7 ETM SLC-on 是指 2003 年故障之前的数据产品；Landsat7 ETM SLC-off 是指 2003 年故障之后的异常数据产品。现状影像多选取 Landsat8，历史影像多选取 Landsat4 和 Landsat5，见表 3.2。下面，以苏州工业园区开发之初遥感影像处理课题来说明面向规划应用的卫星影像处理技术。

表 3.2　Landsat 卫星介绍

卫星名称	Landsat1	Landsat2	Landsat3	Landsat4	Landsat5	Landsat6	Landsat7	Landsat8
运行时间	1972—1978	1975—1982	1978—1983	1982—2001	1984—2013	发射失败	1999 至今	2013 至今
机载传感器	MSS		MSS、TM		ETM+		OLI、TIRS	
波段数	4		7		8		11	
分辨率	78 m		30 m 红外波段 120 m		30 m 红外波段 60 m 第 8 波段 15 m		30 m 第 8 波段 15 m 第 10 和 11 波段 100 m	

表 3.3　TM/ETM 影像波段介绍

波段		波长/μm	主要作用
Band1	蓝绿波段	0.45～0.52	有助于判别水深及水中叶绿素分布，以及水中是否有水华等
Band2	绿色波段	0.52～0.60	用于探测健康植物绿色反射率，评价植物的生活状况，区分林型、树种和反映水下特征
Band3	红色波段	0.63～0.69	用于区分植物种类与植物覆盖率，广泛用于地貌、岩石、土壤、植被、水中泥沙等方面
Band4	近红外波段	0.76～0.90	用于作物长势测量、水域测量等
Band5	中红外波段	1.55～1.75	用于土壤湿度、植物含水量调查，易于反映云与雪
Band6	热红外波段	10.40～12.50	区分农林覆盖长势、差别、表层湿度，以及监测与人类活动有关的热特征，进行热制图
Band7	中红外波段	2.08～2.35	可用于区分主要岩石类型、岩石的热蚀度，探测与交代岩石有关的黏土矿物

① 多光谱合成

多光谱合成指的是把同一地区多光谱影像，配以红、绿、蓝等多波段图像进行校正、配准、融合形成的图像。主要波段如表 3.3 所示，部分波段图像见图 3.2～图 3.4，各波段合成图像见图 3.5。在城乡空间专题信息提取研究中，一般利用 ERDAS 的 index 命令或 ArcGIS 的 raster calculator 功能模块。规划分析常用的波段组合及影像专题特征如下：

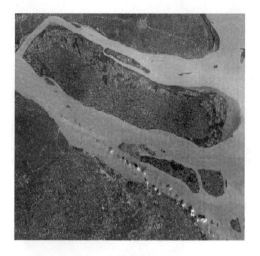

图 3.2　TM1 波段 0.45～0.52 μm,蓝

图 3.3　TM2 波段 0.52～0.60 μm,绿

图 3.4　TM3 波段 0.63～0.69 μm,红

图 3.5　TM 三个波段合成影像

TM321(RGB)：真彩色合成,合成结果接近自然色彩。对浅水透视效果好,可用于监测水体的浊度、含沙量、水体沉淀物质形成的絮状物、水底地形。一般而言,深水深蓝色;浅水浅蓝色;水体悬浮物是絮状影像;健康植被绿色;土壤棕色或褐色。可用于水库、河口及海岸带研究,但对水陆分界的划分不适用。

TM432(RGB)：标准假彩色合成,植被呈现各种红色调。深红色/亮红色为阔叶林,浅红色为草地等生物量较小的植被,最适合用于植被分类。

TM453(RGB)：2 个红外波段与 1 个红色波段的组合。对内陆湖泊及河流分辨清晰;植被类型及长势可由棕、绿、橙、黄等色调区别;能区分土壤含水量(水分越多则越暗),用于土壤湿度和植被状况的分析;也能很好地用于内陆水体和陆地/水体边界的确定。

TM543(RGB)：用于城镇和农村土地利用的区分以及陆地/水体边界的确定。

② 影像拼接

影像拼接是指将两张或更多的有重叠部分的影像,拼接成一张全景图或是高分辨率影像的技术。卫星遥感数字图像都以分帧固定大小范围的数据文件存储,而在进行土地规划、土地利用现状、城市建设现状等分析时,研究范围由全国、省、市、区县乃至小区都有。当进行大范围的研究时,一幅的数据是远远不够的;当进行小范围的研究时,一幅的数据又显得过多而浪费空间。因此,要针对研究对象,对遥感数据进行图幅拼接或区域提取。影像拼接有两大步骤:影像对准(image alignment)和影像混合(blending)。在研究苏州工业园

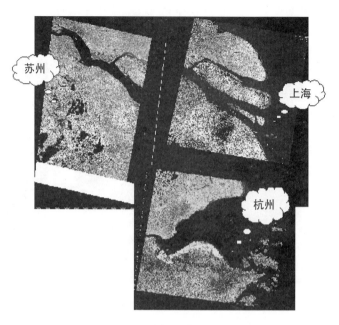

图 3.6 分幅影像拼接

区和所在长三角地区的区域关系时,将三个波段进行拼合,如图 3.6 所示。苏州工业园区在后期的发展中也是与规划吻合最好的一个园区,在国内工业园区中排名第一,对我国其他园区具有引导示范作用。

图 3.7 建设用地提取(1996 年)

③ 影像特征提取

遥感影像分类就是利用计算机通过对遥感影像中各类地物的光谱信息和空间信息进行分析,选择特征,将图像中每个像元按照某种规则或算法划分为不同的类别,然后获得遥感

影像中与实际地物的对应信息,从而实现遥感影像的分类,即信息提取。遥感图像特征提取主要包括三个部分:光谱特征提取、纹理特征提取以及形状特征提取,建设用地、农田和水体的遥感影像特征提取见图 3.7~图 3.9。

图 3.8 农田提取

通过园区路网和古城的路网对接,可以发现该园区和国内其他城市是完全不同的。1996年该园区开发初期,园区管委会特别强调希望调整用地性质。当时的园区大部分还是农田,5个乡镇的农民居住于此,有上万的人口。当地的农民需要种地和打工赚钱,在规划开发中会有利益纠纷,因此园区管委会也特别希望知道水体有哪些可以利用的。而如今的金鸡湖沿岸已经发展成为商贸、金融等高端服务聚集地。

图 3.9 水体提取

通过对遥感影像的处理和分析可以进行关于生态修复的研究。比如城市热岛效应、海绵城市、城市大气污染等，通过影像可以了解城市的水热、大气等自然状况，对提升现代城市的环境品质非常重要。

在 TM 多波段影像中，Band6 为热红外波段，可以感应发出热辐射的目标，适用于反演地表温度，主要实现算法有辐射传导方程法、基于影像的反演算法、单窗算法、单通道算法。主要参数有地表比辐射率、大气平均作用温度、大气透过率。

（2）SPOT 对地观测卫星

SPOT 系列卫星是法国空间研究中心研制的一种地球观测卫星系统，从 SPOT-1 号卫星于 1986 年 2 月发射成功，至今已发射 SPOT 系列卫星 1～7 号。SPOT4 于 1998 年 3 月发射，生产出分辨率 10 m 的黑白图像和分辨率 20 m 的多光谱数据；2002 年 5 月发射的 SPOT5 是新一代遥感卫星，其全色波段影像分辨率高达 2.5 m，可以区分出不同类型的建筑界限，达到了万分之一的地形图定位精度，对总体规划的研究分析非常有用。图 3.10 和图 3.11 为通过对 SPOT 全色波段影像与 TM 多波段影像进行合成获得的苏州城区真彩色影像。从色调上可以判断风貌是否完好，深色的区域则是古城风貌保存良好，新区中开发不久的区域就较为明亮。从 10 m 的分辨率影像中可以看出城市内部的空间结构，亦可用于分析城市肌理。

图 3.10　SPOT 10 m 分辨率彩色合成影像　　　　**图 3.11　彩色合成影像（局部放大）**

（3）IKONOS 卫星

美国在 1999 年 9 月发射 IKONOS 卫星，是世界上第一颗分辨率优于 1 m 的商业卫星，装有柯达数字相机。相机的扫描宽度为 11 km，可采集 1 m 分辨率的黑白影像和 4 m 分辨率的多波段（红、绿、蓝、近红外）影像，如图 3.12 所示为北京天安门广场及附近的 4 m 分辨率彩色影像，图 3.13 所示为 1 m 分辨率全色影像。

（4）QuickBird2 卫星及其影像

美国数字全球公司于 2002 年 2 月开始提供商业图像。该卫星的轨道高度仅 450 km，重访周期为 1～6 天，这使得它成为目前世界上分辨率最高的商业卫星。全色图像分辨率达到 0.61 m，多光谱图像分辨率为 2.44 m。每景图像成像面积大致为 16.5 km×16.5 km。QuickBird 标准图像以平方千米为单位销售，64 km^2 起订，如图 3.14～图 3.16 所示，道路上的小汽车、高塔投射的细长阴影、草地周边的树冠结构使得做详细规划与景观设计的专业人士能直观地感受到场地中立体的、动态的特征。

图 3.12　IKONOS 4 m 分辨率彩色影像

图 3.13　IKONOS 1 m 分辨率全色影像

图 3.14　上海外滩影像

图 3.15　上海浦东东方明珠附近地区影像

（5）常用在线卫星影像资源

常用在线卫星影像资源主要有谷歌、微软、高德、天地图等互联网服务商提供的公开资源。其中，谷歌（Google）分为两大类：Google Maps 卫星影像和 Google Earth（GE）。它们都提供不同尺度（高、中、低）分辨率的遥感影像。Google 是全球第一家将遥感影像集成于地图服务的网络服务商。谷歌在线影像资源具有更新快、分辨率高的特点，主要城市的分辨率均优于5 m，有的甚至达到米级。GE 分普通版、专业版和企业版，中国大陆用户目前只能使

图 3.16　华东师范大学影像

用普通版（免费版本），其影像数据不能实现直接下载，可以采用某些软件提供的"保存图像"

工具将当期屏幕显示的图像以 JPG 的文件格式保存到指定的文件夹中,如图 3.17 所示。

图 3.17　长汀县(部分)GE 影像(来源: Google Maps)

3.1.2　规划空间尺度与影像应用关系

(1)多层面的规划空间尺度

根据 2006 年原建设部发布的《城市规划编制办法实施细则》要求,规划图应绘制在近期测绘的现状地形图上,因此各种比例尺的地形图成为规划成果显示的空间信息基础平台。这要求地形图具有精确性和现势性。城市规划制图空间尺度按区域规划、总体规划和详细规划三个层次划分。不同层次的规划所需收集的地形图及其最终成果图的比例尺也不相同。

(2)现状地形图与规划成果图的比例尺关系

在区域规划层面,考虑到县域、市域(设区)是中国规划最为主要的行政区域,因此在区域规划层面要表达数千平方千米的规划范围区时,一般采用中小比例尺的地形图;在总体规划层面,一般的城市规划区范围为数十到数百平方千米,通常采用中等比例尺的地形图;在详细规划层面,控规层面主要表达到批建的地块单元上各种控制指标,地块一般大小为 $0.1 \sim 2\ \mathrm{hm^2}(1\ \mathrm{hm^2} = 10\ 000\ \mathrm{m^2})$,因此制图比例尺一般为 1:1 000 或 1:2 000。要表达到建筑形态,需要制作比较精细的建筑分布现状图,通过规划建设项目竣工之后由专门的测绘部门进行测量验收,一般采用 1:500 地形图。

(3)影像分辨率与规划尺度对应关系

从遥感制图角度来看,单个影像像元可表达成最细的 0.1 mm 线划和由 9 个像元组成的 0.25 mm×0.25 mm 的最小面状要素。因此,遥感影像与地形图/土地利用图的大致对应尺度关系如表 3.4 所示。

表 3.4　不同影像分辨率对应关系表

影像	TM	SPOT1～SPOT4	SPOT5	IKONOS	QuickBird
分辨率	30 m	10 m	2.5 m	1 m	0.61 m
地形图	1：25 万	1：10 万	1：2.5 万	1：1 万	1：5 000
用地图	1：10 万	1：5 万	1：1 万	1：5 000	1：2 000

3.1.3　区域与城市总体规划层面的遥感应用案例

这里选取南京大学数字规划团队 2005 年左右编制的江苏省吴江市(现吴江区,下同)东部次区域总体规划中基于 TM/SPOT 等影像信息处理的规划调研方法进行介绍。

2000 年早期的江苏省吴江市靠近上海的 5 个乡镇被合并为临沪经济区,发展潜力巨大,其影像图片如图 3.18 所示。上海早期的饮用水主要来自附近的淀山湖,该湖与临沪经济区的河湖水系高度连通。但是在临沪经济区内已经有不少化工企业,因此上海的水源地受到严重的威胁,亟须提高临沪经济区的水生态环境质量。而如何提升则需要依托当地良好的生态环境。当地的黎里镇现如今也是省级历史文化名镇,坐落于周庄、同里、甪直之间,其旅游资源价值可以进一步得到提升。团队承担了该区的概念规划和总体规划,首先通过区位分析发现周边 1 h 圈范围可到达苏州、上海和嘉兴三大城市,该区成为一个三角腹地。内部有吴江市,南边有盛泽镇,与该区又构成一个三角鼎立区域。当时在调研过程中发现当地环境太差,虽然为江南水乡,但是到处都是污染企业。水环境污染成为当时制约该地区发展的最大问题。因此,我们购置了 SPOT 多波段卫星数据,通过图像处理制作成如图 3.18 所示的影像;进而运用 ArcGIS 软件提取河湖水面、村镇聚落和道路网络,建立了该区的基础地理数据库;进一步运用 GIS 空间叠置分析和网络分析功能,建立水系防洪排涝模型。在此基础上,主要的遥感规划应用分析有以下几点。

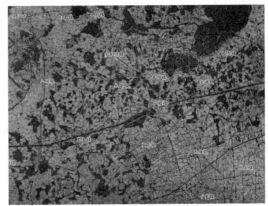

图 3.18　吴江市东部次区域影像图

(1)通过基础地理数据库制图功能,制作了一系列分析图

该区域邻近上海,是苏南水乡中水网最为密集、生态环境最为脆弱的地区,属于典型的半城市化地区,见图 3.19、图 3.20。

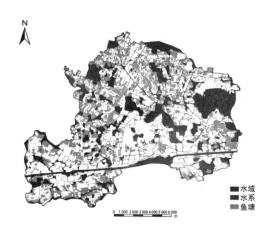

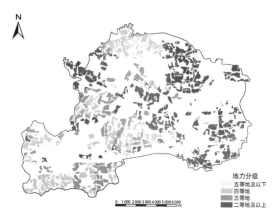

图3.19　吴江东部次区域水域、水系及鱼塘分布图　　图3.20　吴江东部次区域耕地地力分级图

该区域的现状是,人口城市化水平滞后于工业化,工业用地主导的城镇建设用地扩张较快,公共服务以城镇建成区为中心,其扩展情况见表3.5和图3.21~图3.24。

表3.5　吴江东部次区域城镇建设用地、工业用地扩展情况

地区		黎里	北厍	芦墟	莘塔	金家坝
城镇建设用地	扩展速率	5.43%	4.66%	5.43%	6.78%	18.92%
	扩展强度	6.40%	9.60%	6.40%	10.40%	16.00%
工业用地扩展强度		8.96%	6.08%	5.52%	2.56%	13.04%

为了准确地掌握这一空间现状,我们将当地提供的 2002 年实测 1:1 000 地形图 dwg 数据转换到 ArcGIS 中,通过分层提取、线段编辑和拓扑生成等技术处理,获得了该地区的水域、道路、农田、房屋建筑等面状图层,初步建立了地理数据库。

(2) 基于 SPOT5 影像进行用地现状调查与建库制图

在实地现场踏勘中发现:该地区新建了大量的工业厂房和新式住宅,相应新建了数条道路并填平了一定数量的水塘。很显然原有的地形图已不能完全反映现状。通过向代理公司订购,获得该地区 2004 年 7 月 5 日拍摄的 2.5 m 分辨率

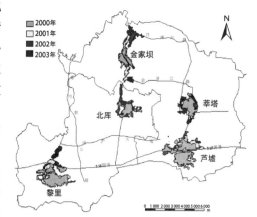

图 3.21　吴江东部次区域城镇
建设用地扩展图

的 SPOT 全色波段影像。由于原始影像为侧视所摄,呈现明显的几何畸变。为此,在 ArcGIS 平台上,将原始影像与地理数据库水域图层配准,如图 3.25 所示。具体运用 Spatial Adjustment 功能模块,通过采集的 10 余个控制点,得到了带地理坐标的、与地形图层较好叠合的重采样配准纠正影像。

　　以纠正影像为用地现状依据,叠合之前编制的用地现状图层(图 3.26)对用地性质已发生变化的地块进行图形纠正与属性录入。最终建立了该地区土地利用现状 GIS 数据库,并立即统计出各类用地的面积与比例,从而为总体规划设计打好基础。

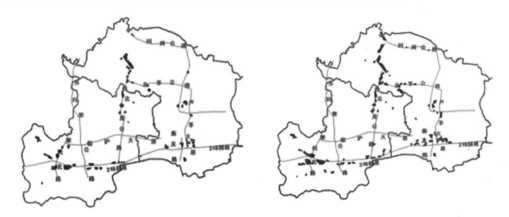

图 3.22　2000 年、2001 年吴江东部次区域工业用地扩展图

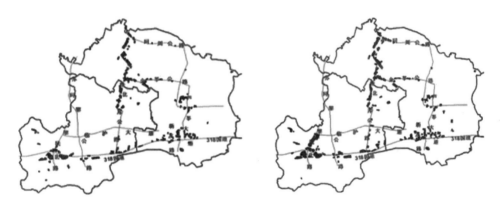

图 3.23　2002 年、2003 年吴江东部次区域工业用地扩展图

图 3.24　2000 年、2003 年吴江农村居民点用地空间变化图

图 3.25　图层配准

图 3.26　镇域现状图

（3）在上述工作基础上形成了系统性的规划方案

规划确定了吴江市芦墟镇域是由一个中心镇区、一个工业组团和 9 个集中式农村居民点组成的镇村格局。中心镇区包括新区、镇东、镇西、莘塔等 4 个社区，芦东、高新、城司、莘西、莘南等 5 个行政村以及秋田、元荡等 2 个行政村的部分区域，人口规模 13 万人；金家坝工业组团包括金家坝社区以及大潮、雪巷、红旗、跃进等行政村，人口规模 2 万人；9 个集中式农村居民点为伟民、秋田（秋田部分与三和合并）、分湖湾、龙泾（元荡部分与龙泾、港南合并）、东联（三好、东联合并）、杨文头（新钢、杨文头、长胜合并）、银杏（银杏、梅石合并）、蚬南（群众、蚬南合并）、星谊（大潮村部分与星谊合并），人口规模按 1 500～3 000 人控制，人均建设用地按 90 m² 控制（图 3.27）。

图 3.27　吴江市芦墟镇镇域规划图

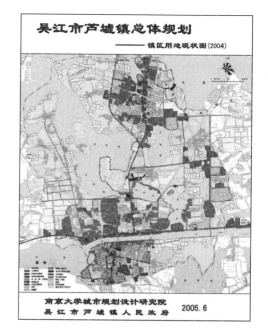

图 3.28　吴江市芦墟镇镇区用地现状图

芦墟镇区现状（2004 年）人口为 4.2 万人，建设用地规模为 1 015 hm²，人均建设用地面积为240 m²(图3.28)。在规划用地发展方向与结构形态上,严格控制向东和向南发展,着力向西和依托浦北片向北发展(图3.29)。规划期末(2025年)建设用地总面积为1 425 hm²,人均建设用地面积为110 m²。规划路网结构为太浦河以北片区"一环三横三纵",太浦河以南老镇区"一环两横两纵"。城镇远景发展方向为沿临沪大道向西拓展(图3.30)。

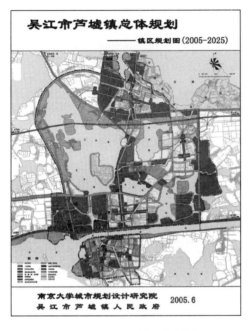 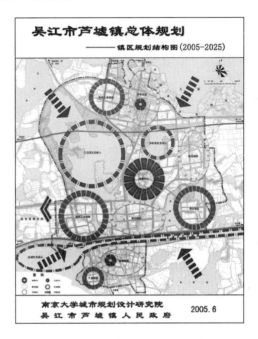

图3.29 吴江市镇区规划图　　　　图3.30 吴江市芦墟镇镇区规划结构图

3.1.4 城市专项规划层面的遥感应用案例

城市专项规划层面的遥感应用案例选取福建省长汀县国家历史文化名城保护规划,重点介绍基于IKONOS影像信息集成处理的规划设计方法。

该新技术运用背景是1998年8月8日特大洪水对古城建筑破坏严重,长汀现有大比例尺基础地图现势性差,只有1995年的1∶500建成区地籍图和1980年代末的1∶1 000城关镇辖区的地形图,而获得的2002年底拍摄的IKONOS高分辨率卫星遥感影像(图3.31),不仅现势性好,而且直观可靠地反映了古城建筑风貌与质量等特征。

空间信息处理技术路线是以IKONOS卫星遥感影像作为古城建筑现状调查与分析的基础,以桌面GIS软件MapInfo和ArcGIS等为空间信息处理、分析和制图的主要工作平台,实现了将GIS与遥感集成技术系统地运用在古城保护规划的现状调查、数据分析和专题图设计的全过程中。如图3.32所示,将IKONOS影像进行地理配准、叠合地形矢量图来修绘变化房屋。构建的长汀名城保护规划信息处理技术路线见图3.33。

在图3.33中最为核心的技术是保护规划的紫线定位。方法途径是:首先确定地理坐标系,长汀1∶500建成区地籍图采用的是国家直角坐标系;然后进行卫星影像地理坐标配准,在MapInfo环境中,直接从1∶500地籍图上读取4个或4个以上控制点地理坐标(图3.34);最后在生成配准文件后,即实现遥感影像与地形图矢量数据叠合(图3.35)。

图 3.31　IKONOS 高分辨率卫星遥感影像　　　图 3.32　将 IKONOS 影像进行地理配准

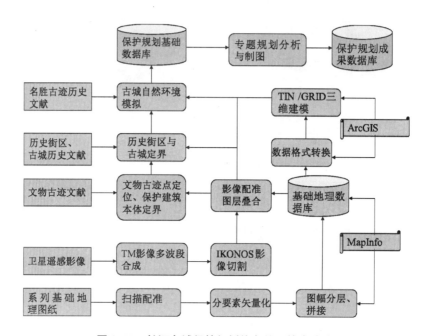

图 3.33　长汀名城保护规划信息处理技术路线

图 3.34　读取图像配准点

图 3.35　实现遥感影像与地形图矢量数据叠合

在文物保护单位和历史街区紫线划定中,首先必须确定文物保护单位本体房屋建筑;其次根据文物保护单位不同级别,分别以 20 m、15 m、10 m 为半径生成不同范围的缓冲区,初步确定控制范围,凡在该范围内部或边界与该范围相交的建筑均列入建设控制带;最后,根据实际情况进行调整,生成文物保护单位和历史街区保护紫线(图 3.36、图 3.37)。

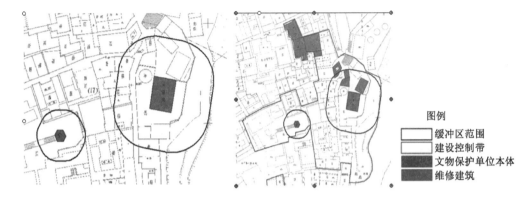

图 3.36 建设控制带划分实现示意图

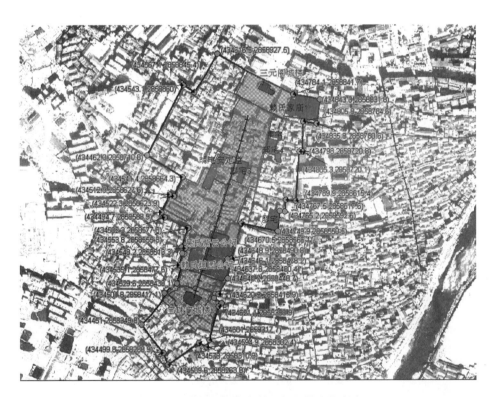

图 3.37 紫线边界定点基础数据数字化表达

3.1.5 街区详细规划与设计层面的遥感应用案例

在长汀历史文化名城保护规划研究中,可借助 ArcGIS 软件中三维建模功能模块模拟古城建筑与地理环境来开展古城历史街区建筑风貌特色分析。如图 3.38 所示为经过研究探索创建的多源多尺度空间数据集成处理的技术路线。主要技术途径为：①从长汀县城地籍图、地形图中提取等高线、房屋、道路、河流等基础数据，总共对 110 多幅地籍图、地形图进行了数字化，并借助长汀 IKONOS 卫片资料对房屋、道路等数据进行修正；②运用 ArcGIS 软件建立长汀古城风貌保护区内的三维地理环境与建筑模型，其中，房屋建筑高度采取"楼层×3 m"计算；③叠加规划相关数据，如规划建设控制区、风貌协调区、城区用地现状区、规划用地调整区等数据。实现了古城环境、历史街区、建筑等风貌特征的三维空间模拟设计与情景漫游分析(图 3.39～图 3.42)。

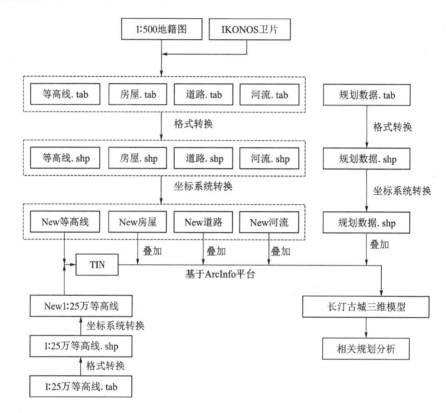

图 3.38　技术路线

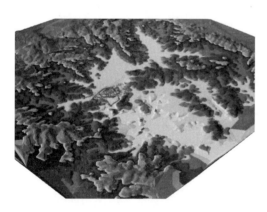

图 3.39　古城周边自然环境

图 3.40　古城保护区、协调区

图 3.41　建筑风貌分析

图 3.42　历史街区整体建筑空间分析

3.2　城市建筑遥感调查与数据建库

　　建筑物作为遥感图像中的人工地物,具有显著的边缘特征,并且与周围环境中的植被、道路等地物有着不同的纹理特征。学术界对遥感影像提取建筑物的方法主要有基于边缘、基于区域光谱纹理和基于聚类分析等。近年来,研究学者们利用影像信息(包括全色、多光谱信息)结合遥感图像处理与分析、机器视觉、人工智能等科学领域的新方法实现对建筑物屋顶信息半自动甚至全自动的识别与提取。高分辨率遥感图像中的上下文关系分析经常用于实现建筑物类型的识别。

　　本节以长汀县 2.5 m 遥感影像为例,数字化该影像中地块建筑与土地利用地块多边形,并建立建筑与地块面积、周长等属性项的地理数据库。

3.2.1　卫星影像配准

　　图像配准是指在不同时段,对同一场景从不同视角使用相同或不同的传感器拍摄的有重叠区域的图像进行几何校准的过程,是图像融合、多光谱分类、图像镶嵌等不可缺少的先前步骤。遥感影像配准是遥感领域中一项重要的图像处理技术。目前已在遥感影像自动配准、多源遥感影像配准技术方面取得了很多成果。

　　在 ArcGIS 软件平台中,遥感影像配准基本流程(图 3.43)为:设置影像文件空间参考、调入影像栅格图层、调入地形图层、采集控制点、保存配准结果等步骤。其中,设置影像文件空间参考是建立城市空间数据库的基础,必须借助 ArcCatalog 应用程序才能完成。ArcCatalog 是 ArcGIS Desktop 中最常用的应用程序之一,它是地理数据的资源管理器,用户通过 ArcCatalog 来组织、管理和创建 GIS 数据。配准工具主要有

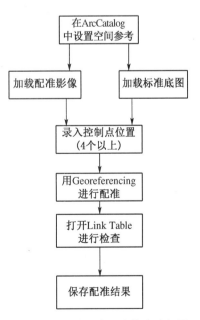

图 3.43　遥感影像配准基本流程图

Georeferencing 栅格配准工具条和 Spatial Adjustment 矢量配准工具条，具体操作步骤见本书第五部分实验1。

控制点（GCP，Ground Control Point）的选择是配准工作能否达到测控精度的关键。一般遵循以下规则：①数量：采用二次多项式法进行卫星影像校正时，至少需要4个控制点，通常在一次配准过程中选择12～20个控制点；②分布：均匀分布在整幅图像中；③特征：容易识别且变动不大的地理要素，如十字路口、河道交汇处、行政界线交点等。

3.2.2 地块与建筑多边形的数字化

屏幕跟踪矢量化指将栅格数据如遥感影像，作为底图显示在计算机屏幕上，用 GIS 软件使用各种矢量要素图形（点、线、多边形）描绘底图上的地理实体。ArcGIS 中数字化基本步骤为：

① 准备底图。包含对遥感影像底图进行配准、坐标系统设置与转换。

② 准备矢量文件。包含利用 ArcCatalog 新建矢量数据文件在 ArcMap 或 ArcCatalog 中为矢量图层的属性表添加字段。

③ 利用 Editor Toolbar、Advanced Editing 工具条进行矢量化。

3.2.3 地块图层与建筑图层属性结构确定

属性结构的确定取决于数据库结构和数据自身的构成特点等因素。地块图层的属性字段主要包括字段名称、地块面积、建筑总面积和容积率等，其参考设置如表3.6所示，具体操作步骤见实验2。

表 3.6 地块图层属性结构

字段名称	字段名	类型
地块面积	Area	浮点型
建筑总面积	Tarea	浮点型
容积率	FAR	浮点型

建筑图层的属性字段主要包括字段名称、建筑底面积和建筑层数，其参考设置如表3.7所示：

表 3.7 建筑图层属性结构

字段名称	字段名	类型
建筑底面积	Area	浮点型
建筑层数	Floor	整型

新建字段有在 ArcCatalog 或 ArcMap 中建立的两种方式，以代表土地利用类型的字段 landuse 为例，landuse 类型为 Text，长度为10，建立流程如下：

① 在 ArcCatalog 中用鼠标右键单击多边形 Feature Class，点击 Properties；选择 Fields 标签；在下方空白处输入新字段名并设置类型。

② 在 ArcMap 中,退出编辑状态(如果在编辑状态的话);用鼠标右键单击图层,选 Open Attribute Table;点击右下方的 Options 按钮,选择 Add Field 命令;输入名称、选择类型并设置长度。

3.2.4 建筑底面积数据的生成

新建"Area"字段后,利用"计算几何体(Calculate Geometry)"命令生成面积数据。打开属性表后,用鼠标右键点击"面积"字段,在菜单中选中"计算几何体(Calculate Geometry)"命令,在弹出的 Calculate Geometry 命令框中属性选择"Area",单位选择"平方米",点击"确定"完成面积数据的生成,具体操作步骤见实验 2。

3.2.5 层数数据属性的录入

新建字段"建筑层数"后,为字段"建筑层数"赋值有三种方法。

(1) 单个赋值

① 在编辑(Editor)工具条下开启编辑(Start Editing)。

② 打开属性表后,找到"建筑图层"字段以及对应的记录,手动输入单个属性值。

③ 在编辑(Editor)工具条下保存编辑(Save Edits)并停止编辑(Stop Editing)。

(2) 属性窗格录入

打开 Editor 中 Attribute 按钮,选择地块多边形,并在建筑层数字格中录入层数。

(3) 批量赋值

字段计算器(Field Calculator)是一个强大的处理字段值的工具,不仅可以实现快速批量赋值,还支持 Python 和 VBScript,可以通过代码进行复杂条件的赋值工作,并且字段计算器还可以在 Model Builder 中调用,构建空间模型。利用"字段计算器(Field Calculator)"进行批量赋值,步骤如下:

① 在编辑(Editor)工具条下开启编辑(Start Editing)。

② 右键单击"建筑层数"字段名,选择字段计算器(Field Calculator)。

③ 选中层数相同的建筑要素,如层数为 2。

④ 在字段计算器对话框中的表达式文本框中输入"2"。

⑤ 点击"确定"后选中要素的建筑层数被赋值为 2。

⑥ 在编辑(Editor)工具条下保存编辑(Save Edits)并停止编辑(Stop Editing)。

3.2.6 建筑总面积数据的生成

利用"字段计算器(Field Calculator)"进行建筑总面积数据生成,其中建筑总面积＝建筑面积×层数,操作流程如下:

Start Editing → 字段计算器 → 建筑面积×层数 → 赋值完成,保存编辑

3.2.7 建筑容积率的生成

容积率是表述土地开发强度的一项重要指标,作为控规中规定性指标的核心,对于城市开发建设有着非常重要的作用。它直接关系到开发强度,与开发商利益密切相关,同时也与

城市面貌、城市交通、城市环境等城市建设因素密不可分。

建筑容积率字段的生成同样利用字段计算器(Field Calculator),其公式表达为:

$$建筑容积率 = \frac{建筑总面积}{地块面积}$$

3.3　城市土地利用遥感调查方法

城市用地按照所承担的城市功能,划分成不同的用地类型。城市用地规划必须充分考虑规划区的土地利用现状。遥感技术为土地利用现状调查提供了有力的技术支撑。遥感技术具有快速、客观、实时性强的优势,城市土地利用现状的遥感调查与分析已成为城市遥感的重要任务。目前,运用卫星遥感信息可进行城市扩展分析、较小比例尺的土地利用现状图编制,运用航空遥感影像则能够编制详细的土地利用分类图。

3.3.1　城市用地现状卫星遥感调查技术基础

(1) 常用卫星遥感多波段影像的城市地物特征

TM、OLI、SPOT 卫星多波段影像能有效地用于城市用地现状和动态过程的分析,结合对城市景物光谱反射曲线分析,可以归纳出 TM 各波段上反映的城市景物特征。城市景物在除 TM6 以外的 6 个波段的 TM 影像上的特征分析如下:

TM1(0.45~0.52 μm,蓝):受大气散射的影响,各种地物反射率差异不显著,因此,影像反差小,较模糊,水陆界线不明显,城市内部结构没得到很好地反映。

TM2(0.52~0.60 μm,绿):反差仍然较小,但较 TM1 有所提高,山体内部的差异可分辨,阴影的影响有所反映,但仍不明显。

TM3(0.63~0.69 μm,红):植被的强吸收带反差较为显著,建成区的密集程度及其内部结构有所反映,主要街道及河流依稀可辨。

TM4(0.76~0.90 μm,近红外):在该波谱区间各类地物的光谱反射率差异显著,且由于波长的增加,大气散射影响减小,因此该波段影像与前三个波段大不相同,由于水体无反射,呈黑色,水陆界线十分明显,因而有利于水体划分。城市内部结构的反映较为明显,主要街道清晰可辨,山体呈灰白色调,内部差异不明显,阴影的影响仍然存在。

TM5(1.55~1.75 μm,中红外):与 TM4 很相似,但反差更为明显,城市内部结构差异非常显著。与 TM6 的不同之处在于该波段对植物中水的含量很敏感,可反映植物的生长状况。

TM7(2.08~2.35 μm,中红外):与 TM5 很相似,但对建成区内部结构的反映较差。山体阴影的影响没有消除。

(2) 卫星遥感影像处理

卫星遥感影像的处理包括辐射校正、几何校正、光谱增强、波段选择、影像融合、影像裁减等内容,其中辐射校正包括辐射定标、大气校正和地形校正。卫星影像资料在应用时,为了保证遥感影像处理的准确性和在其进行空间分析时具有标准的地理空间坐标,必须对遥感影像的几何误差进行校正,必须经过几何校正,这是因为受卫星传感器视角和地球表面曲率的影响,会造成星下点以外影像地物的几何形变,如影像的位移、旋转和像元地面相对实际位置的扭曲和偏移。几何校正分几何粗校正和几何精校正。中科院遥感卫星地面站提供的影像只经过了辐射校正和几何粗校正，因此还须对其进行几何精校正。其基本步骤为一是采集合适的地面控制点；二是依据控制点对影像进行空间变换；三是对空间变换后的影像进行像元灰度值的内插重采样。影像空间变换的方法有三角形线性法、多项式法等。在采用多项式法进行卫星影像校正时，对地面控制点的数量和分布均有明确要求。

（3）遥感影像的计算机自动分类

遥感影像自动判读分类是遥感地学机理研究的前沿领域，近年兴起的人工智能技术，已将城市市民活动的大数据信息进行综合研究。然而，遥感影像的空间分类方法仍是其基础。影像地物分类传统上有两种方法，即目视解译分类法和计算机自动分类法。计算机自动分类通常分非监督分类和监督分类两种形式。

非监督分类是仅凭遥感图像地物光谱特征的分布规律，随其自然地进行分类。其分类的结果，只是对不同类别达到了区分，并不确定类别的属性。类别属性是通过事后对各类光谱响应曲线进行分析，以及与实地调查相比较后才确定的。非监督分类中，主要算法有混合距离法和迭代自组织数据分析法等。

监督分类又称训练区分类，它的最基本特点是在分类之前需要通过实地抽样调查，配合人工目视判读，对遥感图像中某些抽样区影像地物的类别属性已具备先验知识。计算机便按照这些已知类别的特征去"训练"判别函数，以此完成对整个图像的分类。经典的监督分类法有最大似然法、最小距离法、决策树法、K 邻近法等。

最大似然法是遥感中最常用的图像分类方法之一，它假定研究的各波段中的各类别的统计都呈正态分布，通过求出每个像素对于各类别的归属概率，并将目标像元根据贝叶斯判别准则都归到概率最大的一类当中。该方法在多类别分类时，常采用统计学的方法建立起一个判别函数集，根据这个判别函数集来计算待分像元的归属概率。

3.3.2 城乡用地遥感现状调查方法

（1）土地利用分类体系及其关系探析

在我国行政管理部门，存在着两套土地利用分类体系和标准。一套是国土资源管理部门的《土地利用现状分类》，另一套是住房和城乡建设部门的《城市用地分类与规划建设用地标准》。近几年，国家通过开展"多规合一"工作来整合包括这两套体系在内的土地利用规划和城市规划，但还存在很多问题有待解决。这里，首先介绍这两套分类体系，然后通过分析比较来探析两者关系和整合途径。

① 国土资源管理部门土地利用分类体系

国土资源管理部门从区域层面按土地的自然和经济属性以及其他因素进行区域土地利用的综合性分类。2017 年 11 月 1 日，由原国土资源部组织修订的国家标准《土地利用现状分类》（GB/T 21010—2017），经国家质量监督检验检疫总局、国家标准化管理委员会批准发布并实施。新版标准秉持满足生态用地保护需求、明确新兴产业用地类型、兼顾监管部门管理需求的思路，完善了地类含义，细化了二级类划分，调整了地类名称，增加了湿地归类，将在第三次全国土地调查中全面应用。新版标准规定了土地利用的类型、含义，将土地利用类型分为耕地、园地、林地、草地、商服用地、工矿仓储用地、住宅用地、公共管理与公共服务用地、特殊用地、交通运输用地、水域及水利设施用地、其他用地等 12 个一级类、73 个二级类，如表 3.8 所示,适用于土地调查、规划、审批、供应、整治、执法、评价、统计、登记及信息化管理等。

表 3.8 区域土地利用一级分类表

编码	名称	含义
01	耕地	指种植农作物的土地,包括熟地,新开发、复垦、整理地,休闲地(含轮歇地、休耕地);以种植农作物(含蔬菜)为主,间有零星果树、桑树或其他树木的土地;平均每年能保证收获一季的已垦滩地和海涂。耕地中包括南方宽度<1.0 m,北方宽度<2.0 m 固定的沟、渠、路和地坎(埂);临时种植药材、草皮、花卉、苗木等的耕地,临时种植果树、茶树和林木且耕作层未破坏的耕地,以及其他临时改变用途的耕地
02	园地	指种植以采集果、叶、根、茎、汁等为主的集约经营的多年生木本和草本作物,覆盖度大于 50%或每亩株数大于合理株数 70%的土地。包括用于育苗的土地
03	林地	指生长乔木、竹类、灌木的土地,及沿海生长红树林的土地。包括迹地,不包括城镇、村庄范围内的绿化林木用地,铁路、公路征地范围内的林木,以及河流、沟渠的护堤林
04	草地	指生长草本植物为主的土地
05	商服用地	指主要用于商业、服务业的土地
06	工矿仓储用地	指主要用于工业生产、物资存放场所的土地
07	住宅用地	指主要用于人们生活居住的房基地及其附属设施的土地
08	公共管理与公共服务用地	指用于机关团体、新闻出版、科教文卫、公用设施等的土地
09	特殊用地	指用于军事设施、涉外、宗教、监教、殡葬、风景名胜等的土地
10	交通运输用地	指用于运输通行的地面线路、场站等的土地。包括民用机场、汽车客货运场站、港口、码头、地面运输管道和各种道路以及轨道交通用地
11	水域及水利设施用地	指陆地水域,滩涂、沟渠、沼泽、水工建筑物等用地。不包括滞洪区和已垦滩涂中的耕地、园地、林地、城镇、村庄、道路等用地
12	其他用地	指上述地类以外的其他类型的土地

土地利用总体规划编制原则包括:a. 严格保护基本农田,控制非农业建设占用农用地;b. 提高土地利用率;c. 统筹安排各类、各区域用地;d. 保护和改善生态环境,保障土地的可持续利用;e. 占用耕地与开发复垦耕地相平衡。

2019 年 8 月 26 日,十三届全国人大常委会第十二次会议审议通过《中华人民共和国土地管理法》修正案确立了土地利用规划的法律地位,第十九条内容为"县级土地利用总体规划应当划分土地利用区,明确土地用途。乡(镇)土地利用总体规划应当划分土地利用区,根据土地使用条件,确定每一块土地的用途,并予以公告。"第二十条指出"土地利用总体规划实行分级审批。省、自治区、直辖市的土地利用总体规划,报国务院批准。省、自治区人民政府所在地的市、人口在一百万以上的城市以及国务院指定的城市的土地利用总体规划,经省、自治区人民政府审查同意后,报国务院批准。"

② 规划部门城镇用地分类体系

住房和城乡建设部于 2011 年发布了编号为 GB 50137—2011 的《城市用地分类与规划建设用地标准》,要求自 2012 年 1 月 1 日起实施。其中,第 3.2.2、3.3.2、4.2.1、4.2.2、4.2.3、4.2.4、4.2.5、4.3.1、4.3.2、4.3.3、4.3.4、4.3.5 条为强制性条文,必须严格执行(见表 3.9、表 3.10)。

表 3.9　城乡用地分类表

代码	用地类别
H	建设用地
E	非建设用地

表 3.10　城市建设用地分类表代码

代码	用地类别	代码	用地类别
R	居住用地	W	物流仓储用地
A	公共管理与公共服务设施用地	S	道路与交通设施用地
B	商业服务业设施用地	U	公用设施用地
M	工业用地	G	绿地与广场用地

③ 两种分类体系的关系与区别

国家标准《土地利用现状分类》明确了城市规划与国土规划的关系。要点为:城市建设用地规模应当符合国家规定的标准,充分利用现有建设用地,不占或者尽量少占农用地。城市总体规划、村庄和集镇规划,应当与土地利用总体规划相衔接,城市总体规划、村庄和集镇规划中建设用地规模不得超过土地利用总体规划确定的城市和村庄、集镇建设用地规模。

a. 适用范围和主要依据(表 3.11)

表 3.11　适用范围和主要依据

标准	《城市用地分类与规划建设用地标准》GB 50137—2011	《土地利用现状分类》GB/T 21010—2017
目的	为统筹城乡发展,集约节约、科学合理地利用土地资源,依据《中华人民共和国城乡规划法》的要求制定、实施和监督城乡规划,促进城乡的健康、可持续发展,制定本标准	为实施全国土地和城乡地政统一管理,科学划分土地利用类型,明确土地利用各类型含义,统一土地调查、统计分类标准,合理规划、利用土地,制定本标准
适用范围	适用于城市和县人民政府所在地镇的总体规划和控制性详细规划的编制、用地统计和用地管理工作	适用于土地调查、规划、评价、统计、登记及信息化管理等工作
主要依据	用地分类包括城乡用地分类、城市建设用地分类两部分,应按土地使用的主要性质进行划分	主要依据土地的用途、经营特点、利用方式和覆盖特征等因素,对土地利用类型进行归纳、划分
区别	《城市用地分类与规划建设用地标准》适用范围是城市和县人民政府所在地镇用地并且有两层分类——城市和城乡,而《土地利用现状分类》没有区分城市和农村	

b. 适用于标准的术语(表 3.12)

表 3.12　适用于标准的术语

标准	《城市用地分类与规划建设用地标准》 GB 50137—2011		《土地利用现状分类》 GB/T 21010—2017
术语	城乡用地 人口规模 人均单项城市建设用地 人均公共管理与公共服务用地 人均绿地 城市建设用地结构	城市建设用地 人均城市建设用地 人均居住用地 人均交通设施用地 人均公园绿地 气候区	覆盖度(盖度) 郁闭度 土地利用
区别	《土地利用现状分类》中的术语更侧重自然覆盖特征,而《城市用地分类与规划建设用地标准》则明显增加了人均用地类别,并加入了气候区,突出了城市建设中越来越关注民众问题		

c. 编码方法及类别数目(表 3.13)

表 3.13　编码方法及类别数目

标准	《城市用地分类与规划建设用地标准》 GB 50137—2011	《土地利用现状分类》 GB/T 21010—2017
类别	采用大类、中类和小类三级分类体系	采用一级、二级两个层次的分类体系
编码方法	大类应采用英文字母表示,中类和小类应采用英文字母和阿拉伯数字组合表示。大类采用一位大写英文字母,中类在大类基础上加一位数字,小类再加一位数字	土地利用现状分类采用数字编码,一级采用两位阿拉伯数字编码,二级采用一位阿拉伯数字编码,从左到右依次代表一、二级
类别数目	城乡用地:2 大类、8 中类、17 小类 城市建设用地:8 大类、35 中类、44 小类	土地利用:12 个一级类、73 个二级类
大类类别	居住用地;公共管理与公共服务设施用地;商业服务业设施用地;工业用地;物流仓储用地;道路与交通设施用地;公共设施用地;绿地与广场用地	耕地;园地;林地;草地;商服用地;工矿仓储用地;住宅用地;公共管理与公共服务用地;特殊用地;交通运输用地;水域及水利设施用地;其他用地
区别	《城市用地分类与规划建设用地标准》对城市用地分类更为具体,《土地利用现状分类》对乡村土地分类更为具体	

d. 分类原则、特点(表 3.14)

表 3.14　分类原则、特点

标准	《城市用地分类与规划建设用地标准》 GB 50137—2011	《土地利用现状分类》 GB/T 21010—2017
分类原则	(1) 支撑新颁布的城乡规划法的实施,体现城乡统筹; (2) 满足城乡规划调查、编制要求的同时,兼顾规划管理的需求; (3) 适应政府职能的转变,结合市场的力量发挥调控作用,体现规划的公共政策属性; (4) 对现有多种分类规范,包括土地现状用地分类、国民经济行业分类、城市绿地分类、居住区规划分类、道路交通规划设计规范等的衔接与协调; (5) 在对现有分类标准继承的同时调整发展	(1) 科学性原则:依据土地的自然和社会经济属性,运用土地管理科学及相关科学技术,采用多级续分法,对土地利用现状类型进行归纳、分类。 (2) 实用性原则:分类体系力求通俗易用、层次简明,易于判别,便于掌握和应用; (3) 开放性原则:分类体系具有开放性、兼容性,既要满足一定时期管理及社会经济发展的需要,同时又要满足进一步修改完善的需要; (4) 继承性原则:借鉴和吸取国内外土地分类经验,对目前无争议或异议的分类直接继承和应用

(续表)

标准	《城市用地分类与规划建设用地标准》 GB 50137—2011	《土地利用现状分类》 GB/T 21010—2017
标准特点	(1) 空间覆盖完整,城乡用地分类与土地利用分类衔接清楚; (2) 系统层次清晰,与城乡不同空间层次的规划系统对接明确; (3) 适用面广,既可用于现状调查统计,也可用于规划编制,还可用于规划审查管理; (4) 与原城市用地分类体系基本衔接良好	(1) 对全区域的土地都进行了分类; (2) 除了农用地分类,增加了对建设用地的细分,分类更清晰; (3) 与之前的土地利用分类体系衔接良好; (4) 没有区分城市和农村土地利用,具体分类标准仍需明确
区别与联系	《城市用地分类与规划建设用地标准》重点突出城乡和城市的差异,规划建设用地标准中规划人均城市建设用地面积标准、规划人均单项城市建设用地面积标准、规划城市建设用地结构也使得该标准比《土地利用现状分类》标准更具体,更容易参考。 　　增加的双因子控制(人均城市建设用地指标主要受到城市人口规模与城市所处的气候区划两个因素的影响)也使得《城市用地分类与规划建设用地标准》更具特色。相比之下,《土地利用现状分类》标准明确性数字标准水平较低。 　　但是两个标准都有自己的适用范围和适用对象,都是属于国土空间规划或城市规划相关的内容参考的国家标准,具体规划、评价应使用的标准需要分类查阅来确定	

④ 两套体系整合途径

国土框架下的土地利用概念包涵了土地与自然、经济、社会和环境等多种要素的关系。相应的用地类型划分在地理学理论中被作为一种具有自然、经济和社会方面特定属性的均质地域。这个概念范畴确保了国家对土地能够进行立法以及依法管理,并对依法在国土空间上从事各种社会活动的利益群体得到了国家法律上的保护。在区域土地利用总体规划中基本农田保护是重中之重。由于我国人口众多,人均耕地仅 1.4 亩,还不到世界人均耕地面积的一半。2012 年我国已经有 664 个市县的人均耕地面积在联合国确定的人均耕地 0.8 亩的警戒线以下。全国的耕地面积已经下降到 18 亿亩。因此,保护耕地关系到保护国人粮食生命线的基本问题。

目前,我国正在着力推进新型城镇化规划与建设,乡村振兴业已成为缩小城乡差别、发展新农村新农业的重要举措。2019 年以来,江苏等省在省厅层面将区域城乡规划管理职能由住房和城乡建设厅转入新成立的自然资源厅,并继续推进新一轮县域为一体的镇村布局规划。初步在县域层面实现了土地利用规划与镇村规划的一体化。

(2) 城市用地类型的遥感目视解译原理

影像解译,也称判读或判释,指从图像获取信息的基本过程。即根据各专业(部门)的要求,运用解译标志和实践经验与知识,从遥感影像上识别目标,定性、定量地提取出目标的分布、结构、功能等有关信息,并把它们表示在地理底图上的过程。在城市规划中主要体现为土地利用的现状解译,是在影像上先识别土地利用类型,然后在图上测算各类土地面积。遥感影像目视解译是解译者通过直接观察或借助一些简单工具(如放大镜等)识别所需地物信息的过程。

影像的解译标志,也称判读要素,它是遥感图像上能直接反映和判别地物信息的影像特征,包括形状、大小、阴影、色调、颜色、纹理、图案、位置和布局。解译者利用其中某些标志能直接在图像上识别地物或现象的性质、类型和状况;或者通过已识别出的地物或现象,进行相互关系的推理分析,进一步弄清楚其他不易在遥感影像上直接解译的目标,例如根据植被、地貌与土壤的关系,识别土壤的类型和分布等。

① 形状:指目标物在影像上所呈现的特殊形状,在遥感影像上能看到的是目标物的顶部或平面形状。例如飞机场、盐田、工厂等都可以通过其形状判读出其功能。地物在影像上的形状受空间分辨率、比例尺、投影性质等的影响。

② 大小:指地物形状、面积或体积在影像上的尺寸。地物影像的大小取决于比例尺,根据比例尺,可以计算影像上的地物在实地的大小。对于形状相似而难以判别的两种物体,可以根据大小标志加以区别,如在航片上判别单轨与双轨铁路。

③ 阴影:指影像上目标物,因阻挡阳光直射而出现的影子。阴影的长度、形状和方向受到太阳高度角、地形起伏、阳光照射方向、目标所处的地理位置等多种因素影响,阴影可使地物有立体感,有利于地貌的判读。根据阴影的形状、长度可判断地物的类型和量算其高度。

④ 色调:指影像上黑白深浅的程度,是地物电磁辐射能量大小或地物波谱特征的综合反映。色调用灰阶(灰度)表示,同一地物在不同波段的图像上会有很大差别;同一波段的影像上,由于成像时间和季节的差异,即使同一地区同一地物的色调也会不同。

⑤ 颜色:指彩色图像上色别和色阶,如同黑白影像上的色调,它也是地物电磁辐射能量大小的综合反映,用彩色摄影方法获得真彩色影像,地物颜色与天然彩色一致;用光学合成方法获得的假彩色影像;根据需要可以突出某些地物,更便于识别特定目标。

⑥ 纹理:也叫影像结构,是指与色调配合看上去平滑或粗糙的纹理的粗细程度,即图像上目标物表面的质感。草场及牧场看上去平滑,成材的老树林看上去很粗糙。海滩的纹理能反映沙粒结构的粗细,沙漠中的纹理可表现沙丘的形状以及主要风系的风向。

⑦ 图案:指目标物有规律地组合排列而形成的图案,它可以反映各种人造地物和天然地物的特征,如农田的垄、果树林排列整齐的树冠等,各种水系类型、植被类型、耕地类型等也都有其独特的图形结构。

⑧ 位置:指地物所处的环境部位,各种地物都有特定的环境部位,因而它是判断地物属性的重要标志。例如某些植物专门生长在沼泽地、沙地和戈壁上。

⑨ 布局:又称相关位置,指多个目标物之间的空间配置。地面上的地物与地物之间有一定的相互依存关系,例如学校离不开操场,灰窑和采石场的存在可说明是石灰岩地区。通过地物间的密切关系或相互依存关系的分析,可从已知地物证实另一种地物的存在及其属性和规模,这是一种逻辑推理判读地物的方法,在遥感解译中有着重要的意义。

下面选取一些典型的城市用地类型的遥感影像解译为例,展示与说明其影像中的标志性特征。居住用地 R 在城市中占主要部分,居住用地包括住宅用地、公共服务设施用地、道路用地及绿地。R1 居住用地中市政公用设施配套非常齐全、布局完整,能看到体量较大的社区活动中心,且绿化环境好,有大面积的小游园设计,包含绿化和水面,住宅以独栋低层为主,建筑排布较为松散,有一定的间距,但排布较为规则,通道很宽敞,且房屋顶面的色调很和谐,整体形态有整体感和设计感,如图 3.44 所示。

R2 中市政公用设施齐全、布局完整、环境较好,以多、中、高层住宅为主,建筑排布相对较密,排布呈现整齐的行列式,屋顶的颜色和风格统一且整齐,区域中心有屋顶体量较大的活动中心和有绿化水面的中心小游园设计,如图 3.45 所示。

图 3.44　居住用地 R1 遥感影像

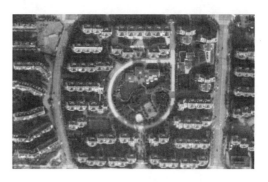

图 3.45　居住用地 R2 遥感影像

R3 的居住用地以简陋住宅为主,从影像上(图 3.46)看分布极为密集,以中低层为主,单体建筑的体量较小,没有小游园,绿化面积极少,从影像上看没有公共活动空间,且整体排布非常拥挤,通道比较狭窄,居住区颜色较为暗沉,以平屋顶为主,可以看到水箱、阳台等住宅特征,但没有整齐的排布感或者设计感。

图 3.46　居住用地 R3 遥感影像

图 3.47　行政办公用地 A1 遥感影像

公共管理与公共服务设施用地 A 包括行政、文化、教育、体育、卫生等机构和设施的用地。A1 为行政办公用地,是行政、党派和团体等机构的用地,占地面积一般较大,由办公大楼、停车场、绿地等组成。办公大楼建筑比较宽大,没有阳台,平面一般以 U 型、L 型、E 型或其他组合。大的行政机关多位于城市主干道旁,大门临街。排布较为整齐肃穆,整体颜色也很端庄,有大面积的绿化和公共广场,如图 3.47 所示。

A2 是文化设施用地,即新闻出版、文化艺术团体、广播电视、图书展览和游乐设施等用地,展览馆与博物馆为城市的主要公共建筑,一般位于城市较繁华的地段,占地面积较大,建筑物的造型具有现代特色,体量也会相对偏大,主体建筑对称分布,有一定的设计感,与配套建筑相通连成一体,其前一般有广场或停车场,且绿化环境较好。影院厅一般位于城市的主要道路旁,主体建筑体量较大,呈对称分布,建筑平面呈 T 字型或 I 字型偏多,观众厅体量宽大,而建筑的舞台部分竖向突出,建筑往往还包括较宽大的门厅,门前有停车场,门前和两边有疏散通道,如图 3.48 所示。

图 3.48 文化设施用地 A2 遥感影像

图 3.49 教育科研用地 A3 遥感影像

A3 是教育科研用地,主要是高等院校、中等专业学校、科研和勘测设计机构等用地。大中院校占地面积较大,其建筑物排列规则、整齐,绿化较好,设有大型运动场地及露天球场等,校园大门处一般设有广场和门楼,还有院墙和其他建筑隔开,环境幽雅,颜色上以明亮的红色、棕色为主,分为较为密集的生活区和较为开阔的教学区,绿化较为完善,并配有跑道、足球场等运动场地,如图 3.49 所示。科研设计单位的办公楼平面形式一般为 U 型、L 型,绿化较好,与居住区相隔或参差布置,一般位于城市的次干道旁。科研所布局整齐,办公楼排列有序。

A4 是体育用地,主要是体育场馆和体育训练等用地,占地面积大,建筑体量大且极具设计感,露天体育馆一般主体建筑呈椭圆形,内设有 400 m 的环形跑道,中间为标准足球场,并配有椭圆形看台,常常设有带雨棚的主席台,大型运动场四周还有照明设备(可通过阴影识别),体育场门前或四周设有大型的停车场和多个疏散通道,如图 3.50 所示。室内体育馆的主体建筑一般为正多边形或圆形,建筑体量大,周围场地宽大,并设有停车场和多个疏散通道。综合性体育设施包括多个体育馆和设施,游泳池在影像上呈暗色调的矩形,周围设有看台,呈亮色调,室内体育场馆体量较大,主体建筑呈矩形或正方形,门前或四周设有停车场和多个疏散通道。

图 3.50 体育用地 A4 遥感影像

图 3.51 医疗卫生用地 A5 遥感影像

A5 是医疗卫生用地,即医疗、保健、卫生、防疫、康复和急救设施等用地。医院设有较大的门诊大楼,其建筑平面一般呈对称分布,主楼和侧翼相互连通,园内建筑排列整齐,绿化较好,通过建筑的阴影可知建筑的楼层较高,且配有高比例的绿化和停车位。整体建筑设计较为正式,多为白色或灰色,如图 3.51 所示。

A7 是文物古迹用地,从遥感影像上呈现明显的历史建筑风貌,古建筑群、古庙宇一般沿南北的中轴线呈对称分布,由多个院落组成,建筑一般为坡屋顶,且排列整齐,周围绿化较好,如图 3.52 所示。

图 3.52 文物古迹用地 A7 遥感影像

图 3.53 商业服务业设施用地 B 遥感影像

商业服务业设施用地 B 承担各类商业、金融业、服务业、旅馆业和市场等的用地,在影像上可以看到,大中型商场的建筑体量较大,其建筑平面一般呈方形或近方形,且建筑的风格和样式较为现代,颜色也比较鲜明,屋顶上常能见到用于集中供冷、供热的冷却罐。大中型商场一般位于市中心,沿主干道分布,通常设有公共停车场,如图 3.53 所示。

图 3.54 工业用地 M 遥感影像

图 3.55 交通枢纽用地 S3 遥感影像(一)

工矿企业的生产车间、库房及其附属设施等工业用地 M,包括专用铁路、码头和附属道路、停车场等用地,化学工业种类如石油化工厂、橡胶厂、化学纤维厂、塑料厂、化肥厂等,其普遍特征是贮罐遍布、塔架林立、管道纵横。一般位于城市外围或独立城镇的下风口、下水位置。工业区的影像中颜色以黑色、深灰色、蓝色为主,建筑排布密集,设计感较弱,且会有较多特殊形状的建筑,如图 3.54 所示。

道路与交通设施用地 S 是指城市道路、交通设施等用地,不包括居住用地、工业用地等内部的道路、停车场等用地。城市道路用地 S1 是指快速路、主干路、次干路和支路等用地,包括其交叉口用地,在影像上特征明显,形成相互连通的网状,一般呈亮灰色,其两边常见深色调的行道树和道路隔离带。城市轨道交通用地 S2 是指独立地段的城市轨道交通地面以上部分的线路、站点用地。交通枢纽用地 S3 是指铁路客货运站、公路长途客货运站、港口客运码头、公交枢纽及其附属设施用地,铁路用地包括铁路站场、铁路线及其配套设施等用地。铁路线在影像上容易使别,主要特征是平(坡度小)、直(弯道缓),呈深灰色调,由很多并排或交叉的铁路线组成。铁路客运站在影像上可以通过站前广场、候车室、站台、铁路轨道及其布局关系来判别。铁路货运编组站由各种车辆、机务和车辆设备组成,并配有调车场、到达场和出发场。站场占地面积较大,由很多并排或交叉的铁路线组成,影像色调呈深灰色。公路用地包括高速公路,一、二、三级公路线及其长途客运站等,但不包括城市内部的道路。长途客运站主要包括站前广场、候车室及车辆运行场地。机场和港口用地在影像上呈现为大体量的航站楼和滑行道等或大型客运码头等,总体较为空旷,建筑颜色以白色为主,如图3.55、图3.56所示。交通场站用地S4是静态交通设施用地,包括公共交通场站用地和社会停车场用地,影像上可以看到空旷的场地和密集的停车,如图3.57所示。

图 3.56 交通枢纽用地 S3 遥感影像(二)

图 3.57 交通场站用地 S4 遥感影像

　　绿地与广场用地G的遥感影像特征较为明显,呈现大面积的绿色植物覆盖,并配有公共休息的广场,如图3.58所示。其中公园中绿地和水面积占公园面积的60%以上,公园内道路蜿蜒曲折,有假山、观赏塔及亭阁等装点。街头绿地一般位于城市广场、主要道路、生活区的附近,通常被设计为圆形、三角形、矩形或不规则自然形状,色调为植被的深色调。园林生产绿地主要指为城市绿化服务的培育各种树木、花草幼苗的苗圃。在影像上呈深色调点状纹理,排列整齐。防护绿地

图 3.58 绿地与广场用地 G 遥感影像

位于城区或工矿企业的生产区和生活区之间,一般呈带状或块状分布,其影响特征与绿地相同。

　　公用设施用地U是指供应、环境、安全等设施用地,市级、区级和居住区级的市政公用设施用地,包括其建筑物、构筑物及管理维修设施等用地,如图3.59所示。

　　如图3.60所示,通过对遥感图像的解译,可以将城市内部用地分成不同的用地类型,整理成土地利用的现状图。

图 3.59 公用设施用地 U 遥感影像　　　　图 3.60　遥感影像解译土地利用现状图

（3）城市土地利用现状调查技术步骤

目前，TM/ETM、SPOT 数据由于具有较高的空间分辨率和良好的时间连续，运用 ETM(15 m)、SPOT(5 m、10 m)、IKONOS(1 m、4 m)等卫星影像进行城市土地利用现状调查已成为城市总体规划现状调查的重要手段。其主要技术步骤为：

① 室内预判读，并通过实地踏勘，建立城市各类用地中居住用地、公用设施用地、工业用地、仓储用地、对外交通用地、道路广场用地、市政公用设施用地、绿地、特殊用地以及水域和其他用地的解译标志。主要是按照上小节，选取影像上各类地物的显著特征，以得到相应的识别标志。

② 参照国家《城市用地分类与规划建设用地标准》，确定该城市土地利用分类系统。

③ 室内解译。主要是分析判读其"屋顶类型"及其组合方式，再配以道路、树木、庭院等辅助信息而识别目标，勾绘目标边界，标注用地类型代码。

④ 野外实地验证选择穿越不同土地类型的路线，判读的准确率应达到一定标准。

⑤ 叠合现状地形图进行纠正，并参考相关规划的土地利用现状图进行综合修正。

⑥ 量算每一地块面积，进行分类统计。

⑦ 最后对解译结果进行分类精度评价，可采用遥感目视解译的结果作为土地利用精度分析的评价标准。

3.3.3　城市用地地块的矢量化绘制

基于上述技术步骤，在 ArcGIS 平台中，通过上节介绍的卫星遥感影像与地形图数据的配准，获得具有高斯-克吕格投影的国家地理坐标系或城市坐标系参照。采用类似"地块与建筑多边形的数字化"的用地地块多边形勾绘方法，详细操作见实验 3。步骤如图 3.61 所示。

其中，用地数据补全和修正的方法有：

（1）使用 Auto Complete Polygon 绘制共享边界多边形

首先将生成的多边形数据调入 ArcMap，并进入编辑状态，设置目标图层为多边形所在图层；将 Editor 工具栏中的任务(Task)设置为 Auto Complete Polygon；最后通过勾绘与现有多边形外框交叉且共同作用封闭的线段，建立紧密接边的多边形。

（2）使用 Cut Polygon 切割多边形

设置 Task 为 Cut Polygon，使用选择工具(小箭头)，选择要切割的多边形，并通过与现

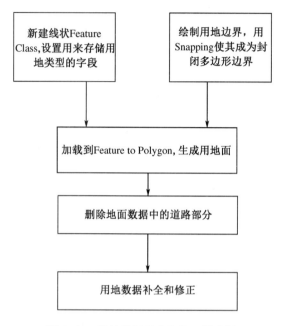

图 3.61   用地数据补全和修正的步骤

有多边形交叉的线切割多边形。

3.3.4   城市用地属性数据库设计

属性结构的确定取决于数据库结构和数据自身的构成特点等因素(表 3.15)。用地地块的属性字段主要包括字段名称、地块面积、用地类型代码、所属分区等。

表 3.15   用地地块图层属性结构

字段名称	字段名	类型
地块面积	Area	浮点型
用地类型代码	Lu_type	文本型
所属分区	SSFQ	文本型

录入用地类型代码,有以下三种常用方法:

① 进入编辑状态,打开地块图层属性表,录入用地类型代码。

② 打开 Editor 工具栏中 Attribute 按钮,选择地块多边形,并在 landuse 空格中录入用地类型代码。

③ 选择多个地块,在属性表中使用 Calculate Field 快速录入多个属性。

3.4 基于 GIS 的用地空间数据库建立

3.4.1 用地空间数据建库的一般技术流程

在专业型 GIS 支持下,用地空间数据建库共有 4 个技术步骤:

① 借助地形数据对遥感影像进行配准,具体步骤如下:a. 先设置影像文件空间参考;b. 调入影像栅格图层;c. 再调入地形图层;d. 采集控制点;e. 保存配准结果。

② 对土地利用地块多边形的勾绘,如沿街商住楼的商业性质地块取 1/3。

③ 用地现状属性表结构设计,包括添加字段和删除字段,进行属性数据的交互录入。

④ 用地现状图设计,即按地类创建专题地图,比如符号化-单值分类符号化。还需要进行图框、图名和图例设计,建立新图层,直接绘制图框、图名,运用图例窗口设计,然后在布局窗口保存设计。

3.4.2 遥感影像与测绘数据配准的数学原理

配准的原理是最小二乘法,是现代工程测量误差纠正的最为基础的数学方法。在图像配准中被拉伸等处理之后,首先要将图像与测绘数据统一在同一个空间坐标系中。

(1) 空间数据的几何纠正

规划空间信息多源异构,规划 GIS 建库的前提需将各种不同比例尺、不同坐标系下的原始数据统一在通用的地图坐标系下。因此,经常需要将空间数据从一种地图坐标系转换到另一种坐标系,即是对图形进行几何纠正(图 3.62)。从数学的角度上说,几何纠正=数字化坐标转换+图纸变形误差的纠正。空间数据变换实质上就是空间数据坐标系的变换,其主要方式是几何纠正和投影变换,主要解决规划数据多源问题:数字化设备坐标系与地理坐标系的不一致(坐标系配准)和地图投影与比例尺的差异(数据来源不同)。

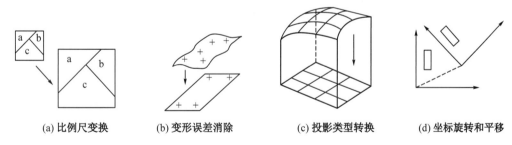

| (a) 比例尺变换 | (b) 变形误差消除 | (c) 投影类型转换 | (d) 坐标旋转和平移 |

图 3.62 空间数据的坐标变换

(2) 主要坐标变换方法

仿射变换是规划空间数据坐标变换的主要方法。仿射变换从 2D 坐标到其他 2D 坐标的线性映射,保留了线的"直线性"和"平行性"。可以使用一系列平移(translation)、缩放(scale)、翻转(flip)、旋转(rotation)等来构造仿射变换(图 3.63(a))。

相似变换不改变图形中每一个角的大小。图形相似变换后对应线段都扩大(或缩小)相同的倍数(相似比),可以分解为缩放、平移、旋转和翻转变换的复合。相似变换是仿射变换的一种特殊情况，也就是在仿射变换中去除错位变换这个因子后的结果。

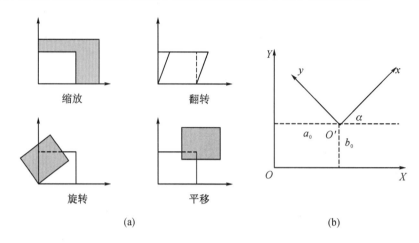

图 3.63 仿射变换原理

（3）仿射变换数学模型

如图 3.63(b)所示，设 x，y 为数字化坐标，X，Y 为理论坐标，为地图横向和纵向的长度变化比例，两坐标系夹角为 α，数字化原点于理论坐标系原点平移了 a_0、b_0，则根据图形变换原理，得出坐标变换：

$$\begin{cases} X = a_0 + (m_1 \cos \alpha) x + (m_2 \sin \alpha) y, \\ Y = b_0 - (m_1 \sin \alpha) x + (m_2 \cos \alpha) y \end{cases} \tag{3.1}$$

式中，设 $a_1 = m_1 \cos \alpha$，$b_1 = -m_1 \sin \alpha$，$a_2 = m_2 \sin \alpha$，$b_2 = m_2 \cos \alpha$。

公式(3.1) 可以简化为

$$\begin{cases} X = a_0 + a_1 x + a_2 y, \\ Y = b_0 + b_1 x + b_2 y \end{cases} \tag{3.2}$$

式(3.2)中含有 6 个参数 a_0、a_1、a_2、b_0、b_1、b_2，为了实现仿射变换，理论上需要不在同一直线上的 3 对控制点的数字化坐标及其理论值，才能求得上述参数。但在实际应用中，通常利用 4 个以上的点来进行几何纠正，采用最小二乘法原理来求解待定参数。设 Δx、Δy 表示转换坐标和理论坐标之差，则有：

$$\begin{cases} \Delta x = X - (a_0 + a_1 x + a_2 y), \\ \Delta y = Y - (b_0 + b_1 x + b_2 y) \end{cases} \tag{3.3}$$

按上述差值平方和最小的条件，得：

$$\frac{\partial \Delta x^2}{\partial a_i} = 0, \ \frac{\partial \Delta y^2}{\partial b_i} = 0, \ i = 0,1,2 \tag{3.4}$$

可得到两个方程组：

$$\begin{cases} a_0 n + a_1 \sum x + a_2 \sum y = \sum X, \\ a_0 \sum x + a_1 \sum x^2 + a_2 \sum xy = \sum xX, \\ a_0 \sum y + a_1 \sum xy + a_2 \sum y^2 = \sum yX \end{cases} \begin{cases} b_0 n + b_1 \sum x + b_2 \sum y = \sum Y, \\ b_0 \sum x + b_1 \sum x^2 + b_2 \sum xy = \sum xY, \\ b_0 \sum y + b_1 \sum xy + b_2 \sum y^2 = \sum yY \end{cases} (3.5)$$

式中，n 为控制点个数；x，y 为控制点的数字化坐标；X，Y 为控制点的理论坐标。

由式(3.5)，通过消元法，可求得仿射变换的待定系数 a_0、a_1、a_2、b_0、b_1、b_2：

$$a_1 = \frac{L_{x'x}L_{yy} - L_{x'y}L_{xy}}{L_{xx}L_{yy} - (L_{xy})^2}, \quad a_2 = \frac{L_{x'y}L_{xx} - L_{x'x}L_{xy}}{L_{xx}L_{yy} - (L_{xy})^2}, \quad a_0 = \overline{x}' - a_1\overline{x} - a_2\overline{y}$$

$$b_1 = \frac{L_{y'x}L_{yy} - L_{y'y}L_{xy}}{L_{xx}L_{yy} - (L_{xy})^2}, \quad b_2 = \frac{L_{x'y}L_{xx} - L_{y'x}L_{xy}}{L_{xx}L_{yy} - (L_{xy})^2}, \quad b_0 = \overline{y}' - b_1\overline{x} - b_2\overline{y} \qquad (3.6)$$

$$L_{xx} = \sum x^2 - (\sum x)^2/n, \quad L_{xy} = \sum xy - (\sum x \sum y)/n, \cdots$$

经过仿射变换的空间数据，其精度可用点位中误差表示，设 Δx 为 X 的理论值和计算值之差，Δy 为 Y 的理论值和计算值之差，n 为数字化已知控制点的个数，则点位中误差为：

$$M_y = \pm\sqrt{\frac{\Delta x^2 + \Delta y^2}{n}} \qquad (3.7)$$

（4）地形图像的误差纠正

在运用于遥感、航测和工程的图像处理软件中，提供了一种针对地图图像进行仿射变换的纠正功能，其处理过程为：

① 在需要纠正的图像上采集若干个控制点，记录其坐标为：

$$(x_i, y_i) \quad i = 1, 2, \cdots, n$$

② 通过地形图分幅编号和图上量测，读取控制点对应的地理坐标：

$$(x_i', y_i') \quad i = 1, 2, \cdots, n$$

③ 建立图像坐标转换为地理坐标的关系式：

一次关系式为：

$$x' = a_0 + a_1 x + a_2 y \qquad y' = b_0 + b_1 x + b_2 y$$

二次关系式为：

$$x' = a_0 + a_1 x + a_2 y + a_3 x^2 + a_4 xy + a_5 y^2$$
$$y' = b_0 + b_1 x + b_2 y + b_3 x^2 + b_4 xy + b_5 y^2$$

三次关系式为：

$$x' = a_0 + a_1 x + a_2 y + a_3 x^2 + a_4 xy + a_5 y^2 + a_6 x^3 + a_7 x^2 y + a_8 xy^2 + a_9 y^3$$
$$y' = b_0 + b_1 x + b_2 y + b_3 x^2 + b_4 xy + b_5 y^2 + b_6 x^3 + b_7 x^2 y + b_8 xy^2 + b_9 y^3$$

四次关系式为：

$$x' = a_0 + a_1 x + a_2 y + a_3 x^2 + a_4 xy + a_5 y^2 + \cdots + a_{10} y^4 + a_{11} x^3 y + a_{12} x^2 y^2 + a_{13} xy^3 + a_{14} y^4$$

$$y' = b_0 + b_1 x + b_2 y + b_3 x^2 + b_4 xy + b_5 y^2 + \cdots + b_{10} y^4 + b_{11} x^3 y + b_{12} x^2 y^2 + b_{13} xy^3 + b_{14} y^4$$

五次关系式为：

$$x' = a_0 + a_1 x + a_2 y + a_3 x^2 + a_4 xy + a_5 y^2 + \cdots + a_{15} x^5 + a_{16} x^4 y + a_{17} x^3 y^2 + a_{18} x^2 y^3 + a_{19} xy^4 + a_{20} y^5$$

$$y' = b_0 + b_1 x + b_2 y + b_3 x^2 + b_4 xy + b_5 y^2 + \cdots + b_{15} x^5 + b_{16} x^4 y + b_{17} x^3 y^2 + b_{18} x^2 y^3 + b_{19} xy^4 + b_{20} y^5$$

④ 上述公式中，a 或 b 系数的个数从一次关系式到五次关系式依次为 3、6、10、15 和 21，必须找出大于关系式中系数个数的控制点。故一次变换至少需要 4 个控制点，二次变换则需要 7 个控制点，三次变换需要 11 个控制点，四次变换需要 16 个控制点，五次变换需要 22 个以上。这样对 x' 和 y' 分别组成多元一次方程组，当方程个数大于未知数个数时，运用最小二乘法原理求得总体误差最小的 a、b 系数的唯一解。

⑤ 将图像像元的行数作为 y 坐标，像元的列数作为 x 坐标，代入已求出 a、b 系数的公式，获得新的 y、x 坐标，再转换为新的行数和列数，则生成了新的图像。

（5）ArcGIS 中地图投影参数设置与变换实现

在 ArcGIS 中的地图投影参数设置即坐标系设置，有地理坐标系和投影坐标系两类。地理坐标系是投影前的地球坐标系（球面），是关于地球椭球体的参数集合，不同的国家和地区采用不同的地球椭球体；投影坐标系是投影后的地图坐标系（平面），是地理坐标系＋投影参数的集合。所有的投影都是建立在某地理坐标系的基础上的，不同的投影所需要设置的参数是不同的，见图 3.64、图 3.65。

图 3.64 WGS84 坐标系

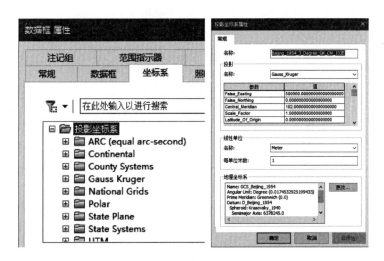

图 3.65　高斯-克吕格投影坐标系

3.5　城市用地分类统计与分析

3.5.1　基本 GIS 空间分析

空间分析(SA，Spatial Analysis)是 GIS 的核心分析工具集，是进行城市用地分类统计与分析的基础。空间分析是对地理空间现象的定量研究，其常规能力是操纵空间数据成为不同的形式，并且提取其潜在信息，从一个或多个空间数据图层获取信息的过程。空间分析是基于地理对象空间布局的地理数据分析技术。常见的空间分析功能有空间信息量算、空间统计分析、叠置分析、缓冲区分析、网络分析、邻域分析、地统计分析、空间查询等多方面。以下介绍邻近度分析和叠置分析的原理和实际应用。

（1）邻近度分析

邻近度(Proximity)是描述空间目标距离关系的重要物理量之一，表示地理空间中两个目标地物距离相近的程度。以距离关系为分析基础的邻近度分析构成了 GIS 空间几何关系分析的一个重要手段，其中缓冲区分析是解决邻近度分析问题的空间分析工具之一。

缓冲区是地理空间目标的一种影响范围或服务范围，即为了识别某一地理实体或空间物体对其周围地物的影响度而在其周围建立的具有一定宽度的带状区域。缓冲区分析则是对一组或一类地物按缓冲的距离条件，建立缓冲区多边形，然后将这一图层与需要进行缓冲区分析的图层进行叠加分析，得到所需结果的一种空间分析方法。

缓冲区分析适用于点、线或面对象，如点状的居民点、线状的河流和面状的作物区等，只要地理实体或空间物体能对周围一定区域形成影响度即可使用这种分析方法。河流、道路的缓冲区分析如图 3.66、图 3.67 所示。

邻域半径 R 即缓冲距离（宽度），是缓冲区分析的主要数量指标，可以是常数或变量。例如，沿河流干流可以用 200 m 作为缓冲距离，而沿支流则用 100 m，如图 3.68(a)所示；空间对象还可以生成多个缓冲带，例如一个水电站可以分别用 10 m、20 m、30 m 和 40 m 为半径作缓冲区,环绕该水电站便形成多环带,如图 3.68(b)所示。

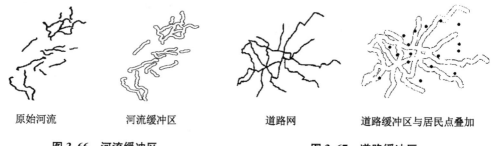

| 原始河流 | 河流缓冲区 | 道路网 | 道路缓冲区与居民点叠加 |

图 3.66　河流缓冲区　　　　　　　　**图 3.67　道路缓冲区**

在 ArcGIS 中,邻近度分析工具包含 Proximity 的 Buffer、Multiple Ring Buffer、Near、Point Distance 等功能模块。

(a) 不同宽度缓冲区　　　(b) 环状缓冲区

图 3.68　不同类型的缓冲区　　　　　**图 3.69　多边形的不同叠置方式**

(2) 叠置分析

叠置分析(Overlay)是指将同一地区、同一比例尺、同一数学基础,不同信息表达的两组或多组专题要素的图形或数据文件进行叠置,根据各类要素与多边形边界的交点或多边形属性建立具有多重属性组合的新图层。叠置分析是 GIS 中最常用的提取空间隐含信息的手段之一。

矢量数据图形要素的叠置处理按要素类型可分为点与多边形的叠置、线与多边形的叠置、多边形与多边形的叠置三种。根据叠置结果要保留不同的空间特征,ArcGIS 提供了三种类型的多边形叠置分析操作,即并、叠和、交,如图 3.69 所示。

a. 并(Union):保留两个叠置图层的空间图形和属性信息,往往输入图层的一个多边形被叠置图层中的多边形弧段分割成多个多边形,输出图层综合了两个图层的属性。

b. 叠和(Identity):以输入图层为界,保留边界内两个多边形叠置后生成的所有多边形,输入图层切割后的多边形也被赋予叠加图层的属性。

c. 交(Intersect):只保留两个图层公共部分的空间图形,并综合两个叠加图层的属性。

在 ArcGIS 中,叠置分析工具包含 Overlay 的 Identify、Intersect、Union、Update、Spatial Join 等。

3.5.2 规划用地结构统计

规划用地结构统计分析能够快速检验规划各类用地数量是否达到综合平衡且符合相应指标要求,为土地利用结构与布局调整提供依据,现状用地的面积与比例快速统计也为总体规划设计打下基础。在 ArcGIS 中通过使用 Summarize 命令进行用地分类统计,可得现状建设用地平衡表,具体操作步骤见实验 5,流程如图 3.70 所示。

3.5.3 基于 GIS 制图功能模块的用地现状图编制

地图图版是把地图的各种构成要素,包括地理要素、专题要素、图例、照片、文字说明等各种信息表示在一个版本上,用于输出或者打印,ArcMap 中的 Layout 视图用于地图图版的制作,具体操作步骤见实验 5,地图设计步骤如下:

① 设置页面大小和方向。

② 设置地图符号。

③ 添加地图要素,如图名、比例尺、图例、指北针、文本等。

对于用地现状图的地图符号,用地地块的代码类型应按照命名量(Nominal)进行表达。命名量指对特定现象的定性描述,不能进行任何算术计算。ArcGIS 提供的 4 种专题制图方法为:分类显示法(Categories)、分级显示法(Quantities)、图表法(Charts)、多属性法(Multiple Attribute)。分类显示法可用来表达用地代码类型,不同的要素用不同的符号显示,主要包含单字段唯一值与多字段唯一值。

专题制图类型切换的功能在图层属性(Layer Properties)对话框的 Symbology 标签中。单字段唯一值(Unique Values)指选择某一字段,首先对该字段中的字段值进行统计归类,然后不同字段值用不同的符号来表示,可使用 Unique Values 独立值符号化方法根据用地类型字段进行专题制图,按照规划用地类型制图规范设置不同类型的色彩,具体操作步骤见实验 4、实验 5,主要处理流程如下:

① 右键点击地块多边形图层,选择 Properties。

② 选择 Symbology 标签,左侧选择 Catagories — Unique Values 方法。

③ 右侧 Value Field 字段设置为 lu_type 用地类型代码字段,并点击 Add all values 添加所有用地类型代码。

④ 设置每种类型代码的颜色,并点击"确定"按钮。

⑤ 使用 Label 功能标注。

⑥ 右键点击地块多边形图层,选择 Properties。

⑦ 选择 Labels 标签,在最上面的 Label features in this layer 中打钩。

⑧ 在 Text String 框中设置字段等,并在下方设置类型字体、颜色。

⑨ 点击"确定"按钮完成。

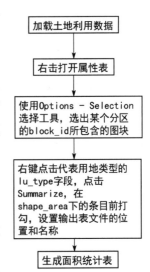

图 3.70 现状建设用地平衡统计处理流程

思考题

1. 城市规划中常用的卫星遥感影像的地面分辨率范围是多少？试归纳比较不同地面分辨率影像中城市的主要地物特征。

2. 城市遥感中常用的卫星遥感影像电磁波谱范围是多少？试阐述城市规划使用的影像地图是如何通过多波段影像合成制作的？试画出技术流程图。

3. 区域规划中如何应用 TM 等卫星遥感数据进行空间现状调查与制图？试画出技术流程图。

4. 城市总体规划中采用哪些卫星遥感数据进行空间现状调查分析？试画出技术流程图。

5. 详细规划中如何运用高分辨率遥感数据进行场地空间现状分析？试画出技术流程图。

6. 遥感影像配准中控制点如何选取？一般需要多少个点？试运用最小二乘法原理推演在 GIS 软件中是如何运用多项式误差计算来保障遥感影像配准精度的？

7. 运用城市规划理论阐述城市用地结构的统计对规划功能布局的意义与作用，试根据案例数据建立城市用地结构平衡分析模式与基于 GIS 实现的技术流程。

8. GIS 软件中提供了一整套土地利用图地块符号设计工具，试深度思考可否通过 GIS 二次开发实现智能化、自动化制图。

第二部分

区域城乡规划空间分析方法

空间分析是城乡规划编制的基础和重要依据,也是城乡规划领域应用 GIS 技术的核心内容。当代城乡规划正面临着国土空间规划体系变革,随着大数据分析技术快速发展,需要立足以空间多源异构信息整合和系统模型化分析为核心的城乡规划空间分析方法与技术创新,才能有效地解决中国城乡规划复杂多变的实践问题。本书的第二部分旨在承上启下,介绍城乡规划中的典型空间分析模型与规划方法途径。基于适应性视角,通过构建一系列城市与自然、城市与区域以及城市内部主体之间的 GIS 空间分析模型,为解决我国新型城镇化发展模式下的城乡规划重大问题提供支持工具。

在上一部分详细介绍空间基础理论、空间数据采集与处理以及空间数据库建立的基础上,本部分重点介绍城乡规划空间模型化分析方法,即如何基于 GIS 技术平台和空间数据库,整合新兴数据和传统数据,结合定性判断与定量分析,并运用数理统计方法,实现对区域自然生态空间的支撑保障分析、城市物质生产空间的功能优化分析以及城市社会生活空间的公平配置分析。本部分分为三个章节,对应城市及区域自然生态、物质生产、社会生活三大空间,针对生态评估、用地拓展、公共服务设施布局等城市规划的关键问题,分别先从基本概念、分析原理和数学模型进行解析,再结合实际案例展开应用,其中第4、第5章以福建省长汀县为例,对其进行区域生态敏感性分析、城市洪涝灾害风险分析、城市建设用地适宜性评价分析以及城市公共服务设施配置的公平性与可达性分析,第6章以江苏省南京市为例,对其进行地铁延伸规划干预的市场效应分析以及对不同社会经济群体享有绿色住房机会评估分析。

当前国家经济发展模式的转型以及社会、环境领域矛盾的凸显促使城乡规划的价值理念、编制方法和实施方式发生重大转变。通过以 GIS 为核心的空间分析方法与城乡空间规划实际需求相结合,可为多尺度的数字国土空间规划编制及智慧规划管理决策系统构建提供科学依据。

4　区域自然生态空间的支撑保障分析

　　城市自然生态空间包含城市的自然生态系统与人工生态系统,其不仅具有重要的生态服务功能,而且是城市建设与发展重要的物质基础,对城市健康可持续发展具有至关重要的作用。但是,在我国快速城市化背景下,城市及区域生态环境遭受破坏、生态系统失衡,导致了难以估计的生态、经济损失与社会问题。在城市规划过程中,需要转变城市无限制扩张的发展趋势,将尊重自然、适应自然、可持续发展的理念贯彻于规划过程中。本章节借鉴生态学理论,基于 ArcGIS 空间分析功能,应用敏感性分析模型、城市洪涝灾害风险分析模型,探讨如何科学地应对城市自然生态系统的脆弱性与风险性,为区域生态环境和城市经济建设提供依据。

4.1　基本概念

　　区域必须依托水土资源和生态环境的支撑才能健康地发展,区域自然生态条件是决定城市性质、发展方向、人口容量与用地布局的基础性因素,区域生态系统对城市系统的可持续发展影响至关重要。为分析区域自然空间的生态支撑问题,首先需要了解相关基本概念。

　　自然空间是指以特定的地理形式呈现的空间,由地形、气候、植被、水文等因素所指明的空间。

　　自然生态系统主要是指未受到人类活动的影响或受人类影响程度不大的生态系统。在地球演化的初期,由于没有人类干扰,自然生态系统呈原始状态,并按照其自身规律进行发展。自然生态系统的特点是:①生物多样性。自然生态系统由多种生物共同组成。②自然诞生。自然生态系统是随着地球的演化过程自然诞生的,而不是人类创造的产物。③具有生态稳定性,可以进行自我调节。自然生态系统具有反馈机制和自我调节能力,当其受到外界干扰破坏时,在不过分严重的情况下,一般都可以通过自我调节使得系统得到修复,维持其稳定与平衡。

　　人工生态系统是指以人类活动为生态环境中心,为满足人类需求而形成的生态系统。与自然生态系统不同,人工生态系统是有人类参与的,带有一定的目的性。人工生态系统的特点是:①社会性。即受人类社会的强烈干预和影响。②易变性。或称不稳定性,易受各种环境因素的影响,并随人类活动而发生变化,自我调节能力差。③开放性。系统本身不能自给自足,依赖于外部系统,并受外部的调控。④目的性。系统运行的目的不是为维持自身的平衡,而是为满足人类的需要。所以人工生态系统是由自然环境(包括生物和非生物因素)、社会环境(包括政治、经济、法律等)和人类(包括生活和生产活动)三部分组成的网络结构。人类在系统中既是消费者又是主宰者,人类的生产、生活活动必须遵循生态规律和经济规律,才能维持系统的稳定和发展。城市生态系统是典型的人工生态系统。

生态因子可分为非生物因子和生物因子两大类,其中非生物因子包括地形地貌、河流水系、植被土壤、地质灾害、矿产资源、生态保护区等。生物因子包括生物之间的各种关系,可以分为动物、植物和微生物。

生态系统脆弱性是指城市生态系统受外界不良干扰的影响较大,一旦遭受破坏就难以恢复的性质。由于城市生态系统的脆弱性,城市生态环境一旦遭到破坏,就会给生态系统的平衡带来威胁。

生态风险是生态系统及其组分在自然或人类活动的干扰下所承受的风险,指一定区域内具有不确定性的事故或灾害对生态系统的结构和功能可能产生的不利影响。生态风险除了具有一般意义上的"风险"含义和特点(如客观性和不确定性)之外,还具有自身鲜明的危害性、内在价值性和动态性特点。鉴于生态风险对于区域资源开发和生态建设的重要指示作用,生态风险评价成为宏观生态管理的一项重要途径。

生态敏感性是指在不损失或不降低环境质量的情况下,生态因子对外界压力或变化的适应能力。生态敏感性区划就是从区域生态系统的特点入手,分析区域生态环境对人类活动的敏感性及生态系统的恢复能力。

4.2 分析原理和数学模型

4.2.1 数字地形模型

数字地形模型(DTM,Digital Terrain Model)是地形表面形态属性信息的数字表达,是带有空间位置特征和地形属性特征的数字描述。DTM 建模可用于土地利用现状的分析、合理规划及洪水险情预报等。

数字地形模型中地形属性为高程时称为数字高程模型(DEM,Digital Elevation Model)。DEM 通常用地表规则网格单元构成的高程矩阵表示,广义的 DEM 还包括等高线、三角网等所有表达地面高程的数字表示。

在地理信息系统中,DEM 是建立 DTM 的基础数据,其他的地形要素可由 DEM 直接或间接导出,称为"派生数据",如坡度、坡向、粗糙度等,并可进行通视分析、流域结构生成等应用分析。

DEM 的主要表示模型为规则网格模型及等高线模型(图 4.1、图 4.2)。

① 规则网格模型:规则网格通常是正方形。规则网格将区域空间切分为规则的格网单元,每个格网单元对应一个数值。数学上可以表示为一个矩阵,在计算机实现中则是一个二维数组。每个格网单元或数组的一个元素,对应一个高程值。

② 等高线模型:等高线模型表示高程,高程值的集合是已知的,每一条等高线对应一个已知的高程值,这样一系列等高线集合和它们的高程值一起就构成了一种地面高程模型。

91	78	63	50	53	63	44	55	43	25
94	81	64	51	57	62	50	60	50	35
100	84	66	55	64	66	54	65	57	42
103	84	66	56	72	71	58	74	65	47
96	82	66	63	80	78	60	84	72	49
91	79	66	66	80	80	62	86	77	56
86	78	68	69	74	75	70	93	82	57
80	75	73	72	68	75	86	100	81	56
74	67	69	74	62	66	83	88	73	53
70	56	62	74	57	58	71	74	63	45

图 4.1　规则网格模型

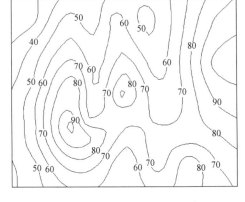

图 4.2　等高线模型

4.2.2　不规则三角网模型

不规则三角网(TIN，Triangulated Irregular Network)是表示数字高程模型的方法,它既减少规则格网方法带来的数据冗余,同时在计算(如坡度)效率方面又优于纯粹基于等高线的方法。

不规则三角网数字高程由连续的三角面组成,三角面的形状和大小取决于不规则分布的测点,或节点的位置和密度。不规则三角网与高程矩阵方法不同之处是随地形起伏变化的复杂性而改变采样点的密度和决定采样点的位置,因而它能够避免地形平坦时的数据冗余,又能按地形特征点如山脊、山谷线、地形变化线等表示数字高程特征(图 4.3)。

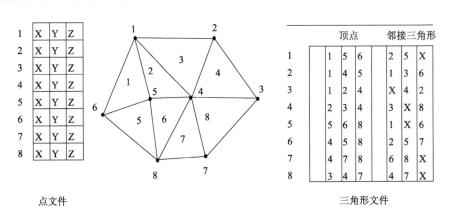

图 4.3　不规则三角网模型

4.2.3　生态敏感性分析模型

区域生态敏感性分析采用层次分析法和定性描述定量化的方法,建立起一个相对直观、易于理解的分析区域生态系统适应能力的方法模型。层次分析法通过将影响生态系统敏感性大小的各个方面进行归纳,并提炼出各个具体的因子,单一判断其影响区域生态敏感性的程度,并采取一定的方法进行综合,以形成对区域生态敏感性大小的判断。

对于自然单因子生态敏感性大小的判断,一般采用地表形态测量、分类分区比较和专家打分法等综合评价方法进行判断。最后归化为对各个因子的重要性进行判断,一般对生态敏感性程度进行评判并划分为 5 个等级,即极高生态敏感性、高生态敏感性、中生态敏感性、低生态敏感性、非生态敏感性,相应的赋值分别为 9、7、5、3、1。其判定公式如下:

$$V_{ij} = \begin{cases} 9 & \text{极高生态敏感性} \\ 7 & \text{高生态敏感性} \\ 5 & \text{中生态敏感性} \\ 3 & \text{低生态敏感性} \\ 1 & \text{非生态敏感性} \end{cases}$$

式中,V_{ij} 代表第 i 个自然因子的第 j 个子因子。

随后,对各个自然因子进行单因子的生态敏感性评价。由于生态敏感性是限制条件的分析,故采用取最大值的方法作为该地区的生态敏感性值,取最大值的方法按公式(4.1)进行:

$$V_i = f_{\max}(V_{ij}) \tag{4.1}$$

式中,V_i 是第 i 个自然单因子的值;$f_{\max}(\cdot)$ 为取最大值的函数;V_{ij} 是第 i 个自然单因子的第 j 个子因子的值。

将各个自然单因子的评价结果按照取最大值的方式进行综合,得到基于自然因子的综合评价结果;随后将其与人为因子(即建成区)按照取最小值的方法进行叠加,即得到最终的区域生态敏感性评价结果,其公式如下:

$$V_n = f_{\max}(V_i) \tag{4.2}$$

$$V = f_{\min}(V_n, V_m) \tag{4.3}$$

式中,V_n 代表自然因子综合敏感性大小;$f_{\max}(\cdot)$ 为取最大值的函数;V_i 是第 i 个自然因子;V 代表区域综合生态敏感性大小;$f_{\min}(\cdot)$ 为取最小值的函数;V_m 代表人为因子。

生态敏感性分析技术路线如图 4.4 所示。

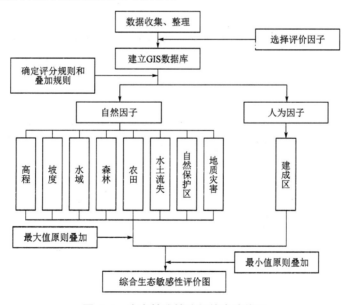

图 4.4　生态敏感性分析技术路线图

4.3 实例

4.3.1 生态敏感性分析

以福建省龙岩市长汀县县域生态敏感性分析为例,介绍区域生态敏感性分析所需数据与方法。

（1）数据

区域生态敏感性分析所需数据包括:国家基础地理信息中心 1∶50 000 GIS 数据、长汀县 DEM 数据、分辨率为 2.5 m 的 SPOT 影像、长汀县水土流失 GIS 数据和《长汀县生态功能区划背景图》。

（2）主要步骤与方法

① 关键生态资源辨识

关键生态资源是指那些对区域总体生态环境起决定作用的生态要素和生态实体,一般分为 4 类:生态关键区、文化感知关键区、资料生产关键区与自然灾害关键区。其中,生态关键区是指在无控制或者不合理的开发下将导致一个或多个重要自然要素资源退化或消失的区域,所谓重要自然要素主要包括各级自然保护区、森林公园、大型湿地、大型林地、主要河流及重要水体等;文化感知关键区是指包括一个或多个重要景观、游憩、考古、历史或文化资源的区域,在无控制或不合理的开发下,这些资源将会退化甚至消失,一般包括风景名胜区、文物保护单位等;资源生产关键区又称经济关键区,其为区域提供支持地方经济或更大区域范围内经济的基本产品或生产这些基本产品的必要原料,一般包括基本农田保护区、渔业生产区、重要水源地、水源涵养区、矿产采掘区等;自然灾害关键区是指由不合理开发可能带来生命与财产损失的区域,包括滑坡、洪水、泥石流、地震或火灾等灾害易发区。

根据长汀县实际情况,关键生态资源主要包括水域、农田、森林、自然保护区和水土流失数据等。其中,水域、农田与森林由遥感影像解译而得,自然保护区根据《长汀县生态功能区划背景图》获得,水土流失数据采用当地提供的长汀县水土流失 GIS 数据。

② 因子选取与分级赋值

通过对长汀县自然生态因子特征分析与关键生态资源的识别,遵循因子的可计量、主导性、代表性和超前性原则,选取对土地利用方式影响显著的高程、坡度、建成区、水域、森林、农田、水土流失、自然保护区和地质灾害等 9 个影响因子作为生态敏感性分析的主要影响因子;其中,高程、坡度、水域、森林、农田、水土流失、自然保护区及地质灾害可以划分为自然因子,建成区可以划分为人为因子。在本案例中,自然因子的选取与赋值如表 4.1 所示。

③ 单因子分析

将各个自然单因子按照上述赋值规则进行赋值,使用生态敏感性字段转换为栅格数据文件,并按照取最大值的方法进行镶嵌,得到生态敏感性单因子分析结果。

现对长汀县生态敏感性单因子分析评价的具体赋值步骤做简要说明。

表 4.1　生态敏感性分析中自然因子的选取与赋值

因子	说明		赋值
高程	>800 m		9
	600~800 m		7
	500~600 m		5
	350~500 m		3
	<350 m		1
坡度	>25°		9
	15°~25°		5
	8°~15°		3
	<8°		1
水域	湖泊和主要水系	河湖所在区域	9
		<50 m 缓冲区	7
		50~120 m 缓冲区	5
		120~200 m 缓冲区	3
		>200 m 缓冲区	1
	次要河流及其支流	河流所在区域	9
		<50 m 缓冲区	7
		50~80 m 缓冲区	5
		80~120 m 缓冲区	3
		>120 m 缓冲区	1
森林	地表植被覆盖繁茂		9
	地表植被覆盖稀疏		7
	地表无植被覆盖		1
农田	基本农田		9
	一般农田		7
水土流失	水土流失区		9
自然保护区	需要进行保护		9
地质灾害	重点防治区		9
	次要防治区		7
	一般防治区		1

a. 高程因子

高程是区域的基础骨架和背景,高程越高,对于保护长汀自然骨架的完整越有利,生态敏感性越高。

高程直接由 DEM 数据得到，将 15 m DEM 数据按照表 4.1 分 5 级显示，并使用 ArcGIS 软件的 ArcToolbox 中 Spatial Analyst Tools-Reclass-Reclassify（重分类）工具，对 DEM 数据按照表 4.1 进行重分类，得到基于高程因子的生态敏感性分区结果。

b. 坡度因子

作为导致水土流失的一个重要因子，坡度在维护山林地生态系统平衡，防止水土流失方面有重要的影响。同时对于建设活动也有不同坡度等级的限制，坡度越陡，发生水土流失的可能性越大，敏感性越高。一般来说，坡度在 8°以下适合所有用地的建设，故将 8°以下坡度设为非生态敏感区；8°以上就不适合工业用地的建设，但 15°以下的仍可满足公共基础设施和居住区的建设要求，故将 8°～15°坡度设为低生态敏感区；15°以上就不适合公共基础设施的建设，但 25°以下还能够进行居住区的建设，故将 15°～25°坡度设为中生态敏感区；25°以上的坡度不适合所有用地的建设，故将坡度在 25°以上的区域设为极高生态敏感区。

坡度数据由 DEM 数据经计算得出，使用 ArcToolbox 中 Spatial Analyst Tools-Surface-Slope 工具，得出坡度数据。同样使用重分类工具，将坡度因子按照 8°以下、8°～15°、15°～25°和 25°以上分为 4 级，分别赋值 1、3、5、9，得到基于坡度因子的生态敏感性分区结果。

c. 水域因子

长汀县内河流、湖泊众多，汇水面积大，在选取时主要考虑了湖泊、水库、大型河流等面状水域因子和线状水域因子。

在 ArcGIS 软件中，利用 ArcToolbox 中的 Analysis Tools-Proximity-Multiple Ring Buffer 工具，分别对面状水域和线状水域进行缓冲区分析。对于缓冲区分析结果，在属性表中通过 Add Field 添加 Value 字段并按照表 4.1 进行敏感性赋值，使其带有生态敏感性属性。随后，使用 Conversion Tools 模块下的 To Raster-Feature to Raster 工具，将其转换为栅格数据，栅格大小与 DEM 数据相统一，为 15 m。由此得到基于水域因子的生态敏感性分区结果。

d. 森林因子

城市是一个复合生态系统，森林在这个生态系统中起着调节与反馈的重要作用。森林的生态敏感性较高，因此作为生态敏感性分析中的一个因子加以考虑。

森林因子按照 NDVI 指数进行划分，由县域遥感图像进行解译获得县域 NDVI 指数的大小，并按指数大小划分为三类，分别代表地表无植被覆盖、地表植被覆盖稀疏与地表植被覆盖繁茂。在 ArcGIS 软件中，按照上述分类标准将其重分类，三种情况分别赋值为 1、7、9，得到基于森林因子的生态敏感性分区结果。

e. 农田因子

对于"八山一水一分田"的长汀县来说，农业是长汀县的基础，不但可以提供粮食来源和工业原料，对于改善生态环境也有一定的积极作用。农田生态系统作为一种人工的生态系统，对人类有着极高的生态意义，因此将农田作为生态敏感性分析的因子之一。对于基本农田，其重要程度高于一般农田，故生态敏感性最高。

县域基本农田与一般农田的范围根据长汀县土地利用规划图数字化得到。通过在属性表中添加字段，为农田进行生态敏感性赋值，基本农田赋值为 9，一般农田赋值为 7。随后，同样通过矢量转栅格工具,将其转换为栅格大小为 15 m 的栅格数据,从而得到基于农田因子的生态敏感性分区结果。

f. 水土流失因子

长汀县是福建省水土流失最严重的县份,水土流失程度强且治理难度大,是长汀最主要的自然灾害,在降水多的季节往往会引发泥石流、滑坡等灾害,因此水土流失也是影响生态敏感的重要因子。

水土流失区域根据长汀县生态功能区划背景图数字化得到。同样通过在属性表中添加属性值,将水土流失区域赋值为 9,并以此转换为 15 m 的栅格数据,得到基于水土流失因子的生态敏感性分区结果。

g. 自然保护区因子

长汀县的野生动植物资源非常丰富,已经建立大小保护区数十个。水土流失区域根据长汀县生态功能区划背景图数字化得到。通过在属性表中添加表征生态敏感性大小的属性值,将自然保护区赋值为 9,代表极高生态敏感性。随后,使用矢量转栅格工具,将其转换为栅格大小为 15 m 的栅格数据,得到基于自然保护区因子的生态敏感性分区结果。

h. 地质灾害因子

坍塌、滑坡、泥石流等各类地质灾害易发区是影响区域生态安全的重要因素,在规划建设中应合理避让。地质灾害数据根据长汀县地质灾害防治区划图数字化得到。在属性表中添加新的属性字段以表征生态敏感性大小,其中,一般防治区赋值为 1,次要防治区赋值为 7,重点防治区赋值为 9,并以此字段转换为 15 m 大小的栅格数据,得到基于地质灾害因子的生态敏感性分区结果。

i. 建成区因子

建成区作为唯一的人为因子,是指已经建设的地区,包括城市及乡村,将其作为非生态敏感区。按照建成区的评分标准,将建成区赋值为 1。同样通过在属性表中添加字段按上述方式进行赋值,并按照该字段将其转换为栅格数据,栅格大小为 15 m。将其作为人为因子,与其他自然因子叠加进行分析。

④ 多因子叠加分析

各自然因子采用取最大值叠加的方法进行叠加,具体方法使用 ArcToolbox 中 Data Management Tools 模块中 Raster-Raster Dataset-Mosaic to New Raster 工具,设置栅格大小为 15,按照上述数学模型进行取最大值的方式得到叠加结果。最后再按照取最小值方法与人为因子进行叠加,形成区域综合性的生态敏感性评价。

⑤ 生态敏感性分区

经过单因子分析与多因子叠加分析,最终得到生态敏感性分析总图,按敏感性数值 9、7、5、3、1 分别划分为极高生态敏感区、高生态敏感区、中生态敏感区、低生态敏感区和非生态敏感区。

(3)结果分析

① 单因子分析结果

a. 高程因子

从得到的基于高程因子的长汀县生态敏感性分析结果(图 4.5)可以看出,长汀县境内山地较多,极高与高生态敏感区总面积为 887.58 km²,占全县面积的 28.58%,主要分布在县内的北部、东部以及西部海拔比较高的山区。基于高程因子的可供建设用地(非生态敏感区)面积为 563.48 km²,占全县面积的 18.14%。

b. 坡度因子

从得到的基于坡度因子的长汀县生态敏感性分析结果(图 4.6)可以看出,长汀县的坡度变化较大,分布较为零散。极高生态敏感区面积为 1 919.71 km²,占全县面积的 61.79%,主要为植被覆盖区。基于坡度因子的可供建设用地(非生态敏感区)面积为 817.61 km²,占全县面积的 26.32%。

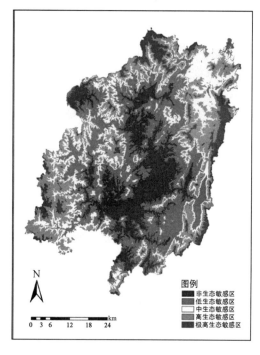 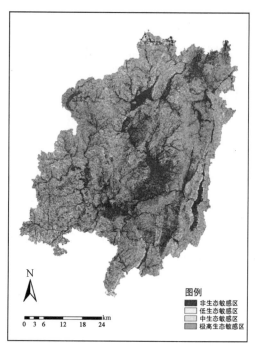

图 4.5　基于高程因子的长汀生态分区图　　　　图 4.6　基于坡度因子的长汀生态分区图

c. 水域因子

从得到的基于水域因子的长汀县生态敏感性分析结果(图 4.7)可以看出,长汀县境内河湖水系较多,以汀江为主的水系贯穿全县南北,其余各水系、湖泊与水库遍布全县。基于水域因子的可供建设用地(非生态敏感区)面积为 2 368.66 km²,占全县面积的 76.24%,而不宜和很不适宜作为建设用地(极高和高生态敏感区)面积为 310.88 km²,占全县面积的 10.01%。

d. 森林因子

从得到的基于森林因子的长汀县生态敏感性分析结果(图 4.8)可以看出,长汀县境内大部分区域被植被覆盖,森林覆盖繁茂的区域主要集中在县域西部。极高和高生态敏感区面积为 2 838.53 km²,占全县面积的 91.37%;非生态敏感区面积为 268.23 km²,占全县面积的 8.63%。

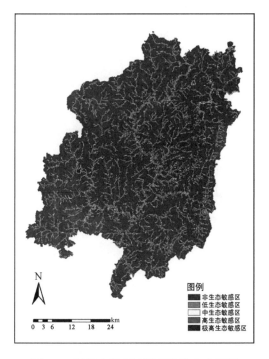

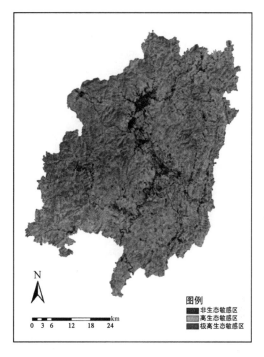

图 4.7　基于水域因子的长汀生态分区图　　　　图 4.8　基于森林因子的长汀生态分区图

e. 农田因子

从得到的基于农田因子的长汀县生态敏感性分析结果（图 4.9）可以看出,长汀县农田面积较小且在全县范围内分布较为分散、破碎。基于农田因子的可供建设用地（非生态敏感区）面积为 2 652.88 km²,占全县面积的 85.39%,而不宜和很不适宜作为建设用地（高和极高生态敏感区）面积为 453.87 km²,占全县面积的 14.61%。

f. 水土流失因子

从得到的基于水土流失因子的长汀县生态敏感性分析结果（图 4.10）可以看出,长汀县水土流失区域主要集中在河田镇。基于水土流失因子的可供建设用地（非生态敏感区）面积为 3 037.69 km²,占全县面积的 97.78%,而不适宜作为建设用地（极高生态敏感区）面积为 69.07 km²,占全县面积的 2.22%。

g. 自然保护区因子

从得到的基于自然保护区因子的长汀县生态敏感性分析结果（图 4.11）可以看出,长汀县自然保护区主要集中在县域北部。基于自然保护区因子的可供建设用地（非生态敏感区）面积为 2 652.88 km²,占全县面积的 85.39%,而很不适宜作为建设用地（极高生态敏感区）面积为 453.87 km²,占全县面积的 14.61%。

h. 地质灾害因子

从得到的基于地质灾害因子的长汀县生态敏感性分析结果（图 4.12）可以看出,极高和高生态敏感区面积为 1 796.041 7 km²,占全县面积的 57.81%;非生态敏感区面积为 1 310.72 km²,占全县面积的 42.19%。

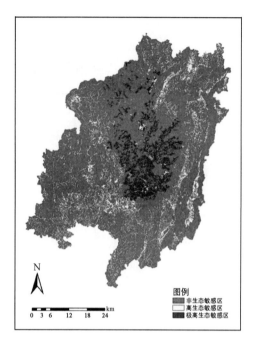

图 4.9　基于农田因子的长汀生态分区图

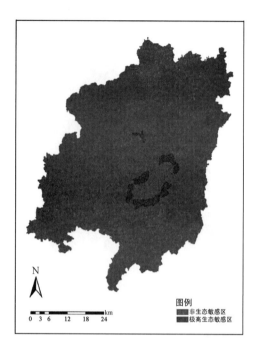

图 4.10　基于水土流失因子的长汀生态分区图

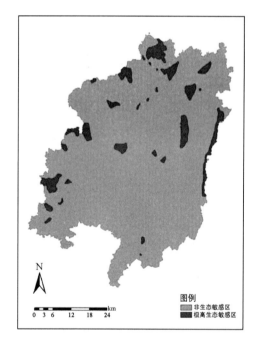

图 4.11　基于自然保护区因子的长汀生态分区图

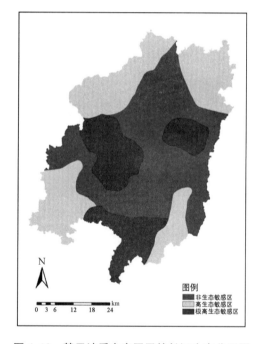

图 4.12　基于地质灾害因子的长汀生态分区图

i. 建成区

从得到的建成区因子的长汀县生态敏感性分析结果(图 4.13)可以看出,非建成区总面积为 3 008.92 km²,占全县面积的 96.85%;建成区面积为 96.85 km²,占全县面积的 3.15%。

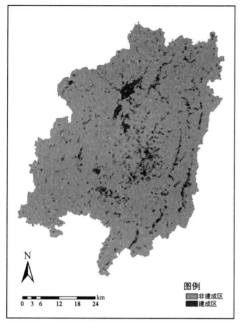

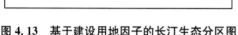

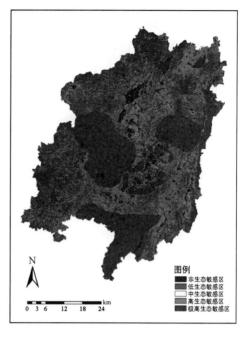

图 4.13 基于建设用地因子的长汀生态分区图　　图 4.14 长汀生态敏感性综合分区评价图

② 多因子叠加分析结果

按照上面所设定的叠加规则进行叠加得到基于多种因子的长汀生态敏感性综合分区评价图和长汀生态敏感综合分区评价表(图 4.14、表 4.2)。极高与高生态敏感区属于脆弱生态环境区,作为禁建区;中生态敏感区属于较为脆弱的生态环境区,此类区域可以作为限建区,宜在指导下进行适度的开发利用;低生态敏感区,对生态环境的影响不大,可作为适建区,可以做强度较大的开发利用。

基于以上分析,可作为适建区(低生态敏感区)的土地面积为 14.89 km²;作为限建区(中生态敏感区)的土地面积为 23.18 km²;而禁建区的土地面积为 2 960.15 km²。

表 4.2　长汀生态敏感综合分区评价表

生态敏感性类别	生态敏感指数	面积/km²	占全县面积比重/%	开发类型
非生态敏感区	1	108.54	3.49	已建区
低生态敏感区	3	14.89	0.48	适建区
中生态敏感区	5	23.18	0.75	限建区
高生态敏感区	7	982.37	31.62	禁建区
极高生态敏感区	9	1 977.78	63.66	

生态敏感性分析的结果一般用于为总体规划中的空间管制提供参考。在本案例中,以长汀县域生态敏感性分析为基础,结合长汀县的发展策略和未来发展方向,将县域空间划分为严格保护空间、控制开发空间、规划调控空间三大类。其中,严格保护空间主要是指生态敏感性极高和生态敏感性高的区域,生态环境脆弱,极易受到破坏,且一旦破坏很难修复,主

要包括基本农田保护区、自然保护区、水源保护区、基本生态保护区、洪水淹没区和生态恢复区。控制开发空间主要是指生态敏感性处于中级的区域,生态环境比较脆弱,表现为生态系统的扰动和不稳定,可以作为控制发展区或过渡区,宜在指导下进行适度的开发利用。规划调控空间是指生态敏感性最低的区域,在该区域进行建设活动对生态环境的影响不大,可做大规模或强度较大的开发利用。

4.3.2 城市洪涝灾害风险分析模型

（1）研究背景

福建省长汀县是一个多山地区,极端降雨条件下产生的洪涝灾害危害人民群众生命财产安全的事件几乎年年发生。研究区范围为长汀策武乡麻陂片区(龙岩稀土工业园),总面积约 1 346 hm²,规划建设用地为 798 hm²。本次的研究范围分为两个层次:①对一期建设具有重大影响的两个子流域;②整个流域以及周边地区的村庄。

（2）子流域划分

在 ArcGIS 中建立 DEM 模型,依照山脊线进行流域划分,并求出汇水边界线,最终将园区划分为多个子流域,子流域又划分为多个微流域（图 4.15）。

（3）设计暴雨量

本研究采用设计暴雨量来控制风险等级,采用暴雨强度公式、图表查算法并参考已有暴雨资料等方法进行计算,并相互校核。研究区采用 50 年一遇的设计暴雨强度。在本研究中,以 50 年一遇作为设计标准,以百年一遇作为风险评估参照,设计多情景分析模型。

福建省城乡规划设计研究院根据长汀县 1985—1998 年共 14 年的降雨资料总结出了长汀县暴雨强度公式,计算研究区各子流域流量:

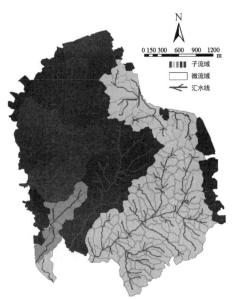

图 4.15 子(微)流域划分图

$$q = \frac{1\,369.218(1+0.481\lg T_E)}{(t+4.750)^{0.593}} \tag{4.4}$$

式中,T_E 为暴雨重现期;t 为降雨历时;根据公式(4.4),分别取 $T_E = 100$、50,$t = 60\ \text{min}$,计算得出重现期为 100 年与 50 年的设计小时暴雨量为 82.7 mm 和 76.6 mm。

求得的各子流域流量是否准确将关系到工程投资、防洪效益和水库安全。如果设计洪水数值偏大,会造成投资浪费,而如果偏小,则又不够安全。《水利水电工程设计洪水计算规范》(SL44—2006)中规定,应考虑资料条件、参数选用、抽样误差等多个方面进行综合分析,判定校核洪水是否需要加安全修正值。我国实测暴雨洪水系列均不是太长,如果仅根据实测洪水系列和实测暴雨系列,而没有历时洪水及大暴雨资料,则计算的设计洪水数值一般偏小,校核洪水应加安全修正值,以策安全。

根据安全修正的原则,在《中国暴雨统计参数图集》中查取变差系数为 0.35,均值为 40,取百年一遇、50 年一遇的可靠系数为 0.7,因此修正增加值均为 9.8。

因此本研究认为,应当取工业园区重现期为 100 年、50 年的设计小时暴雨量为 92.5 mm、86.4 mm 作为风险评估计算参数。

(4) 参数确定

根据每个子流域的最大最小高程之差,并通过 Hydrology 工具箱中的 Flow Length 工具计算子流的河流最大长度,即可算出每个子流域的坡降。考虑到流域 A 中水库对水流的滞留作用,分段计算平均坡降,水库上游为 1/16,水库下游为 1/115;流域 B 的平均坡降为 1/85。

研究区坡降大,流域面积小,旱季时,沟谷中并没有水流,河槽不足以泄洪,因此河滩也将被淹没,研究区河谷中长有中等密度的植物,并部分被垦为耕地,河谷平缓,参照相似的河道,取糙率为 0.1。

使用 ArcGIS 软件 Analysis 工具箱中的 Overlay 工具集对土地利用类型图与子流域划分图进行叠置分析,并对每个子流域中的微流域的土地利用类型面积进行汇总统计,乘以对应的径流系数即可得到子流域 A 综合径流系数为 0.744,子流域 B 综合径流系数为 0.767(表 4.3、表 4.4)。

表 4.3 流域 A 综合径流系数确定

用地类型	面积/hm²	比例/%	径流系数	综合径流系数
半荒植物地	6.08	1.51	0.80	
建筑用地	1.24	0.31	1.00	
旱地	10.25	2.55	0.85	
松、杉	274.94	68.33	0.70	
水域	5.20	1.29	1.00	
灌木林	0.48	0.12	0.80	
稻田	53.21	13.23	0.85	
竹林	0.81	0.20	0.80	
经济作物	2.73	0.68	0.80	0.744
经济林	27.94	6.94	0.80	
花坛	0.00	0.00	0.80	
草地	10.10	2.51	0.80	
菜地	5.85	1.45	0.85	
道路(土)	2.03	0.50	0.85	
道路(水泥)	0.80	0.20	1.00	
陡坎	0.69	0.17	1.00	

(5) 结果分析

通过累加计算,求得每一流域出口处的流量,如图 4.16、图 4.17 所示,在每个微流域上方的数字所指为该微流域出口处的流量。图 4.16、图 4.17 分别为 50 年一遇和百年一遇降雨微流域出口流量图。

为了有针对性地评价流域汇水对下方村庄和研究区一期规划工业园的洪水威胁以及考察水库的蓄洪调洪作用,对典型断面进行分析。这几个断面为(图 4.18):

表 4.4　流域 B 综合径流系数确定

用地类型	面积/hm²	比例/%	径流系数	综合径流系数
半荒植物地	0.06	0.03	0.80	
建筑用地	4.88	2.51	0.95	
旱地	3.18	1.63	0.80	
松、杉	101.78	52.34	0.80	
水域	2.68	1.38	1.00	
灌木林	0.00	0.00	0.85	
稻田	27.91	14.35	0.90	
竹林	0.08	0.04	0.90	0.767
经济作物	0.16	0.08	0.85	
经济林	37.71	19.39	0.85	
花坛	0.10	0.05	0.85	
草地	5.24	2.70	0.80	
菜地	6.06	3.12	0.80	
道路(土)	3.26	1.68	0.80	
道路(水泥)	1.19	0.61	0.95	
陡坎	0.19	0.10	1.00	

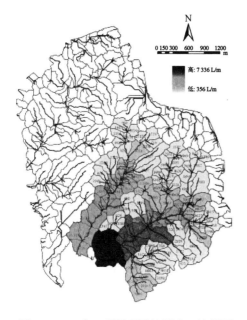

图 4.16　50 年一遇降雨微流域出口流量图　　图 4.17　百年一遇降雨微流域出口流量图

A_0-A_0 断面：指流域 A 的出口位置。

A_1-A_1 断面：指流域 A 中，一期平整台地的上方位置。

A_2-A_2 断面：指流域 A 中，一期平整台地的下方位置。

A_1'-A_1' 断面：指流域 A 中，水库下方较近出口的位置。

B_0-B_0 断面：指流域 B 的出口位置。

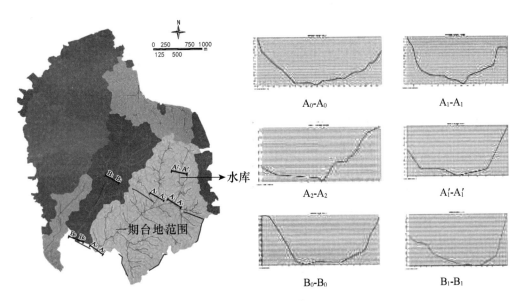

图 4.18 断面位置及剖面图

B_1-B_1 断面：指流域 B 中，一期平整台地的上方位置。

利用 ArcGIS 查询功能，获取对应于断面的累加流量、流速、水面高程、平均水深（表 4.5）。通过对暴雨情景的模拟分析发现，百年一遇、50 年一遇设计暴雨下产生的洪水水深、同一断面的流速，以及淹没的高程变化并不是很大。因为工业园区内的河谷为宽浅河谷，河水暴涨漫过河滩以后，变化幅度会减缓。这也意味着，暴雨产生洪水威胁有一个"门槛"；不幸的是，在工业园的宽谷底、小河沟的地形条件下，这个"门槛"很低。

表 4.5 典型断面流量计算结果

水库状态	断面	累加流量/(L/s)		流速/(m/s)		水面高程/m		平均水深/m	
		百年一遇	50 年一遇	百年一遇	50 年一遇	百年一遇	50 年一遇	百年一遇	50 年一遇
泄洪	A_0-A_0	78 433	73 261	0.81	0.79	289.41	289.37	0.81	0.78
	A_1-A_1	10 904	10 185	0.65	0.64	303.20	303.18	0.50	0.46
蓄水	A_0-A_0	73 154	68 330	0.79	0.77	289.37	289.34	0.78	0.75
	A_1-A_1	5 625	5 254	0.58	0.55	303.00	302.95	0.40	0.31
—	A_2-A_2	9 702	9 063	0.54	0.51	303.32	303.28	0.44	0.40
—	A_1'-A_1'	5 279	4 931	1.03	1.02	318.65	318.62	0.37	0.35
—	B_0-B_0	39 376	36 779	0.75	0.73	291.06	291.01	0.57	0.55
—	B_1-B_1	26 705	24 944	0.70	0.68	303.41	303.38	0.50	0.45

（6）风险评价分析

通过以上统计可知，一期工业园上方断面 A_1-A_1、A_1'-A_1'、B_1-B_1 的相关径流参数均较大，由于水库位置离工业园区较远，水库下游以及其他支流的汇水并不受水库的调节作用，因此仍有大量的汇水需要途经工业园区，占工业园区雨水总量的 13.9%。工业园区经过土地平整,下垫面条件改变,雨水无法下渗,考虑到越来越频繁的强降雨天气,必然会增加排水管道的排水压力。

通过研究区出口断面的相关径流参数可知,当遭遇百年一遇的强降雨时,出口断面流速高达 0.83 m/s,河口水面面宽 100 m 以上,而平均水深更是达到了 0.85 m;即便是 10 年一遇的强降雨,也会产生水深 0.61 m,流速 0.67 m/s,面宽 107 m 的洪水。而水库的调洪能力在这种情况下作用很小。因此位于研究区出口断面下游的策武乡将遭受严重的洪水威胁。

4.4 小结

本章阐释了自然空间、生态系统、生态因子等基本概念,其中,生态系统有自然生态系统与人工生态系统之分,最为典型的人工生态系统——城市生态系统具有脆弱性的特征,一旦遭受破坏将难以恢复。由于自然及人类活动的影响,生态系统承受着风险,因此,如何降低城市发展对于生态系统平衡的冲击与破坏,维持城市生态、社会、经济子系统的平稳运行,是尤为值得关注的问题。

自然空间的分析模型大多以数字地形模型、不规则三角网模型为基础,深入分析了生态敏感性模型的应用。生态敏感性考虑各个生态因子对城市生态系统的影响及其因子间相互作用的关系,分析生态环境对人类活动的敏感性及生态系统的恢复能力,在此基础上,将结果落实到城市具体空间,指导人类活动的有序进行,并提供空间管制与主体功能区划的依据。除此之外,本书拓展介绍了城市洪涝灾害风险分析模型。城市洪涝灾害过程体现了作为城市系统的支撑环境系统——地球表层系统的调控作用。城市系统的防洪排涝是城市主动适应自然的一种行为,科学认知地表水循环系统与城市系统之间的关系,开展洪涝灾害风险分析,定量评价洪水发生的可能性,将为人们防御洪涝灾害,减轻洪涝灾害的损失提供帮助。社会经济系统通过对洪涝灾害系统的风险分析,结合合理的用地规划布局,有利于尽可能地避免洪涝灾害对城市发展的影响。

思考题

1. 生态敏感性分析的主要因子应如何选取? 除了实例中提到的 9 类影响因子,还可以添加哪些?

2. 单因子应如何分级赋值? 会对最后综合分区的结果有何影响?

3. 多因子叠加的具体规则应如何确定? 何时应按最大值叠加? 何时应按最小值叠加?

4. 子(微)流域如何划分? 如何在提取河网时设定阈值使流域单元划分更合理?

5. 与工业园区相比,对城市其他区域(如居民区、CBD 等)进行洪涝灾害风险分析时,应如何考虑? 有何异同?

5 城市物质生产空间的功能优化分析

城市物质生产空间是城市用地、建筑、道路、市政、绿地等多要素的集合,这些要素相互配合,构成了人们生产、生活所需的物质空间场所,形成了支撑城市经济社会建设与发展的物质空间环境。城市物质生产空间的组织及结构模式,深刻地影响着城市形态、城市规模、经济效益、社会公平、居民幸福感及可持续发展等,对于城市系统的平稳运行有着举足轻重的作用。鉴于城市用地子系统的统领地位,本章节基于 ArcGIS 分析平台,着重研究城市用地子系统的适宜性评价,并采用引力可达性指数模型,进一步探讨城市公共服务设施配置的公平性与合理性,构建城市物质空间分析的一般模式,为城市物质空间功能优化提供参考。

5.1 基本概念

城市规模通常指人口规模与用地规模。用地作为城市发展的空间载体和基础,是城市物质系统的基础和核心。在快速城市化时期,城市的无序蔓延一直为世人所诟病,这也是造成一系列城市社会矛盾、经济矛盾和生态矛盾的主要原因之一。为有效利用城市物质生产空间,合理配置资源,进行功能优化,需要进行系统的、科学的分析。本章节涉及的基本概念如下。

(1) 土地

土地资源学认为土地是由地球表面一定立体空间内的气候、土壤、基础地质、地形地貌、水文及植被等自然要素构成的自然地理综合体,同时还包含着人类活动对其改造和利用的结果,因此,它又是一个自然经济综合体。从城市与区域系统角度来看,这一定义肯定了城市和区域土地的自然属性和社会属性的统一,土地的性质和功能不仅取决于各自然要素的综合作用,同时还受到不同时期人类活动的影响。

(2) 城市用地

城市用地是城市规划区范围内赋以一定用途和功能的土地的统称,是用于城市建设和满足城市机能运转所需要的土地。如城市的工厂、住宅、公园等城市设施的建筑活动,都要由土地来承载,而且各类功能用途的土地需要经过规划配置,使之具有城市整体而有机的运营功能。

(3) 土地适宜性评价

土地适宜性评价是指在一定条件下,根据土地的自然和社会经济属性,对不同土地用途或特定土地用途的适宜程度的综合分析与评价。对土地进行适宜性评价或分析的目的在于根据人类要求、意愿或一些未来活动的预测而确定土地利用最适合的空间模式。土地适宜性评价是土地评价的基础性工作,它是进行土地利用决策,科学地编制土地利用规划的基本依据。

根据土地适宜性评价采用的土地属性的不同可以将其分为土地自然适宜性评价和土地综合适宜性评价。其中,土地自然适宜性评价是指某种作物或土地利用方式对一定地区土地的自然条件(主要包括地貌、气候、土壤、水文等条件)的综合适宜程度;土地综合适宜性评价是指某种土地利用方式对一定地区土地的自然和社会经济条件的综合适宜程度。土地自然适宜性评价仅考虑一定时期内土地的自然属性,一般用于非建设用地的评价,如农业用地或农作物的适宜性评价等,而土地综合适宜性评价综合考虑土地的自然和社会经济属性,如耕地和生态保护政策、交通可达性和建设开发成本等,更多地考虑人类活动的影响,多用于建设用地的适宜性评价,特别是城乡建设用地的适宜性评价。

(4)城市用地适宜性评价

城市用地适宜性评价是土地综合适宜性评价的典型类型,是在调查分析城市规划区或行政区自然环境条件的基础之上,根据用地的自然属性和社会经济属性的特征,以及工程建设的要求进行全面综合评价土地适宜程度的过程,用以确定城市不同区域的土地开发建设适宜程度的空间差异。合理确定可适宜发展的用地不仅是以后各项专项规划的基础,而且会对城市的整体布局、社会经济发展等产生重大影响。一般来讲,可以根据以土地为载体的自然环境和建成环境将影响城市用地适宜性的因子归纳为自然生态因子和社会经济因子两大类。

(5)容积率

容积率又称楼板面积率,或建筑面积密度,是衡量土地使用强度的一项指标,是地块内所有建筑物的总建筑面积之和与地块面积的比值。容积率是最核心的控规控制指标,当人均建筑面积一定时,它直接反映了人口密度,所以容积率可以作为规划师从空间角度调节人口密度分布的有效手段。

(6)城市公共空间

城市公共空间是指城市在建筑实体之间存在着的开放空间体,是城市中供居民日常生活和社会生活公共使用的外部空间,是进行各种公共交往活动的开放性空间场所。城市公共空间包括街道、广场、居住区户外场地、公园、绿地、商业街等,是人类与自然进行物质、能量和信息交流的重要场所,也是城市形象的重要表现之处。城市公共空间按照物质空间可划分为街道空间、广场空间、公园空间、绿地空间、节点空间及天然廊道空间;按照功能类别可划分为居住型公共空间、工作型公共空间、交通型公共空间及游憩型公共空间;按照用地性质可划分为居住用地、公共服务设施用地、道路广场用地及绿地。

(7)城市人口

城市人口指城市市区中的非农业人口和一部分近郊区(不包括市辖县)的农业人口,农业人口比例不应超过城市总人口的30%。根据我国人口普查统计的分类标准,城镇人口为在城镇居住时间超过6个月以上的人口。因此,纳入统计的城市人口就是该城市的居民或称为市民。城市人口的本体概念应为:城区的常住人口应视为停留在该城市6个月以上,使用各项城市设施的实际居住人口。

（8）人口密度

人口密度指单位面积土地上居住的人口数，表示区域中人口的密集程度，通常以 1 km² 或 1 hm² 内的常住人口为计量单位，通常作为衡量人口在一定地域空间上的分布特征的指标。居住人口指与住宅统计范围一致的家庭居住人口，以公安机关的统计数据为准。居住人口密度指单位居住用地上的平均人口数量，以街区或居住用地地块为基本统计单位。街区在空间中指以四条城市道路为边围成的地区，为便于数据统计等研究需要，规划中将街区内居住空间视为均质的整体，可以根据街区内居住用地的住宅建筑上的人口分布状况确定街区的人口密度。其中居住用地是指住宅用地和居住小区及居住小区级以下的公共服务设施用地、道路用地及绿地。

（9）公共服务设施

公共服务设施是公共服务衍生出来的概念，是承载公共服务的空间载体，是公共服务资源向服务结果转化的中间环节。在国内城市规划领域，上述维护性公共服务设施一般称作行政管理或公共管理设施；经营性公共服务设施一般称作市政基础设施或市政公用设施；社会性公共服务设施是规划语境中最主要的公共服务设施。因此一般情况下，公共服务设施在广义上既包括社会性公共服务设施，也包括市政公用设施，而从狭义角度理解则仅包括社会性公共服务设施。2012 年住房和城乡建设部发布新版《城市用地分类与规划建设用地标准》（GB 50137—2011），将原来的"公共服务设施用地"分化为"公共管理与公共服务用地"与"商业服务业设施用地"两大类，从而将政府过去统管的公共设施项目移交给市场，这体现了新型城镇化对市场主导城镇化过程的要求。

（10）公共服务体系

从系统科学的角度看，公共服务体系涵盖了公共教育、公共卫生、公共安全、公共交通、公共事业、公共福利、文化体育等多方面要素，可划分为以下三种类型：①维护性公共服务，包括立法、司法、行政、国防等保证国家机器存在和运行的公共服务，公共安全即属于这一类；②经营性公共服务，包括邮电、通信、电力、煤气、自来水、道路交通等，公共交通、公共事业即属于这一类；③社会性公共服务，即直接关系到人的发展需求的服务，公共教育、公共卫生、公共福利、文化体育即属于这一类。

（11）公共服务设施规划

公共服务设施具有区域范围和供给对象的边界，它的供给水平是根据其服务范围内供给对象的需求强度而配置的。因此，城市居住人口密度分布是公共服务设施配置及衡量其公平性与有效性的重要依据。以人为本的城市规划理念指出，应该将人口密度作为公共服务设施、交通设施等其他城市子系统空间配置的依据，并反过来考虑到现有的公共服务设施、交通设施等的区位及规模特征对人口密度分布演变的重要影响，这需要谨慎地、科学地提高或者降低某些空间的人口密度。可以说，城市居住人口密度分布情况不仅是制定区域长远发展政策、城市总体规划的重要基础，也是实施城市日常管理、改善居民生活环境等工作的重要科学依据。

公共服务设施规划是决定各项公共服务设施的空间位置、设施配置数量及规模和具体设备配置的过程，城市公共服务设施空间优化布局则是对城市公共服务设施规划进行调整的过程，可以促进城市空间结构合理调整、保证城市公共服务设施公平合理地配置。

城市公共服务设施公平性分析模型，是指在城市人口密度分布估算模型的基础上，综合考虑人口需求强度和空间区位差异的前提下,以居民的实际需求构建引力可达性指数模型,对城市现状或规划方案中公共服务设施的供给能力和空间布局进行客观评价,从而优化公共服务设施的选址和布局,制定和调整服务设施规模,提升服务供给水平。因此,该模型能够成为城市公共服务设施规划的重要依据。

5.2　分析原理和数学模型

5.2.1　适宜性评价模型

城市用地适宜性评价着重分析建成区用地发展需求与外部地理空间环境供给之间在"质"方面的吻合协调程度,即一定类型的土地作为特定用途使用时的适合性,将土地质量与特定的土地利用类型对土地质量的要求进行比较,以确定土地的适宜度。如果两者相互吻合得程度高,则该城市的用地适宜性和发展前景好,据此可以建立城市用地适宜性评价的基本模型。

（1）模型构建

$$S = f(x_1, x_2, x_3, \cdots, x_i) \tag{5.1}$$

式中,S 是适宜性等级,x_i 是适合该规划区评价的特定因子变量。

目前基于 GIS 的城市用地适宜性评价的方法主要有直接叠加法、因子加权评价法、生态因子组合法、神经网络法、模糊综合评判法、多目标决策支持系统、有序加权平均法等。目前常用的基本模型是权重修正法,即:

$$S = \sum W_i X_i \tag{5.2}$$

式中,S 是适宜性等级,X_i 为对应评价因子的用地适宜度,W_i 为权重。

（2）变量的标准化分级

城市用地适宜性评价因子一般可以分为两种类型:定性因子和定量因子。为了获得不同评价因子的用地适宜度,且消除不同标准和量纲的影响,需要采用不同的标准化分级方法。一般来讲,可以根据因子对用地适宜性影响的大小,将因子的用地适宜度分为 1、3、5、7、9 等 5 个等级。对于定性因子,如土壤类型、地貌类型和植被类型等指标,其作用分级体系的确定按照专家意见或行业规定对影响适宜程度大小直接赋值;对于定量因子,如交通可达性(时间)、海拔高程、地形坡度等具有连续分布的数值,选择具有典型实际应用意义的数值节点,结合自然断裂法综合确定不同数值范围的对应级别,并赋值。

（3）权重的确定

用地适宜性评价中各评价指标之间存在着错综复杂、相互联系又相互制约的关系,其对于评价结果的重要性也不尽相同,因此,不能对各因子进行简单的加和处理,而需要考虑各因子的权重。权重值把握准确与否决定了评价结果的科学性。关于城市用地适宜性评价中潜力因子的权重确定,常用方法包括特尔斐法、线性回归法、层次分析法、模糊综合评判法等。

（4）适宜性评价框架图

城市用地适宜性评价框架图如图5.1所示。

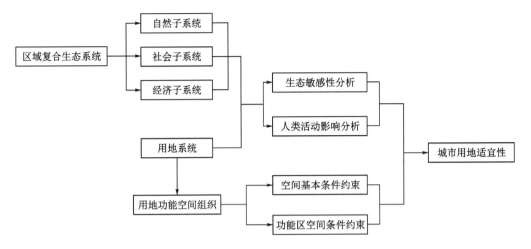

图 5.1　城市用地适宜性评价框架图

5.2.2　地块适宜容积率确定模型

（1）容积率与人口密度的关系函数

首先从容积率的定义出发，将容积率与人口密度关系的定量分析过程分析如下：

$$F = S_{建}/S_{地} \tag{5.3}$$

$$S_{建} = S_{均} \times N \tag{5.4}$$

$$S_{地} = N/D \tag{5.5}$$

由公式(5.3)、(5.4)、(5.5)不难推导出如下公式：

$$F = S_{均} \times D \tag{5.6}$$

式中，F 为容积率；$S_{建}$ 为建筑面积；$S_{地}$ 为用地面积；$S_{均}$ 为人均建筑面积；N 为人口数，D 为人口密度。

从式(5.6)可以看出，决定容积率的因素是人均建筑面积($S_{均}$)和人口密度(D)，人均建筑面积是规划管理过程中的重要指标。因此，容积率的核心是人均建筑面积和人口密度的问题，最终是为了解决"人"的问题，建筑子系统与用地子系统之间的关系只是容积率的外在表现。当人均建筑面积($S_{均}$)一定时，容积率(F)与人口密度(D)正相关，即人口密度越高，容积率越大。因此，在确定容积率时，要充分考虑人口密度的分布。

（2）容积率与物质系统的关系函数

物质系统对容积率的影响主要是遵循微观经济学的效率原则，以道路因子、服务因子和环境因子作为容积率的基本影响因素。理论假设是区位条件越是优越，开发强度也就应当越高，这意味着城市公共设施可以得到最为有效的利用。基准模型根据道路因子、服务因子和环境因子的空间格局和影响权重，采取计量化的精细方法，将城市空间划分成若干容积率分区。

$$F_{道路因子i} = \text{Max}(F_{主干路i}, F_{次干路i}) = \text{Max}(f_1(d_{主干路i}), f_1(d_{次干路i})) \tag{5.7}$$

$$F_{服务因子i} = \text{Max}(F_{主中心i}, F_{次中心i}, F_{主轴线i}, F_{次轴线i})$$
$$= \text{Max}(f_1(d_{主中心i}), f_1(d_{次中心i}), f_1(d_{主轴线i}), f_1(d_{次轴线i})) \tag{5.8}$$

$$F_{环境因子i} = \text{Max}(F_{主绿地i}, F_{次绿地i}) = \text{Max}(f_1(d_{主绿地i}), f_1(d_{次绿地i})) \tag{5.9}$$

$$F_{基准i} = \text{Max}(F_{道路因子i}, F_{服务因子i}, F_{环境因子i}) \tag{5.10}$$

式中，f_1 为距离衰减函数；F_i 为 i 点基于各影响因子(道路因子——主干路、次干路；服务因子——主中心、次中心、主轴线、次轴线；环境因子——主绿地、次绿地)的容积率分区值；d_i 为 i 点至对应各影响因子的最短距离；$F_{基准i}$ 为 i 点在基准模型下的容积率分区值。

（3）容积率与非物质系统

研究容积率与非物质系统的关系主要是为了避免过度追求经济效益而带来的弊端，比如有些生态敏感性地区由于生态条件良好而被过度开发，有些城市将安置小区布局在有重大安全隐患的地区，还有一些城市为了卖地不惜将具有深厚文化底蕴的历史街区拆除等，这些都是在市场化过程中缺少合理规划而带来的负面效应。为了避免城市开发因过度市场化而对城市生态、文化等带来的破坏，引入生态因子、安全因子和文化因子来探讨其与容积率的关系。

$$F_{生态因子i} = \begin{cases} 0 & 在生态敏感区范围内 \\ 5 & 不在生态敏感区范围内 \end{cases} \tag{5.11}$$

$$F_{安全因子i} = \begin{cases} 0 & 在洪水淹没或地质灾害等不安全区 \\ 5 & 在安全区 \end{cases} \tag{5.12}$$

$$F_{文化因子i} = \begin{cases} 0 & 在历史文化保护范围内 \\ 5 & 不在历史文化保护范围内 \end{cases} \tag{5.13}$$

$$F_{修正i} = \text{Min}(F_{基准i}, F_{生态因子i}, F_{安全因子i}, F_{文化因子i}) \tag{5.14}$$

式中，$F_{生态因子i}$ 为 i 点基于生态因子的容积率分区值；$F_{安全因子i}$ 为 i 点基于安全因子的容积率分区值；$F_{文化因子i}$ 为 i 点基于文化因子的容积率分区值；$F_{修正i}$ 为 i 点在修正模型下的容积率分区值。

（4）地块适应容积率的确定

在考虑了交通、用地、园林等物质系统对容积率的促进作用和生态、社会、文化等非物质系统对容积率的抑制作用后，叠加规划道路网，就可确定在物质和非物质系统共同作用下一个地块的适宜容积率。通过加权平均的计算，可以得到每个地块的容积率，并考虑实际情况和用地性质，对局部地块进行调整。

$$F_{地块j} = \frac{\sum_{i=1}^{n} F_{修正i}}{n} \tag{5.15}$$

$$F_j = f_2(F_{地块j}, F_{管理j}, X_j) \tag{5.16}$$

式中，$F_{地块j}$ 为 j 地块的容积率分区值；n 为 j 地块内的栅格数；F_j 为 j 地块的容积率；

$F_{管理j}$ 为地方城市规划管理技术规定中对容积率的规定；X_j 为 j 地块的用地性质；f_2 为容积率确定函数。

（5）经济可行性评价函数

经济可行性要求是控规编制的一大重点，集中体现在对居住与商业用地的建设强度控制上，过高或过低都不符合科学发展要求。容积率是反映用地建设强度的指标，当用地的建设强度过大时，人口将会相应增多，基础设施和绿地人均拥有量也随之减少，社会配套服务设施无法满足要求，产生了一系列社会问题，社会效益和环境效益降低，因此往往通过设定容积率的上限值对容积率进行控制。但是如果用地建设强度过低，则会造成土地使用浪费，降低经济可行性。因此，对容积率的经济可行性进行评价，显得十分重要。

地块经济容积率计算后与前面确定的地块容积率进行比较分析，若经济容积率小于规划容积率，则方案可行；若经济容积率大于规划容积率，则需要对容积率方案进行调整，必要时需对整个规划方案进行论证。

根据已有研究成果：

$$F_{经j} = \frac{Q_{地}}{k \times Q_{房}} \tag{5.17}$$

即：

$$F_{经j} = \frac{Q_{地}}{Q_{楼}} \tag{5.18}$$

对此公式进行一般化处理，得：

$$F_{经j} = \frac{Q_{成本}}{Q_{楼成本}} \tag{5.19}$$

对于不同的项目，用地成本价亦不同，比如拆迁费、基础设施建设费用、地块费用等，视具体情况而定。但每平方米建筑分摊的用地成本价可以通过房价和毛利润率进行计算，即

$$Q_{楼成本} = Q_{房} \times (1-a) - Q_{建} \tag{5.20}$$

因此可以得到：

$$F_{经j} = \frac{Q_{成本}}{Q_{房} \times (1-a) - Q_{建}} \tag{5.21}$$

$$\sigma F_j = F_j - F_{经j} \tag{5.22}$$

$$Y_{经j} = \begin{cases} 1 & \sigma F_j > 0 \\ 0 & \sigma F_j < 0 \end{cases} \tag{5.23}$$

若 $Y_{经j} = 1$，则方案可行。

式中，$F_{经j}$ 为 j 地块的经济容积率；$Q_{地}$ 为基准地价；$Q_{房}$ 为房价；k 为楼面地价在房价中的比重，$0 < k < 1$；$Q_{楼}$ 为楼面地价；$Q_{成本}$ 为每平方米用地的成本价；$Q_{楼成本}$ 为每平方米建筑分摊的用地成本价；σF_j 为 j 地块的规划容积率与经济容积率之差；F_j 为规划容积率；$F_{经j}$ 为经济容积率；$Y_{经j}$ 为 j 地块的经济容积率评价结果；a 为毛利润率；$Q_{建}$ 为建筑建设单价。

（6）交通承载力可行性评价函数

地块的容积率越大,其所吸引或发生的交通量就越大,因此对于一个新建项目往往要做交通影响评价。而交通量与地块容积率息息相关,可以通过交通影响反推容积率的上限值。

地块交通承载容积率计算后与前面确定的地块容积率进行比较分析,若交通承载容积率大于规划容积率,则方案可行;若交通承载容积率小于规划容积率,则需要对容积率方案进行调整,将容积率上限更改为交通容积率,必要时需对整个规划方案进行论证。

参照国家《建设项目交通影响评价技术标准》(CJJ/T141—2010),有以下公式:

$$F_{承j} = S_{建j}/S_{地j} \tag{5.24}$$

$$Q_j = S_{建j} \times R_j \tag{5.25}$$

$$Q_{内j} = Q_j \times b_j \tag{5.26}$$

$$S_{0j} = Q_{内j} \times S_{均} \tag{5.27}$$

根据上面四个公式,很容易推导出:

$$F_{承j} = S_{建j}/(b_j \times S_{均} \times R_j \times S_{地j}) \tag{5.28}$$

$$\sigma F_j = F_j - F_{承j} \tag{5.29}$$

$$Y_{承j} = \begin{cases} 1 & \sigma F_j < 0 \\ 0 & \sigma F_j > 0 \end{cases} \tag{5.30}$$

若 $Y_{承j} = 1$,则方案可行。

式中, $F_{承j}$ 为 j 地块的交通承载容积率; $S_{建j}$ 为 j 地块的建筑面积; $S_{地j}$ 为 j 地块的地块面积; Q_j 为 j 地块的交通总出行量; R_j 为 j 地块的出行生成率; $Q_{内j}$ 为 j 地块的内部交通出行量; b_j 为 j 地块的内部交通承担系数; S_{0j} 为 j 地块内道路面积; $S_{均}$ 为标准人均道路面积; σF_j 为 j 地块的规划容积率与交通承载容积率之差; F_j 为 j 地块的规划容积率; $Y_{承j}$ 为 j 地块的交通承载容积率评价结果。

5.2.3　城市居住人口密度估算模型

从 20 世纪 60 年代起,国内外学者就开始应用遥感技术进行城市人口估算研究。目前,已发展了多种基于遥感的人口估算方法,主要有土地利用密度法、建成区面积法、耗能法和地物光谱法。在城市总体规划方案编制中,一般均能收集到以全国人口普查数据为基础的城市街道或社区为面域空间单元的常住人口汇总数据,同时可采用卫星遥感影像并结合测绘地形数据进行地面调查验证获得城市土地利用现状图及其居住地块空间的居住建筑面积、容积率等估测数据。由于常住人口都定居于住宅建筑内,所以一般情况下人口分布与住宅建筑总面积具有很高的相关性,假设住宅建筑可以分为多种不同的类型,每一类住宅建筑的人均住宅建筑面积相同或相差不大,那么便可采用本书创建的三维城市居住人口密度估算模型进行人口估计。该模型的基本原理如下:

设某城市区域有 n 种居住用地类型,每一类型的人均居住建筑面积的倒数为 $B_j(j=1,2,\cdots,n)$,又设该区域被分为 m 个行政街道,已知每一街道统计的人口总数为 $P_i(i=1,2,\cdots,m)$;通过航空遥感调查与地形数据估测,获得了每个街道内的各种居住类型地块上住宅的居住建筑总面积 $A_{ij}(i=1,2,\cdots,m;j=1,2,\cdots,n)$，则建立下列线性方程组：

$$\begin{aligned}
A_{11}B_1 + A_{12}B_2 + \cdots + A_{1n}B_n &= P_1\\
A_{21}B_1 + A_{22}B_2 + \cdots + A_{2n}B_n &= P_2\\
\vdots \qquad \vdots \qquad\quad \vdots \qquad \vdots\\
A_{m1}B_n + A_{m2}B_2 + \cdots + A_{mn}B_n &= P_m
\end{aligned} \tag{5.31}$$

当此方程组中 $m>n$ 时，即街道数多于居住类型数，采用最小二乘法原理，将此方程组转化为 $n\times n$ 正规方程组，解方程组，从而求得该区域内与统计人口数总误差最小的各类住宅的人均居住建筑面积的倒数 $B_j(j=1,2,\cdots,n)$（即每单位建筑面积上的人口数）的估计值。

为了进一步提高人口估计值的精度，我们按照人口数量分布特征、建筑类型分布差异、估计误差分布特征进行分组组合，通过求解具有单一或少量住宅建筑类型组合样本的参数值，得到精度更高的该类建筑参数估计值，然后带入其他复合住宅建筑类型的样本方程中求解其余住宅建筑类型参数，如此反复分类和迭代，直到得到所有住宅建筑类型的参数估计值。另外，为了保证人口总数据的一致性和完整性，即：人口全部分布于住宅建筑用地中，可以按照公式(5.32)将人口估计误差值按建筑面积比例均摊到各类住宅建筑用地中，进一步调整得到估计参数值 B'_{ij}。最后，按照公式(5.33)得到不同居住用地上的人口密度值 D_f。

$$B'_{ij} = B_{ij} \times \frac{A_{ij}}{A_i} \tag{5.32}$$

$$D_f = \frac{P_f}{S'_f} = \frac{\sum B'_{ij}A_{ij-f}}{S'_f} \tag{5.33}$$

式中，D_f 为 f 居住用地上的人口密度；P_f 为 f 居住用地上的人口数；S'_f 为 f 居住用地的面积；A_{ij-f} 为位于 f 居住用地上的住宅建筑面积。

5.2.4 城市公共服务设施公平性分析模型

法国学者拉格朗日(Louis Lagrange)在借鉴牛顿万有引力定律的基础上最早提出了万有引力潜能(Potential)的概念，后来这一概念被引入区域经济和人文地理学，并逐步发展成为研究空间相互作用的经典模型之一。而后由汉森提出采用引力模型作为可达性的度量方法，他以一个基于引力的势能模型来测度就业便捷度，反映了可达性与供给点的规模以及供给点与需求点之间距离衰减的影响，但未将需求信息考虑进去。因此，威布尔改进了这个模型，考虑了消费者之间的需求竞争。目前地理与规划学界主要引入此模型研究公共服务设施的可达性以及就业便捷度。引力可达性改进模型的公式为：

$$a_{ij} = \frac{S_j}{V_j d_{ij}^\beta} \tag{5.34}$$

$$A_i = \sum_{j=1}^n a_{ij} = \sum_{j=1}^n \frac{S_j}{V_j d_{ij}^\beta} \tag{5.35}$$

$$V_j = \sum_{k=1}^m D_k d_{kj}^{-\beta} \tag{5.36}$$

式中，a_{ij} 为需求点 i 到供应点 j 的引力可达性；A_i 为需求点 i 到所有某类公共设施的引力可达性;S_j 是供应点 j 的供给规模(服务能力),本研究以公共服务设施的用地面积表示;V_j 是人口规模影响因子(服务需求的竞争强度,以人口势能衡量);D_k 是第 k 个需求点的消费需求(人口规模);d_{ij}、d_{kj} 是供需两地之间的距离或通行时间;β 是交通摩擦系数(阻抗系数);n 和 m 分别是供应点和需求点的总数。A_i 的值实际上是研究区内各公共设施对需求点 i 的吸引力的累积值,A_i 的值越大,可达性越好。

学术界认为 β 可以有不同的数学表达式,β 的大小根据服务类型、人群特征等不同而发生变化。佩特斯等总结了前人的研究成果,发现 β 取值主要集中在 0.9~2.29 之间,且当 β 取值在 1.5~2 之间时,对研究结果影响不大(本例中 β 取值 1.8)。

这里以供需点之间的通行时间(T_i)作为出行成本(d_{ij}),以 OD 成本矩阵法计算所有居民地块到设施地块的出行时间,计算公式如下:

$$T_i = \sum_{j=1}^{n} L_j / V_j \tag{5.37}$$

式中,T_i 表示第 i 次出行的时间;L_j 表示出行者通过 j 等级道路的长度;V_j 表示出行者通过 j 等级道路时的平均速度。

在本节引用的长汀县城公共服务设施公平性分析模型案例中,主要引入由威布尔改进的引力模型(也称为潜能模型)来构建引力可达性指数,并结合时间成本可达性来评价不同居住区享有的公共服务水平。

5.3　实例

5.3.1　城市建设用地适宜性评价分析

(1) 研究背景

近年来,长汀经济快速发展,城市扩张加快,如何顺应城镇化发展规律,并协调发展过程中自然环境和人类活动之间的关系,成为长汀近期城市总体规划考虑的重点。本研究选取县域中部与城镇化关系密切的乡镇作为研究区,范围包括汀州镇、大同镇、策武镇、河田镇、三洲乡等,面积约为 733.9 km^2,占县域面积的 23.71%。

(2) 数据获取

本次需要收集的主要数据有:TM 遥感影像数据(空间分辨率 30 m,资料来源于中国科学院计算机网络信息中心的国际科学数据镜像网站);DEM 数据(精度为 15 m,地方政府提供);现状道路和交通枢纽数据、地质灾害分布图、水土流失、生态功能区划等专题图件(当地各政府部门提供)。

(3) 主要步骤

① 评价指标因子的选取

在分析长汀现状特征的基础上,遵循因子的可计量性、主导性、代表性和超前性原则,本次评价选取对土地利用方式影响显著的相对高程、坡度、河流水系、植被覆盖、交通可达性、拆迁成本、农田、水土流失易发区、自然保护区、地质灾害区、历史文化保护区等作为适宜性分析的主要影响因子。

　② 指标体系的建立

　为了在定量化的过程中更具有可计量性,又将其中的一些因子细分为多个子因子。每个子因子对应于ArcGIS软件中的一个图层,确定单因子内部各组分的适宜性评价值(表5.1),

表5.1　用地适宜性分析的指标体系及评价规则

分类	因子(权重)	说明	属性值	分类	因子	属性值
潜力—权重叠加	相对高程 (0.14)	>130 m	1	阻力—极值叠加	农田	1
		80~130 m	5			
		40~80 m	7			
		<40 m	9			
	坡度 (0.17)	>25°	1		主要河流、湖泊	1
		15°~25°	5			
		8°~15°	7			
		<8°	9			
	河流水系 (0.06)	主要河流<50 m缓冲区及次要河流所在区域	1		水土流失易发区	1
		主要河流50~100 m缓冲区及次要河流<50 m缓冲区	5			
		主要河流100~150 m缓冲区及次要河流50~100 m缓冲区	7			
		主要河流>150 m缓冲区及次要河流>100 m缓冲区	9			
	植被覆盖 (0.14)	地表覆盖繁茂	1		自然保护区	1
		地表覆盖稀疏	5			
		地表无覆盖	9			
	交通可达性 (0.21)	>40 min	1	地质灾害区	重点防治区	1
		30~40 min	3			
		20~30 min	5			
		10~20 min	7		次重点防治区	5
		0~10 min	9			
	拆迁成本 (0.28)	≥2 000 元/m²	1	历史文物保护区	古城历史地段	1
		2~2 000 元/m²	3			
		1~2 元/m²	5		河田镇宗祠一条街	5
		0~1 元/m²	7			
		0 元/m²(已建成区)	9			

评价值一般分为5级,用9、7、5、3、1标明其作为开发适宜性的高低。其中,评价值越高,代表该地块的开发适宜性越高。

③ 单因子评价

对各因子按照选定的评分规则进行单因子评价。主要的因子评价处理方法分为三种:一种是对已有矢量数据在属性表中增加字段并赋值,如基本农田、拆迁成本、主要河流湖泊、水土流失易发区、自然保护区、地质灾害区、历史文物保护区;一种是对已有栅格数据进行分类处理,按照评分规则划分等级并赋值,如相对高程、植被覆盖;一种是需要对已有数据进行处理、计算之后再按照前两种方法进行评价,如坡度、河流水系、交通可达性。本次选取交通可达性因子、拆迁成本因子评价做简要介绍。

a. 交通可达性因子

可达性是指从空间中给定地点到感兴趣点的方便程度或难易程度的定量表达。本次主要计算城市中心区(老城区)、组团中心(河田、河梁)、交通枢纽(已建和新建的铁路站场、对外交通站点、高速公路出入口)的可达范围。采用的是行进成本分析法(又称费用加权距离法),将城市发展区划分为5个区域:0~10 min可达区、10~20 min可达区、20~30 min可达区、30~40 min可达区、>40 min可达区。通过ArcGIS软件的ArcToolbox中Spatial Analyst Tools-Reclass-Reclassify(重分类)工具,对可达性结果进行重分类,得到基于交通可达性因子的用地适宜性评价结果(表5.2)。

表5.2 基于交通可达性因子的用地适宜性评价结果

因子	分级	时间(行进10 km所需的分钟数)/min
道路	国道	10
	省道	12
	县道、城镇道路	20
	村镇道路	30
	步行	120
河流	汀江及其主要支流、湖泊	1 000
	一般河流	500
坡度	<5°	120
	5°~15°	180
	15°~25°	300
	>25°	500
地形起伏度	<15 m	120
	15~30 m	150
	30~60 m	180
	>60 m	300

b. 拆迁成本因子

拆迁成本因子主要包括生态系统和人工系统两部分。研究区内人工系统主要考虑乡村以及城镇居民点,成本评价以拆迁成本考虑,乡村居民点为2 000元/m²。研究区内生态系统包括森林、农田以及湖泊等。生态系统服务功能的研究是价值评估的基础,价值评估是将生态系统服务功能进行货币化的评价过程。

利用配准好的 SPOT 影像进行解译获得森林、农田、水域、居民点数据,通过对生态系统进行价值评估并与人工系统叠加得到基于成本因子的用地适宜性评价结果。本次将成本因子分为五级:$\geqslant 2\,000\,元/m^2$、$2\sim2\,000\,元/m^2$、$1\sim2\,元/m^2$、$0\sim1\,元/m^2$ 以及 $0\,元/m^2$(已建成区)。通过 ArcGIS 软件中的 Reclassify(重分类)工具,对成本结果进行重分类(表 5.3)。

表 5.3　中国生态系统单位面积生态服务价值($元\cdot hm^{-2}\cdot a^{-1}$,2007 年)

服务类型		森林	草地	农田	湿地	水域	荒漠
供给服务	食物生产	148.20	193.11	449.10	161.68	238.02	8.98
	原材料生产	1 338.32	161.68	175.15	107.78	157.19	17.96
调节服务	气体调节	1 940.11	673.65	323.35	1 082.33	229.04	26.95
	气候调节	1 827.84	700.60	435.81	6 085.31	925.15	58.38
	水源涵养	1 836.82	682.63	345.81	6 035.90	8 429.61	31.44
	废物处理	772.45	592.81	624.25	6 467.04	6 669.14	116.77
支持服务	保持土壤	1 805.38	1 005.98	660.18	893.71	184.13	76.35
	保持生物多样性	2 025.44	839.82	458.08	1 657.18	1 540.41	179.64
文化服务	美学景观	934.13	390.72	76.35	2 106.28	1 994.00	107.78
合计		12 628.69	5 241.00	3 547.89	24 597.21	20 366.69	624.25

④ 权重的确定

由于潜力因子和阻力因子对用地适宜开发的影响机制存在差异,因此,本次评价对潜力因子和阻力因子采用不同叠加规则,对潜力因子采用因子加权评价法,而阻力因子则采用极值叠加法。

a. 因子加权

本次选用的是成对明智比较法和专家打分法。成对明智比较法常用于层次分析法中判断矩阵的构造,通过两两重要性程度之比的形式表示出两个对象的相应重要性程度等级。

由于成对明智比较法所得的结果存在较高的主观随意性,为了尽量减小个人主观因素的影响,本次适宜性评价中潜力因子权重的确定在成对明智比较法的基础上结合专家打分法。选择 10 位对研究区有一定了解的专家对用地适宜性评价中的潜力因子的权重进行成对比较、打分,取各因子评分的平均值,通过一致性检验后得到最终潜力各因子的权重(表 5.1)。

b. 极值叠加

对于阻力因子来说,若为较限制性的因子(如自然保护区、主要水系、灾害易发区等),则其对用地的开发直接起到阻碍性作用,即使该处用地开发潜力再大,出于生态安全方面的考虑,也应禁止开发。同时评价值越小其代表的适宜性就越小,因此,为突出阻力因子对用地扩展的限制性作用,本次对阻力因子的分析采用取最小值原则,即:

$$S_i = f_{\min}(X_{ij}) \tag{5.38}$$

式中，S_i 是第 i 个单因子的值；f_{min} 为取最小值的函数；X_{ij} 是第 i 个单因子第 j 个子因子的值。

⑤ 多因子叠置分析

在单因子适宜性评价结果的基础上，首先对各潜力因子、阻力因子分别进行叠加、计算。其次，对各潜力因子按权重进行叠加、对各阻力因子按取最小值原则进行叠加，得到用地潜力、阻力综合分析图。最后，按取最小值原则对得到的用地潜力、阻力综合分析图进行叠加并重分类，得到最终的用地适宜性分析图，用以表征建设用地适宜程度，为下一步进行区域规划研究提供参考和基础。

（4）结果分析

① 单因子评价

利用 ArcGIS 软件对各影响因子内部各组分的适宜性分别进行评价：包括潜力因子（图5.2）和阻力因子（图5.3）。

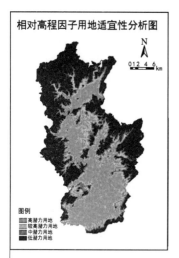
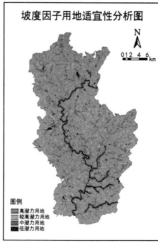
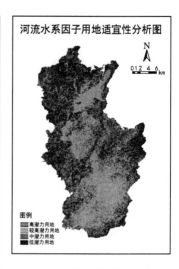
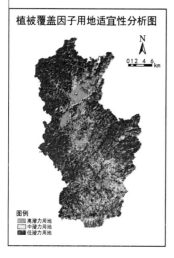

图5.2　各潜力因子适宜性分析图

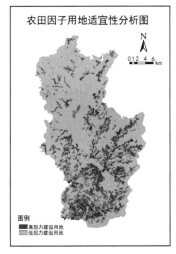

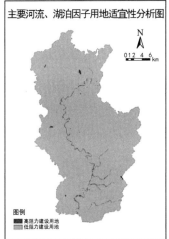

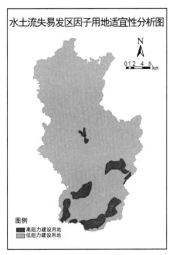

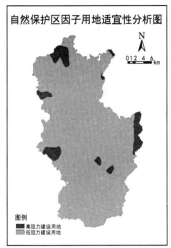

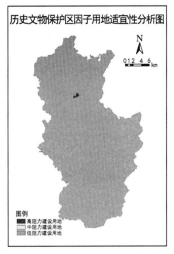

图 5.3 各阻力因子适宜性分析图

② 潜力—阻力因子综合分析

a. 用地潜力因子综合分析

研究区内用地开发潜力分为四级,即高潜力用地、较高潜力用地、中潜力用地、低潜力用地(图 5.4)。开发潜力低的用地主要分布于研究区的四周,即高程、坡度较大且距离已建成区较远的区域;而开发潜力较高的用地主要分布于汀州、大同、策武、河田、三洲等 5 个镇的建成区以及周边。各类用地的面积统计如表 5.4 所示。

表 5.4 用地潜力统计表

类型	高潜力用地	较高潜力用地	中潜力用地	低潜力用地
面积比	6.75%	32.80%	21.07%	39.38%

b. 用地阻力因子综合分析

研究区内用地开发阻力分为三级,即高阻力用地、中阻力用地、低阻力用地(图 5.5)。开发阻力高的地区主要分布于研究区的东西两侧以及南部地区,包括地质灾害易发区、基本农田集中分布区、水土流失易发区以及自然保护区;而开发阻力低的用地主要分布于研究区中部。各类用地的面积统计如表5.5所示。

表 5.5　用地阻力统计表

类型	高阻力用地	中阻力用地	低阻力用地
面积比	46.94%	13.48%	39.58%

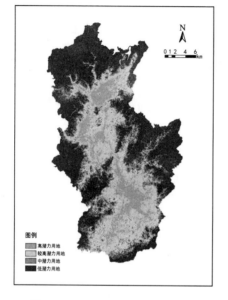

图 5.4　用地潜力因子综合评价图　　　　图 5.5　用地阻力因子综合评价图

③ 用地适宜性评价

最终的用地适宜性评价分为三大类,即适宜建设区、限制建设区(中密度开发区、低密度开发区)和禁止建设区(表5.6)。根据用地适宜性评价结果显示,研究区适宜建设区、禁止建设区的分布相对较为集中。

适宜建设区现状多为已建成区,生态敏感性较低,其适宜开发建设程度最高,可做大规模或强度较大的开发利用,是未来规划的重点调控区域,其面积占整个研究区面积的5.49%。

限制建设区的生态环境比较脆弱,可以作为控制发展区或过渡区,应在指导下进行适度的开发利用。根据限制的等级不同,分为中密度开发区、低密度开发区。

禁止建设区多为生态敏感性较高区域,生态环境脆弱,极易受到破坏,且一旦破坏后很难修复,必须严格保护和控制建设。禁止建设区占整个研究区面积的62.42%,主要分布于区域四周(图5.6)。

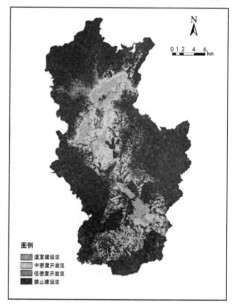

图 5.6　建设用地适宜性评价图

表 5.6　用地适宜性统计表

类型	适宜建设区	中密度开发区	低密度开发区	禁止建设区
面积比	5.49%	20.08%	12.01%	62.42%

5.3.2　城市地块适宜容积率的确定与评价

（1）研究背景

本次研究仍然选择长汀县作为实例,研究范围选择长汀县老城区,即汀州城区。汀州城区在城市形成的历史过程中,逐渐形成了自己独特的发展脉络,特别是以卧龙山周边为主体的街巷布局和受现代市场经济影响的建设区域,其容积率控制是否得当,直接关系到城市的防洪安全,以及老城文化资源的保护。

（2）基准模型构建

构建基准模型的直接目的是进行容积率分区(表5.7),此处用1~5分别表示不同的地块容积率。

表 5.7　容积率分区赋值

类型	高容积率	中高容积率	中容积率	中低容积率	低容积率
赋值	5	4	3	2	1

在 GIS 平台下分别对道路、服务和环境因子进行分析,根据其得分将地块容积率划分为 3~5 个等级,最终得到单因子的地段分值,并输出图像。

① 道路因子

道路等级越高,其通达性越好,周边地块的交通条件就越好,其所能容纳的人口数就越高。在长汀规划区范围内,没有轨道交通和快速路,所以在这里只考虑主干道和次干道。

a. 基于主干道影响的容积率分区

对主干道做缓冲区,道路红线以外 80 m 范围内进行高密度开发,赋值 5;道路红线以外 80~200 m 范围内进行中密度开发,赋值 3;道路红线以外其他区域进行低密度开发,赋值 1,得到基于主干道影响的容积率分区(表5.8、图5.7)。

表 5.8　基于主干道影响的开发强度赋值

道路红线以外 80 m	道路红线以外 80~200 m	其他区域
5	3	1

b. 基于次干道影响的容积率分区

对规划次干道做缓冲区,在次干道红线以外 50 m 范围内进行中密度开发,赋值 3;道路红线以外 50~150 m 范围内进行中低密度开发,赋值 2;道路红线以外其他区域进行低密度开发,赋值 1,得到基于次干道影响的容积率分区(表5.9、图5.8)。

表 5.9　基于次干道影响的开发强度赋值

道路红线以外 50 m	道路红线以外 50~150 m	其他区域
3	2	1

c. 基于道路条件的容积率分区模型

基于主干道和次干道的交通可达性,将两个容积率分区进行综合,按取最大值原则对容积率进行叠加,将长汀县分为4个容积率分区:高容积率、中容积率、中低容积率和低容积率,得到基于道路条件的容积率分区模型(图5.9)。

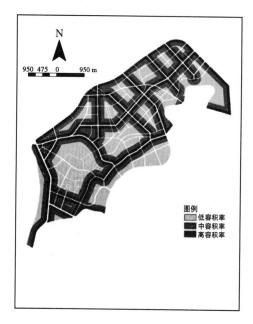

图 5.7 基于主干路影响的容积率分区

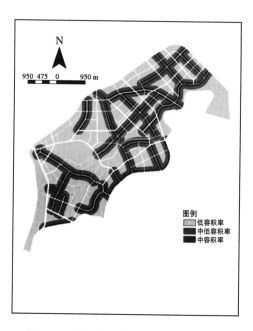

图 5.8 基于次干路影响的容积率分区

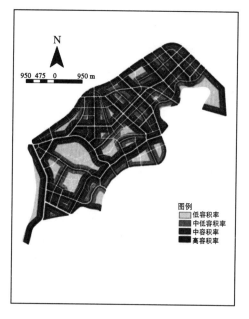

图 5.9 基于道路条件的容积率分区

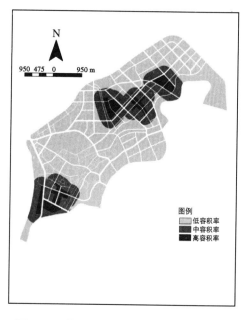

图 5.10 基于主要中心影响的容积率分区

② 服务因子

服务层级越高的中心,其容积率越高;发展轴线两边用地的容积率高于其他用地。根据规划结构,确定主要中心与次要中心。

a. 基于主要中心影响的容积率分区

根据规划确定的规划结构,对主要中心做 300 m 缓冲区,主要中心内部进行高密度开发,赋值 5;主要中心以外 300 m 范围内进行中密度开发,赋值 3;其他区域进行低密度开发,赋值 1,得到基于主要中心影响的容积率分区(表 5.10、图 5.10)。

表 5.10 基于主要中心影响的开发强度赋值

主要中心内部	主要中心以外 300 m 范围	其他区域
5	3	1

b. 基于次要中心影响的容积率分区

次要中心主要是为居住区服务的社区中心,次要中心内部进行中密度开发,赋值 3;次要中心以外 150 m 范围内进行中低密度开发,赋值 2;其他区域进行低密度开发,赋值 1,得到基于次要中心影响的容积率分区(表 5.11、图 5.11)。

表 5.11 基于次要中心影响的开发强度赋值

次要中心内部	次要中心以外 150 m 范围	其他区域
3	2	1

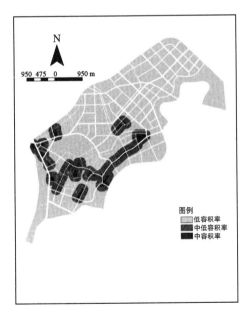

图 5.11 基于次要中心影响的容积率分区

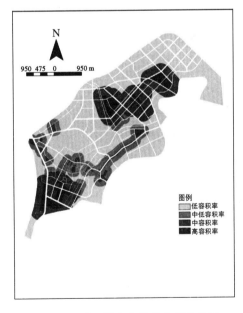

图 5.12 基于服务条件的容积率分区

c. 基于服务条件的容积率分区模型

基于主要中心、次要中心的分区,将两个容积率分区进行综合,按取最大值原则对容积率进行叠加,得到基于服务条件的容积率分区模型(图 5.12)。

③ 环境因子

通常情况下,越靠近绿地的土地开发强度越高,并随距离增大逐渐递减。

a. 基于主要绿地影响的容积率分区

卧龙山是长汀的绿心,是城市最主要的绿地公园,其 100 m 缓冲区范围内进行中高密度开发,赋值 4;其 100～200 m 缓冲区范围内进行中密度开发,赋值 3;其他区域进行低密度开发,赋值 1,得到基于主要绿地影响的容积率分区(表 5.12、图 5.13)。

表 5.12　基于主要绿地影响的开发强度赋值

主要绿地 100 m 缓冲区范围	主要绿地 100～200 m 缓冲区范围	其他区域
4	3	1

b. 基于次要绿地影响的容积率分区

对其他公园绿地做缓冲区,80 m 缓冲区范围内进行中密度开发,赋值 3;80～150 m 缓冲区范围内进行中低密度开发,赋值 2;其他区域进行低密度开发,赋值 1,得到基于次要绿地影响的容积率分区(表 5.13、图 5.14)。

表 5.13　基于次要绿地影响的开发强度赋值

次要绿地 80 m 缓冲区范围	次要绿地 80～150 m 缓冲区范围	其他区域
3	2	1

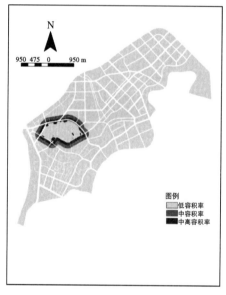

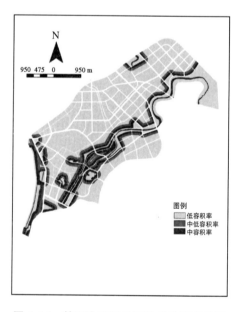

图 5.13　基于主要绿地影响的容积率分区　　图 5.14　基于次要绿地影响的容积率分区

c. 基于环境条件的容积率分区模型

基于主要绿地、次要绿地的分区,将两个容积率分区进行综合,按取最大值原则对容积率进行叠加,得到基于环境条件的容积率分区模型(图 5.15)。

④ 基准模型构建

a. 基于成对明智比较法的单因子权重计算

成对明智比较法是对一组变量中的变量分别成对比较,然后通过点数分配评分数量化得到权重。其步骤为:对 n 个变量进行分别成对比较,构造比较矩阵;对每一组变量分别进行纵向权重标准化;对每一组变量分别进行横向权重标准化。

首先,对道路因子、服务因子、环境因子分别成对比较,构造比较矩阵。按照比例标度(表 5.14)中给出的等级,对道路因子、服务因子和环境因子进行两两比较,从而判断因素的重要性并根据其得分构造比较矩阵(表 5.15)。

然后,将比较矩阵的 3 个因子分别做归一化处理,具体方法是:首先将比较矩阵中的各列数值求和,并用比较矩阵中的每一项除以得到的数值之和,从而得出标准矩阵;其次,在标准化的比较矩阵中,将各列归一化后的判断矩阵按行相加,计算每一行数值的和;最后,再将向量归一化,由此便得到每个因子的权重(表 5.16)。

表 5.14 五分位相对重要性比例标度

A 与 B 比	很重要	重要	相等	不重要	很不重要
A 评价值	5	3	1	1/3	1/5

备注:取 4,2,1/2,1/4 为上述评价值的中间值

表 5.15 比较矩阵

类型	道路因子	服务因子	环境因子
道路因子	1	3	4
服务因子	1/3	1	2
环境因子	1/4	1/2	1
得分	1.58	4.50	7.00

表 5.16 权重计算

类型	道路因子	服务因子	环境因子	权重
道路因子	0.63	0.67	0.57	0.62
服务因子	0.21	0.22	0.29	0.24
环境因子	0.16	0.11	0.14	0.14
得分	1.00	1.00	1.00	1.00

b. 基于 GIS 平台空间分析的多因子评价

空间分析技术以地理目标空间布局为分析对象,从传统的地理统计与数据分析的角度出发,将分析分为三个部分:统计分析、地图分析和数学模型。本书依托 GIS 平台,对上面得到的基于道路、服务、环境因子的容积率分区进行分析,得出多因子影响下的综合评价图。

在 GIS 平台下,使用"栅格计算器",加权各单因子评价结果,得出最终的评价数据,最后将所得数据根据其所在范围划分为 5 个等级,分别为:低容积率、中低容积率、中容积率、中高容积率和高容积率。

地段范围所在的等级高低代表了其开发强度的大小,等级越高,对应的开发强度就越高。最终,便得出基于道路条件、服务条件和环境条件的多因子综合评价的容积率分区基准模型(图 5.16)。

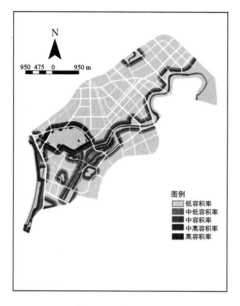
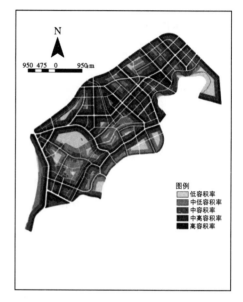

图 5.15　基于环境条件的容积率分区　　　　**图 5.16　容积率分区基准模型**

(3) 修正模型构建

① 生态因子

对规划区内生态敏感区域进行密度控制,主要包括水域、公共绿地、防护绿地等。水域主要为汀江及其支流;公共绿地主要是卧龙山及规划的多处景观节点;防护绿地主要是道路与汀江两侧的防护区。

② 安全因子

对长汀县城市安全进行分析,结合长汀县洪水安全格局分析结果,对 20 年和 50 年一遇洪水淹没地区进行必要的开发控制,建立基于安全因子的修正模型。

③ 文化因子

长汀是国家历史文化名城,根据总规中划定的历史街区保护范围、古城保护区范围和风貌协调区范围,对需要保护的地区进行控制(图 5.17)。

根据生态、安全和文化因子,对基准模型进行修正,将基准模型和基于生态、安全、文化因子的修正模型进行叠加(图 5.18)。

(4) 地块容积率确定

在以上修正模型的基础上,叠加用地界线,对每个地块进行加权平均估算,并进行重新分类,得到针对地块的容积率分区(图 5.19)。

根据《福建省城市规划管理技术规定(2012)》中对容积率的规定,住宅建筑、办公建筑、旅馆建筑和商业建筑的容积率控制存在差异,对每类建筑进行区分(表 5.17)。

考虑《福建省城市规划管理技术规定(2012)》中对每类建筑的容积率规定,本规划对容积率进行五类开发强度划定(表 5.18)。

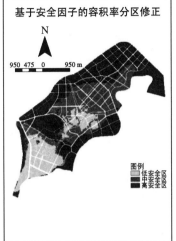

图 5.17 修正模型单因子评价图

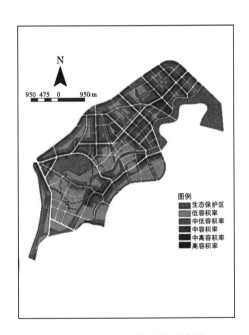

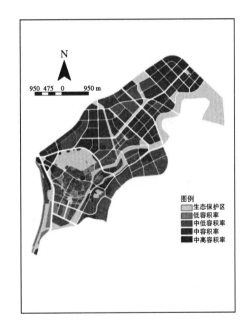

图 5.18 容积率分区修正模型　　　**图 5.19 地块容积率分区**

表 5.17 各类建筑容积率指标

建筑类型	建筑层数/高度	容积率
住宅建筑	3 层及以下	1.2
	4～6 层	1.8
	7～9 层	2.2
	10～18 层	3.0
	19 层及以上	3.6

（续表）

建筑类型	建筑层数/高度	容积率
办公建筑 旅馆建筑	24 m以下	2.1
	24～50 m	3.3
	50 m以上	5.0
商业建筑	24 m以下	2.3
	24～50 m	3.8
	50 m以上	5.2

资料来源：《福建省城市规划管理技术规定（2012）》。

表5.18 不同城市密度下的容积率控制

容积率分区	容积率上限		
	住宅建筑	办公建筑	商业建筑
高容积率	3.6	5.0	5.2
中高容积率	3.0	4.0	4.5
中容积率	2.2	3.3	3.8
中低容积率	1.8	2.8	3.0
低容积率	1.2	2.1	2.3

根据规划用地性质以及具体的现实状况，确定每个地块的容积率上限指标（图5.20）。

（5）经济可行性评价

选择新规划的居住与商业地块进行经济可行性评价，根据地块的不同区位条件，确定每个地块的地价与房价，毛利润率按照0.3进行计算，建设单价按照1 000元/m²进行计算，最终得到每个地块的经济容积率，并与规划容积率进行对比。结果表明经济容积率均小于规划容积率，方案可行（图5.21、图5.22）。

（6）道路交通承载力评价

以主次干路与支路围合的地块作为评价地块，计算每个地块内街巷道路的面积，作为地块内的道路面积（计算方法与现状容积率的计算方法相同）。人均道路用地参照国际上现代化城市，按照12 m²/人计算。根据地块大小以及地块用地混合程度，确定内部交通承担系数，从0.1～0.25不

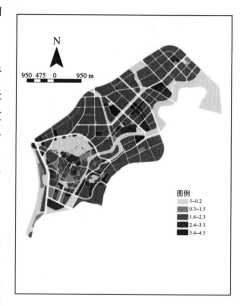

图5.20 地块容积率确定

等。将交通承载容积率与规划容积率进行对比分析，用交通承载容积率减去规划容积率，结果若为正，则方案可行；结果若为负，则需对容积率方案进行调整（图5.23～图5.26）。如图

5.26 所示需要调整的地块均在古城历史文化保护区内,不允许进行加密地块内的街巷道路网的建设改造。因此,只能采取地块功能调整方案,即减少老城区人口密度,将老城区人口向外围疏导。

图 5.21　新建居住与商业用地分布图

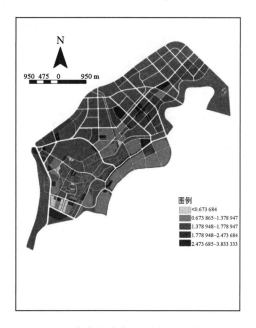

图 5.22　经济容积率与规划容积率对比分析图

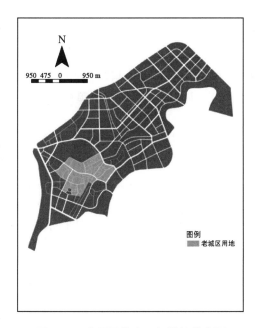

图 5.23　交通承载力可行性评价范围

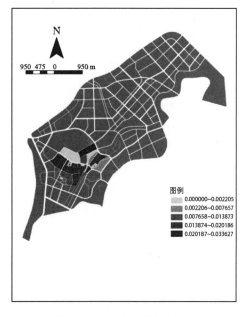

图 5.24　交通承载力容积率

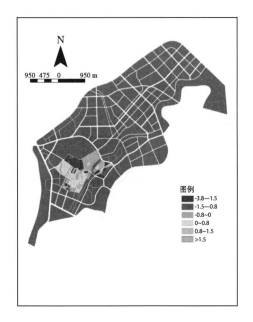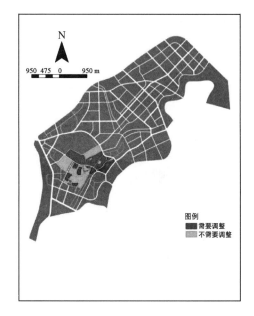

图 5.25　交通承载容积率与规划容积率比较　　　　图 5.26　容积率调整范围

5.3.3　长汀县城市居住人口密度估算建模与制图分析

（1）研究背景

此处选取著名的革命老区和历史文化名城福建省长汀县城作为中小城镇的代表对城市居住人口密度进行调查分析。长汀近几年发展势头猛进,经济的发展带动城镇建设,拉动居民消费。2012 年,全县地区生产总值 126.12 亿元,同比增长 13%。根据长汀县第六次全国人口普查资料显示,2010 年,长汀县全县常住人口为 393 390 人,居住在城镇的人口为 161 841 人,占 41.14%,同 2000 年第五次全国人口普查相比,城镇人口增加 40 502 人,城镇人口比重上升 11.04%。全县常住人口中,居住地与户口登记地所在的乡镇街道不一致且离开户口登记地半年以上的人口为 85 059 人。

长汀群峦叠嶂,地势复杂,汀江穿城而过,环境优美,但由于道路交通的不便,长汀各村落的生活方式相对闭塞。近几年大量劳动力从山里走出,开始适应现代化城市生活方式。为了满足不同阶层人们生活、工作、休闲、娱乐等方面的需求,兼顾社会公平,稳定城镇发展,实现城市生态平衡;通过把握居住人口密度的状况,合理布局为人口服务的公共服务设施是明确人口在空间上布局的直接途径,也是城市功能用地在空间布局的重要依据。

（2）基于遥感与 GIS 的模型参数提取

本项研究主要以第六次全国人口普查数据为基础统计数据,同时,利用 2013 年 10 月拍摄的长汀城区地面分辨率为 5 m 的 Rapid Eye 遥感图像,1:500 地形图和长汀县社区(村庄)行政界限图为基础地理底图,以 ArcGIS 10 为软件平台,建立了土地利用、住宅建筑与人口一体化的空间数据库。人口密度估算模型技术路线如图 5.27 所示。

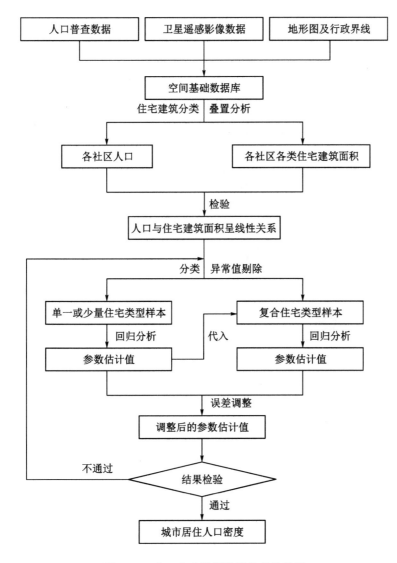

图 5.27　人口密度估算模型技术路线图

① 社区、土地利用和住宅建筑同步建库

以处理好的 1∶500 地形图为基准,将遥感影像和社区边界数据进行配准,统一到相同的地理参考系中,然后根据 Rapid Eye 遥感影像纹理特征进行目视解译,并结合实地验证编制出中心城区及周边村庄土地利用现状图,接着在编制好的土地利用底图上数字化社区和村庄行政边界图层,并利用 Topology 工具检查和修改土地利用、行政边界和住宅建筑图层(由 1∶500 地形图获得,包含多边形面积和楼层高度属性信息等)之间的拓扑关系,确保每一住宅建筑要素只在一种居住用地类型中,每一居住地块只在一个社区或村庄范围内,从而建立人口估算模型的基础数据库,基础要素图层如图 5.28 所示。

② 住宅建筑类型分类

根据土地利用分类,长汀中心城区居住用地按类型主要有二类居住用地、三类居住用地

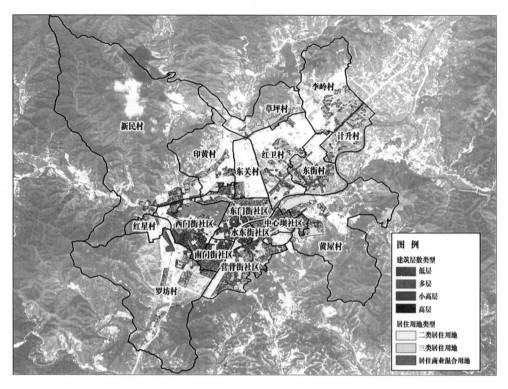

图 5.28　居住用地类型与建筑层数分布图

和居住商业混合用地共三个类别;按建筑楼体高度主要分为低层、多层、小高层、高层共 4 个类型住宅。其中,居住商业混合用地类型房屋沿街道分布,其底面为商用,楼上为住宅,且层数种类较多。考虑其仅占住宅类总面积的 6.1%,将其并入多层住宅类。纵观长汀城区住宅发展历史,各个时期兴建的住宅人均居住面积与建筑容积率标准均不同,不同类型的居住用地比例差别也很大,因此可以综合考虑居住用地类型、楼层高度、不同年代建筑标准、不同居住环境质量等,结合地形图和遥感影像图对长汀主城区内所有居住建筑进行分类,并进行实地验证,总体上可以将住宅建筑分为一类住宅(花园式别墅或独栋住宅)、二类住宅(二类居住用地上的多层建筑及城中村中建筑年代较近、质量较好的住宅)、三类住宅(城中村中建筑年代较远、质量较差的住宅)、四类住宅(村民自建房或城中村人均住宅建筑面积较小、环境恶劣的住宅)(图 5.29)。

③ 人口与土地利用图层、住宅建筑图层叠置

将人口数据加入(Join 命令)社区矢量实体的属性表中,运用 ArcGIS 空间叠置(Overlay)命令,分别在土地利用的地块属性表和住宅建筑属性表中加入每个地块和每栋建筑所属社区这一字段。

④ 统计每个社区和村庄的各类居住用地面积和各类住宅建筑面积

ArcGIS 的属性表文件直接采用 dBase 数据库系统的 DBF 格式,经过前面处理的土地利用地块属性表中,以独立地块实体为记录单位,包含了多边形面积、土地类型代码和所属社区等字段;住宅建筑属性表中,包含了多边形面积、建筑层数和所属社区等字段。因此,可对 dBase 数据库通过设计模块化统计程序进行每个社区和村庄的各类用地类型与各类住宅

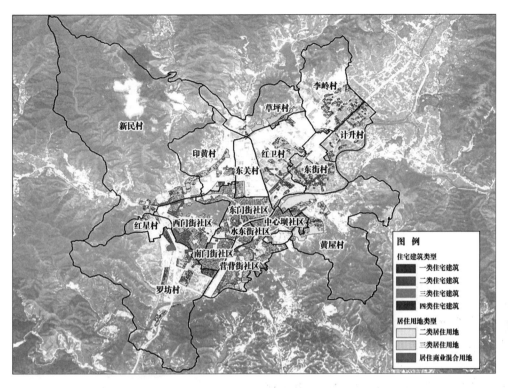

图 5.29 居住用地类型与建筑类型分布图

建筑总面积统计。程序通过建立模型所需的文件格式,将统计的面积与人口数据融为一体,直接按公式(5.31)的系数矩阵形式存储。

(3) 人口分布与住宅建筑面积的特征分析

在使用模型以前,先分析所有样本(包括主城区和周边部分村庄)的总人口和总住宅建筑面积的关系,如图 5.30 所示,样本区的住宅建筑总面积和总人口数呈现出明显的线性回归关系,即 $y = 204.346x$,且具有很高的 R^2 值(0.8312),这说明可以认为样本区的人口基本活动空间在住宅建筑的周围,但是由于各样本区每单位住宅建筑面积上的人口数值不同,导致部分样本区位于回归线以上,部分样本区位于回归线以下。当样本数足够多,且城区和乡村每单位建筑面积上的人口数值差别较大时,有可能会出现回归线以上和以下样区分别具有明显的线性关系,此时可以分类进行回归;当出现异常值时,可以删除异常值(单独求解)之后重新进行验证;当样本区不具有明显的回归关系时,则可以考虑非线性关系。在此,样本数据已经具有很高的线性相关性,可以利用不同的住宅建筑类型参数进一步模拟,以期得到不同居住用地类型上的人口密度。

样本区总人口与总住宅建筑面积表现出极强的相关性,但是由于样本区人口分布的复杂性,首先重点分析主城区的住宅建筑分布特征。通过将前面分类好的住宅建筑类型进行分类统计(图 5.31),并对每类住宅建筑类型分布和建筑层数进行可视化,则可以得到长汀县住宅建筑类型的总体特征。整体而言,长汀主城区住宅建筑类型以二类和三类住宅建筑为主,四类住宅建筑次之,一类住宅建筑数量最少。其中一类住宅建筑占主城区所有建筑总量的 1.35%,面积很小,仅集中于苍黄路以东一个地块中,在必要时可以考

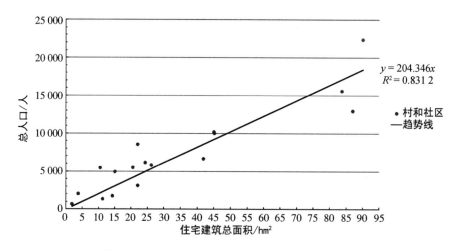

图 5.30　样本总人口与住宅建筑总面积的关系图

慮将其合并到特征相近的二类住宅建筑类型中。二类住宅占所有建筑总量的47.62%，主要集中于老城区，环卧龙山分布。三类住宅及四类住宅建筑面积的总量相对一致，分别为25.87%、25.15%，但是三类住宅建筑多集中在卧龙山东南方向，沿兆征路-汀江两侧；而四类住宅呈分散状，多为大同镇各行政村落村民自建房。

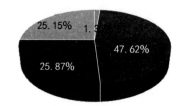

图 5.31　长汀县主城区不同类型住宅的建筑面积总量结构图

（4）不同类型住宅人均住宅建筑面积的确定

以长汀县主城区汀州镇、大同镇 17 个村和社区作为样本，通过城市居住人口密度估算模型确定主城区汀州镇 6 个社区不同类型住宅的人均住宅建筑面积。表 5.19 为各村和社区人口及不同类型住宅建筑面积数据。

表 5.19　各村和社区人口及不同类型住宅建筑面积

镇	村或社区	人口/人	住宅建筑面积/hm²			
			一类住宅	二类住宅	三类住宅	四类住宅
大同镇	黄屋村	5 536	0.000	9.175	0.996	10.338
大同镇	计升村	1 379	0.000	0.154	0.000	11.065
大同镇	红卫村	5 853	0.000	0.000	0.000	26.183
大同镇	草坪村	2 062	0.000	0.000	0.000	3.737
大同镇	红星村	691	0.000	0.000	0.000	1.755
大同镇	罗坊村	6 676	0.000	12.686	0.000	29.180
大同镇	李岭村	1 802	0.000	0.000	0.000	14.214

（续表）

镇	村或社区	人口/人	住宅建筑面积/hm²			
			一类住宅	二类住宅	三类住宅	四类住宅
大同镇	东街村	3 165	0.000	0.000	0.000	22.037
汀州镇	西门街社区	22 399	0.000	57.087	30.840	2.055
汀州镇	南门街社区	10 185	0.000	7.867	34.595	2.573
汀州镇	中心坝社区	10 029	0.000	35.911	8.095	1.067
汀州镇	水东街社区	8 576	0.000	7.206	14.211	0.618
汀州镇	营背街社区	15 633	1.139	45.091	34.856	2.588
大同镇	新民村	6 195	0.000	16.026	0.077	8.169
大同镇	东关村	4 987	0.000	11.092	3.401	0.553
大同镇	印黄村	5 503	0.090	4.949	0.235	5.156
汀州镇	东门街社区	12 980	0.000	64.104	19.945	2.854

图 5.32 长汀县样本区建筑总面积构成图

根据城市居住人口密度估算模型,有公式(5.39)、(5.40):

$$P = DS \tag{5.39}$$

$$P = D_1 S_1 + D_2 S_2 + D_3 S_3 + D_4 S_4 \tag{5.40}$$

式中，P 表示某村或社区的人口数；D 表示单位住宅建筑面积上的人口数；S 表示住宅建筑总面积（hm^2）。对应地有 D_1、D_2、D_3、D_4 分别表示该村或社区中四类住宅建筑面积上的人口数，S_1、S_2、S_3、S_4 则分别表示该村或社区中四类住宅的建筑总面积（hm^2）。

由前面分析可知，以表 5.19 的全体村和社区作为样本，根据公式（5.39）利用 Excel 软件做一元回归分析（图 5.30），结果显示各村或社区的人口数与其住宅建筑总面积存在线性关系 $P = 204.346S$，根据 D 的值可换算得到所有类型住宅的人均建筑面积为 48.937 m^2。

在证实各村或社区的人口数与其住宅建筑总面积存在线性关系的基础上，进而求算各类型住宅单位建筑面积上的人口数。由表 5.19 和图 5.32 注意到：①在所有的村和社区中，各个样本均存在四类住宅建筑；②红卫村、草坪村、红星村、李岭村、东街村 5 个村只存在四类住宅建筑而不存在其他类型住宅，因而对其有 $P = D_4 S_4$。不妨先根据前式确定 D_4 的值，考虑到从卫星遥感图像上判读，发现红星村的四类住宅建

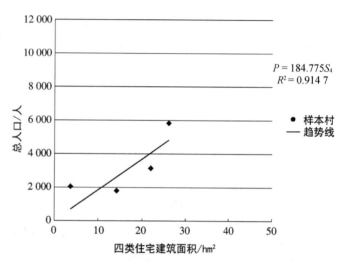

图 5.33　仅含四类住宅建筑的四样本回归分析图

筑用地包含工业用地，为保证回归分析的准确性需要被剔除，以其余 4 个村为样本进行回归分析：以人口数 P 为因变量、以四类住宅建筑总面积 S_4 为自变量，结果如表 5.20 和图 5.33 所示，在 $P = 0.05$ 的水平上显著，显示样本的人口数与其四类住宅建筑总面积存在线性关系 $P = 184.775S_4$，通过 D_4 的值换算得到四类住宅建筑的人均建筑面积为 54.120 m^2，此值可作为其余村和社区的四类住宅人均建筑面积值。

表 5.20　以其余 4 个村人口数与四类住宅建筑面积回归分析结果

类型	单位住宅建筑面积上的人口数				平均误差/%	R^2	F 检验值
	D_1	D_2	D_3	D_4			
结果	—	—	—	184.775	39.566	0.914 7	32.192

在得到四类住宅建筑的参数 D_4 的基础上，根据公式（5.40）对长汀县主城区 6 个社区确定其余各类住宅建筑单位面积上的人口数，注意到只有营背街社区存在一类住宅建筑，且其建筑面积占社区住宅建筑总面积仅为 1.36%，同时从卫星遥感图像上判断该一类住宅用地实际为多层建筑，故可将一类住宅建筑合并至二类住宅建筑中。由前面的分析已得到 D_4 的值，故只需对 6 个社区样本进行二元回归分析：$P = D_2(S_2 + S_1) + D_3 S_3 + D_4 S_4$（$P$ 为因变量，D_2、D_3 为待估参数，D_4 为已知值）。经回归分析，结果如表 5.21 所示，在 $P = 0.01$ 的水

平上显著,得到表达式:$P = 158.794(S_2 + S_1) + 284.823S_3 + 184.775S_4$,由 D_2、D_3 的值可换算得出主城区二类(含一类)住宅建筑的人均建筑面积为 62.975 m²、三类住宅建筑的人均建筑面积为 35.110 m²。

表 5.21 主城区人口数与二、三类住宅建筑面积回归分析结果

类型	单位住宅建筑面积上的人口数				平均误差/%	R^2	F 检验值
	D_1	D_2	D_3	D_4			
结果	—	158.794	284.823	184.775	21.965	0.9563	43.807

经前述分析已确定长汀县主城区 6 个社区的参数 D_2、D_3、D_4,然而具体到每个社区而言,上述参数和实际值依然存在误差,为得到各个社区的各个住宅类型的具体人均住宅建筑面积,还需进行误差调整:设某社区实际人口数为 P_R、估计人口数为 $P_E = D_2(S_2 + S_1) + D_3S_3 + D_4S_4$,令 $\delta = P_R/P_E$(不同社区的 δ 值不同),则有:

$$\delta P_E = \delta[D_2(S_2 + S_1) + D_3S_3 + D_4S_4] = \delta D_2(S_2 + S_1) + \delta D_3S_3 + \delta D_4S_4 = P_R$$
$$(5.41)$$

设调整后的参数 $D_2' = \delta D_2$,$D_3' = \delta D_3$,$D_4' = \delta D_4$,以调整后的参数取代原有参数 D_2、D_3、D_4,即可使估计值等于实际值。根据调整后的参数,最终确定各个社区不同类型住宅人均住宅建筑面积(其中一类住宅建筑已合并至二类住宅建筑)(如表 5.22 所示)。

表 5.22 各社区不同类型住宅调整后参数及人均住宅建筑面积

社区	调整后的参数			人均住宅建筑面积/m²		
	D_2	D_3	D_4	二类住宅	三类住宅	四类住宅
西门街社区	195.123	349.984	227.047	51.250	28.573	44.044
南门街社区	139.688	250.552	162.542	71.588	39.912	61.523
中心坝社区	194.087	348.126	225.841	51.523	28.725	44.279
水东街社区	256.648	460.339	298.637	38.964	21.723	33.485
营背街社区	139.880	250.897	162.765	71.490	39.857	61.438
东门街社区	125.775	225.598	146.353	79.507	44.327	68.328

(5)模型估算结果

考虑到影响人口在空间布局的两个变量:人均住宅建筑面积与用地面积。在 ArcGIS 里对居住用地及建筑两个图层进行相交操作,关联二者属性,统计出不同居住地块中不同类型住宅的人均建筑面积与用地面积。考虑居住地块上不同类型建筑的情况大量存在,按照公式 $B = \sum_{i=1}^{n} B_i S_i (i \leqslant 4)$(其中,$S_i$ 为 i 类型建筑的总建筑面积,B_i 为第 i 种类型住宅建筑)进而求得每个地块上的人口密度。经过多次运算,调整误差,检验建筑基地及用地状况,利用 ArcGIS Geoprocessing 中的 Union 工具,将分布于建筑基地上的人口与用地地块对应起来。

将前述分析得到的结果保存为 Excel 文件,在 ArcGIS 中将居住用地要素与之连接,得到每个居住用地调整后的参数 D_2'、D_3'、D_4',居住用地数据属性表中有每个地块上的各类住宅建筑面积 S_1、S_2、S_3、S_4,可计算出该居住用地上的人口数 $P = D_2'(S_2 + S_1) + D_3'S_3 + D_4'S_4$,设该居住用地的地块面积为 S',则该居住用地的人口密度 $d = P/S'$。在居住用地数据属性表中利用字段计算器完成以上计算,得到每个居住用地的人口密度值(图 5.34),并绘制出长汀县主城区 6 个社区居住人口密度分布图(图 5.35)。

TOWNNAME	VILLANAME	type	地块面积	地块编号	基底总面积	建筑总面积	建筑密度	建筑容积率	人口	人口密度	
汀州镇	西门街社区	R3	.333356	134	0	0	0	0	0	0	196
汀州镇	西门街社区	Rb	1111.841807	135	986.5249	3707.9454	.887289	3.334958	73	73997.118573	196
汀州镇	西门街社区	Rb	1086.917968	136	781.8218	4554.9437	.719302	4.190697	89	113836.682477	196
汀州镇	西门街社区	R3	182.819766	137	106.6269	254.8014	.583235	1.39373	9	84406.467786	196
汀州镇	西门街社区	Rb	778.146149	138	513.7664	2485.7049	.660244	3.194393	49	95374.084409	196
汀州镇	西门街社区	Rb	151.689867	139	91.7699	237.5706	.604984	1.56616	5	54484.095548	196
汀州镇	西门街社区	Rb	1307.391049	140	973.351	1622.0722	.744499	1.240694	32	32876.115605	196
汀州镇	西门街社区	Rb	332.790054	141	306.136	1094.4392	.919907	3.288678	22	71863.48551	196
汀州镇	西门街社区	Rb	741.59947	142	584.3688	2901.0482	.787984	3.91188	57	97541.141827	196
汀州镇	西门街社区	R3	3730.34011	143	2176.4908	4196.3421	.583456	1.124922	143	65702.092561	196
汀州镇	西门街社区	R3	610.650762	144	503.7715	647.3325	.824975	1.06007	21	41685.565777	196
汀州镇	西门街社区	R3	4327.733773	145	2789.0904	6480.2499	.644469	1.497377	224	80312.922091	196
汀州镇	西门街社区	R3	13104.590999	146	9009.9873	19389.5759	.687544	1.479602	670	74361.925016	196
汀州镇	西门街社区	R3	3528.824317	147	2629.796	5104.6614	.745233	1.446562	177	67305.600891	196
汀州镇	西门街社区	R2	3802.015034	148	1715.0443	6744.6174	.451088	1.773959	132	76965.941929	196
汀州镇	西门街社区	Rb	2992.263116	149	1439.1021	5564.232	.480941	1.85954	109	75741.672533	196
汀州镇	西门街社区	R3	2865.869035	150	1101.8128	1773.7973	.384460	.618939	62	56270.901917	196
汀州镇	西门街社区	R2	416.369898	151	333.5556	903.9877	.803506	2.171117	18	53802.7162	196
汀州镇	西门街社区	R3	4489.602868	152	2943.4525	8266.9038	.655615	1.841344	288	97844.283201	196
汀州镇	西门街社区	R3	40482.779168	153	22299.2063	62096.4111	.550832	1.533897	2016	90406.805197	196
汀州镇	西门街社区	R3	4450.542421	154	2257.482	7428.9206	.507237	1.669217	259	114729.596958	196
汀州镇	西门街社区	R3	1306.358086	155	900.1211	1064.9778	.689031	.815227	36	39994.618502	196
汀州镇	西门街社区	R3	1113.371252	156	678.8691	800.0355	.609742	.718570	28	41245.06477	196
汀州镇	西门街社区	Rb	542.62276	157	333.5762	1233.6315	.614748	2.273461	24	71947.578994	196
汀州镇	西门街社区	R3	5384.21135	158	3289.1587	7748.3534	.610890	1.439088	269	81783.831227	196
汀州镇	西门街社区	Rb	355.04056	159	224.1356	601.4924	.631296	1.694151	21	93693.282102	196
汀州镇	西门街社区	Rb	1071.400051	160	627.2115	2484.9701	.585413	2.319367	49	78123.567569	196
汀州镇	西门街社区	R3	11310.367068	161	6907.4288	13363.9117	.610717	1.181563	460	66594.968015	196
汀州镇	西门街社区	R3	10993.685193	162	11743.0226	25661.5656	.615021	1.343982	871	74171.704311	196
汀州镇	西门街社区	R3	17956.58156	163	12288.6736	27003.6423	.684355	1.50383	931	75760.820924	196

0 ▶ ▶| ▮ ▮ (0 / 214 已选择)

Export_Output

图 5.34　长汀县主城区居住人口密度统计表示例图

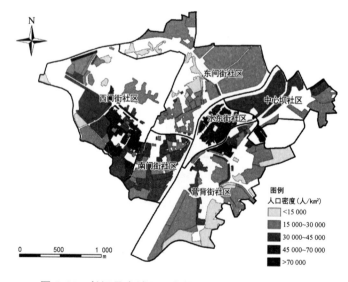

图 5.35　长汀县主城区 6 个社区居住人口密度分布图

作为中国最美的两个山城之一,长汀拥有优越的自然山水条件、悠久的历史底蕴和深厚的文化内涵。长汀因水得名,汀江蜿蜒流淌,北山威严耸立,养育了一代又一代的长汀人民。

长汀的居住用地格局因山水地势的影响形成了沿江分布、环山布局的结构。如图5.35所示,由主城区居住人口密度分布情况得知人口多集中在老城区汀州镇,汀江两岸人口密度较大,汀州镇西部的西门街社区部分高层住宅区也有较高的人口密度。

(6)多层次人口密度分布特征与规划应用关系解析

从城市系统角度来看,本例所创建的城市居住人口密度分布估算模型首先将城市社会子系统与用地子系统紧密地关联在一起,所建立的人地关系成为城市空间规划的出发点。其实,从区域层面看,以行政区为单位进行人口密度的计算与制图也是为城市区域层面的人口规模控制、人口密度空间引导提供基本依据,这里我们制作了长汀以社区和行政村的面域为单元的人口毛密度和人口净密度分布图(人口毛密度=规划总人口/居住用地面积;人口净密度=规划总人口/住宅用地面积),其分布特征可以反映城乡人口密度差异。图5.36和图5.37所表达的人口分布特征不仅反映城乡人口的密度差异,而且分别表达了我国城市规划对建设用地和居住用地人均规模的控制状况。按照国家城市建设用地人均100 m²标准,则转化成人口密度为10 000 人/km²,而图5.36反映出长汀中心城区的6个社区人口毛密度最低为东门街社区11 473 人/km²,最高为南门街社区23 220 人/km²,即人均建设用地均未达到100 m²,而最低者不足50 m²,表明长汀主城区人口过于密集,其交通与环境状况不容乐观。图5.37的人口净密度表达了将每一社区内人口均摊到用地性质为居住的地块上的平均密度,其值明显高于人口毛密度,尤其是社区间的差异更大,最低值为营背街社区21 624 人/km²,最高值为水东街社区62 456 人/km²,相差3倍。转化为人均居住用地分别为46.24 m²和16.01 m²,介于城市人均居住用地30 m²之间。然而,如此大的差距则反映了

图5.36 长汀县样本区人口毛密度分布图

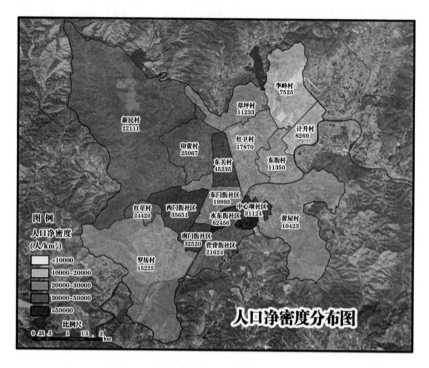

图 5.37　长汀县样本区人口净密度分布图

两个社区环境条件和公共服务设施配置间的差异,细看两个社区住宅类型规模结构,水东街社区以三类住宅为主,营背街社区以二类住宅为主,因此两者环境差异较为明显。

5.3.4　长汀县城市公共服务设施配置的公平性与可达性分析

（1）研究背景

长汀县城的建成区涵盖了 17 个行政单元,包括汀州镇的 6 个社区和大同镇的 11 个行政村。根据城镇化发展水平和主体功能的差异,县城可分为四类区域(图 5.38)：由汀州镇构成的老城区、老城区北部以工业用地为主的工业区、近郊半城市化区以及远郊非城市化区。老城区集聚了全县最好的教育、医疗等公共资源,但因人口稠密,设施服务能力过度饱和,不堪重负。老城北部的东街村、红卫村等既分布着腾飞工业园的大片工厂,同时仍保持着农田、农宅等乡村聚落形态,属于半城市化区,具有广阔的发展空间和优越的交通区位,是承接老城人口外迁和功能外溢的绝佳之地。县城西北的新民村大部分区域以山林绿地为主,仅有少量城镇建设用地,因而在下文的研究中只将其城镇建设用地纳入计算,而整个行

图 5.38　长汀县城城镇化发展水平分区图

政辖区则不列入分析。本研究以长汀县城每个居住地块为基本研究单元,以社区与行政村为中观研究单元,以老城区、工业区和城市外围组团(即半城市化区)为宏观研究单元,从定量角度衡量各自的公共服务设施供需情况。

(2) 数据来源

本例以福建省长汀县城文化公共设施为例,采用引力可达性指数模型,以公共服务设施引力可达性指数和时间成本可达性来衡量公共服务设施布局的公平性。研究所需数据主要有:①长汀县土地利用现状图及规划图,来源于长汀县城总体规划修编(2014—2030)的现状调研数据和规划方案数据;②长汀县城文化设施的现状及规划用地面积,根据《城市用地分类与规划建设用地标准》(GB 50137—2011),主要包括设施用地,即公共图书馆、博物馆、科技馆、纪念馆、美术馆、展览馆、会展中心、综合文化活动中心、文化馆、青少年宫、儿童活动中心、老年活动中心等设施;③长汀县城分级路网 GIS 数据,提取自长汀县规划局提供的县城地形图 CAD 数据及长汀总体规划道路系统规划图;④长汀县社区及各村行政边界图 GIS 数据,根据长汀县国土资源局提供的长汀县土地利用总体规划图(2006—2020)数字化而来;⑤长汀县城居住人口密度分布现状及规划 GIS 数据,来源于人口密度模型与规划方案。

(3) 计算步骤

这里以现状文化设施为例,其他公共服务设施可达性计算的操作步骤与此相同。本研究的可达性是以小汽车交通作为出行方式计算的。

① 计算居民点与设施点之间的出行时间

首先,将长汀县城的道路网划分为主干路、次干路、支路和街坊路四个等级,根据山地城市的实际情况,赋予各等级道路相应的速度。运用拓扑工具,使道路网的每个交叉口生成节点。以道路网创建网络数据集(Network Dataset),设置道路网的连通性为任意节点,并添加 Time 属性,赋值为各等级道路的线段长度与各自的设计速度之比,即为出行时间。

其次,从土地利用现状图中提取出文化设施地块,并将其转换成点。运用网络分析工具(Network Analyst)新建 OD 成本矩阵(New OD Cost Matrix),分别将居民点和文化设施点设置为起始点和目标点,求解(Slove)得到任意两个居民点和设施点之间的出行时间矩阵,即以公式(5.37)求出的结果。最后对一些过短而不合理的出行时间进行校正。

在实际情况中,由于居民前往某个公共设施的出行时间有一个阈值,即当超过可接受的出行时间范围时,居民将不会选择本次出行。因此,可以根据经验或调查数据设定一个最大的时间范围,在上文得到的出行时间矩阵中剔除这部分出行选择。根据公式(5.37),这样的出行时间可以理解为无穷大,因此它的引力可达性等于 0。

② 根据设施位置确定人口势能

首先,将设施点、居住点与成本矩阵连接,并在出行矩阵表中新增一列 P,按照公式 $P = Popu \times Time^{-1.8}$ 计算其值。这里交通摩擦系数 β 取 1.8,计算结果相较 $\beta = 1$ 时差异更明显,更易于说明结果。其次,按不同位置的文化设施汇总 P 值,得到的数据列 Sum_P 即为 V_j 的值,即按设施位置确定的人口势能。

③ 计算引力可达性指数

将上一步的新表按设施位置连接到成本矩阵表,新增一列 a_{ij},按照公式 $a_{ij} = S_j \times Time^{-1.8}/Sum\_P$ 计算数值,其中 S_j 是各文化设施的占地面积,所得结果即为公式中 a_{ij} 的值。然后按居民点位置汇总 a_{ij}，所得结果即为引力可达性指数 A_i 的值。

在得出各居住地块的引力可达性 A_i 后，以各社区居住地块的面积比例取加权平均值，得到各社区的引力可达性指数。计算公式为：

$$C_i = \sum_{j=1}^{n} A_j \times S_j / S_i \tag{5.42}$$

式中，C_i 表示第 i 个社区的引力可达性指数；A_j 表示这个社区中第 j 个地块的引力可达性指数；S_j 表示第 j 个地块的面积；S_i 表示第 i 个社区内居住地块的总面积。

④ 时间成本可达性计算

以各类公共服务设施分别作为源，运用成本加权距离法，求出每种公共设施的时间成本可达性分布。

首先，对土地利用现状图及道路网图层添加成本属性，参考山地城市的实际情况，对各类型用地和各等级道路赋予相应的时间成本值。土地利用现状图应根据各类用地的通行难易程度设置适宜的成本值，如广场用地成本值较低，而水域、山体等应设置很高的成本值。根据每条道路的实际宽度，生成缓冲区，从而使道路转化为有宽度的面状图层。然后依据时间成本值，将各图层通过矢量转栅格（Feature to Raster）工具转为栅格数据。使用镶嵌工具（Mosaic to new raster）进行叠合，进而生成成本栅格图。

其次，以居民点作为数据源，使用空间分析（Spatial analyst）模块中的成本距离（Distance-Cost weighted）工具，得到长汀县城各居民点的通勤时间可达性分布图。使用重分类（Reclassify）工具，对时间范围的分级重新赋值，可以看到在不同的通勤时间内各居民点的空间可达性分布情况。

公共服务设施公平性分析模型技术路线如图 5.39 所示。

（4）结果分析

研究区现状人均文化设施用地约为 0.13 m²/人，对照《城市公共设施规划规范（GB 50442—2008）》，小城市的文化娱乐设施规划用地指标为 0.8～1.1 m²/人，扣除其中的娱乐用地指标（本研究未将娱乐用地和文化设施合并，根据标准，娱乐用地约占指标的一半），县城的文化设施供给严重不足。值得一提的是，长汀的宗祠、家庙数量众多，且大多集聚在老城内，形成了鲜明的客家祠堂文化（本研究中宗祠、家庙并未纳入文化设施）。祠堂是每个客家宗族大事的见证地与聚居地。因此，祠堂占据了长汀人精神生活的重要部分，甚至取代了其他文化设施的作用，从而解释了长汀人均文化设施用地指标偏低的原因所在。

研究区内的文化设施用地主要分布在卧龙山南侧的老城地区，另有两处分别位于卧龙山北侧和黄屋村北部（图 5.40）。从引力可达性的视角看，县城南部和中部地区的文化设施可达性明显高于县城北部，老城区除了南门街社区外，可达性较好。南门街社区因窄且密的路网不适合车行，同时人口密度较高，因此人口势能较高，可达性相对偏低。新民村和罗坊村因靠近老城的文化设施，且人口不多，因而可达性较高。北部几个行政村因没有文化设施分布，出行时间最长，可达性自然最低（图 5.41、图 5.42）。

随着长汀迈向中等城市的步伐加快，以及人们生活水平提高后对精神生活的不断追求，长汀县城应适当增加文化设施的供给。结合老城人口外迁和城市向北拓展的趋势，规划在北部新城新增 3 处文化设施；在老城区，对长汀历史文化、客家文化和红色文化进行整合提

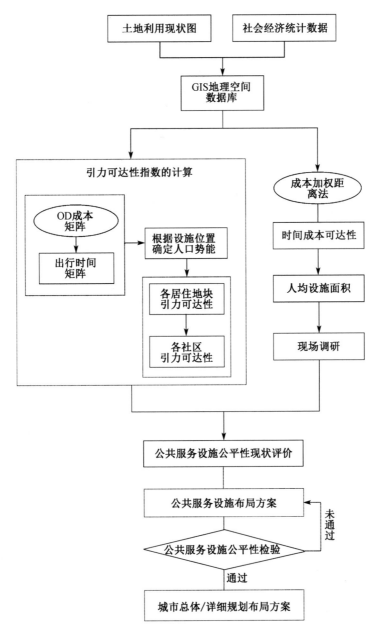

图 5.39　公共服务设施公平性分析模型技术路线

升,继续打造"一江两岸"客家文化展示区,并沿汀府路轴线建设具有景观性的文化娱乐设施。在新版总体规划方案中,县城人均文化设施用地达到了 1.07 m²/人,接近中等城市文化娱乐设施配建标准的上限(0.8~1.1 m²/人),供给规模比现状大幅提升。从可达性角度来看,规划与现状的文化设施引力可达性相比,无论是最小值(0.23 与 0.01)、最大值(3.52 与 0.33),还是平均值(0.59 与 0.13),全县城及各村社单元均有极大程度的提升。从空间布局来看,可达性最高的依然是老城区,其次是腾飞工业园和北部的东埔村和李岭村,其余城市外围组团则相对偏低(图 5.43)。

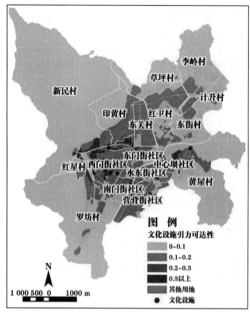

图 5.40　现状文化设施引力可达性分布图

图 5.41　各社区文化设施引力可达性分布图

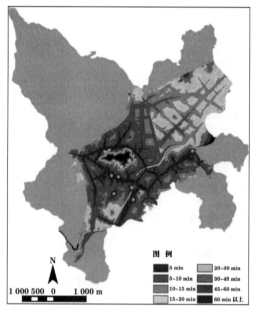

图 5.42　文化设施时间成本可达性分布图

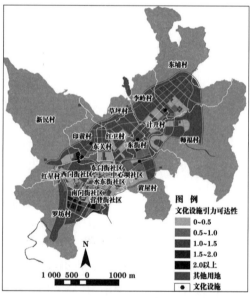

图 5.43　规划文化设施引力可达性分布图

5.4　小结

城市发展的空间载体和基础是用地,为合理利用土地,需要对土地质量的高低或土地生产力的大小进行评定,也包括对土地的各种自然构成要素以及与土地利用相关的社会经济状况进行综合评定,因此有了土地评价的概念。根据土地的自然和经济属性,对不同土地用途或特定土地用途的适宜程度的综合分析与评价是土地适宜性评价,其中典型类型为城市用地适宜性评价,用以确定城市可以发展的用地是各项专题规划的基础。

本章探讨了城市用地适宜性评价的一般方法,通过梳理影响城市用地发展的潜力因子和阻力因子,利用空间统计与分析的方法,统筹人、用地和地理空间环境三个系统,构建城市用地适宜性评价模型,结合用地系统的人类活动影响和用地功能的空间组织状况进行综合评价,实现对现状建设用地的适宜性评价和未来建设用地的适宜发展空间的划定,为城市增长边界的划定提供依据,促进城市的永续健康发展。除此之外,为了落实地块的开发强度控制,提出城市地块适宜容积率确定模型,从影响容积率变化的道路、服务用地、环境等物质因子,生态、安全、文化等非物质因子的关系入手,建立模型,并从交通承载力可行性和经济可行性角度进行修正和检验,以期得到科学合理的地块适宜容积率,合理确定地块的使用强度。

快速城市化过程中,城市无序蔓延,导致城市用地子系统、城市社会子系统、城市经济子系统以及城市生态子系统间的关系严重失衡。合理确定城市用地规模,高效集约地利用土地资源,处理好发展与保护的关系,是当前城市规划关注的问题。综合考虑城市用地的社会成本、经济成本和生态成本,建立量化的科学模型,其分析结果有利于合理配置城市土地资源,确定城市发展规模,控制地块发展强度,以期达到生态效益、社会效益和经济效益的最大化。

本章引入三维城市居住人口密度估算模型,对长汀县进行城市居住人口密度估算建模与制图分析。基于遥感与 GIS 数据提取模型参数,以 ArcGIS 10 为软件平台,建立了土地利用、住宅建筑与人口一体化的空间数据库,从而分析人口分布与住宅建筑面积的特征,确定不同类型住宅的人均住宅建筑面积。同时制作长汀以社区和行政村的面域为单元的人口毛密度和人口净密度分布图,反映了主城区人口过于密集,且社区间住宅类型规模结构差异可能导致环境条件和公共服务设施配置差异。在人口密度分布的估算模型基础上,根据居民实际需求构建引力可达性指数模型,对长汀县进行城市公共服务设施配置的公平性和可达性分析。结合老城人口外迁和城市向北拓展的趋势,提出通过公共服务设施公平性检验的规划方案。

城市居住人口密度估算模型不仅是制定区域长远发展政策、城市总体规划的重要基础,也是实施城市日常管理、改善居民生活环境等工作的重要科学依据。公共服务设施的配置与城市居住人口密度分布的耦合分析有助于理解公共服务设施配置是否在数量、质量与空间布局上实现均等化,是否能让不同收入、不同地域的人群拥有平等的机会使用公共服务和公共产品。城市公共服务设施公平性分析模型可为城市公共服务设施布局规划提供科学依据,同时也可以为重大公共设施项目选址提供决策支持。

思考题

1. 如何根据用地潜力因子和用地阻力因子综合分析得到最终用地适宜性评价的分类结果?
2. 容积率分区基准模型和容积率分区修正模型应按何种规则或权重叠加?
3. 对规划容积率进行经济可行性评价及道路交通承载力评价有何意义?
4. 人口净密度和人口毛密度的计算有何区别?
5. 对于不同类型的公共服务设施,其公平配置的需求有何不同? 具体应如何通过可达性分析过程体现?

6 城市社会生活空间的公平配置分析

城市物质空间规划是指对土地的规划,而社会生活空间则是关注人的规划。随着城市研究的不断深入,单纯的物质空间研究简化了空间问题,忽视人的作用,难以满足现代城市研究与规划的需求。因此,社会空间研究的重要性得到体现,越来越多的研究探讨人类活动与城市物质环境之间的复杂关系与互动机制。在此过程中,个人的偏好、态度和对环境的认知等主观能动方面成了切入城市社会空间研究的重要视角。本章结合人对物质空间的选择偏好,综合应用联合选择等模型,解析在物质空间的基础上构建城市社会生活空间的过程与机制。

6.1 基本概念

6.1.1 市场意识

市场意识指按市场需求变化谋生产、按市场经济规律谋发展的意识。在经济体制由国家主导向市场主导过渡的过程中,中国的城市规划者正在努力实现更加可持续的城市化,但发现很难影响决策者在经济与环境、政府收入与公共利益之间寻求平衡。更具有市场意识的规划可能有助于规划人员实现可持续发展目标,同时为最终用户(居民)和投资者(政府和开发商)创造价值。对居民而言,价值将与他们的财产价格的上涨以及生活质量的提高有关;对投资者而言,潜在价值包括货币利润的增加和社会福利(例如投资者的声誉和社会责任)的提升。在有市场意识的规划中,规划者使用大量的市场信息来证明他们所实施的对城市系统的干预创造了经济价值,同时也促进了环境的可持续发展。

6.1.2 市场效应

在中国的规划背景下,市场意识的规划比市场导向的规划更适合于帮助中国规划者在公共目标和市场力量驱动的城市发展之间取得平衡。为此,规划人员需要通过计算不同计划创造(或减少)的价值来估计其规划干预的市场效应。然而,到目前为止,作为指导城市发展的主要规划,中国的总体规划几乎没有量化规划干预的市场效应,尤其是在现有基础上新增的规划干预的附加值。比如,在现实中,改善交通设施将影响沿线房地产的市场价值,特别是在交通站点附近。随着城市交通网络的全面改善,这些措施也将影响远离交通线的房地产的市场价值。现有交通方式的改进可以增加多少价值尚不确定,规划者自身需要意识到这些市场效应,并将其告知公众。

6.1.3 规划支持方法

为了提前量化规划干预在城市尺度下的效果,规划者需要能够整合不同类型的市场信息和知识的方法,如统计、调查、规划经验和规划者的专业知识。效果将取决于规划干预措施的内容以及当地的市场环境。因此,需要规划支持方法通过估计某些规划干预措施的结果来为规划人员提供此类参考。为了评估直接和间接的影响,规划支持方法可以使用估价模型来洞察规划干预所产生的对住房市场价值的创造,其基本目标是评估不同规划干预下的市场结果,然后预测各种城市发展情景,并为利益相关者(规划部门、交通部门和国土部门)提供沟通平台。本章提出了一种实用的规划支持方法,使得规划者能够在城市尺度下估计规划干预措施的市场效应。

6.1.4 绿色建筑

在可持续规划中(在空间规划领域,大致可定义为三个可持续概念——人、地球以及效益),"绿色建筑"是指有助于减少排放和能源消耗的建筑。目前,绿色建筑概念聚焦于提高能源效率,减少用水量,使用耐用和无毒材料,并节约生命周期成本,但仍然缺乏对绿色建筑的标准定义。根据已有研究,可将绿色建筑定义为环境友好型、资源节约型、健康改善型、居住舒适型建筑。它们应该为居民提供优质的室内生活条件和室外环境,因为居民购买绿色建筑不仅仅是为了绿色技术,而是为了一系列的房屋属性。

6.2 分析原理与数学模型

6.2.1 结合双重差分估计的享乐价格模型

在享乐价格模型中,与房价相关的属性通常分为三类:住宅属性、可达性度量和社区质量度量。为了达到新的可持续发展的真正效果,需要添加第 4 个类别——双重差分估计量,即实验组(即受规划干预影响的组)实验前后的平均结果减去对照组(即不受规划干预影响的组)实验前后的平均结果的差值。

为了构建适合中国房地产市场的享乐价格模型,将地理理论和详细的空间测量方法整合到享乐价格模型中。首先,将浴室、公寓大小和住房密度作为中国高居住质量的指标。其次,交通网络中城市中心和交通站点的可达性对房价的影响因城市区域的位置而异。再次,清新空气、开放空间和良好的教育设施等邻里特征对房价有积极影响。

在建模过程中,需要控制房价的空间相关性,以提高享乐价格模型的可靠性。空间相关性是由空间外部性和测量问题导致的住宅位置之间的相互依赖性。排除空间相关性会导致参数大小及其对享乐价格模型估计的解释出现偏差。

选择公共交通可达性作为主要的可达性指标,采用重力模型计算不同工作地点的可达性的潜力得分,测量每个公寓到所有工作地点的加权时间成本。同时,需测量旧地铁站和城市高速公路接入点的可达性,并将公园和高质量的小学纳入考虑范围。

计算工作可达性潜力的重力模型方程为:

$$P_i = \sum_j \frac{M_j}{D_{ij}^{\alpha}} \tag{6.1}$$

式中，P_i 为公寓 i 的潜力得分；M_j 是每个土地利用地块 j（区分工业、金融、政府和教育用地）的就业总人数；D_{ij} 是 i 和 j 之间的时间距离成本；α 是反映距离摩擦增加速率的参数，这个参数通常在 1 和 2 之间变化，分别用 1.0、1.3、1.5、1.7 和 2.0 对距离衰减度进行灵敏度测试。根据模型的拟合，并考虑到居民平均通勤时间（约 30 min），在最终模型中确定距离衰减率为 1.5。

采用双对数模型来获取可达性指标的影响。双对数模型指示了可达性指标的任何百分比变化都会导致房价的百分比增长。采用半对数模型来估计住宅和社区质量的影响，并采用随机效应模型来控制未观察到的个体影响。

构建模型的多元函数形式如下：

$$LN(P_{it}) = \alpha + \beta T_{it} + \gamma D_{it} + \delta T_{it} D_{it} + \tau H_{it} + \theta LN(A_{it}) + \eta N_{it} + u_i + \varepsilon_{it} \tag{6.2}$$

式中，P_{it} 表示截面单位 i 在 t 时段的房价；T_{it} 表示时间段；D_{it} 表示房屋是否位于新建地铁车站 500 m 以内、500～1 000 m 以及 1 000 m 以外；H_{it} 表示住宅属性变量；A_{it} 表示可达性变量；N_{it} 表示社区质量变量；β 表示时间趋势的影响；γ 表示实验组与对照组之间的平均差异；δ 表示实验组的真实效应；u 是实体间误差项；ε 是实体内误差项。

建立具有个体随机效应、空间误差和空间滞后的广义空间面板数据模型来控制空间自相关，形式如下：

$$LN(P_{it}) = \lambda_1 W \times LN(P_{it}) + \alpha + \beta T_{it} + \gamma D_{it} + \delta T_{it} D_{it}$$
$$+ \tau H_{it} + \theta LN(A_{it}) + \eta N_{it} + u_{it} \tag{6.3}$$

$$u_{it} = \mu + \varepsilon_{it} \tag{6.4}$$

$$\varepsilon_{it} = \lambda_2 W \varepsilon_{it} + v_{it} \tag{6.5}$$

$$v_{it} = \rho v_{t-1} + e_{it} \tag{6.6}$$

式中，$\lambda_1 W \times LN(P_{it})$ 衡量该地区房价受其他邻近地区房价影响时，该地区房价变量可能发生的溢出效应；u_{it} 为扰动项，是随机个体效应 μ_i 和空间自相关残差 ε_{it} 的总和；剩余的扰动项 v_{it} 遵循一阶序列自相关过程；λ_1 和 λ_2 为空间自回归系数；ρ 为序列自回归系数；W 为空间权重矩阵，使用最邻近的 10 个住宅项目来定义空间相关性。

6.2.2　联合选择模型与享乐价格模型结合

综合考虑市场需求（不同社会经济群体的偏好和支付意愿）以及市场供应（例如房价、区位）来预测不同社会经济群体的住房机会。为此，应用联合选择模型分析市场需求，应用享乐价格模型模拟市场供应（图 6.1）。规划师首先需要确定不同社会经济群体的住房偏好和住房可支付能力，然后为这些群体公平地提供住房机会。

为了测算市场供给，整合住房市场信息、土地利用与交通数据，通过享乐价格模型评估房产价值。享乐价格模型被公认为是分析房价与一系列异质属性之间关系的最佳方式。这

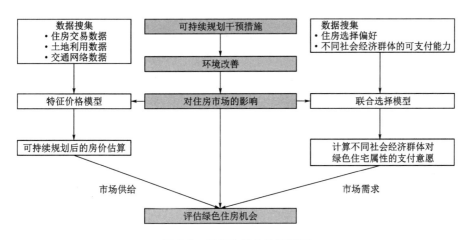

图 6.1 规划支持方法框架图

些属性可以分为三大类：住房属性、工作和服务设施可达性以及邻里质量。为了构建享乐价格模型，首先搜集了住房交易数据、土地利用数据和交通网络数据（包括公共交通数据与道路网络数据）。在城市土地利用数据的基础上，测算了居住区周边工作地点、商店、公园等设施的规模及大小。在交通网络的基础上，对这些设施的可达性进行了详细的计算。搜集数据完成后，建立了享乐价格模型的数据库。数据库中包含了房价、住房属性、可达性以及邻里质量。随后，模拟了两项具体可持续规划干预措施后的房价：公共交通网络的扩展、重工业由中心区搬迁至外围地区。

为了测算市场需求，应用联合选择模型分析消费者购买住宅的意愿。陈述偏好法可以用来创建一个假想市场，在这个市场中，支付意愿可以被直接视为住房属性。根据已有文献研究，具有影响力的住房属性可以分为五类：住房价格、社区的物质环境质量、社区的社会环境质量、可达性以及房屋属性。联合选择模型假设购房者会在住房特征之间进行权衡，选择会使得利益最大化的住房。为了构建联合选择模型，搜集了购房者详细的住房选择偏好及不同社会经济群体的可支付能力。随后，应用联合选择模型估算在不同的细分市场上，相对于其他住房属性，购房者对绿色住宅属性的支付意愿。

6.3 实例

6.3.1 南京市地铁延伸规划干预的市场效应建模与分析

（1）研究区概况

以位于长江三角洲的南京市作为案例研究区。南京是中国东部著名的历史文化名城，拥有 800 多万人口。长江把南京分隔成南、北两个部分，中央商务区（CBD）、主要就业和设施位于长江以南，金融和商业服务位于市中心或副中心附近。2000 年以来，当地政府积极鼓励在长江南北开发新的郊区。南京的住房市场可分为中心城区、南郊和北郊三个二级市场。由于就业、公共设施、教育资源和公共交通主要集中在中心城区，中心城区的房价要比郊区高得多。此外,南郊更好的交通条件使得南郊的房价高于北郊。

从图 6.2 中可以看出,2010 年长江南北没有地铁连接,只有三座桥梁和一条隧道,使得北部地区到达主要活动场所的可达性相对较差。连接中心城区和南郊的两条地铁线路,对城市内快速的公共交通起到了至关重要的作用。2016 年,新增四条地铁线路开通运营,一条地铁线路已基本建成,现有地铁系统由中心城区向南郊、北郊延伸。这些新的地铁线路改善了现有的交通网络,并将增加沿线的房产价值,特别是在新增地铁站点的周围。

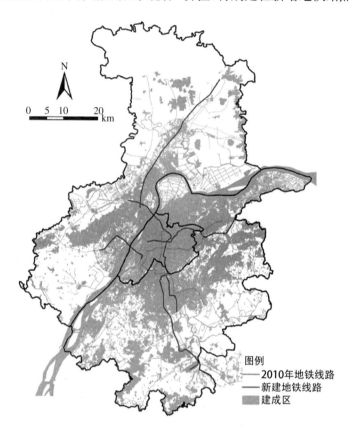

图例
—— 2010年地铁线路
—— 新建地铁线路
▨ 建成区

图 6.2　研究区区位及地铁线路

(2) 数据来源与处理

为了运用享乐价格模型对南京市进行研究,分别在 2010 年 6 月和 2016 年 6 月两个时间段,从南京市住宅市场相关网站上收集了房价数据。通过将 2016 年的交易记录与 2010 年的交易记录进行匹配,模拟了一个面板数据集。具体的数据筛选过程如图 6.2 所示。首先,从住房网站上收集了 2010 年的 9 948 份住房记录,完成于 2010 年 6 月。这些记录来自 3 000 多个房地产项目。每个记录都有它的房地产项目名称、位置、建筑年龄、卫生间数量、大小和总楼层数据。然后根据 2010 年的房地产项目名称,于 2016 年 6 月在房产网站上搜索房地产项目。在 2016 年确定的每个房地产项目中,选取了与 2010 年相同的建筑年限、相同的卫生间数量、相同的面积(±10 m²)、相同的总层数(±2 层)的成交记录。最后,在 2016 年的数据集中,识别出符合匹配标准的 2 082 个房地产项目的 5 217 套公寓记录,并保留了 2010 年相应的 5 217 套公寓记录。2010 年和 2016 年的两个数据集构成了模拟的面板数据。

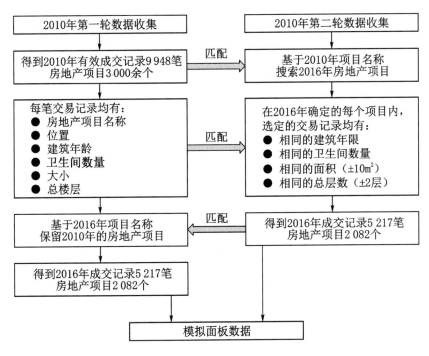

图 6.3　数据收集技术路线

为了衡量新地铁线路的市场效应,将住宅分为三组:距离新地铁站 500 m 以内的住宅,距离新地铁站 500～1 000 m 以内的住宅,距离新地铁站 1 000 m 以上的住宅。

为了区分中心城区和郊区,并考虑长江的影响,分别为位于中心城区和位于长江南岸郊区的公寓设置了虚拟变量。

(3) 不同区域的描述性统计

表 6.1 为中心城区、南部郊区和北部郊区的描述性统计结果。中心城区二级市场的平均房价是北郊的两倍多,而南部郊区的平均房价在中心城市和北部郊区之间的中点左右。由于郊区是新开发的区域,所以郊区公寓建筑的平均年龄要低于中心城区,并且郊区公寓建筑的平均规模要大于中心城区。总建筑楼层的统计数据表明,中心城区的居住密度高于郊区。此外,中心城区的居住密度变化大于郊区。在南部郊区,新地铁站的配置并没有显著增加人们乘坐地铁的机会,但却改善了南部郊区和中心城区的交通状况。其他可达性指标显示,中心城区的可达性最好,其次是南部郊区,北部郊区交通相对不便。中心城区拥有高质量学校的比例较高,而南部郊区的公园比例高于其他两个地区。

(4) 控制空间效应后的享乐价格模型分析

两个享乐价格模型如表 6.2 所示。控制了空间自相关后,一些预测变量的符号和显著性发生了变化。结果表明,空间自相关对房价有显著影响。一个地方的房价变化将对邻近住宅项目的房价产生溢出效应,而后对邻近项目产生溢出效应,进而波及整个城市。

在控制常规的享乐属性和空间自相关后,双重差分估计表明,新地铁线路的影响只出现在北部郊区的 500 m 和南部郊区的 500～1 000 m 附近,而在中心城区没有显著的影响。这可能是因为中心城区的交通可达性很发达,因此,新的地铁线路提高中心城区可达性的效果

表 6.1 不同城市区域的描述性统计

变量	描述	中心城区 (N = 3 469)		南部郊区 (N = 1 107)		北部郊区 (N = 641)	
		平均值	标准差	平均值	标准差	平均值	标准差
住宅属性(H)							
Price	每平方米的房价(元/m²)	20 971	8 375.23	14 389	5 661.32	9 981	4 920.15
Age	公寓楼的使用年限	18	6.77	12	4.91	12	6.34
Size	公寓面积(m²)	86	38.24	96	37.07	95	32.28
Totalfl	公寓楼的总楼层数	10	7.55	8	5.36	8	5.54
Bathrooms	卫生间数量	1	0.55	1	0.51	1	0.51
可达性(A)							
Dis500	虚拟变量:当公寓位于新地铁站 500 m 范围内,值为1	0.14	0.34	0.05	0.21	0.15	0.35
Dis500 _1000	虚拟变量:当公寓位于新地铁站 500~1 000 m 范围内,值为1	0.22	0.41	0.11	0.32	0.32	0.47
Job _Finance	金融和商业服务的就业可达性潜力评分	2.68	1.96	1.31	0.53	0.95	0.56
Dexpress	到最近的城市高速公路入口的距离(m)	1 340	963.45	5 608	3 518.23	8 733	8 515.36
Dmetro 2010	到最近的 2010 年之前建成的地铁站的距离(m)	1 443	1 013.36	1 922	1 957.73	13 286	6 624.16
社区质量(N)							
School district	虚拟变量:当公寓位于高质量学区时,值为1	0.13	0.33	0.00	0.00	0.00	0.00
Park	虚拟变量:当社区附近有公园时,值为1	0.07	0.26	0.16	0.36	0.08	0.27

有限。相比之下,2010 年北部郊区的可达性较差,新地铁线路显著改善了交通可达性,从而改善了人们主要活动的可达性。因此,临近新的地铁站在北部郊区显示出积极的影响。然而,这种接近效应有一个阈值。在 500 m 之外,影响是微不足道的。这可能是因为在北部郊区,地铁车站和住宅区之间的联系不发达,不便于步行、骑自行车或乘坐公共汽车,也就是众所周知的"最后一公里的交通问题"。因此,北部郊区的人们不愿意再花费更多时间到距离新地铁站 500 m 以外的地方。在南部郊区,由于地方政府的公告,距离新地铁站 500 m 以内的房屋溢价在 2010 年就已被资本化。此外,从图 6.1 可以看出,南部郊区的新地铁线路与老地铁线路几乎平行。距离新地铁站 500 m 以内的房屋溢价,会受到邻近旧地铁站的影响。

表 6.2 控制空间效应后享乐价格模型中各变量的系数

自变量 (LN_PRICE)	不包含空间自相关的享乐价格模型									空间享乐价格模型								
	中心城区			南部郊区			北部郊区			中心城区			南部郊区			北部郊区		
	β	Beta	P value	β	Beta	P value	β	Beta	P value	β	Beta	P value	β	Beta	P value	β	Beta	P value
(常数项)	10.021	−0.220	0.000***	10.575	−0.924	0.000***	12.873	−0.516	0.000***	7.565	−0.293	0.000***	7.202	−0.595	0.000***	4.844	−0.322	0.000***
新地铁效应(基线：距离新地铁站 1 000 m 以上)																		
Dis500: YEAR	−0.033	−0.068	0.008**	0.027	0.057	0.394	0.101	0.212	0.005**	−0.026	−0.053	0.186	0.028	0.058	0.520	0.062	0.131	0.036*
Dis500_1000: YEAR	0.009	0.019	0.368	0.062	0.130	0.003**	−0.025	0.053	0.357	−0.005	−0.011	0.720	0.063	0.132	0.043*	NA		
住宅属性																		
Age	−0.015	0.221	0.000***	−0.008	−0.110	0.000***	−0.012	−0.177	0.000***	−0.015	−0.217	0.000***	−0.012	−0.169	0.000***	−0.013	−0.182	0.000***
Size	0.001	0.056	0.000***	−0.001	−0.049	0.016*	−0.000	−0.027	0.439	0.001	0.041	0.000***	−0.001	−0.057	0.001***	−0.001	−0.062	0.016*
Totalfl	−0.001	−0.022	0.010*	0.000	−0.001	0.975	−0.002	−0.033	0.209	−0.002	−0.029	0.000***	0.002	0.032	0.090	0.003	0.041	0.049*
Bathrooms	0.013	0.014	0.035*	0.07	0.079	0.000***	−0.029	−0.032	0.253	0.011	0.012	0.035*	0.055	0.062	0.000***	0.025	0.028	0.186
可达性																		
LN dexpress	−0.015	−0.033	0.008**	−0.077	−0.168	0.000***	−0.046	−0.101	0.012*	−0.029	−0.062	0.001**	−0.069	−0.150	0.000***	−0.065	−0.141	0.039*
LN dmetro2010	−0.026	−0.059	0.000***	−0.095	−0.215	0.000***	−0.376	−0.852	0.000***	−0.003	−0.007	0.745	−0.053	−0.121	0.000***	−0.039	−0.088	0.525
LN job finance	0.104	0.136	0.000***	0.086	0.112	0.000***	−0.046	−0.060	0.011**	−0.034	−0.045	0.029*	0.079	0.103	0.013*	0.224	0.292	0.000***
社区质量																		
Park	0.072	0.150	0.000***	0.052	0.110	0.000***	0.128	0.268	0.000***	0.066	0.138	0.000***	0.052	0.110	0.024*	0.053	0.112	0.047*
School district	0.108	0.227	0.000***	NA			NA			0.039	0.081	0.003**	NA			NA		
空间自相关系数(LAG)							0.253			0.253			0.334		0.004**	0.572		0.000***

注 1：因变量 LN_PRICE 为每平方米房价的对数；β 是未标准化系数，Beta 是标准化系数；YEAR 是虚拟变量，当记录来自 2016 年时，值为 1；PRE/POST EFFECTS OF NEW METROS 新建地铁的前后效应是双重差分估计量。

注 2：在空间享乐价格模型中主掉了 Dis500_1000 变量，在北部郊区的模型中主掉了 Dis500_1000 变量，因为这个变量对整个模型有较大的干扰。

注 3：*** 表示 p<0.001，** 表示 p<0.01，* 表示 p<0.05。

在南部郊区,距离新地铁站500～1 000 m范围内的显著影响可能是由于地铁站和居住地点之间的交通联系有所改善。

此外,在控制了地铁的可达性之后,金融和商业服务的可达性,到最近的城市高速公路、学区和开放空间的距离,也影响了房价。Beta表示了每个预测变量在决定房价时的相对强度。在中心城区,公寓建筑的年龄是一个强有力的预测变量,其次是社区质量指标,然后是可达性变量。在南部郊区,新建的地铁站、其他可达性和社区指标在影响房价方面,或多或少具有相同的影响力。在北部郊区,新建地铁站和可达性指标的影响要高于社区质量指标。这些结果证实,虽然假设地铁线路的延伸是为了加强公共交通网络的使用,改善整个交通网络的连接,但那些可达性显著提高的地方,房价的附加值相应更高。

（5）空间享乐价格模型的直接和溢出效应估计

当在享乐模型中使用因变量的空间滞后时,不能将表6.2中的参数解释为传统的边际效应,因为空间滞后会引起一系列跨区域的溢出效应。表6.3给出了空间享乐价格模型的直接、溢出和总效应。在北部郊区,距离新地铁站500 m以内的住宅价格比距离新地铁站1 000 m或更远的房价高出6.3%,并对邻近的住宅项目产生了8.2%的溢价效应。总的来说,在北部郊区,位于新地铁站500 m以内的房价上涨了14.6%。在南部郊区,位于新地铁站500～1 000 m范围内的房屋,其价格比距离新地铁站1 000 m或更远的房屋高出6.3%,对邻近的住宅项目也有3.1%的溢价效应。总的来说,在南部郊区,距离新地铁站500～1 000 m范围内的房价上涨了9.4%。

表6.3 空间享乐价格模型的直接和溢出效应估计

变量 （LN_Price）	空间享乐价格模型								
	中心城区			南部郊区			北部郊区		
	直接	溢出	总计	直接	溢出	总计	直接	溢出	总计
新地铁效应（基线：距离新地铁站1 000 m以上）									
Dis500；YEAR	−0.026	−0.009	−0.034	0.028	0.014	0.041	0.063	0.082	0.146
Dis500_1000；YEAR	−0.005	−0.002	−0.007	0.063	0.031	0.094	NA		
住宅属性									
Age	−0.015	−0.005	−0.020	−0.012	−0.006	−0.018	−0.013	−0.017	−0.030
Size	0.001	0.000	0.001	−0.001	−0.000	0.001	−0.001	−0.001	−0.002
Totalfl	−0.002	−0.001	−0.003	0.002	0.001	0.003	0.003	0.004	0.007
Bathrooms	0.011	0.004	0.014	0.056	0.027	0.083	0.025	0.033	0.058
可达性									
LN_dexpress	−0.029	−0.010	−0.038	−0.069	−0.034	−0.103	−0.066	−0.086	−0.152
LN_dmetro2010	−0.003	−0.001	−0.004	−0.054	−0.026	−0.080	−0.039	−0.051	−0.090
LN_job_finance	−0.034	−0.012	−0.046	0.079	0.039	0.118	0.227	0.296	0.523
社区质量									
Park	0.066	0.022	0.088	0.053	0.026	0.079	0.054	0.071	0.125
School district	0.039	0.013	0.052	NA			NA		

6.3.2 南京市不同社会经济群体享有绿色住房机会评估

（1）研究区域概况和社会经济群体分类

案例研究区域为长三角地区的南京市（图6.4）。南京市面临着能源资源消耗巨大、空气污染严重等可持续发展问题，天津、沈阳、重庆、西安、武汉、兰州等大城市也面临着同样的困扰。这些城市都有着超过100万的人口，城区布局着大量重工业基地。因此，为这些城市的各社会经济群体提供绿色住宅是十分迫切的。基于每个城市本地住房市场的特性，规划师可以使用本书创立的方法建立符合自身市场的估价模型和参数。

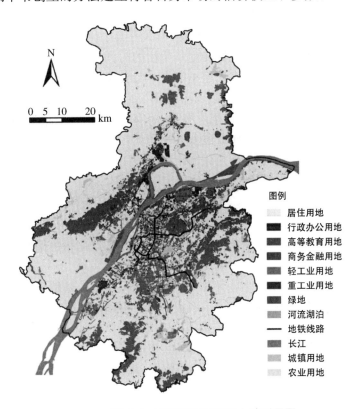

图6.4 研究区区位图及土地利用图

2010年南京市总面积为6 587 km²，城区占地为4 733 km²，人口超过800万。自2000年以来，南京市政府试图通过将其从工业城市向后工业城市转型以改变城市的形象。中心城区的土地主要为商业、政府办公及居住功能。南部郊区以住宅、商业、轻工业为主，同时集中了一些重工业。北部郊区以住宅区及重工业区为主，商业活动集中在几个区域。这三个片区的差异不仅是在土地利用方面，也体现在其他方面。由于就业机会和地铁线路都集中在市中心，与周边新开发的地区相比，市中心的社区就业可达性及公共交通可达性较高。与没有地铁线路的北部郊区相比，南部郊区具有更好的可达性，连接城市北部郊区与南部郊区的主要是三座大桥与一条隧道。城市内部的空气质量也各不相同，北部郊区的空气污染更严重。这些差异对房价的影响体现在：城市中心区的平均房价高于周边地区，城市南部郊区的房价普遍高于北部郊区。

由于绿色住宅的价格较高,开发商目前针对中高收入阶层的市场,仅在市中心周边新开发的区域和南部郊区建设绿色住宅社区。附近没有重工业,地铁站、超市、公园、医院和幼儿园等设施都在步行可达范围内。这些绿色建筑中安装了地源热泵,以降低能源运行成本和碳排放。隔热玻璃可以消除热效应。采用高科技通风系统,使室内空气清新湿润,还能够调节温度。

住房市场的细分影响着不同社会经济群体的住房选择。在本研究中,划分了三大社会经济群体:中低收入阶层、中产阶层、中高收入阶层,他们的商品房购买能力存在差异。中低收入阶层主要是刚开始工作的年轻人,且大多数是刚来到南京。他们有良好的教育背景,无论是单身或者已婚都暂且没有孩子。他们的预算相对较低,不到 100 万元,他们可以在北部郊区购买一套约 100 m² 的住房,或者在南部郊区购买一套小得多的住房。中产阶层规模更大,主要包含了 30 岁及以上的人群,他们在南京生活的时间相对较长。他们受过高等教育,并确立了自己的事业。他们中的许多人家里都有学龄儿童。无论是南部郊区还是北部郊区,他们的预算都足以购入一套住房。如果他们愿意牺牲住房面积获取较好的区位,他们也可以在市中心买一套公寓。中高收入阶层主要是 35 岁及以上的人,他们受教育水平高于其他两个群体,许多人都拥有很好的工作。该群体中很大一部分夫妻都有学龄儿童。他们的预算充足,选择住房的范围涵盖了三个细分市场,这使得中高收入阶层在住房选择方面有最大的灵活性。

(2) 绿色住宅价格的建模与估算

绿色住宅价格由两部分组成:传统住宅价格和绿色建筑属性的价格,包括能源、水、建筑材料、隔热、隔音、通风等成本。这些绿色住宅属性是已有文献在绿色偏好研究中发现的关键变量。

为了估算南京的传统房价,将地理学理论和详细的空间测量结果整合到享乐价格模型中。享乐价格模型的估计参数详情见表 6.4。表 6.4 中的结果均基于真实的住房交易数据。

考虑到新建的地铁线路的影响,假设南京的公共交通网络将会加强。这将提高整个公共交通网络的可达性,所以需要重新构建交通网络数据,并重新计算所有与公共交通可达性相关的可达性变量。随后,使用表 6.4 中的参数估计每个住宅区的平均房价(住宅区是土地利用图中最小的地块,它由支路或小径间隔开)。

考虑到重工业由市中心向周边地区迁移的影响,假设南京所有的重工业用地都将被重新开发为居住用地。因此,重工业对房价的正面和负面影响都将会消失。先将与重工业相关的变量设置为零,然后使用享乐价格模型中的参数估算每个住宅地块的平均房价。

我们使用联合选择模型估计每个社会经济群体在假定的绿色市场中购买绿色住宅属性的意愿。由于南京的绿色住宅市场还处于起步阶段,无法使用享乐价格模型来估计每个住宅区的绿色公寓价格。参照表 6.4 中的具有重要影响的变量,以及已有的联合选择模型研究中具有影响的住房因素,在联合选择模型中归纳了 5 类 13 个变量:住房价格、社区的物质环境质量、社区的社会环境质量、可达性以及房屋属性。具有显著影响的住房属性详情见表 6.5。在这些影响效用的基础上,我们评估了对于三个重要的绿色住宅属性的支付意愿:降低能源和水的消耗、建筑材料和隔热设施。由此,我们根据估计的传

统房价(特征模型)和绿色住宅属性的支付意愿(联合选择模型)对绿色住宅价格进行了估算,公式为:

$$P\_Ghouse = P\_house + P\_G$$

式中,P_Ghouse是住宅区内绿色住宅的平均价格(元/m²),P_house是住宅区内传统住宅的平均价格(元/m²),P_G是绿色住宅属性的支付意愿。在每个细分市场中,P_G是每个社会经济群体为所有重要且积极的绿色住宅属性支付的意愿的总和。

表6.4 享乐价格模型中的变量系数

变量	描述	平均数	标准差	B
LN_PRICE	每平方米房价的对数(元/m²)	9.36	0.44	
房屋属性(H)				
AGE	公寓建造时长	7	6.93	−0.013
BATHROOMS	卫生间数量	1.31	0.57	0.069
可达性(A)				
URBAN	虚拟变量:城市为1	0.65	0.48	0.364
SSUBURBAN	虚拟变量:南部郊区为1	0.13	0.34	0.088
LN_BTJOBEDU	高等教育中心就业可达性潜力(log)	−0.97	0.43	0.135
LN_BTJOBGOV	大型政府机构就业可达性潜力(log)	−1.23	0.43	0.100
LN_BTJOBF&B	金融和商业服务中心就业可达性潜力(log)	0.34	0.71	0.047
BTJOBHIND<20	重工业就业可达性在20 min内	3434	2969	−0.004
BTJOBHIND20−40	重工业就业可达性在20~40 min	21328	12086	0.001
LN_DEXPRESS	距最近的城市高速公路的距离(log)	0.76	1.08	−0.029
LN_DMETRO	距最近的地铁站的距离(log)	0.62	1.21	−0.009
LN_BTSQUARE	公共交通至最近的广场的时间成本(log)(min)	2.88	0.62	−0.051
LN_BTPARK	公共交通至最近的大型公园的时间成本(log)(min)	2.79	0.45	−0.032
LN_BTTRAINS	公共交通至最近的火车站的时间成本(log)(min)	3.60	0.57	−0.019
社区质量(N)				
NSCHOOLDIS	虚拟变量:公寓位于高质量的学区为1	0.06	0.24	0.105
NHERITAGE	虚拟变量:社区附近具有历史遗产为1	0.09	0.29	0.055
NRILAKE	虚拟变量:500 m以内有城市河流或湖泊为1	0.07	0.26	0.056
NPARK	虚拟变量:社区内有公园为1	0.11	0.32	0.023

表 6.5　三类社会群体的住房属性效用

中心地区 属性效用	L^a	M^a	U^a	南部郊区 属性效用	L^a	M^a	U^a	北部郊区 属性效用	L^a	M^a	U^a
常数项	-2.664*	-1.403*	-0.412*	常数项	-1.055*	0.153*	-0.189*	常数项	-0.009	-0.769*	-6.511
房价(元/m²)				*房价(元/m²)*				*房价(元/m²)*			
20 000~250 000	0.401*	0.599*	0.627*	10 000~15 000	0.772*	0.936*	0.256*	6 000~8 000	0.870*	0.277*	0.080
25 000~30 000	0.168*	-0.131*	0.089*	15 000~20 000	0.065	0.161*	0.154*	8 000~10 000	0.164*	0.117*	0.101
>30 000	-0.569*	-0.468*	-0.716*	20 000~25 000	-0.836*	-1.097*	-0.410*	10 000~15 000	-1.034*	-0.394*	-0.181
学校质量				*学校质量*				*学校质量*			
非常好	0.172	0.145*	0.254*	非常好	0.151*	0.068	0.190*	非常好	-0.833	0.073	0.529
好	0.137	0.039	-0.020*	好	0.012	0.060*	0.010*	好	1.805*	-0.019	-3.649
一般	-0.309	-0.185*	-0.233*	一般	-0.162*	-0.128*	-0.200*	一般	-0.972	-0.054	3.120
环境污染：距离重工业的时间				*环境污染：距离重工业的时间*				*环境污染：距离重工业的时间*			
>40 min	0.225	0.158	0.688*	>40 min	0.213*	0.341*	0.647*	>40 min	0.299*	0.349*	3.788
20~40 min	-0.071	-0.065	0.017	20~40 min	-0.083*	-0.100*	0.049*	20~40 min	0.073	0.014	3.340
<20 min	-0.154	-0.093	-0.704*	<20 min	-0.130*	-0.241*	-0.695*	<20 min	-0.373*	-0.364*	-7.128
地铁站点可达性				*地铁站点可达性*				*地铁站点可达性*			
<1 km	-0.256*	0.048	0.102	<1 km	0.002	0.119*	0.071	3~4 km	0.064*	0.113	3.606
1~2 km	0.018*	-0.121	-0.058	1~2 km	0.061	-0.006	-0.001	4~5 km	0.056*	-0.061	-3.481
2~3 km	0.238*	0.074	-0.043	2~3 km	-0.063	-0.113*	-0.070	>5 km	-0.120*	-0.051	-0.125

中心地区				南部郊区				北部郊区			
属性效用	L^a	M^a	U^a	属性效用	L^a	M^a	U^a	属性效用	L^a	M^a	U^a
常数项	−2.664*	−1.403*	−0.412*		−1.055*	0.153*	−0.189*		−0.009	−0.769*	−6.511
就业可达性（通过公共交通）											
好	0.094	0.105*	−0.093*	好	0.101	0.042	0.136*	好	0.158*	0.140*	−0.167
较好	−0.203	0.108*	0.168*	较好	0.018	−0.042	−0.007*	较好	0.131*	0.038*	3.262
差	0.109	−0.213*	−0.075*	差	−0.120	0.000	−0.129*	差	−0.289*	−0.178*	−3.096
能源和水的消耗											
低	−0.017	−0.144	0.135*	低	−0.039	−0.050	0.030	一般	0.018	−0.044	0.254
一般	−0.108	0.126	−0.018*	一般	−0.031	0.011	0.020	高于平均	−0.046	−0.020	0.085
高	0.125	0.017	−0.117*	高	0.070	0.039	−0.050	高	0.028	0.064	−0.339
建筑材料											
健康	−0.015	0.018	0.109*	健康	−0.014	0.091*	0.081*	较为健康	0.017	−0.058	0.306
较为健康	0.260	0.043	0.002*	较为健康	0.074	−0.019*	0.044*	略有害	0.023	0.024	−3.518
有害	−0.244	−0.062	−0.110*	有害	−0.060	−0.071*	−0.125*	有害	−0.040	0.034	3.212
隔热系统											
好	−0.140	−0.048	0.014	好	0.069	−0.004	0.016	一般	0.012	0.170*	0.084
一般	0.291	0.025	0.066	一般	−0.069	0.039	0.003	低于平均	−0.049	0.029*	3.467
差	−0.151	0.022	−0.080	差	−0.000	−0.035	−0.019	差	0.037	−0.199*	−3.551

* 表示该属性的显著性水平为 0.05。
a 表示 L、M、U 分别代表中低收入阶层，中产阶层，中高收入阶层。

（3）现有住宅用地绿色住房机会估算

根据表6.5构建评分表（表6.6），以估算每个社会经济群体的绿色住房机会。由于两项可持续规划干预措施将主要改善空气质量和公共交通可达性，我们选择的指标包括细分市场偏好、房价、学校质量、环境污染、地铁站点可达性以及就业可达性。得分表中每个社会经济群体的细分市场偏好是由表6.5中的常数项推导而来。房价得分代表三个细分市场中每个社会经济群体的住房可支付能力。学校质量的分数表示公寓是否位于良好的学区内。再使用与重工业之间的距离为环境污染打分，重工业被认为是部分就业机会的来源，但在近距离范围内，也是空气和噪声污染的来源。重工业作为就业来源的积极影响体现在距离上。研究发现，在南京，距离重工业公共交通通勤时间为20～40 min时会产生积极效应，而当通勤时间超过40 min时，这种积极效应就消失了。另外可通过高等教育中心、大型政府机构、金融和商业服务中心的可达性潜力，为就业可达性设定评分标准。"好"表示总体可达性潜力得分高于75%，"较好"表示得分介于50%到75%之间，"差"表示得分低于50%。

① 中低收入阶层

表6.5中的常数表示，中低收入阶层群体不希望或不能选择位于中心区的住房；中产阶层愿意在南部郊区买房，而北部郊区是第二选择；相较于中心地区，中高收入阶层更倾向于南部郊区，而且不愿意住在北部郊区。因此，对于中低收入阶层，中心地区得分为0，南部郊区1分，北部郊区2分。对于中产阶层，分别将这些地区的得分赋值为0、2和1，而对于中高收入阶层，则赋值为1、2和0。

在表6.5中，各种属性的效用表明了该属性在购房决策中的重要性。如果属性的效用是显著的，则意味着购房者在购买公寓时重视该属性。可用0到2的分数来测量每个显著属性的效应。得分为0表示效应为负，1表示效应为正或接近0，2表示积极效应最为显著。如果该属性的效应不显著，则意味着购买住宅时购房者不会考虑该属性。换句话说，如果其他属性满足他们的要求，无论这些属性的质量如何，购房者都会购买该住房。在这种情况下，给该属性赋分为2。由于中高收入阶层不考虑生活在北部郊区，我们将中高收入阶层在北部郊区的所有分数设置为0。最后，将每个住宅区的所有属性得分进行汇总。综合得分显示每个住宅区的绿色公寓对于三大社会经济群体的吸引力指数。

然后，使用"自然分割法"将所有住宅区的综合得分分为五类。该方法通过选择将相似值组为最佳的类，以及将类之间的差异最大化来识别断点。这种方法通过选择分类值来确定断点，将相似的值组合在一起并最大化类别之间的差异。在图6.5中，浅色表示吸引力较低，深色表示吸引力较高。

图6.5显示了在三种城市发展情境下，绿色住房对中低收入阶层的吸引力。地图中的非住宅区包括建成区、水域、山区、绿色公园和开放空间。在目前的情况下（图6.5(a)），除了南部郊区的南部边缘地区，对希望购买绿色公寓的中低收入阶层有吸引力的区域很少。在中心地区，地铁站点的可达性十分重要（表6.6）。然而，中低收入阶层更喜欢住在离地铁站点一定距离（2～3 km）的地区，这可能是因为地铁站点附近的房屋成本很高。因此，随着离地铁站距离的增加，中低收入阶层在城市中心区的绿色住房机会逐渐增加。在南部郊区，由于毗邻重工业，靠近或远离地铁站都没有吸引力；中低收入阶层不接受南部郊区的任何污染。在北部郊区，房价相对便宜，然而，只有少数北部郊区的绿色住宅被认为具有吸引力，这

主要是由于北部郊区存在重工业,而且市中心的可达性较差(只有三座桥梁和一条隧道连接北部与中心以及南部郊区)。在北部郊区,中低收入阶层主要担忧环境污染和公共交通方式的工作可达性问题。

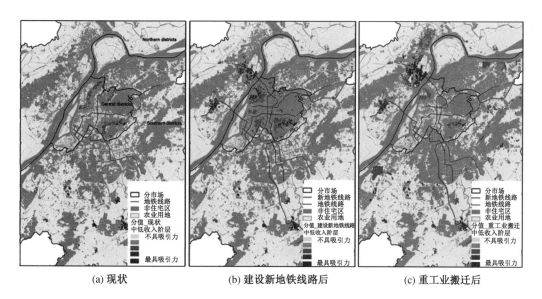

| (a) 现状 | (b) 建设新地铁线路后 | (c) 重工业搬迁后 |

图 6.5　三种城市发展情境下绿色住房对于中低收入阶层的吸引力

表 6.6　不同社会经济群体的住房属性得分

中心地区				南部郊区				北部郊区			
属性	L^a	M^a	U^a	属性	L^a	M^a	U^a	属性	L^a	M^a	U^a
分市场偏好	0	0	1	分市场偏好	1	2	2	分市场偏好	2	1	0
房价(元/m²)											
20 000~25 000	2	2	2	10 000~15 000	2	2	2	6 000~8 000	2	2	0
25 000~30 000	1	1	1	15 000~20 000	1	1	1	8 000~10 000	1	1	0
>30 000	0	0	0	20 000~25 000	0	0	0	10 000~15 000	0	0	0
学校质量											
非常好	2	2	2	非常好	2	2	2	非常好	2	2	0
好	2	1	0	好	1	1	1	好	2	2	0
一般	2	0	0	一般	0	0	0	一般	2	2	0
环境污染											
距重工业>40 min	2	2	2	距重工业>40 min	2	2	2	距重工业>40 min	2	2	0
距重工业 20~40 min	2	2	1	距重工业 20~40 min	0	0	1	距重工业 20~40 min	1	0	0
距重工业<20 min	2	2	0	距重工业<20 min	0	0	0	距重工业<20 min	0	0	0

（续表）

中心地区				南部郊区				北部郊区			
地铁站点可达性											
<1 km	0	2	2	<1 km	2	2	2	3~4 km	2	2	0
1~2 km	1	2	2	1~2 km	2	1	2	4~5 km	1	2	0
2~3 km	2	2	2	2~3 km	2	0	2	>5 km	0	2	0
就业可达性（通过公共交通）											
好	2	1	0	好	2	2	2	好	2	2	0
较好	2	1	2	较好	2	2	1	较好	1	1	0
差	2	0	0	差	2	2	0	差	0	0	0

注：a 表示 L、M、U 分别代表中低收入阶层、中产阶层、中高收入阶层。

随着新地铁线路的建设，在中心地区和北部郊区，对中低收入阶层具有吸引力的面积大幅增加（表 6.7 和图 6.5(b)）。虽然新的地铁线路会造成房价溢价，但它们也改善了这些地区的可达性。在中心地区，中低收入阶层显然愿意牺牲绿色住宅的面积，来换取可达性的改善。随着距离地铁站的距离增加（这意味着房价下降），小户型绿色住宅的吸引力逐渐增加。在北部郊区，靠近地铁站点的位置最具吸引力。虽然北部郊区的新地铁线路造成溢价，但仍比中心地区便宜。在南部郊区，新地铁线路的建设并没有增加吸引力。这可能是因为与学校和空气质量相比，到地铁站的距离不是该地区中低收入阶层的主要关注点。

随着重工业的搬迁（图 6.5(c)），北部和南部郊区具有吸引力的地点增多，而中心城区却在减少（估算中包括了棕地）。将重工业地区更新为住宅区改善了空气环境，会造成房价溢价。然而，如果重工业只更新为住宅开发，而没有创造其他就业机会，就业机会的减少将会导致房价下跌。在这种情况下，中心城区则失去吸引力。北部郊区由于房价合理、空气质量改善以及相对提升的地铁站点可达性而变得更具吸引力。在北部郊区，甚至距地铁线路较远的地区也显示出吸引力的增加，这主要是由于作为空气污染源的重工业消失。

表 6.7　具备吸引力的绿色住宅建设用地面积估算（km²）

类型	现状	建设新地铁线路后	重工业搬迁后
中低收入阶层	9.60	20.84	32.54
中产阶层	18.32	21.93	15.99
中高收入阶层	7.30	9.10	38.24

② 中产阶层

图 6.6 显示了在三种城市发展情境下，绿色住房对中产阶层的吸引力。在目前的情况下（图 6.6(a)），中产阶层由于预算较高，较之中低收入阶层有更多的机会购买绿色住宅。在中心地区，中产阶层对学校质量、地铁站点的可达性很敏感，公共交通方式的就业可达性敏感程度次之（表 6.6）。在南部郊区，中产阶层普遍注重良好的学校质量和短距离内的地铁站点可达性，就业可达性也变得更加重要。在北部郊区，虽然空气质量和就业可达性都不

具有吸引力,但房价更为合理,这使得北部郊区对中产阶层也相对具有吸引力。

在建设新地铁线路之后,中心地区和北部郊区具有吸引力的地区总数量并没有明显增加,因为这些区域的地铁站点可达性的提高并不是中产阶层最关注的(图 6.6),但是,他们对北部和南部郊区的地铁站点可达性十分敏感,在这些地区利用轨道交通系统通勤很实用。

重工业搬迁后(图 6.6(c)),中心地区绿色住宅的吸引力总体下降,原因可能是就业机会减少。在北部和南部郊区,由于空气质量的改善,吸引中产阶层的场地有所增加(表6.7)。

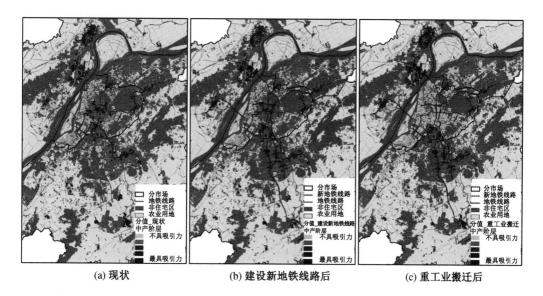

(a) 现状 (b) 建设新地铁线路后 (c) 重工业搬迁后

图 6.6 三种城市发展情境下绿色住房对于中产阶层的吸引力

③ 中高收入阶层

图 6.7 展示了在三种城市发展情境下,绿色住房对中高收入阶层的吸引力。在当前情境下(图 6.7(a)),对有意愿购买绿色住宅的中高收入阶层而言,中心地区只有少数地方对他们有吸引力。中高收入阶层对空气质量的敏感度高于其他两个群体。由于大部分中心地区都有空气污染,所以这些地区的吸引力低。此外,在中心地区,中高收入阶层对于距地铁站的距离并不敏感,可能是由于他们出行的方式为步行或者驾车。由于与中心地区相比,南部郊区房价相对较低且密度较低,因此南部郊区更受欢迎。北部郊区对中高收入阶层不具有吸引力。

新建地铁线路后(图 6.7(b)),具备吸引力的地方并没有明显增加。虽然中高收入阶层有能力承担新建地铁线路所带来的溢价,但他们对地铁站点可达性的改善并不敏感。在中部和南部郊区,一些地铁线路沿线地区的吸引力有所提高,这可能是由于就业可达性的提高。

随着重工业的搬迁(图 6.7(c)),具备吸引力的地区数量急剧增加(表 6.7)。在城市中心地区,可达性好、学校质量好的地方吸引力最大。在南部郊区,重工业的搬迁减少了空气污染,否则空气污染问题会遏制他们的购房意愿。因此,南部郊区的吸引力呈指数增长。

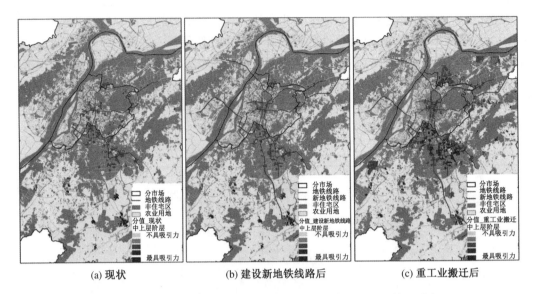

(a) 现状   (b) 建设新地铁线路后   (c) 重工业搬迁后

图 6.7　三种城市发展情境下绿色住房对于中高收入阶层的吸引力

（4）周边农业区的绿色住房机会估算

图 6.5、图 6.6 和图 6.7 显示，地铁网络的扩展影响了交通走廊内绿色公寓的吸引力，同时由于交通网络整体质量的改善，也可能影响距离地铁网络较远的区域（Smith and Gihring）。在这种情况下，不仅会影响已有的居住区，还会影响到地铁网络周边的农业用地和住宅用地。因此，我们可以分析在地铁网络扩展和重工业搬迁后，周边农业用地对绿色住宅机会的潜在影响。

我们选择了距新地铁线路 5 km 以内的农业用地，并在表 6.6 中添加一个新的变量，用于反映位于南部郊区的南京禄口机场飞机起降时产生的噪音水平。根据该机场提供的信息，70 dB 被认为是影响居民昼夜生活的阈值。可将 50 dB 等值线外的区域赋值 2 分，50～70 dB 等值线内的区域赋值 1 分，70 dB 等值线内的区域为 0 分。

在建设绿色建筑和绿色社区时，规划人员可以选择重新开发棕地或开发绿色用地（农林用地）。将图 6.5、图 6.6 和图 6.7、图 6.8 进行对比，可以发现在实施两项可持续规划干预措施后，绿色用地中具有吸引力的地区数量明显超过棕地的数量。棕地上具有吸引力的绿色住宅主要集中在北部郊区且面向中低收入阶层和中产阶层，以及面向中高收入阶层的南部郊区，而绿色用地为所有社会经济群体提供了更多具有吸引力的区位选择。南部郊区的东部农业用地对这三个群体最具吸引力。这些地区不仅靠近地铁线，也靠近大学校园。尽管距离市中心相对较远，但南部郊区南部的农业用地也显示出建设绿色建筑的明显潜力。北部郊区的农业用地对中低收入阶层和中产阶层都有吸引力。随着新的地铁线路跨越长江，从这些地区到市中心的通勤时间将大大缩短。此外，重工业的搬迁有助于改善这些地区的空气质量，使其更具吸引力。然而，中高收入阶层不愿意住在北部郊区的绿地上，即使在交通便利程度和环境质量得到改善后，北部郊区对中高收入阶层仍然缺乏吸引力。如果只考虑土地开发成本和土地租赁带来的收入，对绿色用地的开发利用相对于棕地开发更有利。规划师需要认识到这一问题，特别是在可持续规划方面。

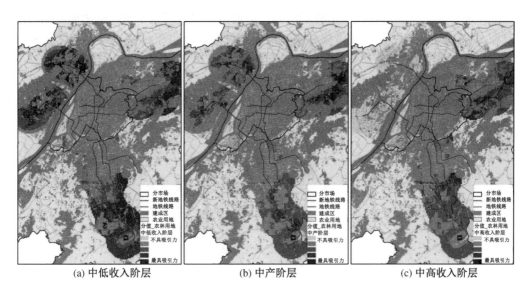

| (a) 中低收入阶层 | (b) 中产阶层 | (c) 中高收入阶层 |

图 6.8　周边农业用地上绿色用地的吸引力

6.4　小结

本章提出一种具有市场意识的规划支持方法,使用空间享乐价格模型,结合双重差分估计量,评价规划干预的直接和间接外部效应,为规划师和决策者提供规划干预市场价值评估工具。

实例表明,该方法量化了交通基础设施的改善对住宅市场价值的直接影响和外部影响。地铁网络的扩展改善了从住宅区到就业和其他设施的连通性。新建地铁线路对房价的影响,并不局限于地铁沿线的土地,而是延伸到距离地铁网络更远的建成区。目前,这些外部影响在规划过程中没有得到充分的体现。然而,在所谓的"以公交为导向的开发"(TOD)中,规划从"以线路为导向"向"以地区为导向"转变,交通和空间土地利用规划被整合。本章所提出的方法可以估计这类 TOD 在中国的价值创造。从长远来看,新建地铁站附近可能会出现新的就业岗位和新的就业集群。在后续研究中,可考虑就业与地铁的交互作用对土地价值的影响。

本章提出的第二种规划支持方法从市场供应和市场需求两个角度分析绿色住房机会。使用联合选择模型来分析市场需求(在不同细分市场上,相较于其他属性,各群体对于绿色住宅属性的支付意愿),并使用享乐价格模型来模拟市场供给(绿色住宅价格)。该方法将有助于规划师在更好地了解市场上绿色住宅需求和供应的基础上制定可持续发展规划,并在南京分市场上进行了实证,对不同社会经济群体购买绿色住宅意愿进行模拟。结果表明,这种规划支持方法通过强调三个方面来促进城市可持续发展:改善住房的能源性能,提升广泛环境内的生活质量,以促进生态的可持续性;确保各类社会经济群体有机会获得绿色住房,促进社会可持续发展;同时考虑购房者在特定分市场上的绿色住宅购买意愿,这可以通过引入特定的补贴以及向绿色购房者提供长期住房贷款来促进。

　　这种规划支持方法也存在一定的局限性。它模拟了实施规划干预措施之前和之后的住房市场,但并没有验证这些干预措施在实际情况中的影响。由于这些规划干预措施才刚刚开始,而实地调查是基于一个假设的市场,因此使用后续调查来核实这些规划干预措施的效果将会有所帮助。由于模拟和结果受特定的地方政策和城市发展制约因素的影响,本章所述结果的推广受到限制。这种规划支持方法用于其他城市时,需要在建模过程中对输入值进行一定的调整,以便确定能吸引不同社会经济群体的绿色住房的布局。

思考题

1. 为何要将双重差分估计法纳入享乐价格模型?对市场效应的测度有何作用?
2. 不同社会经济群体对绿色住宅的支付意愿及影响因素有何异同?
3. 为什么要控制空间效应?控制空间效应前后的享乐价格模型分析结果有何异同?
4. 如何针对不同的城市发展情境对绿色住宅价格进行建模计算?
5. 新地铁线路周边的绿色住房机会与其他区域有何异同?

第三部分

数字国土空间规划方案编制

刘易斯·芒福德(Lewis Mumford)在《城市发展史》中说道:"真正影响城市规划的是深刻的政治和经济的转变。"当前我国的政治经济领域发生了重大变革,对城乡规划也提出了新的要求。针对各类空间性规划重叠冲突等问题导致的国土空间开发混乱、生态格局保护不力的现象,2019年5月发布的《中共中央国务院关于建立国土空间规划体系并监督实施的若干意见》,明确提出了新的国土空间规划编制、实施与监管、法律与技术保障等内容。本书第三部分注重与时俱进,承前启后,重点阐述在当前国土空间规划体系下原有的城乡规划体系发生的变化与新的要求,并较为系统地描述了以GIS为支撑平台的国土空间规划数据建库框架及多种空间分析与可视化技术在五级三类的国土空间规划编制实践中的科学应用。

本部分共包含四章内容,分别从数字国土空间规划、数字总体规划与设计、数字国土空间详细规划以及规划成果图辅助设计等方案编制技术方法展开论述。第7章,首先详细阐述国土空间规划体系及其与传统城乡规划的区别;接着,从双评价、双评估、城乡聚落空间体系研究三方面开展对国土空间规划的支撑研究;进一步,通过实证案例介绍城镇体系规划和镇村布局规划的具体规划流程;最后,构建了智慧型数字国土空间规划支持系统框架,并以城镇体系为例介绍了空间数据组织与地图表达设计技术。第8章,首先针对空间规划体系重构下的城市总体规划转型需求,对国土空间总体规划的编制要点进行解读;接着,以国土空间总体规划的核心内容"三区三线"划定为案例,介绍了一套基于MGM-ACO集成模型的城市增长边界划定的智能模拟方法;最后,针对国土空间总体规划的核心要素,基于GIS平台,介绍了道路网络规划图形和用地总体布局规划图形的数字化科学设计。第9章,首先阐述了当前新形势下国土空间详细规划的分类与主要内容,并针对控规与总规衔接的关键难点用地进行分析;然后,阐述了控制性详细规划的控制内容、指标体系及控制要求,并以福建长汀稀土工业园控规为例介绍了控规设计的主要内容;最后,从数字化角度,阐述控规的成果要求、数据组织、数据结构与核心指标编绘。第10章,针对国土空间规划的成图要求,介绍了AutoCAD、湘源控规、Sketch up、Adobe Photoshop等四类重要的规划成果图数字辅助编制软件。

本部分紧跟当前国内城乡规划整合国土空间规划的学科重大转型实际,重点还是着眼于数字城市空间规划体系下的法定规划方案编制的数字化技术方案。章节以国土空间规划为主线表述,以使城乡规划专业的学生更好地适应未来学科的发展需求。

7 数字国土空间规划

改革开放以来,城市规划作为我国城镇化发展的龙头发挥了巨大作用,并产生举世瞩目的影响。然而,近些年来,政府多个职能部门纷纷独立编制规划,出现了多个规划在空间上存在严重冲突、导致各个规划无法统一实施的问题。鉴于此,近两年中央人民政府自上而下进行了空间规划职能的整合,已形成由自然资源部统一管理,区域、城镇和乡村多尺度系列空间规划的编制、实施和监管等一整套协同工作机制。因此,本章详细阐述数字国土空间规划体系及其支撑研究,在内容上突出反映了近五年国家层面上空间规划的转型探索成果,在数字规划方案编制教学体系上较过去有了全新的突破。首先,对国家初步确立的新国土空间规划体系做了系统性介绍;其次,从双评价、双评估、城乡聚落空间体系研究三方面开展对国土空间规划的支撑研究;进而,通过实证案例,介绍城镇体系规划和镇村布局规划的具体规划流程;最后,从行政区域空间完整性层面建构了涵盖城镇与乡村空间拓扑矢量化、经济社会统计数据空间关联建库、系列规划专题地图设计等基本的空间数据处理与分析方法。

7.1 国土空间规划体系概述

7.1.1 空间规划体系

空间规划的概念是在 1983 年《欧洲区域/空间规划章程》中首次使用的。该《章程》指出,区域/空间规划是经济、社会、文化和生态政策的地理表达,也是一门跨学科的综合性科学学科、管理技术和政策,旨在依据总体战略形成区域均衡发展和物质组织。1997 年发布的《欧盟空间规划制度概要》中进一步指出,空间规划的目的是形成一个更合理的土地利用及其关系的地域组织。通过协调不同部门规划的空间影响,实现区域经济的均衡发展以弥补市场缺陷。同时规范土地和财产使用的转换。"空间规划"一词目前仍在欧洲规划工作中使用。

从 20 世纪下半叶以来,德国、英国、荷兰、日本等国纷纷建立起较为完善的多层级空间规划体系。从 2013 年起,党的十八届三中全会通过的《中共中央关于全面深化改革若干重大问题的决定》指出:"要通过建立空间规划体系,划定生产、生活、生态空间开发管制界限,落实用途管制。"其后几年来,国家出台了一系列关于如何推进我国构建多层次的空间规划体系的行动计划,逐步确立了以空间资源的合理保护和有效利用为核心,从空间资源(土地、海洋、生态等)保护、空间要素统筹、空间结构优化、空间效率提升、空间权利公平等方面为突破,建构"多规融合"模式下的规划编制、实施、管理与监督机制。形成了如图 7.1 所示的空间规划体系框架。

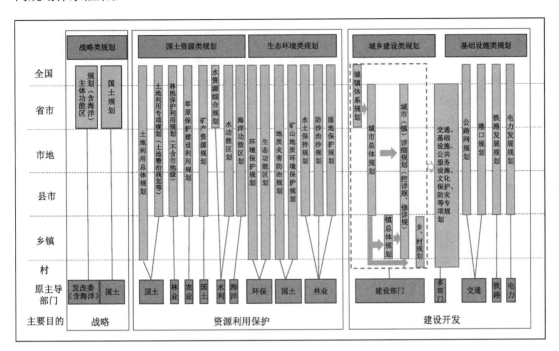

图 7.1 空间规划体系框架

为统一行使全民所有自然资源资产所有者职责,统一行使所有国土空间用途管制和生态保护修复职责,着力解决自然资源所有者不到位、空间规划重叠等问题,实现山、水、林、田、湖、草的整体保护、系统修复、综合治理,中共中央和国务院决定将国土资源部的职责,国家发展和改革委员会的组织编制主体功能区规划职责,住房和城乡建设部的城乡规划管理职责,水利部的水资源调查和确权登记管理职责,农业部的草原资源调查和确权登记管理职责,国家林业局的森林、湿地等资源调查和确权登记管理职责,国家海洋局的职责,国家测绘地理信息局的职责整合,组建自然资源部,作为国务院组成部门。自然资源部主要职责是对自然资源开发利用和保护进行监管,建立空间规划体系并监督实施,履行全民所有各类自然资源资产所有者职责等。在自然资源部和地方自然资源部门的统一规划和管理之下,以土地资源为基础编制空间规划。

7.1.2 国土空间规划

(1)基本概念

国土空间:是指国家主权与主权权利管辖下的地域空间,是人类生产生活的载体和场所,包括陆地国土空间和海洋国土空间。

国土空间规划:是对一定区域国土空间开发保护在空间和时间上做出的安排,包括总体规划、详细规划和相关专项规划。

（2）分级分类

我国的国土空间规划是按照规划层级和内容类型来看，可分为"五级三类"，形成如图7.2 所示的国土空间规划"五级三类"体系图。

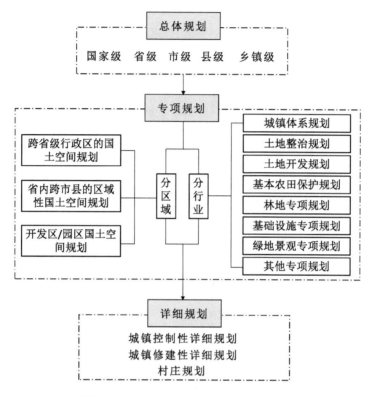

图7.2　国土空间规划"五级三类"体系图

① "五级"

"五级"是从纵向看，对应我国的行政管理体系，分五个层级，就是国家级、省级、市级、县级、乡镇级。其中国家级规划侧重战略性，省级规划侧重协调性，市级、县级和乡镇级规划侧重实施性。

国家级国土空间规划是中央政府协调经济社会与资源环境、干预和协调省际和区域关系的重要行政管理手段，应突出战略和政策导向，针对国家宏观性、长期性、战略性重大空间问题进行调控。规划应侧重国土空间开发与保护大格局和大方向的建立，制订空间保护与发展目标，划定涉及国家利益和社会公共利益的刚性空间控制线，合理布局生态空间与国土开发适宜性空间。

省级国土空间规划是贯彻落实国家意志和空间战略，并统筹传导至市县规划的环节，具有承上启下的重要作用。因此，省级国土空间规划应与省级政府事权相匹配，以确保管制和引导发展并重，注重综合性和协调性，划定省域空间尺度政策分区和管控边界，重点开展跨行政区协调，促进区域协同发展。省级政府可依需要编制针对专门问题或特定空间的专项规划，但数量不宜过多，规划内容与省级事权相对应，不应是国家同类规划的简单重复。省级国土空间规划的主要任务：明晰规划思路、统一规划基础、开展基础评价、绘制规划底图、编制空间规划、搭建信息平台。

市级、县级（地级市、县级市和县）国土空间规划是引导市、县域空间可持续发展的"一张蓝图"，编制要以上级空间规划为主要依据。但随着空间层次的降低、地域空间的变窄、规划问题的细化，客观上要求市县国土空间规划注重实效性和操作性，体现地方特色，以引导发展为主。市县政府可依据本级国土空间规划及上级空间规划需要，科学合理设置少量专项规划，更多微观层面的空间利用则通过空间详细规划予以具体安排。

乡镇级国土空间规划是对上级国土空间总体规划要求的细化落实和具体安排，兼顾管控与引导，侧重实施性，是制定乡镇空间发展策略、开展国土空间资源保护利用修复和实施国土空间规划管理的空间蓝图，是乡镇进行空间治理的工具。

② "三类"

"三类"是指规划的类型，分为总体规划、详细规划、专项规划。

总体规划强调综合性，是行政辖区内国土空间保护开发利用修复的总体部署和统筹安排，是各类开发保护建设活动的基本依据，是详细规划的依据、专项规划的基础。

详细规划强调实施性，是对具体地块用途和开发建设强度等做出的实施性安排，是开展国土空间开发保护活动、实施国土空间用途管制、核发城乡建设项目规划许可、进行各项建设等的法定依据。

专项规划强调专门性，是指在特定区域（流域）、特定领域，为体现特定功能，对空间开发保护利用做出的专门安排，是涉及空间利用的专项规划，一般是由自然资源部门或者相关部门来组织编制，可在国家级、省级和市县级层面进行编制。

7.1.3　国土空间规划与传统规划

（1）传统规划

我国现行的规划体系及法规要求，已经历了半个多世纪的演变发展，不同的传统规划各自形成了一定的技术法规、体系和惯例，如图 7.3 所示。

① 国民经济和社会发展规划

国民经济和社会发展规划是具有战略性质的指导性文件，是全国或者某一地区经济、社会发展的总体纲要。国民经济和社会发展规划统筹安排和指导全国或某一地区的社会、经济、文化等方面的建设工作。

② 主体功能区规划

主体功能区指基于不同区域的资源环境承载能力、现有开发密度和开发潜力等，将特定区域确定为特定主体功能定位类型的一种空间单元。主体功能区规划是中长期国土开发总体规划立足于构筑我国长远的、可持续的发展蓝图。国家"十一五"规划将国土空间划分为优化开发、重点开发、限制开发和禁止开发四类主体功能区。按照主体功能定位调整完善区域政策和绩效评价，规范空间开发秩序，形成合理的空间开发结构。

③ 土地利用规划

土地利用规划是依据国民经济和社会发展规划、国土整治和环境保护的要求、土地供给能力以及各项建设对土地的需要，对一定时期内一定行政区域范围的土地开发、利用和保护所制定的目标和计划，是对区域内土地利用的总体战略部署。

土地利用总体规划包括允许建设区、有条件建设区、限制建设区和禁止建设区四部分建

类型	城乡规划	土地利用规划	国民经济和社会发展规划	主体功能区规划	环境保护规划
法律法规文件	《城乡规划法》《城市规划编制办法》《城市用地分类与规划建设用地标准》等	《土地管理法》《土地管理法实施条例》《土地利用总体规划编制审查办法》等	《宪法》《国务院关于加强国民经济和社会发展规划编制工作的若干意见》（国发〔2005〕33号文）	《国务院关于编制全国主体功能区规划的意见》（国发〔2007〕21号文）	《环境保护法》（2014）
体系构成	城镇体系规划：国家、省总体规划和详细规划；设市城市、镇；村庄规划	五级体系：国家、省、市、县、乡五级体系，层级控制相对严谨	三级：国家级规划、省（区、市）级规划、市县级规划。三类：区域规划、总体规划、专项规划	两个层次：国家主体功能区规划省级主体功能区规划	尚不完善：国家环境保护规划制订了《全国生态环境保护纲要》但未形成体系
规划期限	一般20年，当前编制期限多至2030年	一般15年，当前至2020年	5年	全国层面2020年	无明确要求
编制机关	人民政府	人民政府	人民政府	人民政府	人民政府环境保护主管部门
审批机关	规划经本级人民代表大会常务委员会审议后，报上一级人民政府）审批	"自上而下"审查报批，省级由国务院审批	同级人民代表大会	同级人民政府（目前为国家和省级人民政府）	同级人民政府
编制出发点	"自上而下"与"自下而上"结合加强城乡规划管理，是城乡建设和规划管理的依据。发挥战略引领与刚性控制作用	"自上而下"；下级规划服从上级规划的原则	加强宏观调控。以地方事权为主	"自上而下"；明确区域主体功能，规范开发秩序	地方事权；加强生态保护
规划对象	以空间为主的综合性规划	指标与空间，重耕地保护	社会经济	宏观对象，以县为单元	偏重于环境安全
重点内容	落实上级及相关专业规划的管制要求；引导地方发展，明确城乡空间功能布局	用地规模控制、土地用途管制、"三界四区"的空间管制	总体发展目标、策略与项目	不同主体功能区的定位、开发方向、管制原则、区域政策	确定生态保护和污染防治的目标、任务、保障措施等

图 7.3　各类传统规划汇总

设用地管制分区，同时也包括城镇建设用地、独立工矿区、一般农地区、基本农田保护区、林业用地区、牧业用地区、风景旅游用地区、生态环境安全控制区和自然与文化遗产保护区等9部分土地用地分区。国土规划侧重国土资源开发、利用、保护与整治，空间规划侧重空间结构和功能整体安排，土地利用规划是土地利用结构和布局的调整。

④ 城乡规划

城乡规划是各级政府为了实现一定时期内城乡的经济和社会发展目标，确定城市性质规模和发展方向，合理高效利用城乡土地，统筹城乡发展建设空间布局，合理节约利用自然资源，保护生态和自然环境。城乡规划是维护社会公正与公平的重要依据，具有重要公共政策属性。城乡规划包括禁止建设区、限制建设区、适宜建设区、已建区等四部分管制分区。

⑤ 环境保护规划

环境保护规划是人类为使环境与经济和社会协同发展而对自身活动和环境所做的空间和时间上的合理安排，其目的是指导人们进行各项环境保护活动，按照规定的目标和措施合理分配排污削减量，约束排污者行为，改善生态环境，防止资源破坏，保障环保活动纳入国民经济和社会发展规划，促进环境、经济和社会的可持续发展。

（2）国土空间规划与传统规划的区别

① 从技术层面看，空间规划的技术路径、方法与传统规划完全不同，用传统规划路线编

制不出"一张图"的规划。

② 从法规标准看也不同,空间规划法规标准尚未出台,实际传统规划法规标准没有办法指导空间规划编制。

③ 从成果体系看,空间规划是一套成果体系,两个评价、一本规划、一张蓝图,还有平台及法规机制保障,而传统规划有其较为单项的规划成果体系。

④ 从实施层面看,虽然传统规划也要求科学性、系统性、落地性、约束性,但相比空间规划从分析国土本底条件、开展两个评价开始,到"三区三线"划定、空间格局构建、控制线划定及开发强度确定、数据库及平台建设,保障平台运行和项目并联审批等,传统规划是局部或某个专业领域内的系统、科学和落地,而空间规划更是国土空间的优化、系统布局、具体落地和有效管控。

⑤ 从规划地位看,在目前国家出台的相关政策文件中,空间规划属于综合性、基础性和约束性规划,是各类空间性规划的依据和指导,各类传统规划须在空间规划的统筹和框架约束下开展、编制和实施。

7.2 国土空间规划支撑研究

7.2.1 资源环境承载能力和国土空间开发适宜性评价

资源环境承载能力和国土空间开发适宜性评价(简称双评价)是国土空间规划编制的前提和基础。双评价是从资源环境角度认识国土空间开发保护利用特征的一种方式,在客观了解资源环境禀赋特点的基础上,为贯彻落实主体功能区战略,科学划定生态保护红线、永久基本农田、城镇开发边界等空间管控边界,统筹优化生态、农业、城镇等空间布局,转变生产生活方式,为促进高质量发展提供支撑。原则上,生态保护红线、永久基本农田、城镇开发边界等空间管控边界划定结果要与双评价结果相协调,应用双评价结果时要科学客观,在符合上述原则和逻辑的基础上,还需要结合发展战略、人口经济社会文化等因素进行更深入的分析,并结合当地实际,最终形成国土空间规划相关方案。具体流程如图 7.4 所示。

(1)资源环境承载能力评价

资源环境承载能力指基于一定发展阶段、经济技术水平和生产生活方式,一定地域范围内资源环境要素能够支撑的农业生产、城镇建设等人类活动的最大规模。

资源环境承载能力评价是判断区域内土地资源、水资源、矿产资源、能源、旅游资源、水环境、大气环境等资源环境要素,是这个区域经济社会发展的最大人口规模、经济规模和建设规模的支撑能力。资源环境承载能力评价实际上是对自然资源和生态环境本底的相对客观的评价,包括城市化地区、农产品主产区、重要生态功能区三项专项评价,以及资源利用效率变化、污染物排放强度变化、生态质量变化三项过程评价。最终根据评价结果,把过程与专项评价结果划分为红色、橙色、黄色、蓝色、绿色预警类型。

(2)国土空间开发适宜性评价

国土空间开发适宜性指在维系生态系统健康前提下,综合考虑资源环境要素和区位条

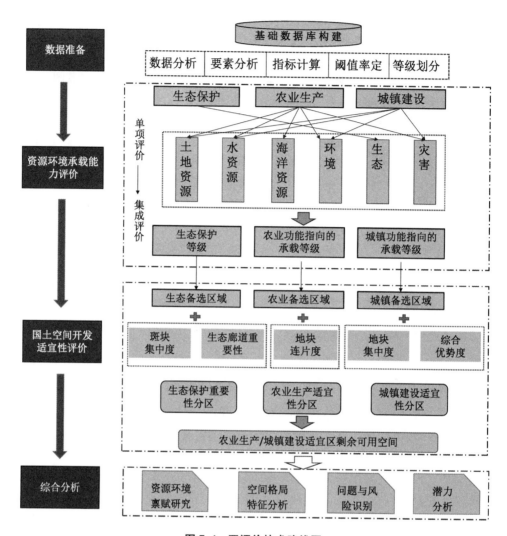

图 7.4　双评价技术路线图

件,在特定国土空间进行农业生产、城镇建设等人类活动的适宜程度。国土空间开发适宜性通过人口集聚、经济发展水平、交通优势、区位优势四项基础性评价,以及海洋资源、土地资源、水资源、生态、环境、灾害六项约束性评价,最终把国土空间划分为最适宜开发、较适宜开发、较不适宜开发、最不适宜开发等四个等级。

要做到确保双评价的科学性、规范性和可操作性,则需要贯彻落实主体功能区战略,科学划定生态保护红线、永久基本农田、城镇开发边界等空间管控边界,统筹优化生态、农业、城镇等空间布局。值得注意的是,县级一般不单独开展双评价,直接利用市级成果,有条件和有必要编制的县市也可以开展双评价。幅员较小的省,可直接采用较高精度省市合并开展双评价。

针对 2019 年 1 月自然资源部发布的《资源环境承载能力和国土空间开发适宜性评价技术指南(征求意见稿)》,做出了双评价重点问题总结:

① 双评价的法定性问题:双评价成果如何在国土空间规划编制中具体落实尚未明确,

建议将双评价落实到"三区三线"划定等规划成果中。②双评价层级传导问题：目前双评价中全国、省、市三级评价精度要求不同,评价结果存在差异,建议明确不同层级评价结果的传导机制,因地制宜地选用较为合理的评价结果。③评价因子/阈值选择问题：各地资源禀赋不一,评价因子选取差异较大,建议在统一因子的基础上,遴选差异化评价指标,设置能够凸显区域差异的关键参数。④陆海统筹问题：两者评价结果在海岸带区域可能会存在一定冲突。建议以潮间带向陆和向海 10 km 空间为重点,针对海岸带区域开展双评价。

7.2.2 规划实施评估和空间风险评估

国土空间规划双评估主要包括规划实施评估和空间风险评估,具体流程如图 7.5 所示。

（1）规划实施评估

规划实施评估主要包括四大部分：规划内容评估、实施效果评估、实施过程评估、规划修编建议。

① 规划内容评估

该部分内容需要紧紧围绕国土空间规划内容展开,具体包括战略目标、空间格局、要素配置、国土整治、分解落实、政策措施、平台系统等七部分内容。其中,战略目标包括落实国家战略的目标定位和指标体系;空间格局包括区域空间协调、市域空间格局、主导功能布局以及空间要素管控;要素配置包括自然资源保护与利用及城乡发展要素配置;国土整治包括生态修复和国土综合治理;分

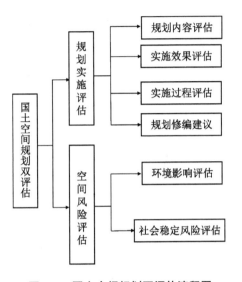

图 7.5 国土空间规划双评估流程图

解落实包括分阶段目标任务及下位规划传导;政策措施包括传导机制和保障机制;平台系统为基础信息平台和监测评估预警管理系统。

规划内容评估要点主要包括：该部分内容是否有并且完整;该部分内容与不同规划之间是否存在矛盾;该部分内容是否符合生态文明建设与高质量发展要求;该部分内容是否满足新的发展需求、是否科学合理。

在评估对象方面,主要以涉及空间类的中长期规划为主,即"以市域(海陆)'三规'(土地利用总体规划、城市总体规划、海洋功能区划)为主体,以市域专项规划和县(市)'两规'(土地利用总体规划、城市总体规划)为必要补充"。因此,评估对象取决于评估内容,根据内容的需要选择相应的规划。

在评估范围方面,城市总体规划实施评估一般分为两个范围,即市域和中心城区,国土空间规划则突出全域统筹,实施评估范围主要是市域空间层次。

② 实施效果评估

重点在于分析现有与国土空间规划内容相关的主要规划之间的矛盾,其中尤其是城市总体规划与土地利用规划之间的差异,明确目前正在实施的与国土空间规划相关的规划内容,梳理其核心内容与战略目标、功能定位、主要指标,对比现状实施情况与规划内容之间的差距。同时针对规划主要内容的现状实施情况,开展公众满意度调查,了解公众满意度,从

而对规划实施的效果进行综合评价。

③ 实施过程评估

借鉴总规实施过程评估内容,首先对与国土空间规划内容相关的重大规划出台后,是否制定相关的配套政策,政策实施效果与影响进行评估;其次是对是否完善下位规划编制以及很好地发挥规划的传导作用,建立完善的规划动态实施评估、监测预警考核等机制,是否制定相应的规划配套政策及其实施效果等进行评估。

④ 规划修编建议

对规划内容、实施效果、实施过程的评估进行总结,明确实施评估结论,梳理现有规划与规划实施中存在的问题及其根源;对未来发展趋势进行分析判断,对国土空间规划编制、未来发展提出相关建议。

(2) 空间风险评估

空间风险评估是国土资源开发利用对于资源环境造成的影响和损失进行的量化评估工作。其目的是反映评价区域国土开发风险总体水平、性质、等级、潜在危害及地区分异格局,为国土资源开发、生态环境保护与实施国土综合整治工程提供指导和科学依据。

开展空间风险评估的重要性:①从理论上讲,空间风险评估是完善可持续发展理论、开展生态文明建设的重要途径;②从实践中看,空间风险评估是预防解决国土开发利用问题的现实需要。

环境影响评估:结合国土安全、气候安全、生态环境安全、粮食安全、水安全、能源安全、自然灾害防治等安全底线要求,研究资源环境风险挑战,明确资源短板要素,预判短板要素对未来国土空间开发利用的影响程度,提出规划应对措施。

社会稳定风险评估:研判多层次国土空间规划编制、实施、监督、评估等各环节可能存在的社会稳定风险,对国土空间规划社会稳定风险评估进行理论及实践探索,明确风险类型及风险程度,提出相关风险防范对策建议。

7.2.3　城乡聚落空间体系研究

根据《中华人民共和国城乡规划法》第二条:"本法所称城乡规划,包括城镇体系规划、城市规划、镇规划、乡规划和村规划。城市规划、镇规划分为总体规划和详细规划。详细规划分为控制性详细规划和修建性详细规划。"城镇体系规划在其中处于衔接国土规划和城市总体规划的重要地位,用以指导区域的协调发展,避免恶性竞争以造成产业雷同,资源浪费。而镇村布局规划是城市总体规划的重要专项规划,是统筹城乡发展和建设的重要依据,依据市县总体规划(包括城镇总体规划、土地利用总体规划)的基础上组织编制。在市县域城市规划层面上,城镇体系规划与镇村布局规划均隶属于城市总体规划范畴,是市县域城市总体规划中的专项规划。市域依据城镇体系布局编制市域城镇体系规划,而镇域依据村镇体系布局开展镇村布局规划的编制工作。因此,市域城镇体系规划和镇域村镇体系规划共同组成了市县域城乡聚落空间体系(图7.6)。

(1) 城镇体系规划

城镇体系规划是指在一个相对完整的国家或区域中,以中心城市为核心,由一系列不同

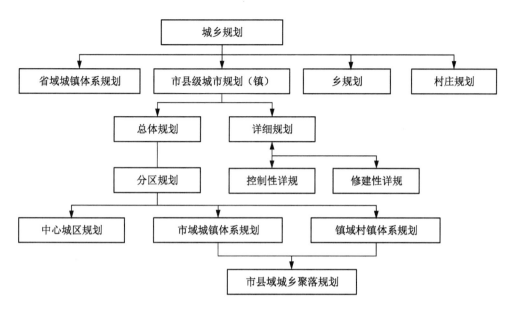

图 7.6 城乡规划体系

职能分工,不同规模等级,相互密切联系的城镇组成的有机整体,它以区域内的城镇群体为研究对象,将城市作为一个点来研究。通过区域人口、产业和城镇的合理布局,协调体系内各城镇之间、城镇与体系之间以及体系与其外部环境之间的各种经济、社会等方面的利益,运用现代系统理论与方法,努力促进区域社会、经济、环境综合效益的最优化,实现体系整体利益的不断增长。

城镇体系规划主要包括"三结构一网络":即等级规模结构、职能类型结构、地域空间结构、网络系统组织。城镇体系规划的重要任务在于确定城市的性质和规模,主要流程如图7.7所示。

如图7.8所示为泗洪县城镇体系规划,该规划形成:"一主两副六片区"的空间结构,并形成产业和旅游"一主一副"的两大发展轴线。一主:指中心城区,为全县域政治、经济、文化和旅游各方面的中心。两副:指双沟镇(小城市)和界集镇(小城市),为县域城乡空间发展副中心。六大片区:指北部工业发展片区、东北集贸业发展片区、东南旅游业发展片区、南部工业发展片区、西南农业发展片区和中心综合发展片区。

(2)镇村布局规划

镇村布局规划是以自然村庄为基本单元、以分类引导为重点内容、以服务设施配置为支撑保障的空间规划,科学合理的镇村布局规划有助于引导形成相对稳定的镇村空间体系,是新农村规划建设的基础,也是实现城乡统筹发展的重要举措。

镇村布局规划的流程:首先,通过大量的基础调研,综合评价村庄建设的现实情况和发展潜力,结合上位规划和上轮镇村布局规划实施评估,找准县域发展的现状问题,明确镇村布局规划的重点任务,确定村庄分类的技术标准。其次,根据现有文件确定村庄分类标准,并明确各类村庄布局,统筹各类基础设施和公共服务设施配置,保护永久基本农田和生态保护红线,促进土地节约集约利用。最后,在把握总体镇村布局的情况下,给出近期建设的行动方案,以优化镇村空间布局,引导乡村农房建设改造,改善城乡空间面貌,提升乡村地

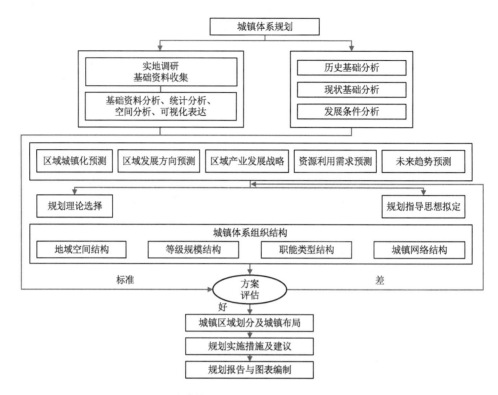

图 7.7　城镇体系规划流程（宋家泰、顾朝林教授）

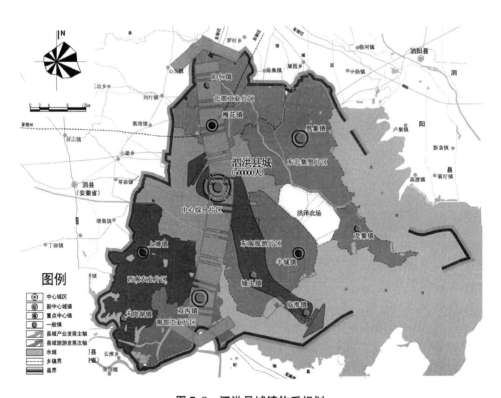

图 7.8　泗洪县城镇体系规划

区基本公共服务均等化水平,促进城乡融合发展。镇村布局规划流程如图 7.9 所示。

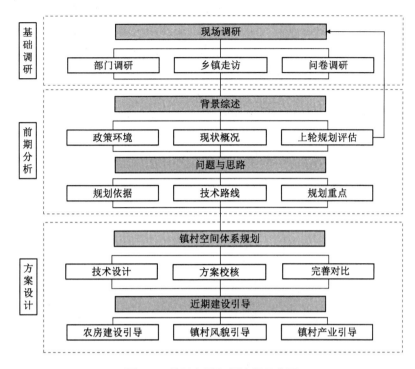

图 7.9 镇村布局规划流程示意图

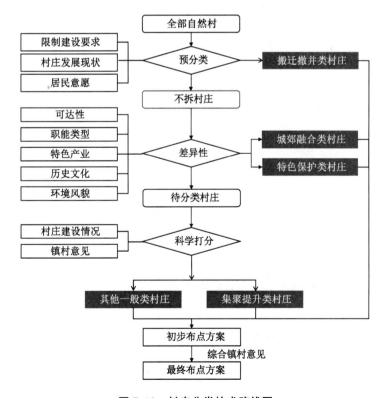

图 7.10 村庄分类技术路线图

以江苏省宿迁市泗洪县镇村布局规划为例，依据《江苏省镇村布局规划优化完善技术指南（试行）》（2019）、《江苏省自然资源厅关于做好镇村布局规划优化完善工作支持加快改善苏北地区农民群众住房条件的通知》（2019）等相关政策文件要求，村庄分类是镇村布局规划的基本要求，按照"多规合一"的要求和因地制宜、实事求是的原则，将现状村庄划分为"集聚提升类村庄""特色保护类村庄""城郊融合类村庄""搬迁撤并类村庄"和"其他一般村庄"。村庄分类技术路线如图 7.10 所示。

在方案设计部分，泗洪县镇村布局规划遵循"自下而上"与"自上而下"相结合的规划思路，在技术分类的基础上，采用"村酝酿、乡统筹、县确定"的规划发展村庄选址确定流程，通过校核最终确定村庄选点，实现县域范围内村庄的科学有效分类布局，最终校核结果如图 7.11 所示。

图 7.11 村庄布局规划图

7.3 数字国土空间规划支持系统研发与应用

7.3.1 国土空间规划数据建库基础

（1）基础时空数据采集

随着网络大数据和测绘大数据的日积月累和应用普及，支撑国土空间规划的时空数据资料日益丰富。主要可分为测绘遥感数据、公共专题数据、物联网实时感知数据和互联网在线抓取数据等几个方面。

① 测绘遥感数据

主要包括地形图、GIS 矢量数据、遥感影像数据、高程模型数据、地理实体数据、地名地址数据、三维模型数据及新型测绘产品数据。其中新型测绘产品数据宜涵盖全景及可量测实景影像、倾斜影像、激光点云数据、室内地图数据、地下空间数据、建筑信息模型数据等。

② 公共专题数据

主要包括法人数据、人口数据、宏观经济数据、民生兴趣点数据、地理国情普查与监测数据及其元数据。其中民生兴趣点数据宜涵盖交通运输和邮政、住宿和餐饮、信息传输和计算机服务、居民服务、教育科研、文化体育娱乐和社会组织等内容。地理国情普查与监测数据宜涵盖自然地理要素、人文地理要素等基本国情数据和专题国情数据。

③ 物联网实时感知数据

通过物联网智能感知的具有时间标识的实时数据,其内容至少包括采用空、天、地一体化对地观测传感网实时获取的基础时空数据和依托专业传感器感知的可共享的行业专题实时数据以及其元数据。其中,实时获取的基础时空数据包括实时位置信息、影像和视频,行业专题实时数据包括交通、环保、水利、气象等监控与监测数据。

④ 互联网在线抓取数据

根据不同任务需要,采用网络爬取等技术,通过互联网在线抓取完成任务所缺失的数据。主要包括 POI 数据(大众点评、美团等商业网站使用体验空间分布数据)、交通行为数据、房地产发展数据、人口的分布与活动数据等等。

(2) 空间坐标体系的统一

在 2019 年自然资源部新出台的《市县国土空间总体规划编制指南》中指出:"总体规划应以第三次全国国土调查作为基础数据,统一采用 2000 国家大地坐标系和 1985 国家高程基准作为空间定位基础。总体规划图纸比例尺,市(地)级一般为 1∶25 万,县级一般为 1∶5 万,分区一般为 1∶1 万~1∶5 万。专项规划、详细规划根据编制类型和精度,确定图件比例尺。"

(3) 空间数据标准化

国土空间规划的空间数据结构采用矢量结构和栅格结构两种,大量的规划方案成果须采用矢量数据模型处理和表达才能保障制图精度。因此,规划空间图形要素及其属性数据的表达也需要标准化,借助 ArcGIS 等专业型 GIS 平台的数据处理模块,可以满足规划成果图的编制要求。矢量数据标准化的数据处理主要包括以下三方面:

① 数据格式转换和拓扑关系建立

国土空间规划的主体空间数据模型是多边形面状数据和网络化线状数据集合。由于大量原始数据来自以制图为主导的 AutoCAD、Adobe Photoshop 等图形图像软件系统,需要将原始数据格式转换为 GIS 格式,不同数据格式间的空间数据必须要保障能够基本实现无损格式转换;对于无拓扑关系图形数据要能够转换至基础时空数据,并建立拓扑关系。格式统一后的基础时空数据应合并、自动接边,数据表格能够实现自动属性赋值。

② 地名谱特征提取

在互联网社会大数据中,有些数据自带有空间位置坐标信息,必须经过统一时空基准认证后,才可匹配集成;有些数据自身没有空间坐标信息,但在属性项中蕴含了地名地址,还有一部分只是蕴含了一些地名基因,这些数据需要运用汉语分词和数据比对技术,通过基于语义和地理本体的统一认知,提取地名谱特征。

③ 属性数据的空间匹配

在规划相关的多源异构数据中,对于经济、社会等属性数据如何与空间数据关联至关重要。对于属性数据集中具有空间位置坐标的数据,可以直接坐标匹配;对于无空间位置坐标的数据,可根据识别提取出的地名地址信息,建立含有地名标识的切分序列与逻辑组合关系,开展基于分词、本体和词语相似性的多种匹配,提出局部模糊匹配后的歧义消除方法,实现高效、精准、实用的地名地址匹配。

7.3.2 数字国土空间规划支持系统框架

(1) 搭建国土空间规划信息平台的意义

2017年1月,国家出台了《省级空间规划试点方案》,该方案要求搭建信息平台,整合各部门现有空间管控信息管理平台,搭建基础数据、目标指标、空间坐标、技术规范统一衔接共享的空间规划信息管理平台,为规划编制提供辅助决策支持,对规划实施进行数字化监测评估,实现各类投资项目和涉及军事设施建设项目空间管控部门并联审批核准,提高行政审批效率。

(2) 国土空间规划信息平台的技术目标

① 国土空间规划基础信息平台

以自然资源调查监测数据为基础,建立全国统一的国土空间规划基础信息平台,并以信息平台为底板,结合各级各类国土空间规划编制,将各类相关专项规划叠加到统一的国土空间规划基础信息平台上,逐步形成全域"一张图",推进政府部门之间的数据共享以及政府与社会之间的信息交互。

② 规划成果数据库

需按照统一的国土空间规划数据库标准与规划编制工作同步建设规划成果数据库,实现城乡国土空间规划管理全域覆盖、全要素管控。

③ "一张图"实施监督信息系统

为了推进国土空间基础信息平台建设,以自然资源调查监测数据为基础,统一采用2000国家大地坐标系作为空间基准,以陆域优于1∶10 000、海域优于1∶50 000精度纳入第三次全国国土调查现状数据和其他基础数据,并及时将国土空间规划成果数据纳入国土空间规划"一张图",确保"发展目标、用地指标、空间坐标"一致。同步建设规划实施监督信息系统,为规划实施、监督、评估、预警提供数据支撑。

(3) 数字国土空间规划支持系统技术框架

在我国现已整合后的国土空间规划领域,要实现上述目标,必须借助智慧城市规划已有的技术来发展智慧国土空间规划信息平台。目前,我国的城乡规划信息化研发已初步形成了一套规划支持系统(PPS)的技术框架。这里,可以尝试建立如图7.12所示的智慧型数字国土空间规划支持系统技术框架。

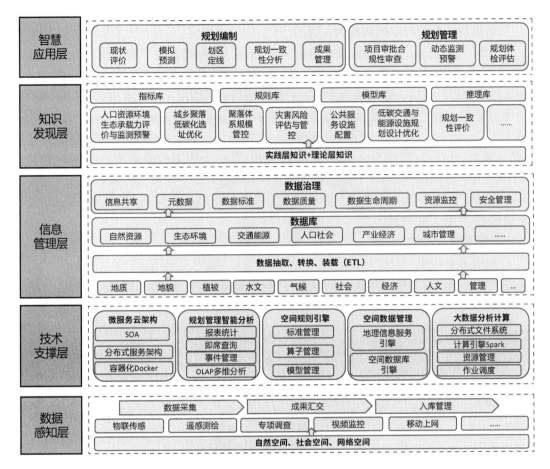

图 7.12 智慧型数字国土空间规划支持系统技术框架

7.3.3 城镇体系规划的数据组织与地图设计技术

在上节阐述的城乡聚落空间规划体系中,城镇体系规划承担着承上启下的引领作用。城镇体系从区域宏观层面将城镇看作以区域重大交通和基础设施联接网络中不同等级的节点和发展核心,着重于区域经济、社会和环境多方面的综合分析与预测规划,对区域的长远发展建设十分重要。因此,这里介绍以地图学中专题地图制图方法为基础的、基于 GIS 空间数据库的、城镇体系规划编制的空间数据组织表达与地图设计技术。

(1) 区域城乡空间数据组织

① 行政区域无缝多边形生成

我国省、地市和县乡行政边界大多复杂曲折,要生成区域无缝相邻的区域多边形,必须采用拓扑线段自动生成多边形技术。在泰州市城镇体系规划图编制中,可以借助 ArcGIS 强大的线面拓扑处理模块,建立以下技术路线:a. 屏幕数字化乡镇边界线数据; b. 运用 ArcMap 配准底图,并数字化乡镇边界线数据,生成 Shape 文件; c. 运用 CONVERSION 功能模块,将 SHP 数据转换成 Coverage 数据库; d. 运用 CLEAN 和 BUILD 功能进行乡镇多边形拓扑关系自动建立; e. 将 Coverage 数据库转换成以多边形为单位的 Shape 文件。

② 城镇统计数据与空间数据的连接

大多数社会经济等统计数据以表格形式存储,采用 Access 或 Excel 软件进行单独录入,然后在 ArcGIS 中直接读入,运用空间-属性关联功能进行乡镇多边形空间数据与其对应的属性记录进行链接。这一处理方法的关键在于行政区图层中建立乡镇名(或县市名)属性项作为链接的关键字。主要操作步骤:a. 在 ArcMap 中,读入 Access(Excel)数据;b. 使用 Add Data 操作加入泰州乡镇面、乡镇点两组数据到 ArcMap 中;c. 在需要关联的数据层(泰州乡镇面)上右击,选择 Join and Relates 菜单;d. 在上方下拉菜单中选择关联方式为"based on spatial location";e. 下面选择乡镇点图层,选择"赋予所有点的属性";f. 设置输出 Feature Class 位置和名称,名称为"泰州乡镇面_关联";g. 执行关联,打开泰州乡镇面_关联图层属性表,查看关联结果。

(2) 专题图表达方式选择

① 范围值专题图

范围值专题图将所有记录按范围分组,并根据每条记录相应的范围赋予颜色、符号或线。如图 7.13 所示。

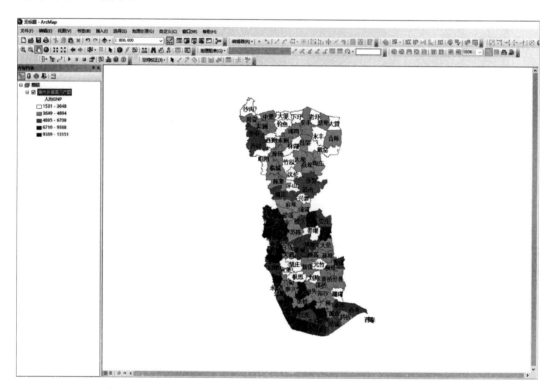

图 7.13　泰州市各乡镇第三产业收入范围值专题图

② 饼图专题图

饼图可以一次分析多个变量。比较每个饼中各饼扇的大小,可获得表中某几个变量对比的信息;比较所有饼中某一饼扇,可得出某个变量变化情况;比较每个饼直径大小可获得总量对比的信息。如图 7.14 所示。

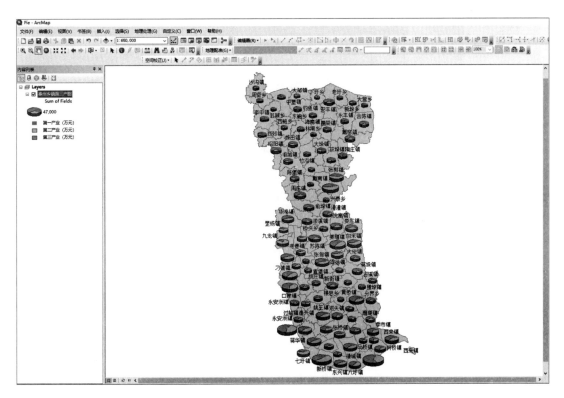

图 7.14 泰州市各乡镇三次产业收入饼图专题图

② 直方图专题图

直方图专题图是一种多变量专题地图,允许对每条记录每次分析多个变量。通过比较直方条的高度来反映区域差异。如图 7.15 所示。

④ 独立值专题图

独立值专题图用来显示点、线或边界。当只需根据单一的数据值来渲染记录时,可选用独立值专题图,包括点状独立值图,比如旅游规划图中的旅游景点类型等;线状独立值图,如道路类型、给排水管道类型、电力线类型等;面状独立值图,如面状农业基地类型、政区图等等。如图 7.16 所示。

⑤ 多个专题图层的组合

往往一幅图有不止一个专题图层需要显示,这就需要对专题图层进行排序。以"泰州市分乡镇人均 GNP 及三产收入分布图"为例(图 7.17),该图有两个专题图层:人均 GNP 范围值图、三产结构饼图。两者是在同一个图层上派生出来的。将点状的饼图置于面状的范围值图上,并调整饼到合适的大小及位置,这样就能使多个专题图层同时显示。

(3) 地图设计

地图设计主要包括确定地图专题、地理地图设计、主图专题设计、附图设计、其他内容设计和装饰设计,操作步骤基于 ArcGIS 软件,具体流程如图 7.18 所示。

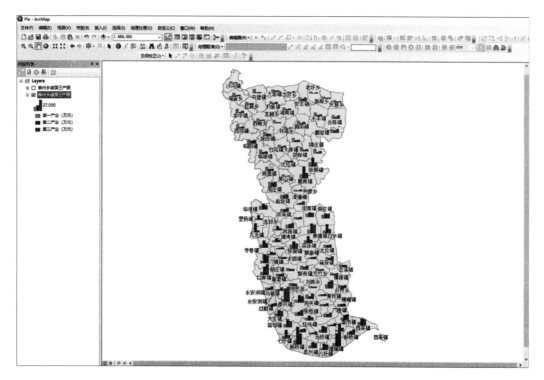

图 7.15　泰州市各乡镇三次产业收入直方图专题图

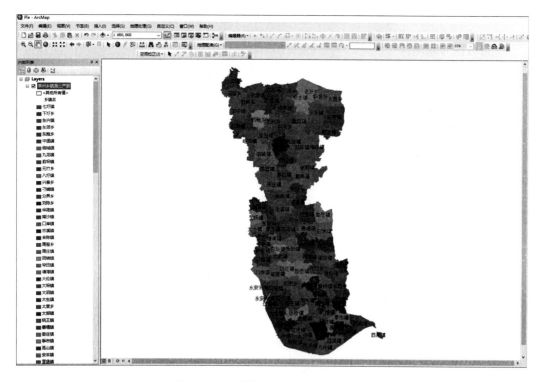

图 7.16　泰州市各乡镇独立值专题图

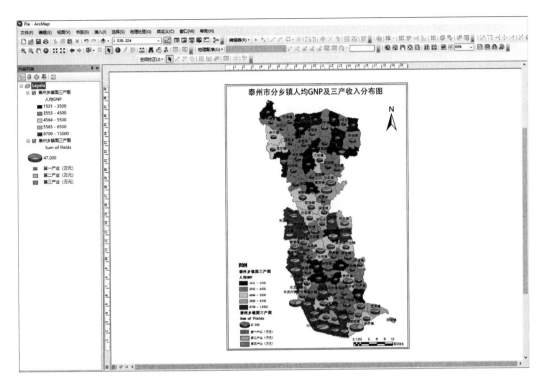

图 7.17　泰州市分乡镇人均 GNP 及三产收入分布图

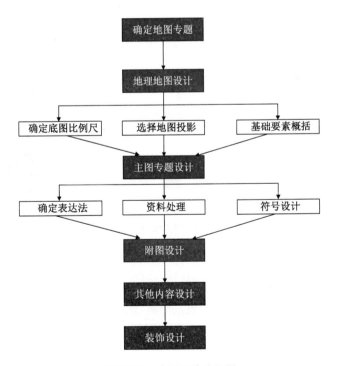

图 7.18　地图设计流程图

地理底图设计主要包括数学基础、制图综合和表示方法。其中,数学基础方面注意比例尺、投影、图幅范围和方向的确定;制图综合方面考虑境界、居民地、河流和道路因素;表示方法方面注意选择简单符号、细小尺寸和清淡的颜色。

专题地图设计方法主要包括点状符号法(图7.19)、线状符号法(图7.20)、面状符号法(图7.21),其中点状符号法包括定位符号法和分区统计图法;面状符号法包括质底法、范围法、点值法、等值线法和色级统计图法。

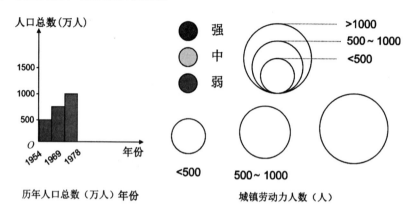

图 7.19　点状符号示意图

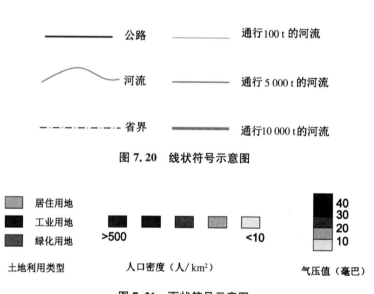

图 7.20　线状符号示意图

图 7.21　面状符号示意图

地图的图面设计要注意内容构成、框架结构和图面配置三个方面。地图的图面一般由主图、附图(扩大图、移图、区位图、统计图表)、图名、图例、比例尺、文字说明几个方面的内容构成;框架结构要主次分明,专题与底图、主图与附图、主区与邻区应有明确的区分;在图面配置上要做到布局合理、视觉平衡。

具体而言,主图的位置要占据显著位置及较大的图面空间,方向为上北下南,亦可适当旋转,可使用色彩对比或添加色带以加强与邻区的分隔(如图7.22所示);附图的位置通常选择主图外的空白区域,并根据其大小设计,移图与扩大图应尽量不要远离原地,其表示方法应与主图一致;图名的位置一般横置于图幅上方或纵置于图幅左右或偏上(如图 7.23 所示);图例的位置要便于使用,可以利用图上次要位置,与其他辅助要素均衡配置(如图7.24所示);比例尺要尽量使分划为整数(如图 7.25 所示)。

图 7.22 主图示例

图 7.23 图名位置示例

图 7.24 图例示例

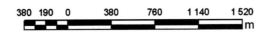

图 7.25 比例尺示例

思考题

1. 简述新的国土空间规划体系与传统城乡规划体系的区别和联系。
2. 如何因地制宜地选择适当的评价因子及阈值开展双评价研究?
3. 如何基于多源异构数据组织国土空间规划数据结构,以及构建基础数据库?

8 数字总体规划与设计

城市总体规划是侧重于研究城市发展战略性的原则问题,并对此做出长远性、轮廓性安排。但城市总体规划往往"重城轻乡",即重视城镇建设空间,轻视生态空间与农业空间。当前随着我国经济、社会和环境发展转型,新的国土空间规划体系将整合与区域城乡空间相关的各种规划,尤其重视对于生态空间、农业空间与城镇空间的统筹安排。因此,本章首先针对空间规划体系重构下的城市总体规划转型需求与实现"多规合一"的背景,对国土空间总体规划的编制要点进行解读;接着以国土空间总体规划的核心内容"三区三线"划定为案例,介绍了一套基于 MGM-ACO 集成模型的城市增长边界划定的前沿数字方法;最后针对国土空间总体规划的核心要素,基于 GIS 平台,介绍了道路网络规划图形和用地总体布局规划图形的数字化设计。

8.1 国土空间总体规划简介

在第 7 章图 7.2 中,国土空间总体规划位于"五级三类"体系图中的顶层,国土空间规划体系将主体功能区规划、土地利用规划、城乡规划等空间规划融为一体,是实现"多规合一"的关键,具有强化国土空间规划对各专项规划的指导约束作用。

8.1.1 空间规划体系重构下的城市总体规划转型

从 2018 年 3 月,国务院机构改革方案公布,确定组建自然资源部,至 2019 年两会期间,习近平总书记强调国土空间规划的重要作用,有关空间规划体系建设的改革行动已推进整整一年。这一年,随着国家政策的陆续出台,生态文明背景下的总体改革路径逐步清晰,规划行业在机构设置和工作体系等方面也经历重大变革和全新探索,面向未来的国家空间体系建构将全面启动。

(1)对接国土空间总体规划

2018 年 12 月,第十三届全国人大常委会第七次会议通过《〈中华人民共和国土地管理法〉、〈中华人民共和国城市房地产管理法〉(修正案)草案》,规定经依法批准的国土空间规划是各类开发建设活动的基本依据,已经编制国土空间规划的,不再编制土地利用总体规划和城市总体规划。2019 年 1 月,中央深化改革委员会审议通过《关于建立国土空间规划体系并监督实施的若干意见》,将主体功能区规划、土地利用规划、城乡规划等空间规划,融合为统一的国土空间规划,实现"多规合一"。2019 年 4 月,国家发改委制定、印发《2019 年新型城镇化建设重点任务》,全面推进城市国土空间规划编制,强化"三区三线"管控,推进"多规合一",优化城市空间布局,促进城市精明增长,由自然资源部、发展改革委、生态环境部、住房和城乡建设部、各省级有关部门共同负责。

当前多个省、市已经开始启动国土空间规划编制工作,并取得了一定进展。根据中共中央、国务院《关于统一规划体系更好发挥国家发展规划战略导向作用的意见》,国家级空间规划要聚焦空间开发强度管控和主要控制线落地,全面摸清并分析国土空间本底条件,划定城镇、农业、生态空间以及生态保护红线、永久基本农田、城镇开发边界,并以此为载体统筹协调各类空间管控手段,整合形成"多规合一"的空间规划。

(2) 以生态优先为底线

国土空间规划从目标导向转到底线优先,就是为践行生态文明建设提供空间保障,生态文明建设理应成为国土空间规划工作的核心价值观。坚持生态优先,在规划思想上和价值导向上必须落实"人与自然和谐共生""绿水青山就是金山银山""良好生态环境是最普惠的民生福祉""山水林田湖草是生命共同体"等生态文明要求和方针,优先保护生态空间,逐步扩大生态空间面积。

(3) 以空间整体管控为核心

国土空间总体规划的核心内涵是实现对全域、全要素、全过程的整体管控。全域,强调覆盖行政管辖区的全部国土空间,包括全部陆域国土和海域;全要素,强调适应对自然资源全类型用途管控;全过程,是指涵盖规划、建设、管理等各环节的统筹。

从"规划"思维转向"管控"思维,要科学地全面摸清并分析国土空间本底条件,开展资源环境承载能力评价、国土空间开发适宜性评价等,其重点在于建立以生态保护红线、永久基本农田、城镇开发边界为核心的规划控制线体系和以主导功能分区的规划分区管控体系,并进行相应的管控规则制定。针对不同层级之间的传导,可划分"市域—市辖区—中心城区"或"县域—县城"若干层级来表达不同深度的管控内容,并以此为载体统筹协调各类空间管控手段,整合形成"多规合一"的空间规划。

(4) 搭建空间规划数据平台

2019 年 1 月 24 日,自然资源部办公厅下发《智慧城市时空大数据平台建设技术大纲(2019 版)》,明确建立城市时空大数据平台,作为为城市管理提供一张底板、一个平台、一套数据的重要基础,鼓励其在国土空间规划、市政建设与管理、自然资源开发利用、生态文明建设以及公众服务中的智能化应用,促进城市科学、高效、可持续发展。

时空大数据平台是基础时空数据、公共专题数据、物联网实时感知数据、互联网在线抓取数据、根据本地特色扩展数据,及其获取、感知、存储、处理、共享、集成、挖掘分析、泛在服务的技术系统,连同云计算环境、政策、标准、机制等支撑环境,以及时空基准共同组成时空基础设施。时空大数据平台构成如图 8.1 所示。

8.1.2 国土空间总体规划编制要点

2019 年 5 月,《自然资源部关于全面开展国土空间规划工作的通知》(自然资发〔2019〕87 号)出台,提出抓紧启动编制全国、省级、市县和乡镇国土空间规划的要求。为贯彻《中共中央国务院关于建立国土空间规划体系并监督实施的若干意见》,落实《自然资源部关于全面开展国土空间规划工作的通知》,规范市县国土空间规划编制工作,提高规划的科学性和

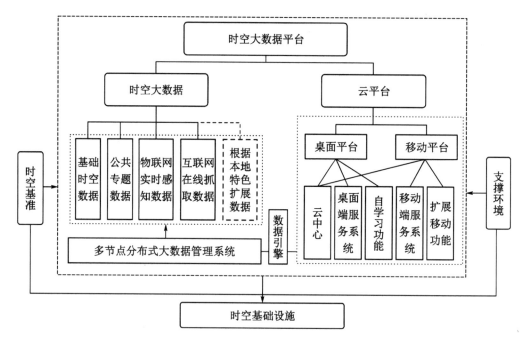

图 8.1 时空大数据平台构成

来源：《智慧城市时空大数据平台建设技术大纲(2019版)》

可操作性,根据相关法律法规和技术标准,2019年,自然资源部发布《市县国土空间总体规划编制指南》,规定国土空间规划期限为 2020 年至 2035 年,近期为 2025 年,远景展望至 2050 年。

按照国家顶层设计目标,市县国土空间总体规划是对市县域范围内国土空间开发保护做出的总体安排和综合部署,既是落实省级国土空间规划要求的主平台,也是编制专项规划、详细规划的依据,是从战略性规划到实施性规划的重要节点,在空间规划体系中具有承上启下的作用,是国土空间规划体系中至关重要的层级。

（1）基础研究

市县国土空间总体规划编制应开展基础研究,主要包括:形成基期用地底数底图;开展资源环境承载能力和国土空间开发适宜性评价;进行现状分析、规划实施评估和国土空间风险评估;开展重大问题研究等。

（2）方案编制

① 明确规划层级

市县规划按照全域、城镇功能控制区两个层次,分别编制规划方案。设区市、未设区的市(地、州、盟)和县级行政单元的城镇功能区按照"管什么就批什么"的原则,与城市批次用地报批范围保持一致,确定规划控制范围。

② 制定战略目标

依据上级国土空间规划和区域总体定位,合理确定全域保护与发展的总体定位;贯彻生态文明、高质量发展理念,落实国家、省重大战略部署,从经济社会发展、资源环境约束、国土空间保护、空间利用效率、生态整治修复等方面提出近、远期规划目标;落实国家和区域空间战略,针对市县国土空间开发保护存在的重大问题以及面临的形势,结合自然资源禀赋和经济社会发展阶段,协调保护和开发关系,提出市县国土空间开发保护的战略。按照主体功能区定位和城市的资源禀赋、区位条件、地方特色和发展阶段,综合确定城市性质;落实上级规划的管控要求和指标,按照生态优先、高质量发展、高品质生活、高水平治理的要求,明确本级规划管控要求和指标,并将主要要求和指标分解到下级行政区。

③ 区域协同发展

落实国家及省域总体战略对区域协同发展的要求,提出跨区域衔接策略,加强与周边市县在生态治理、自然与文化资源的开发保护等方面的衔接,在重大产业发展、城镇功能布局、重要基础设施特别是交通及邻避设施等方面的协调。大城市、特大城市、超大城市要加强城镇圈、都市圈等跨行政区域的规划研究,以强化对国土空间开发保护格局的支撑。

④ 国土空间格局优化

以规划评估、评价分析为基础,结合规划目标与战略,统筹"山水林田湖草"等保护类要素和城乡、产业、交通等发展类要素布局,体现全域分区差异化发展策略,构建全域一体、陆海一体、城乡一体,多中心、网络化、组团式、集约型的国土空间开发保护总体格局。

⑤ 城镇功能结构优化

以生态优先、绿色发展为导向,实现城镇空间格局与生态网络格局的耦合和协同。以科技驱动代替要素驱动,形成以创新为引领的产业结构,提供以创新为主导的产业空间,配置围绕创新活动的公共服务空间,形成高质量的产业体系布局;以人民为中心,优化社区空间结构,打造高品质的居住空间与公共服务。

⑥ 乡村振兴发展

落实国家和省级战略部署,积极推进乡村振兴战略。促进一二三产融合,推动乡村产业发展;切实落实耕地保有量、永久基本农田保护等控制目标和任务要求。明确区域农业生产空间保护、开发和治理的方向和主要任务,构建农业生产空间总体结构及景观格局。优化乡村空间布局,引导乡村地区有序发展,推动美丽乡村建设。

⑦ 土地利用控制

围绕规划目标,制定全域规划期内土地利用结构调整方案。统筹山水林田湖草矿治理,分类梳理各类生态要素,协调水利、园林绿化、农村农业等部门的要素管理边界,明确规划导向,提出结构优化、布局调整的重点和方向,以及时序安排等,形成互为依托、良性循环的自然生态关系。推进建设用地结构调整与再利用;按照安全优先、集约高效、互联互通、平战结合、统筹规划、分步实施的原则,系统、分层规划地下空间,科学合理推进城市地下空间综合利用;对中心城区土地利用进行控制,应刚性和弹性有机结合,实施结构控制、指标控制、底线控制和分区控制。

⑧ 绿色高效综合交通体系

落实上位规划及相关专项规划交通系统布局要求,完善综合交通体系发展目标和战略,建立区域一体、城乡协同的综合交通体系,加强综合交通体系和空间布局的协同。加强区域衔接,合理确定市县综合交通体系,明确综合交通网络和枢纽体系布局。在中心城市确定综合交通枢纽的功能、布局与用地规模等措施。推行绿色出行方式,体现公交优先、慢行友好的交通政策导向,坚持窄马路、密路网、完整街道理念,鼓励以公共交通为导向的集约化布局模式。

⑨ 城市文化与风貌保护

从中华文明传承和复兴的高度推动历史文化遗产保护工作。总结国际国内成功经验，健全长效机制，保护和利用好城市历史文化遗产，保存城市无形的优良传统，让历史文脉更好地传承下去。构建历史文化保护体系和文化展示与传承体系，确定城市总体风貌定位与城市特色塑造要求。

⑩ 安全韧性与基础设施

按照提升城市安全和韧性的理念，发挥城乡蓝绿空间在水土保持、调蓄洪水、防风固沙和阻止灾害蔓延等方面的作用，系统分析评估影响本地长远发展的重大灾害风险类型，提出减缓和适应未来灾害的措施。

完善基础设施建设，按照设施共享的原则，提出市域供水干线、大型污水处理设施、电力干线、燃气干管等重大市政基础设施的布局要求。城乡密集发展地区的城市，还应当提出基础设施共建共享的具体要求。统筹各类市政基础设施及主要线网布局，明确廊道控制要求。因地制宜地推进建设海绵城市，有条件的地区提出地下综合管廊建设要求。

⑪ 国土空间生态修复

遵循"山水林田湖草"生命共同体的理念，统筹确定陆海国土空间综合整治和生态修复的目标和任务。

⑫ 规划实施

对城镇开发边界内外进行分区管控；按照事权明晰、管控有效、面向实施的原则，有效指导下层次国土空间规划、详细规划和相关专项规划的编制；对国土空间的分期实施做出统筹安排，提出分期实施目标和重点任务，明确分期约束性指标、管控边界和管控要求。围绕规划目标和方案，立足本级政府国土空间治理的职能和权限，完善规划实施措施，要有针对性和可操作性。并对规划方案实施后可能造成的环境影响进行评价，提出预防或者减轻不良环境影响的对策措施。

8.2 数字总体规划分析技术与方法

国土空间总体规划是对市县国土空间开发保护的总体安排和综合部署，是制定空间政策和实施规划管理的蓝图，是编制相关专项规划和详细规划的依据。研究对象是市县国土空间开发保护格局，研究范围是市县行政辖区。

在面向生态文明建设、以人民为中心、引导高质量发展的总体目标下，市县国土空间总体规划需兼顾落实上级要求和保障改善民生，协调发展与保护、自然与人文的关系。其基本任务有三个方面：一是加强底线管理，突出体现在生态保护红线、永久基本农田保护红线、城镇开发边界三个方面的底线；二是统筹空间，强调城镇、农业和生态空间的整体考虑，改变部门分治从而实现"多规合一"；三是促进高质量发展，对发展要划定不可逾越的红线，实现整体效率的提升。

其中，"三区三线"的划定是重中之重。将 GIS 技术应用在国土空间总体规划中，可以综合应用城市用地适宜性分析模型、生态敏感性分析等模型，在"双评估"的基础上科学合理地划定"三区三线"，从而减少规划的主观性，增加规划的科学性。

8.2.1 "三区三线"划定工作的背景、内涵及要求

(1)"三区三线"划定的背景

2015年9月,中共中央、国务院印发《生态文明体制改革总体方案》,提出要"构建以空间治理和空间结构优化为主要内容,全国统一、相互衔接、分级管理的空间规划体系";2017年1月,中共中央办公厅和国务院办公厅印发《省域空间规划试点方案》,提出科学划定"三区三线"空间格局,同时也提出在全市域范围内划定生态控制线和城市开发边界;党的十九大明确"完成生态保护红线、永久基本农田、城镇开发边界三条控制线划定工作"。表明"三区三线"是实现主体功能区战略精准落地的重要手段,是空间规划的核心内容。

2018年3月,新成立的自然资源部职责之一是组织划定三条控制线,进行以环境保护和集约资源为主的"三生空间"布局;同年9月,关于国家发展规划战略的相关文件指出,空间规划是国家规划体系的基础,划定城镇空间和城镇开发边界是各级国土空间规划编制的重要内容。2019年1月,《关于建立国土空间规划体系并监督实施的若干意见》中提到将土地利用规划、城乡规划等空间规划融合为统一的国土空间规划,以实现"多规合一",科学规划生产空间、生活空间和生态空间,加强国土空间对各专项规划的指导约束作用;同年3月,习总书记提出要坚持底线思维,把城镇、农业、生态空间和生态保护红线、永久基本农田保护红线、城镇开发边界作为调整经济结构、规划产业发展、推进城镇化发展不可逾越的红线;同年4月,《2019年新型城镇化建设重点任务》中提到全面推进国土空间规划编制,强化"三区三线"管控,促进城市精明增长。可见"三区三线"的划定已经超越热点,成为当下城市规划行业研究的核心环节,必将在持续的探索中诞生科学、权威的划定方法。

(2)"三区三线"划定的内涵(图8.2)

"三区"对应城镇空间、农业空间、生态空间三种类型的空间。城镇空间即以城镇居民生产、生活为主体功能的国土空间,包括城镇建设空间、工矿建设空间以及部分乡级政府驻地的开发建设空间。农业空间是以农业生产和农村居民生活为主体功能,承担农产品生产和农村生活功能的国土空间,主要包括永久基本农田、一般农田等农业生产用地以及村庄等农村生活用地。生态空间是具有自然属性的,以提供生态服务或生态产品为主体功能的国土空间,包括森林、草原、湿地、河流、湖泊、滩涂、荒地、荒漠等。

"三线"对应划定的生态保护红线、永久基本农田保护红线、城镇开发边界三条控制线。生态保护红线是在生态空间范围内具有特殊重要的生态功能、必须强制性严格保护的区域,是保障和维护国家生态安全的底线和生命线。永久基本农田保护红线是按照一定时期人口和社会经济发展对农产品的需求,依法确定的不得占用、不得开发、需要永久性保护的耕地空间边界。城镇开发边界即在一定时期内,可以进行城镇开发和集中建设的地域空间边界,包括城镇现状建成区、优化发展区,以及因城镇建设发展需要实行规划控制的区域。

"三区"突出主导功能划分,"三线"侧重边界的刚性管控。"三区"在内涵和规模上大于"三线",而"三线"在管控刚性上则强于"三区"。"三区三线"是自上而下刚性传导、统一管控的核心政策工具,是基于空间规划体系构建的资源管控思维,其划定基础是开展资源环境承载力评价和国土空间开发适宜性评价。新的"三区三线"规划要服务于全域全类型用途管控,管控核心要由耕地资源单要素保护向山、水、林、田、湖、草全要素保护转变。

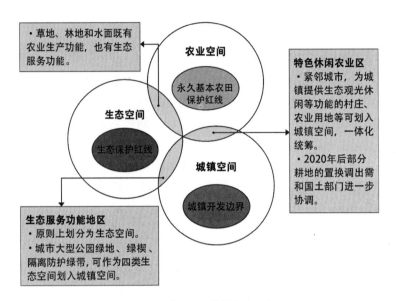

图 8.2 "三区三线"关系示意

（3）"三区三线"划定的要求

要对"三区三线"进行划定,必须要明确三条控制线划定的依据。

① 生态保护红线：各地依据 2017 年环境保护部、国家发展改革委联合发布的《生态保护红线划定指南》的要求进行划定,核心是对国土空间开展生态功能重要性和生态敏感性评估。将生态极重要和生态极敏感区域与国家级和省级的禁止开发区域进行校验,形成生态保护红线。

② 永久基本农田保护红线：由原国土资源主管部门划定,从 2014 年《国土资源部农业部关于进一步做好永久基本农田划定工作的通知》到 2018 年《国土资源部关于全面实行永久基本农田特殊保护的通知》,全国各地已基本完成永久基本农田划定工作。

③ 城镇开发边界：是由原国土资源主管部门和城乡规划主管部门共同划定。2014 年住建部、原国土资源部联合部署 14 个城市开展城镇开发边界划定试点,各地根据自身条件编制划定方法,四川省编制了《城市开发边界划定导则》、福建省出台《城市开发边界划定和管理技术要点》等作为地方性的城镇开发边界划定技术规定,但全国还没有统一明确的城镇开发边界划定导则。

在总体规划阶段,应当统筹考虑边界划定与城市建设的关系。以厦门市为例,2016 年厦门市对全域空间规划体系进行梳理,构建以空间治理和空间结构优化为主要内容,以战略为引领、生态为本底、承载力为支撑基础的全域空间体系。基于生态安全与资源承载力,"先底后图"划定为永久开发边界,即城镇建设区扩展的极限范围,边界外围即为生态控制区,城市开发边界与生态控制线二者重合,如图 8.3 所示。

城镇开发边界的划定方法主要有反向法和正向法,厦门则是典型的反向法,基本思路是"先底后图",在评估的基础上初步划定控制和保护重要的生态廊道,采取"组团式"布局进行划定;同时将城中村和紧邻城市的村庄划入城镇开发边界,规划分类进行差异化引导。

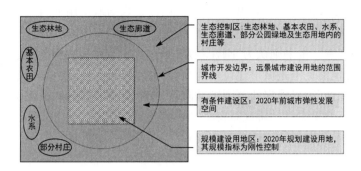

图 8.3　厦门城市开发边界的概念界定

图片来源：厦门市规划委员会

8.2.2　"三区三线"划定的思路、技术方法与创新实例

（1）"三区三线"划定思路

目前已存在"三区三线""三生空间""双评价"等指导划定城镇开发边界的手段。国内实践三类空间划定的主要方法是以"双评价"（即"资源环境承载能力评价"和"国土空间开发适宜性评价"）指向为核心支撑。总体而言，"双评价"即自然资源的承载力和国土开发的适宜性双向结合，从而确定国土空间优化利用的方向，已成为相对普适的国土空间规划的前提条件，以此预判划定城镇空间等三类空间，为"三线"划定提供参考依据。

在"双评价"的预判结果基础上，要精细地与区域管控边界、管控强度内容进行比对，查缺补漏，互相补充与完善。这样才能结合地方特点以及空间发展战略，形成协调一致的三类空间划定和以"三线"为核心的刚性控制线。因此，在三类空间划定中，需要根据各地区保护重点和发展侧重，对指标进行细化设定，要形成更加符合地方实际的三类空间。

（2）城市增长边界划定的技术方法

在"三区三线"划定中，城市增长边界的划定是最为复杂的，下面以城市增长边界的划定为例，提供一种空间界线划定的思路方法。

城市增长边界（Urban Growth Boundary，UGB）又称城市空间增长边界，是城市增长管理的一种手段，旨在通过对城市发展过程和地点的引导与控制将城市的发展限制在一个明确的地理空间上，即满足城市发展需求的同时防止城市的无序扩张。城市增长边界作为城市增长管理的一种手段，最早是针对美国城市蔓延问题提出的，作为城市土地与农村土地的分界线，旨在防止城市无序蔓延、保障城乡协调发展。近年来，随着"新城市主义""精明增长"等理论的引入，城市增长边界的研究日益引发关注。2006 年版的《城市规划编制办法》首次将"城市空间增长边界"纳入行业规范性文件作为城市空间增长管理的手段，分别在第四章第二十九条和第三十一条中明确提出在城市总体规划纲要及中心城区规划中划定"城市增长边界"，用以限制城市发展规模和界定城市建设范围。城市增长边界既可以作为城市总体规划的一个重要组成部分，也可当作专项规划作为对城市总体规划的补充和完善。

根据城市增长边界的性质差异，可将其分为"刚性"边界和"弹性"边界。"刚性"边界，即边界具有永久的、不可超越的特性，是控制城市蔓延的生态安全底线，主要与生态环境承载力有关。而"弹性"边界则是相对于"刚性"边界而言，是指在一定期限内城市发展规模的边界,即建设用地与非建设用地的分界线,边界之内即是当前城市用地与满足未来增长需求的预留用地。有学者认为,城市增长边界是基于保护和发展两种作用的控制线,即"刚性"边界与"弹性"边界的统一。本书则认为"刚性"边界和"弹性"边界的区别在于边界实现的时间差异,"刚性"边界确定的范围是城市建设用地增长的极限状态,代表的是城市增长所能达到的终极可能范围;"弹性"边界确定的范围则是阶段性的建设用地范围,其范围应小于"刚性"边界的范围。对城市增长边界的研究需要将"刚性"与"弹性"相结合,在充分考虑城市远景规模的前提下,完成不同发展阶段的城市空间布局,保障城市空间的可持续性和合理性。

① 划定方法

城市空间增长的"刚性"边界的划定以"反规划"思想为主导,强调一种"逆"向的规划过程,"负"的规划成果,即生态基础设施需要考虑生态环境承载力、生态敏感性、生态网络的完整、生态安全格局等,用它来引导和框限城市的空间发展,通过先划定不建设区域起到生态保护的作用。这与城市用地适宜性评价中对生态因子的控制思路一致,可以参考城市用地适宜性评价的结果划定"刚性"边界。

构建模型 S 为适宜性等级,X_i 是适合该规划区评价的特定因子变量。

$$S = f(X_1, X_2, X_3, \cdots, X_i) \tag{8.1}$$

用地适宜性评价的函数(公式 8.2)表达形式如下:

$$S = \sum W_i X_i \tag{8.2}$$

式中,S 是适宜性等级,X_i 是适合该规划区评价的特定因子变量。

"弹性"边界作为未来一个阶段城市增长的预期界线,其划定需要建立在对未来一个阶段增长的合理预期基础上。从"供给—需求"角度出发,城市增长边界的划定应当统筹考虑城市发展的需求和城市建设的限制,一方面,需要立足于自然环境保护的角度,考虑城市周边用地的适宜性,即"哪块用地适宜建设、适宜什么程度的建设"等;另一方面,需要考虑城市发展对用地的需求,即对城市用地规模进行预测。"弹性"边界内的建设用地选取,可以以适宜性评价为基础,提取适宜性指数较高的用地作为一定阶段的"弹性"边界内用地,函数表达式如下:

$$Y = \sum_{i=1}^{k} A_{S_i} \tag{8.3}$$

这里根据对城市增长边界的"刚性"边界与"弹性"边界的认识,提供一套技术路线,如图8.4 所示。以用地适宜性分析的结果为基础,首先根据禁建区的分布划定研究区的"刚性"边界;其次,再结合已有规划中对未来一段时期内用地规模的预测,提取适宜性程度较高的用地作为未来城市发展用地,并划定研究区的"弹性"边界。边界的划定经历的主要技术阶段,包括数据收集、城市用地适宜性评价、用地规模的确定、建设用地选取,并在数据库成果的基础上进行一定的结果修正。

国内外城市增长边界的划定方法可分为以下三类:正向预测、反向倒逼和正反结合,主要运用 CA 模型、BP 神经网络、Sleuth 模型三种方法进行城市空间预测和模拟。

其中正向主要是通过对城市增长边界规模的预测,包括对人口规模和用地规模增长预测等。根据历年建设用地增长情况,利用 BP 神经网络、Sleuth 模型、GIA 分析(土地资源供

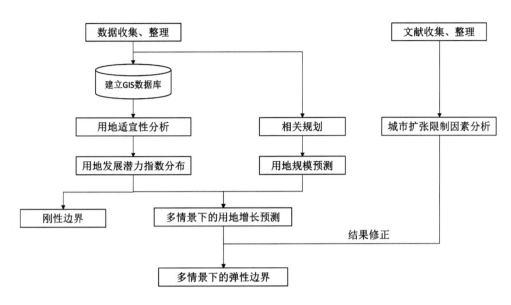

图8.4　技术路线

给约束与土地开发的协调）、嵌入城市规划目标等优化模型的方式，预测建设用地增长规模，从而确定城市增长边界。或是通过主成分分析法在格网范围内综合考虑人口、经济、社会等各类指标，并通过聚类分析划定城市增长边界。其中，CA 模型得到了最为广泛的应用，CA 模型是集时间、空间、状态均离散的动力学模型，能够帮助认识、描述和理解复杂系统，如城镇发展。因此其为地理研究提供了"自下而上"的结合自然和人文的新视角。利用 GeoSOS 平台可实现神经网络和决策树等 CA 相关模型。需要准备起始年份和终止年份遥感影像，以及交通、河流、历史街区等影响遥感影像的因子等栅格数据作为训练数据，以此探究城镇发展模拟的驱动因素和变化规律。该方式首先要对遥感影像（可利用 ERDAS IMAGINE 平台）进行解译，受影像清晰度及复杂成像的限制，识别地物建立 ROI 时会导致识别不准、分类难辨的困境，解译过程会导致一定程度的信息缺失，影响后续模拟结果的科学性。若能保证解译精度，则 CA 模型比较适用于城镇弹性边界的划定，根据模拟发现的城镇发展规律和未来城镇演变状态，可有效引导城镇弹性发展，但对于底线思维的刚性边界划定则略显不足。反向是指基于"底线思维"严格限制生态、基本农田、公共安全等需要严格保护和严格限制的空间，反向倒逼城市增长边界，划定方法包括生态敏感性分析、用地适宜性评价、城市规模预测、洪水淹没风险评估等；正反结合则是将正向预测作为弹性边界，反向划定作为刚性边界，双线共同管控。有学者指出我国城市增长边界划定研究面临一个问题，即容易陷入刚性太强和弹性太大两个极端，并运用 MCE-CA 模型对 2020 年城市拓展进行模拟研究，两者互动调整获得生态本底边界（刚性边界）和城市开发边界（弹性边界）。但刚性边界外不仅仅是生态本底，更有优质耕地和城镇开发风险较大的空间，如高压走廊、洪水淹没风险较大的区域等。也有学者根据预测限制性用地和潜力用地综合评定城市增长边界适宜建设范围。通过 CA 模型为基础的 Sleuth 模型进行城镇扩展模拟，再通过生态空间质量评价确定生态约束，综合确定城市开发边界。但模块分辨率为 100 m，适合省级大层面运用，在县域层面精细化程度不高，可操作性和科学性不强。而且，无论哪类方法，均将国土空间作为一个复杂适应系统,各类因素相互影响相互叠加,评价分析结果成为城市增长边界划定的依据。但多因子叠加的本质均会导致用地的破碎化,而无论是农业空间或是城镇空间抑或是生态斑块,都需要一定的集聚性,否则会因为过度破碎而丧失国土空间开发利用的价值,也不利于国土空间的管控,需进一步处理以实现破碎用地规整化。

② 模型与技术路线

城镇开发边界划定需要通过构建考虑全域全要素,从生态环境敏感性(Sensibility)、农业粮食安全性(Security)和城镇发展精明性(Shrewdness)三方面的"3S"模型来实现。

空间规划不仅是以"生态优先"为原则和生态文明建设为导向的顶层规划,是涉及一切规划的空间基础;更是解决空间矛盾和冲突,实现"多规合一"的综合性规划;还是全域全类型的国土空间管制,涉及"三区三线"中城镇空间等"三类空间"的严格管控和清晰划分。因此城市增长边界需要满足空间规划的要求,并对自然资源条件进行科学的评价,以此为依据划定相对科学的、守得住的城镇发展控制线。

在自然资源评价体系中,要兼顾生态、生产和生活的功能需求和"三区三线"的分类原则,同时考虑到生态环境敏感性保护是底线,农业粮食安全是最后防线,城镇集约精明发展是必然要求。因此,基于底线思维和刚性控制原则,本研究从生态环境敏感性(Sensibility)、农业粮食安全性(Security)和城镇发展精明性(Shrewdness)三方面出发,构建"3S"模型运用于县域和中心城区全域全要素自然资源条件评价,从而分别指导城镇空间和城市增长边界的划定(县域层面划定的城镇空间应包含中心城区层面划定城市增长边界范围)。

县域层面"3S"评价模型对应生态风险性和粮食安全风险因子及城镇发展潜力因子,以栅格叠加和反向划定为基础划定城镇空间。中心城区层面在"3S"模型指导下,评价因子进一步细化,且针对性地对每个自然资源评价因子进行赋值,通过叠加和矩阵判断等方法对自然资源进行综合评定以指导划定城市增长边界。

生态环境敏感性(Sensibility)指在生态功能极重要区和生态环境极敏感区受外界破坏影响的难易程度。越容易受影响被破坏,则敏感性越高,越需要被严格保护。生态敏感性因素包括水源保护、河湖湿地保护、林地保护、生态公益林保护、水土流失防护等。农业粮食安全性(Security)指保护耕地总量和粮食生产安全,满足物质生活基本要求。农业粮食安全性主要指对基本农田及优质耕地的保护。城镇发展精明性(Shrewdness)是指城镇集约发展的条件,如征地拆迁成本、交通可达性等城镇精明增长因子。

根据各个城市的不同发展阶段,判定城市发展的生态安全格局,根据"3S"模型设定合理的自然资源条件评价体系,引导生态空间、农业空间和城镇空间在自然资源全局建立不重叠、构成全要素的拓扑关系,以指导最终城市增长边界的划定,技术路线如图8.5所示。

县域层面以"生态优先"为原则对生态空间因子、农业空间因子及城镇空间限制性因子进行极大值叠加,获取最大限制空间,并通过"图底转换"工作,切除限制性因子,并叠加已建设用地以获取县域层面城镇空间(图8.6)。

与县域层面相似,中心城区层面充分考虑生态环境敏感性、农业粮食安全性和城镇发展精明性,设置的生态环境敏感性和农业粮食安全性均为限制性因子,城镇发展精明性是潜力因子,如图8.7所示。分别以极大值栅格叠加方式(公式8.4)得到生态风险性、农业风险性和城镇风险性构成的限制性因素与城镇发展潜力因素。

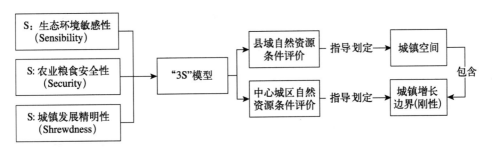

图 8.5 基于"3S"模型进行自然资源条件评价以指导城镇增长边界划定图示

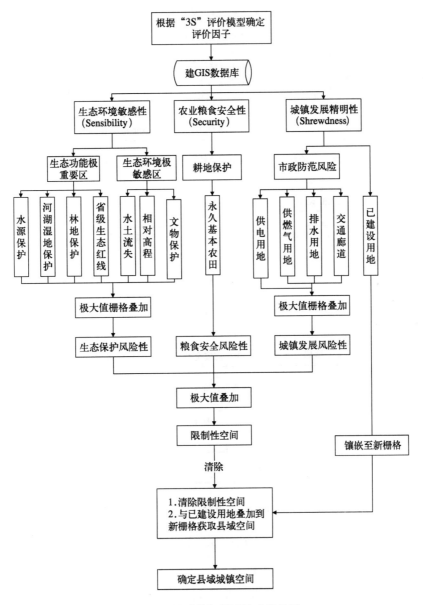

图 8.6 县域叠加原则技术路线图

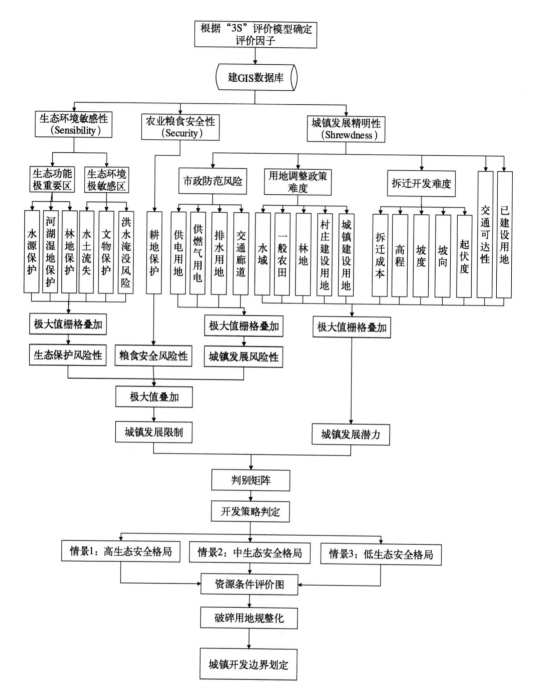

图 8.7　中心城区城市增长边界划定技术路线

$$S_1 = f_{\max}(x_1, x_2, x_3, \cdots, x_i) \tag{8.4}$$

（3）城市增长边界划定的创新实例

在上一节思路的指导下，这里介绍一种基于 MGM-ACO 集成模型，从"自上而下"和"自下而上"两个维度进行城市增长边界划定的创新实例，可以在实现保护生态和农业空间的同时,促进城镇空间集约发展。该实例有效地解决了传统用地适宜性分析结果破碎化,无法直接指导城市增长边界的问题,实现了自动化划定规整度较高的城市增长边界。

"自下而上"维度是基于移动格网法(MGM),根据对城镇发展生态安全格局的判断,确定近似迭代的规则,以大栅格迭代小栅格的"类像素"方式,实现用地的不断规整,以此探究城镇发展内在逻辑规律;根据周边栅格数据合理归并游离小栅格等方式不断修正图像,实现较高质量的规整,边缘精细化。"自上而下"是基于 GeoSOS 平台中"空间规划"的"面优化"功能,采用蚁群算法(ACO),根据移动格网法确定的城镇空间面积和不同尺度源栅格大小,确定蚂蚁数目,采用最小的人工干预,按照科学的法则进行空间逻辑推演以实现规整化后的用地。

MGM-ACO 空间分析集成模型的方法原理主要由三部分构成,即基于 ArcGIS 平台的集成移动格网法、运用 GeoSOS 平台的蚁群算法和基于 ArcGIS 平台的 MGM-ACO 空间分析集成方法。

① 基于 ArcGIS 平台的集成移动格网法

集成移动格网法的关键步骤在于确定近似计算规整和迭代规则。根据城市发展策略确定研究区生态安全格局,针对性地选择栅格迭代规则。主要是通过 ArcGIS 进行空间分区统计,根据栅格摩尔邻域模型,综合考虑中心栅格与周边 8 个栅格的邻域关系以确定大栅格属性,以"类像素"全局视野,大栅格替代小栅格的方式不断迭代,以探索破碎用地的内在规律,提高破碎用地的整合度,计算结果文件仍为 5 m×5 m 栅格大小。高、中、低生态安全格局下的栅格迭代规则及迭代函数分别如公式(8.5)至(8.9)所示:

$$\begin{cases} 当 x = (\alpha, \beta),那么 f(x) = 1 \\ 当 x = (\beta, \gamma),那么 f(x) = 2 \end{cases} \tag{8.5}$$

$$\alpha = m^2/25 \tag{8.6}$$

$$\beta = 4\,m^2(1-\rho)/25 \tag{8.7}$$

$$\gamma = 4m^2/25 \tag{8.8}$$

$$\begin{cases} 当 \delta 为高生态安全格局,\rho = 1/3 \\ 当 \delta 为中生态安全格局,\rho = 5/9 \\ 当 \delta 为低生态安全格局,\rho = 7/9 \end{cases} \tag{8.9}$$

x 表示相邻 9 个栅格的总值(SUM)。$f(x)$ 表示迭代后大栅格的值,$f(x) = 2$ 表示栅格为城市增长边界外空间,如生态空间或农业空间,$f(x) = 1$ 代表栅格为城市增长边界内空间。δ 为生态安全格局类型,ρ 表示栅格迭代规则数值,即当 δ 为高生态安全格局时,ρ 的数值为 1/3,当 9 格中有不少于 3 格为城市增长边界外空间,则该 9 格栅格数据被迭代为"城市增长边界外空间"为属性的大栅格数据,否则被迭代为"城市增长边界内空间用地"的大栅格;当 δ 为中生态安全格局时,ρ 的数值为 5/9,当 9 格中有不少于 5 格为城市增长边界外空间,则该 9 格栅格数据被迭代为"城市增长边界外空间"属性的大栅格数据,否则被迭代为"城市增长边界内空间用地"的大栅格;当 δ 为低生态安全格局时,ρ 的数值为 7/9,当 9 格中有不少于 7 格为城市增长边界外空间,则该 9 格栅格数据被迭代为"城市增长边界外空间"为属性的大栅格数据,否则被迭代为"城市增长边界内空间"的大栅格。由于前文赋值城市增长边界内空间栅格值为1,城市增长边界外空间栅格值为2,因此经过分区计算获得的总值最小为 α,即全部为城镇建设用地,值为 $m^2/25$;最大为 γ,即全部为非城镇建设用地,值为 $4m^2/25$;城市增长边界内空间与城市增长边界外空间的临界值,即城镇开发边界所限制的值为 β,即经过 ρ 数值运算所获得的,值为 $4m^2(1-\rho)/25$。图8.8所示即可近似计算及迭代规则图示,当城市增长边界外空间占城市增长边界内空间的4/9时:a. 高生态安全格局下,已超过1/3的城市增长边界外空间阈值,则这9个栅格整体被视为城镇开发边界外的城市增长边界外空间,否则为城市增长边界内空间;b. 中生态安全格局中,未达到5/9,则这9个栅格整体被视为城镇开发边界内的城市增长边界内空间,同理,低生态安全格局时,这9个栅格整体也被视为城镇开发边界内的城市增长边界内空间;c. 持续迭代至破碎用地集聚效果最好且信息损失不大的尺度。

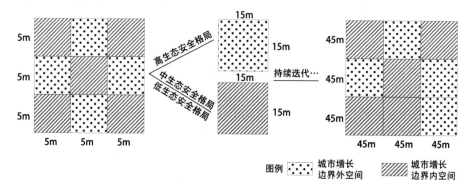

图8.8 栅格迭代规则图

② 运用 GeoSOS 平台的蚁群算法

根据已有研究,ACO 模型由以下三个公式表达:

$$P_{ij}^k = \tau_{ij}^\alpha \varphi_{ij}^\beta / \sum_{j \in A} \tau_{ij}^\alpha \varphi_{ij}^\beta \qquad (8.10)$$

$$\tau_{ij}(n+1) = \rho \times \tau_{ij}(n) + \sum_{k=1}^m \Delta \tau_{ij}^k \qquad (8.11)$$

$$\Delta \tau_{ij}^k = Q/(\sum L_k) \qquad (8.12)$$

式中,m 表示蚂蚁数目(Ant Number);n 为迭代次数(Total Number),默认为1 000;i 为蚂蚁所在位置;j 为蚂蚁达到的位置;A 为蚂蚁可以达到的位置的集合;φ_{ij} 为启发性信息,该处表示 i 地到 j 地的路径能见度,即 φ_{ij} 为 $1/d_{ij}$;L_k 为目标函数;τ_{ij} 为 i 到 j 的信息素强度;$\Delta \tau_{ij}^k$ 表示第 k 个蚂蚁经过地点 i 到地点 j 的路径时,留下的信息素的数量;α 为信息权重,默认为3;β 为启发性信息的权重;ρ 为路径上信息素数量的蒸发系数,即挥发素数,默认为0.05;Q 为信息素质量系数(信息强度);P_{ij}^k 为蚂蚁 k 在 i、j 间移动的概率。

其中原始数据需在 ArcGIS 中通过 Raster to ASCII 命令转为 *.prj 格式文件才能导入 GeoSOS 中进行运算;ACO 设置中,蚂蚁数目正是最终选择的城市增长边界内空间(VALUE=1)栅格数量,蚂蚁数目与源单个栅格面积(非 ACO 设置中的网格大小,而是源栅格大小)的乘积即城市增长边界内空间面积。因此在后续格网边长均选择400 m,蚂蚁数

目选择则根据源栅格大小确定。遵循如下公式(8.13):

$$N = \frac{S_a}{r^2} \tag{8.13}$$

式中,N 代表蚂蚁数目;自然资源条件评价 S_a 表示适宜性评价得分为 5、7、9 的空间(VALUE=5/7/9);r 表示源数据栅格大小,r^2 表示源数据单个栅格面积。

③ 基于 ArcGIS 平台的 MGM-ACO 空间分析集成方法

根据上文,MGM 运算后的值(VALUE)为 2 时为城市增长边界外空间,当其值为 1 时,为城市增长边界内空间。同时当 ACO 运算后值为 1 时,表示该空间为城市增长边界外空间,当其值为 0 时,为城市增长边界内空间。MGM-ACO 的集成公式如下(公式 8.14):

$$f(x) = \begin{cases} 0, & \text{VALUE(MGM)} = 2 \bigcap \text{VALUE(ACO)} = 0 \\ 1, & \text{VALUE(MGM)} \neq 2 \bigcup \text{VALUE(ACO)} \neq 0 \end{cases} \tag{8.14}$$

同时,确定的城市增长边界规模与重采样获取的不同适宜性评价图共同指导 ACO 参数中的"蚂蚁数目"设置,通过 GeoSOS 平台空间优化中的面优化工具进行蚁群算法的运算,获取基于蚁群算法划定的城市增长边界。再将移动格网法和蚁群算法分别划定的城市增长边界进行空间叠置分析取并集,划定严格条件下的刚性城市增长边界(图 8.9)。

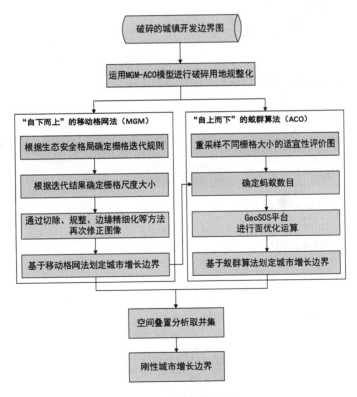

图 8.9 模型思路图

MGM-ACO 集成模型技术实现流程如图 8.10 所示。

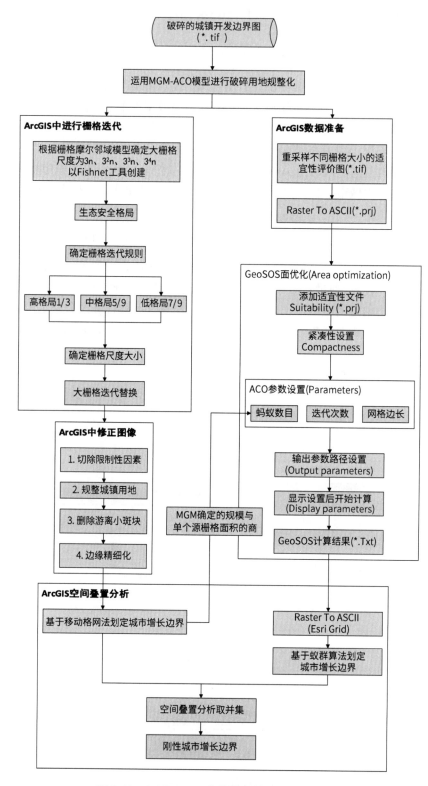

图 8.10   MGM-ACO 集成模型技术实现流程图

　　首先针对破碎的城镇开发边界图在 ArcGIS 中进行栅格迭代,主要是根据栅格摩尔邻域模型确定中心栅格与周边 8 个栅格的相互关系。其次,在 ArcGIS 中通过 4 个步骤进行图像的修正,通过以上的栅格迭代和修正图像即可在 ArcGIS 中完成移动格网法,获取规整度相对较高的用地,如图 8.11 所示。再次,结合蚁群算法优势对破碎用地进行再次面优化,实现进一步规整,如图 8.12 所示。可先在 ArcGIS 中将自然资源条件评价图进行重采样,获取不同栅格大小的适宜性评价图(＊.tif),通过 Raster To ASCII(＊.prj)工具进行文件格式转换,并利用 GeoSOS 空间优化中的面优化工具(Area optimization)运算蚁群算法。最后通过 ArcGIS 10.6 平台模型编辑器可对 ArcGIS 相关空间分析工具进行拼接或通过 VBA、Python 等编程语言对 ArcGIS 进行二次开发,以实现全流程自动化划定城市增长边界,获得刚性城市增长边界,如图 8.13 所示。

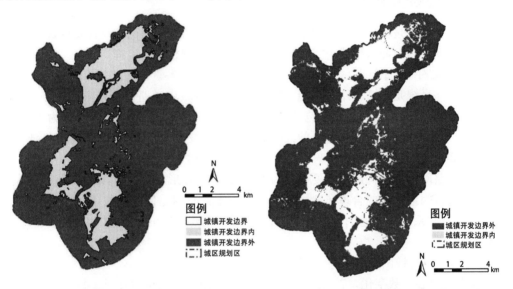

图 8.11　移动格网法划定城镇开发边界图　　　**图 8.12　蚁群算法划定城镇开发边界图**

图 8.13　MGM-ACO 进行破碎用地规整化后城镇开发边界

8.3 数字国土空间总体规划编制方法

根据当前国土空间规划改革的要求,未来的国土空间总体规划都是基于 GIS 平台的。相比传统城市规划多基于 AutoCAD 编绘,基于 GIS 平台的国土空间总体规划在科学性(定量分析与空间分析)、可比较性和可维护性方面具有显著优势。数字国土空间总体规划是城市在信息化背景下,借助计算机技术,应用遥感、GIS、统计分析、三维制图等多种软件工具开展规划编制与管理工作的先进技术手段。本节接下来从道路网络规划图形设计和用地总体布局规划图形设计两方面,介绍规划编制流程中基于 GIS 平台的编制技术应用。

8.3.1 道路网络规划图形设计

城市道路网络是城市用地地块生成的基础,下面介绍规划路网的设计要点,以及从道路中心线建立到道路缓冲区生成,再到街区多边形生成的完整技术流程。

(1)规划路网设计要点

城市道路系统是和城市用地功能布局紧密结合的,城市道路按照其主要服务功能可分为生活性道路、交通性道路以及游览性道路。除快速路外,一般城市道路可分为三个等级:主干道、次干道和支路,其中主干道的红线宽度设置一般为 30~50 m,次干道的红线宽度设置一般为 24~40 m,支路的红线宽度设置一般为 12~18 m。

城市道路网络按结构形式主要可分为方格棋盘式、环形放射式等,结合交通场站及停车场等设施进行因地适宜的合理布置。交通场站的布置原则是使用方便,不影响城市的生产和生活,起到联系内外交通的作用;停车场应布置在主要交通汇集处,如对外交通设施、文化生活设施附近。

(2)道路中心线图层建立

① 道路中心线数字化。首先新建个人地理数据库 Personal Geodatabase,新建要素集 Feature Dataset,新建要素类 Feature Class (Line),设计并勾绘道路中心线。

② 属性表结构建立。在道路中心线图层新建属性字段 Class,类型为 Text;新建属性字段 Width,类型为 Float;新建属性字段 Buf_Width,类型为 Float。

③ 道路等级与宽度记录的添加。Class 字段用于存储道路等级,Width 字段用于存储道路宽度。根据规划道路要求对每条道路的道路等级属性进行设置,道路等级设置完成后,使用"按属性选择"工具来快速选择同等级道路,并对 Width 字段进行赋值,如图 8.14 所示。

④ 道路长度记录的函数生成。使用鼠标右键点击 Length 字段名称,使用"计算几何"来生成每段道路的长度,如图 8.15 所示。

(3)道路缓冲区生成

① 缓冲区操作基础。使用 Field Calculator 功能计算 Buf_Width 字段值,表达式为[Width]/2,用来作为缓冲区半径。具体操作为:使用鼠标右键点击"图层",打开属性表 Open Attribute Table,在 Buf_Width 字段名上右击并选择 Field Calculator,输入表达式并按"确定"按钮,如图 8.16 所示。

② 缓冲区图层建立。使用 Buffer 工具(ArcToolbox)生成缓冲区,缓冲区半径使用字段 Buf_Width,如图 8.17 所示,其中"融合类型"选择 All。

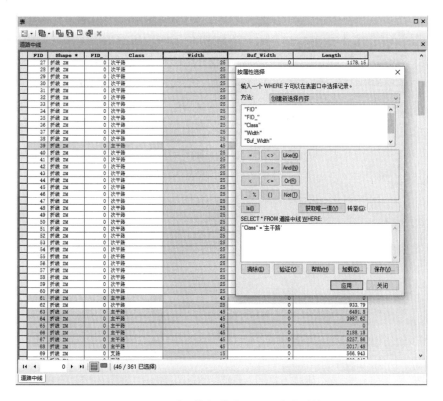

图 8.14　对同等级道路 Width 字段赋值

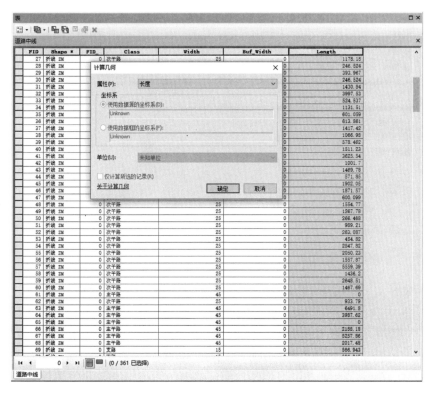

图 8.15　道路长度计算

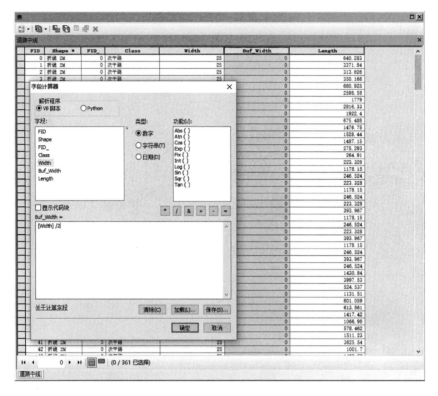

图 8.16　Buf_Width 字段计算

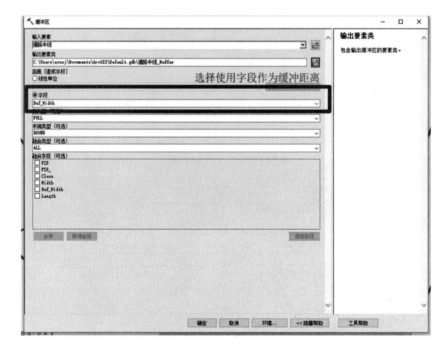

图 8.17　缓冲区生成

（4）街区多边形的反解

用 Feature to Polygon 命令利用道路缓冲区，生成街区多边形（如图 8.18 所示），并在生成的面要素中将道路部分剔除，得到街区面。

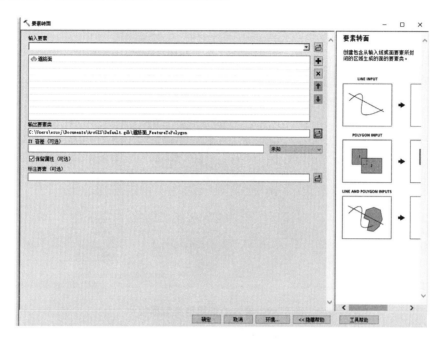

图 8.18　街区面生成

8.3.2　用地总体布局规划图形设计

在城市道路网络确定的基础上，进行城市用地总体布局规划，技术流程上包括对街区地块的切割以及属性录入、地块用地类型颜色设置和用地平衡表生成。

（1）对街区地块的切割生成及属性录入

对街区面进行用地地块的进一步切割，可以使用以下两种方法：通过新增线，然后使用 Feature to Polygon（使用多个图层一起）功能；使用 Cut Polygon 功能切割并得到。

录入地块的属性数据，建立用地类型数据库。在进一步划分得到的用地地块图层上，新建属性字段 LU_Type，类型为 Text，长度设置为 10，根据用地总体规划方案逐个录入地块用地类型属性，如图 8.19 所示。

（2）地块用地类型颜色设置

对地块用地类型属性进行录入后，按用地类型赋予地块颜色并出图。

具体操作为：使用 Symbology 标签的 Unique Values 着色方式，选择 LU_Type 字段，选择 Add All Values，按照相关要求设置每种地类的颜色，如图 8.20 所示。颜色设置完成后，另存为图层文件，以后可直接导入而不必重复进行颜色设置，如图 8.21 所示。

（3）用地平衡表生成

通过 GIS 的计算几何等工具对各类用地的总面积进行统计，生成用地平衡表。具体操作步骤为：

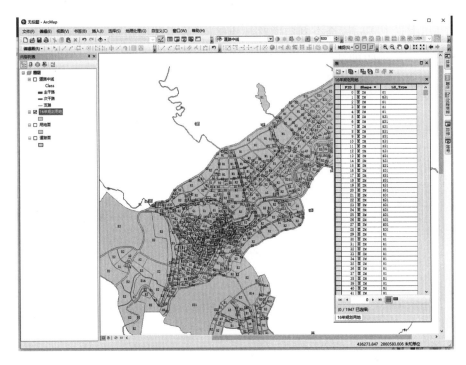

图 8.19　录入地块用地类型属性

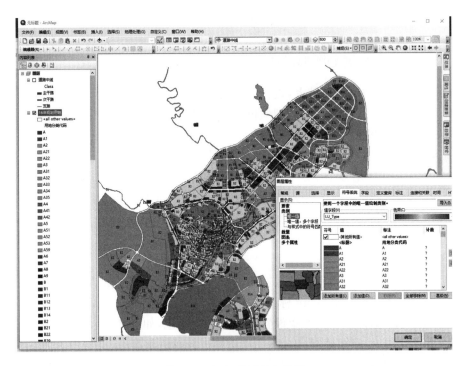

图 8.20　用地类型颜色设置

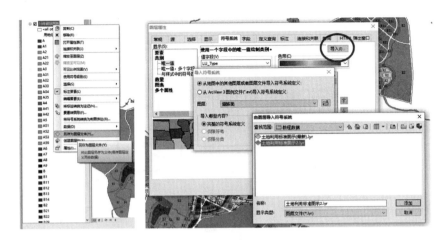

图 8.21 图层文件生成及导入

① 新建属性字段 Area，类型为 Float。

② 使用"计算几何"工具，计算各个地块面积，如图 8.22 所示。

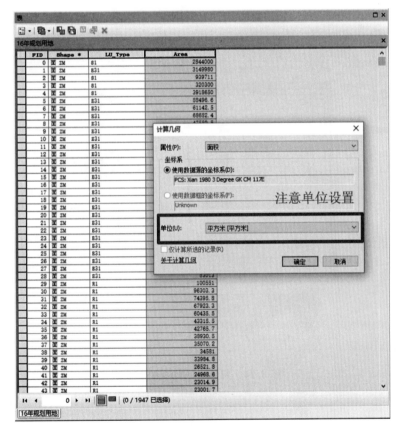

图 8.22 计算几何工具

③ 对 LU_Type 字段使用汇总工具，汇总统计各个不同用地类型的总面积，生成 dbf 格式的表格，可以直接用 Excel 打开表格对其进行编辑和美化，如图 8.23 和图 8.24 所示。

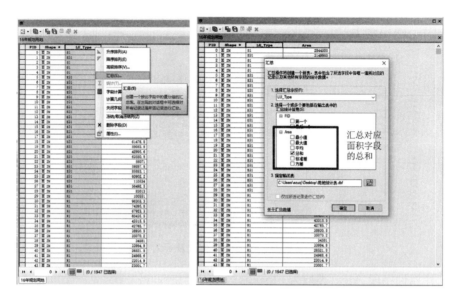

图 8.23　汇总工具

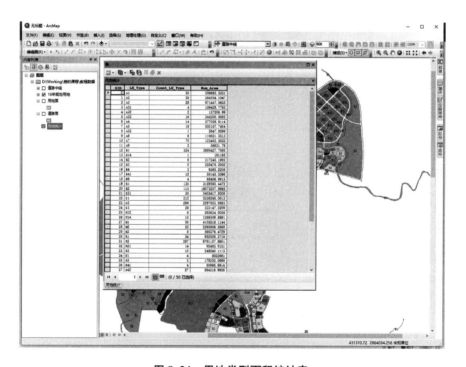

图 8.24　用地类型面积统计表

思考题

1. 国土空间总体规划的编制内容有哪些？
2. 作为国土空间总体规划核心内容的"三区三线"如何划定？
3. 移动格网法与蚁群算法在划定城市增长边界中的主要区别是什么？

9 数字国土空间详细规划

在国家行政审批改革背景下,基于"总控联动、协同治理,推进空间规划体系创新"的指导思想下,控制性详细规划体系以及关键技术、法律、社会治理基础都需要优化与创新,控详的核心应不仅仅是围绕建设用地资源的开发建设设定相关的控制性与引导性指标,还应充分考虑生态用地、农业用地等非建设用地的保护要求,制定相应的保护控制指标。本章首先阐述了当前新形势下国土空间详细规划的分类与主要内容,接着针对控规与总规衔接的关键难点进行分析,然后介绍控制性详细规划的控制内容、指标体系及控制要求,并以福建长汀稀土工业园控规为例介绍控规的主要内容,最后从数字化角度,介绍控详的成果要求、数据组织、数据结构与核心指标编绘。

9.1 国土空间详细规划概述

国土空间详细规划是对具体地块用途和开发建设强度等做出的实施性安排,包括城镇开发边界内的详细规划和城镇开发边界外以村庄规划为主的详细规划,有条件的地区可全域统一编制详细规划,实现详细规划全覆盖。编制详细规划,应当依据经批准的国土空间总体规划,遵守国家有关标准和技术规范,综合考虑当地资源条件、环境状态、历史文化遗产、公共安全、城市设计以及土地权属等因素编制详细规划。

9.1.1 分类与主要内容

(1)城镇开发边界内的控制性详细规划

城镇开发边界内的控制性详细规划主要以对地块的用地使用控制和环境容量控制、建筑建造控制和城市设计引导、市政工程设施和公共服务设施的配套,以及交通活动控制和环境保护规定为主要内容,并针对不同地块、不同建设项目和不同开发过程,应用指标量化、条文规定、图则标定等方式对各控制要素进行定性、定量、定位和定界的控制和引导。

编制大城市和特大城市的控制性详细规划,可以根据本地实际情况,结合城市空间布局、规划管理要求,以及社区边界、城乡建设要求等,将建设地区划分为若干规划编制单元,组织编制单元规划。在城镇开发边界内的详细规划,由市县自然资源主管部门组织编制,报同级政府审批。

镇控制性详细规划可以根据实际情况,适当调整或者减少控制要求和指标。规模较小的建制镇的控制性详细规划,可以与镇总体规划编制相结合,提出规划控制要求和指标。

（2）非集中建设区的村庄规划

在城镇开发边界外的乡村地区，以一个或几个行政村为单元，由乡镇政府组织编制"多规合一"的实用性村庄规划，作为详细规划，报上一级政府审批。村庄规划应当符合镇（乡）域镇村体系规划。在现状分析基础上，合理安排村庄内各项建设用地，完善公共服务设施、各项基础设施以及生态环境、历史文化保护、防灾减灾防疫系统，全面体现"生产发展、生活宽裕、乡风文明、村容整洁、管理民主"的村庄发展要求。

村庄规划应当包括以下内容：合理安排村域范围内农业及其他各产业生产用地布局及为其配套服务的各项设施；布置村庄住宅用地，安排公共服务设施、道路和对外交通等基础设施；对村庄的供水、排水、供电、邮政、通信、广播电视等设施及其管线走向、敷设进行规划安排，确定防灾减灾防疫设施分布、规模；确定垃圾分类方式，明确垃圾收集点、公厕等环境卫生设施的分布、规模；对体现村庄特色的自然景观、人文景观提出保护要求；提出实施规划的措施和建议。村庄规划成果应当包括规划图纸与说明，成果应当简单明了，通俗易懂。

9.1.2 控制性详细规划与总体规划的衔接

（1）控规与总规的衔接要点与难点

总体规划（简称总规）与控制性详细规划（简称控规）之间衔接存在问题。长期以来，总规在其期限和内容方面，都较难定量把握城市发展动态，"总规中对城市发展规模的确定往往缺乏细化和论证，城市用地布局缺乏有深度的指标分析；总规中的指标一般局限于对用地结构比例、容积率等的控制，缺乏在宏观层面上的指标细化引导，规划总量易失控，导致城市基础设施、道路交通超载；与此同时，有限的总规指标以刚性、物质性、静态为主，无法反映城市社会经济发展的复杂性和多样性，往往与下一层次规划衔接不良，可操作性低"。

总规为控规的上位规划，其强制性内容多偏重宏观性、战略性，由于审批周期、审批主体的不同，导致总规对控规指导力度不够。控规编制中指标的确定多依靠经验判断，缺乏科学性。市场经济等原因导致控规时常调整，同时控规实施评价方面还没有明文规定，控规体现总规意图不足。在总规指导性不强，控规调整频繁的情况下，总规与控规之间逐渐脱节，总规停留在宏观层面，控规偏重操作层面。两规之间如此衔接和协调不力的问题，是城市规划与建设实际相背离、城市规划管理出现无序混乱状况的重要原因之一。

尤其是最为关键的用地衔接，成为控规编制时的关键要点与难点。

（2）控规与总规用地衔接

根据总规中各类用地要素的强制性要求，可以将控规与总规用地衔接的空间关系分为三种：针对范围强制性要素的完全相同（范围相同，位置也相同）、针对布局强制性要素的部分相同和针对布局非强制性要素的部分相同（位置一致、范围不相同）等衔接类型。其中部分相同的情况下针对原总规用地不同的部分而言，可能出现两种情况：一是用地属性变成了其他用地属性，但却符合公共利益需求，另一种是原用地属性变了，却出现在周边一定范围内。这样总体来说，总规与控规用地衔接可以分为相同、相容与相似三种定位（空间）关系。

① 用地相同衔接

控规与总规用地相同衔接主要指在控规用地规划中，仅对总规中的用地进行了细分，或针对用地强度而言，各项指标是在总规确定的强度范围内。在空间上表现为总规与控规在同一空间位置用地属性相同（图9.1）。

图 9.1 控规与总规用地"相同"关系演示

由此可见,总规与控规用地"相同"的关系是最大程度地实现总规与控规用地之间的衔接,而且对于范围强制性用地要素而言,用地"相同"应当是对其衔接进行认定的主要依据。而对于总规布局强制性和非强制性用地要素而言,用地"相同"是其衔接的最高层次,不相同而满足相容或相似条件也应作为其衔接的形式,只是对衔接的贡献不一样。

② 用地相容衔接

与控规中用地兼容性概念相似,主要指控规在对总规用地进行调整的过程中,某些用地要素在满足公共利益不受损的前提下可以变成其他要素,变换之后并不影响城市整体功能。在空间上表现为总规与控规在同一空间位置用地属性不同(图 9.2)。

图 9.2 控规与总规用地"相容"关系演示

由此可见,对于总规布局强制性和非强制性用地要素而言,"相容"也是用地衔接的一种形式,但是各类用地中可以相容的用地不同,可从公共利益保障方面确定各类用地的相容性。同时各类用地属性调整在相容范围内,其对用地衔接的程度也是不一样的,这与此类用地要素的强制性程度或相同性要求有一定关系。

③ 用地相似衔接

总规中某些用地要素的强制性要求较低,控规在体现总规意图的前提下,对总规中确定的用地要素进行了一定的调整,但这种调整主要体现在空间位置的微移,即根据控规实际需要,在不损害公共利益的要求下,将某一属性用地置换到其他位置。在空间上表现为控规与总规在同一空间位置用地属性不同,但与附近空间位置的用地属性相同(图 9.3)。

图 9.3 控规与总规用地"相似"关系演示

与用地相容衔接类似,相似衔接是对布局强制性和非强制性用地要素非"相同"部分的补充评价,即"相似"的空间关系也认为是此类用地要素的衔接形式之一,只是其对衔接的贡献应根据其强制性程度在"相同"的基础上做一定程度的折减。

9.2 控制性详细规划主要内容与案例

9.2.1 控制内容、控制层次与控制指标体系

（1）控制内容

根据《城市规划编制办法》《城市、镇控制性详细规划编制审批办法》，控制性详细规划确定的强制性内容包括各地块的主要用途、建筑密度、建筑高度、容积率、绿地率、基础设施和公共服务设施配套规定等。

具体包括：①确定规划范围内不同性质用地的界线，确定各类用地内适建、不适建或者有条件允许建设的建筑类型。②确定各地块建筑高度、建筑密度、容积率、绿地率等控制指标；确定公共设施配套要求、交通出入口方位、停车泊位、建筑后退红线距离等要求；确定基础设施用地的控制界线（黄线）、各类绿地范围的控制界线（绿线）、历史文化街区和历史建筑的保护范围界线（紫线）、地表水体保护和控制的地域界线（蓝线）等"四线"及控制要求。③提出各地块的建筑体量、体型、色彩等城市设计指导原则。④根据交通需求分析，确定地块出入口位置、停车泊位、公共交通场站用地范围和站点位置、步行交通以及其他交通设施。规定各级道路的红线、断面、交叉口形式及渠化措施、控制点坐标和标高。⑤根据规划建设容量，确定市政工程管线位置、管径和工程设施的用地界线，进行管线综合。确定地下空间开发利用具体要求。⑥制定相应的土地使用与建筑管理规定。

（2）控制层次

城市控规一般分为单元和地块两个层次，形成单元控规和地块控规两级规划体系。采用总量控制和分层规划的方法，逐级分解落实总体规划中规划总量（含人口容量、建筑总量等）和各级各类城市公共管理与公共服务设施、道路与交通设施、公用设施配置等，分层级明确规划实施管理的控制要点和要求。

下面以《福建省城市控制性详细规划编制导则（试行）》为例阐述控制性详细规划的一些基本要求。

① 单元控规

单元控规将地域分为分区单元与基本单元两个层次，采用总量控制的方法进行规划控制。

分区单元层次控制内容包含功能控制和容量控制，以及对城市空间、景观风貌、交通等的特殊控制要求，用地控制方式以实位控制、图标控制、指标控制、条文控制等方式表达控制要求。

a. 功能控制。确定分区单元的主导功能，进行用地性质控制。分区单元的主导功能，参照用地分类，按主导功能标注，如居住、工业、商业、商务、公园绿地、商住混合、商业商务混合、仓储、特殊用地等。用地分类和代码应符合《城市用地分类与规划建设用地标准》（GB 50137—2011）的规定，以中类为主、小类为辅，公共管理、公共服务、公用设施细分到小类。编制单元用地平衡表，明确各类用地在建设用地中所占的比例。

b. 容量及开发强度控制。容量及开发强度控制包含人口容量控制和强度指标控制。确定以居住为主导功能的分区单元的居住人口数量和人口毛密度，确定分区单元的建筑总

量、居住建筑总量及公共管理与公共服务建筑总量，确定分区单元的平均净容积率，提出绿地面积指标要求。

c. 特殊控制要求。依据相关规划，结合分区单元的特征要素，如建筑物、街巷格局、整体风貌、历史文化要素、自然风景要素，对分区单元做进一步特定意图研究，提出特殊规划控制和规划编制要求。

基本单元层次控制内容包含"五线""三大设施"及社区服务设施用地的控制落实，功能和开发强度控制、指标控制，以及对城市空间、景观风貌、交通等的特殊控制要求。

a. "五线"控制落实。"五线"控制落实内容应在总体规划、专项规划控制要求的基础上，进一步明确黄线、绿线、紫线、蓝线、红线的线位、规模、指标、界线和点位等控制要求。

b. "三大设施"及社区服务设施用地的控制落实。在分区单元层次控制内容的指导下，进一步明确城市各级公共管理与公共服务设施、道路与交通设施、公用设施等"三大设施"及社区服务设施的数量、规模、使用性质，在空间上的具体位置、边界，并提出控制要求。单元控规控制内容和深度要求框图如图 9.4 所示。

c. 功能和开发强度控制。依据分区单元主导功能，确定基本单元的主导用地性质。主导用地性质按照基本单元所承担的街道社区级及以上使用功能或用地规模占主导地位的使用功能确定。在《城市用地分类与兼容控制指引》等有关规定的前提下，进一步进行用地性质控制，用地分类以小类为主。确定基本单元的净用地面积（单元内各地块净用地面积之和）、平均净容积率以及各类用地的建筑总量上限。

d. 其他控制要求。明确基本单元内各类用地绿地率控制要求、建筑密度上限控制要求、建筑高度指引及停车泊位、建筑退界、出入口方位等控制要求，作为确定地块控制指标的依据。深化、细化分区单元层次提出的相关特殊控制要求，可编制城市设计或修建性详细规划方案，将城市设计、修建性详细规划成果转化为特色控制要素，包括高度、风貌、色彩、体量、建筑风格等。

② 地块控规

地块控规确定各类不同使用性质用地的界限，制定地块各项规划内容和指标。近期拟开发、改造的建设用地应编制地块控规。下面从地块划分、地块控规控制内容和深度要求进行解释说明。

a. 地块划分。规划地块的划分，应保持地块用地性质的完整性和协调性，考虑土地权属关系，便于土地出让或划拨，并依据单元编码统一制定地块编码体系。住宅街坊的规模以合理的城市支路网密度和适宜的整体开发规模为控制依据，旧区宜 $2\sim4$ hm^2，其他地区不超过 8 hm^2。一般以完整的住宅街坊为规划居住地块，也可将住宅街坊细分为多个地块。工业街区的规模依据相关产业门类生产需要确定，一般不超过 12 hm^2，每个工业街区可细分为多个地块。地块的划分可根据开发方式和管理需要而变化，在规划审批和实施中进一步重组（小块合并成大块或细分为小块）。b. 地块控规控制内容和深度要求。地块控规阶段，依据单元控规相关控制要求，通过编制地块修建性详细规划、城市设计方案等，确定地块控制指标，作为城乡规划主管部门出具出让或划拨地块规划条件的依据。地块控制指标包含地块编号、用地面积、用地性质、容积率、建筑密度、建筑高度、绿地率、配套设施项目、建筑退界、停车泊位、出入口方位、用地可变性、地下空间开发利用引导等控制要求。

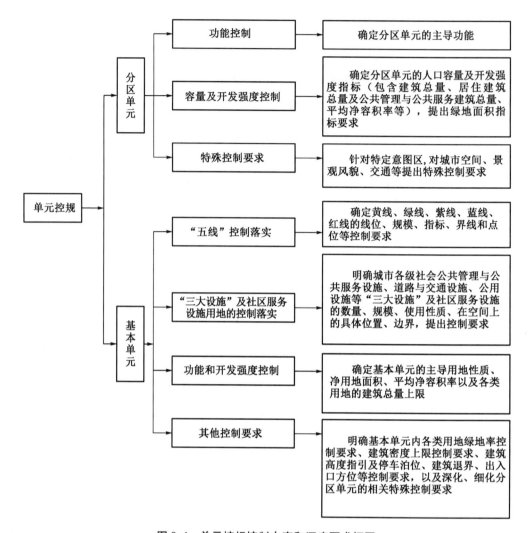

图9.4 单元控规控制内容和深度要求框图

（3）控制指标体系

综合规划范围的主导功能、开发程度、交通组织、景观风貌、历史文化保护等方面的规划要求，并考虑城市"旧区"和"新区"的差异，因地制宜选用不同的地块控制指标，确定相应的控制方式和强制性规定。以容积率、建筑密度、建筑高度、绿地率为例进行详细说明。

① 容积率

控制方式：上限控制、下限控制、上下限控制、基准容积率加浮动幅度等。一般情况下，工业用地应控制容积率下限（有特定生产工艺要求的，根据具体情况确定），其他用地应控制容积率上限；有历史文化保护、景观风貌等特别要求的地区可同时控制上下限；市场开发性质的居住用地、商业用地和商住混合用地可采用基准容积率加浮动幅度的控制方式，浮动幅度不应超过15%，超过一定规模的地块在提出容积率允许浮动幅度的同时，还应同时规定允许浮动建筑总面积的合理上限；公共管理与公共服务用地，宜同时规定容积率下限和上限。基准容积率是测算基本控制单元总建设规模的依据，基本控制单元总建设规模为强制性内容,各地块建筑面积汇总不得突破基本控制单元的总建设规模。

② 建筑密度

控制方式:上限控制、上下限控制等。一般情况下,各类用地均控制建筑密度上限,有历史文化保护要求的地区、景观风貌地区、工业用地可同时控制建筑密度上下限。

③ 建筑高度

控制方式:上限控制、下限控制、上下限控制等。有特别要求的地区建筑高度应作为强制性内容,一般地区建筑高度可以作为强制性内容,也可以作为引导性内容。不同地区的建筑高度控制:有历史文化保护、空间景观塑造、机场净空保护、城市安全与防灾、公用设施技术等要求的地区,应控制建筑高度上限;有空间轮廓和开放空间围合要求的地区,应同时控制建筑高度上限和下限;规划确定的高层建筑引导区必要时可控制建筑高度下限。

④ 绿地率

控制方式:下限控制、上下限控制等。一般情况下,工业用地应同时控制绿地率上限和下限;有历史文化保护要求的地区,也可同时控制绿地率上限和下限;其他用地应控制绿地率下限。

9.2.2　城市设计及专项控制要求

(1) 行为活动分析

综合分析各类行为活动特征,系统梳理景观体系(包括景观点和观景点),根据人的活动路径的不同和运行速度,提出相应的空间景观控制要求,重点对慢行通道的尺度、服务设施、景观环境等提出控制和引导要求。

(2) 界面控制

根据界面的构成要素(建筑、绿化、山体等)、人的活动特点、历史文化的保护要求等,对本地区城市界面景观特征、贴线率以及沿线建筑主体、裙房、构筑物的高度、面宽等提出控制要求,对建筑立面、风貌特色以及绿化景观、环境设施等提出引导要求。

具体包括:①广场界面。根据不同类型广场的空间围合特点,对周边建筑、绿化的连续性及其与广场之间的高宽比提出控制和引导要求。②街道界面。街道界面强调连续性和韵律感,根据街道尺度、功能特点,重点对沿街建筑高度、贴线率及退让提出控制和引导要求,有较大规模集散需求的建筑需控制必要的退让空间,其他建筑尽量提高贴线率。③滨水界面。滨水界面强调自然性和亲和感,研究水体与岸线、道路、滨水建筑、绿化之间的相互关系,重点对沿线建筑的高度、体量、绿化形态、亲水要素等提出控制和引导要求。④沿山界面。沿山界面强调立体性和通透感,保护山体的自然形态,重点对沿山建筑高度、屋顶、绿化景观等提出控制和引导要求。

(3) 景观风貌控制

落实总体规划、相关专项规划中对本地区城市设计的控制与引导要求,充分利用本地区自然、人文等景观风貌资源,以视觉景观分析为基础,结合规划地段的人群活动特征以及历史文化保护要求,引导空间景观体系构建。

具体包括:①节点。确定景观风貌节点的位置和类型,对其周边建(构)筑物的高度、风貌以及环境景观等提出控制和引导要求。②廊道。划定景观廊道的控制范围,对控制范围内的建(构)筑物、绿化等提出高度、风貌等控制或引导要求。③色彩。遵循层次分明、相互协调、有序变化等基本原则,对规划范围内的城市色彩提出分片引导要求。

(4) 开放空间组织

开放空间是改善城市环境、提升城市品质、塑造城市特色的重点地区,应结合活动人群的行为规律,统筹安排开放空间,并与城市公交和慢行系统紧密衔接。

具体包括:①广场。根据广场的主要功能、用途及在城市交通系统中所处的位置,确定广场的性质;根据广场的不同功能和区位,确定相应的用地规模、空间尺度和布局形式;根据广场类型及使用者活动特点,提出广场的外部交通衔接、出入口、设施配套、绿地率、硬地率等控制要求,并对广场风貌、绿化景观等提出引导要求。②街道。确定景观道路、特色街道的位置和长度,与周边交通协调衔接,对沿线土地使用功能、建筑形式、绿化景观提出控制要求,对配套设施、环境小品提出引导要求。③滨水空间。根据景观水面、河、湖、江、海等不同类型水体的尺度和用途,结合使用者的滨水和水上活动方式,针对不同滨水空间类型,对水体沿岸功能、岸线和护岸形式、防洪设施、生态保护等提出控制要求,并对植物配置、绿化景观、滨水设施等提出引导要求。④沿山空间。根据山体在城市中所处的区位,综合分析山体高度、坡度、植被等自然景观资源和历史文化资源,结合使用者在山体周边和山上的活动方式,对安全防护、生态保护、历史文化保护、交通组织、配套功能等提出控制要求,并对周边地段的建筑高度、建筑景观、绿化景观等提出引导要求。

(5) 建筑控制与引导

具体包括:①建筑高度。综合分析规划地段的区位、功能定位、交通和市政设施配套条件、历史文化保护、空间景观、城市安全、经济性等因素,运用相应的技术手段,加强视廊、视野景观分析,提出建筑高度控制要求,划分建筑高度分区,合理引导高层建筑布局,优化整体天际轮廓,提升交通和公用设施的集约性。②建筑风格。分析建筑风格现状特征,按照保护并延续地方建筑优秀文化传统、强化城市特色的基本要求,结合不同的使用功能,提出建筑风格引导要求。③建筑色彩。遵循统一中求变化、保持城市文脉、凸显地方特色、与自然环境相协调等原则,对建筑色彩提出引导要求。

9.2.3 福建(长汀)稀土工业园控规案例

主要选取该案例中土地使用和建筑规划管理通则、容量指标及开发建设控制规划与四线控制规划进行介绍。

(1) 规划范围

本次控制性详细规划范围为福建省长汀县策武乡麻陂片区,片区北起德联黄馆,南至策星策田,西临 205 省道,东抵 319 国道,总面积约 13.46 km²,园区规划人口 4 万人,规划建设用地面积为 7.98 km²。

(2) 功能定位与产业发展规划

根据稀土工业园发展现状与前景,将其定位为绿色园区、科技园区、人文园区、创新园区。工业园区按企业类别与特色布局,分为四大片区:即东部稀土分离片区(适度发展稀土分离及稀土中低污染企业)、南部厦钨工业片区(先期启动发展稀土产业)、北部精深加工片区(重点发展稀土精加工及相关下游产业)、铁路站场片区(发展仓储物流业),规划如图 9.5所示。

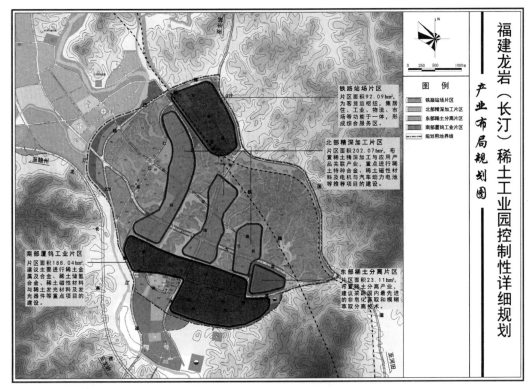

图9.5 产业布局规划图

（3）土地利用规划

形成"三轴一环，两心五区"的布局结构。三轴：策武大道发展轴、中心大道发展轴和黄馆路发展轴；一环：双边服务的外环路；两心："策武公共服务中心""火车站综合服务中心"；五片区：东部稀土分离片区、南部厦钨工业片区、西部红江综合社区、北部精深加工片区和铁路站场片区，规划如图9.6所示。规划居住用地面积78.10 hm²，占规划范围建设用地面积的9.79%。规划工业用地面积331.87 hm²，占总建设用地的41.59%。规划公共设施用地面积44.85 hm²，占总建设用地的5.62%。

（4）土地使用和建筑规划管理通则

① 用地规模变更

在进行较大范围成片开发时，地块用地界限及区内道路可根据实际开发建设需要在修建性详细规划中适当调整，但其开发必须符合本规划中提出的强制性控制指标要求。若进行较小范围土地开发时，可依据弹性支路及弹性界线继续划分弹性地块，可参考管理通则中划分第四级弹性地块方法进行，但其开发必须符合本规划提出的强制性控制指标要求。

② 用地性质变更

考虑到规划的弹性，各类用地如经论证确须变更用地性质及开发强度的，应符合用地兼容性的有关规定。开发建设项目还应满足以下要求：a. 用地面积与规划面积相当。b. 不得突破规划的基础设施容量。c. 不得占用必需的基础设施用地。d. 性质改变后的地块控制指标，应参照类似用地性质地块进行相应调整。

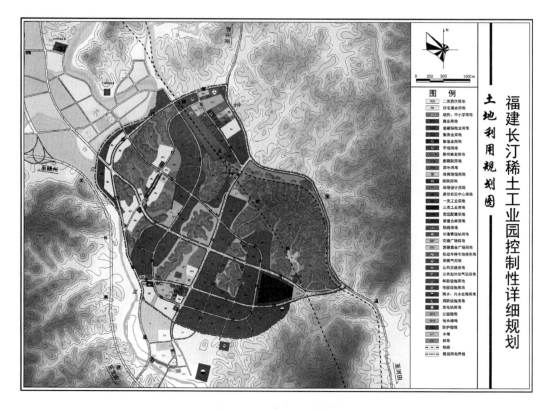

图 9.6 土地利用规划图

有下列情况之一者,不得变更用地性质:a. 占用市政公用设施或道路广场用地。b. 对周围用地造成不良影响(如环境恶化、基础设施容量不够等)。c. 绿地中建设建筑密度大于5%的设施。d. 在体育、文化娱乐、医疗卫生用地上建设占地大于 0.5 hm² 的市政用地。

③ 居住用地规划控制

规划居住用地时必须严格按照城市居住区规划设计规范要求设计。多层住宅区容积率应控制在 1.5 以下。居住用地内不得安排工业项目。

④ 工业用地规划控制

工业用地控制指标由投资强度、容积率、建筑系数、生产服务设施用地所占比重、绿地率等构成,工业项目建设用地必须同时符合上述五项指标。编制工业项目供地文件和签订用地合同时,必须明确上述五项控制性指标要求及相关违约责任。工业项目的建筑系数应不低于 30%,所需生产服务设施用地面积不得超过总用地面积的 7%,项目绿地率一般不超过20%,产生有害气体及污染的工业项目按国家有关规定执行。

a. 用途规定。工业项目建设应采用先进的生产工艺、生产设备,缩短工艺流程,节约使用土地。对适合多层标准通用厂房生产的工业项目,应建设或购买(租赁)多层标准通用厂房,原则上不单独供地。生产性厂房的建筑面积不得小于总建筑面积的 80%。鼓励建造多层厂房。附属用途:工业项目用地范围内不得建造成套住宅、专家楼、宾馆、招待所和培训中心等非生产性配套设施,不得建造商品房进行出售、出租。

b. 容积率规定。工业用地应控制最低容积率,视工业门类不同,根据《福建省工业项目建设用地控制指标》的要求,分别按表9.1进行控制,工业用地最高容积率不得超过1.5。

表9.1 福建省工业项目建设用地容积率控制指标

行业分类		容积率
代码	名称	
13	农副食品加工业	≥1.0
14	食品制造业	≥1.0
15	饮料制造业	≥1.0
16	烟草加工业	≥1.0
17	纺织业	≥0.8
18	纺织服装鞋帽制造业	≥1.0
19	皮革、毛皮、羽绒及其制品业	≥1.0
20	木材加工及竹、藤、棕、草制品业	≥0.8
21	家具制造业	≥0.8
22	造纸及纸制品业	≥0.8
23	印刷业、记录媒介的复制业	≥0.8
24	文教体育用品制造业	≥1.0
25	石油化工、炼焦及核燃料加工业	≥0.5
26	化学原料及化学制品制造业	≥0.7
27	医药制造业	≥0.8
28	化学纤维制造业	≥0.9
29	橡胶制品业	≥0.9
30	塑料制品业	≥1.0
31	非金属矿物制品业	≥0.7
32	黑色金属冶炼及压延加工业	≥0.6
33	有色金属冶炼及压延加工业	≥0.6
34	金属制品业	≥0.7
35	通用设备制造业	≥0.7
36	专用设备制造业	≥0.7
37	交通运输设备制造业	≥0.7
39	电气机械及器材制造业	≥0.7
40	通信设备、计算机及其电子设备制造业	≥1.0
41	仪器仪表及文化、办公用机械制造业	≥1.0
42	工艺品及其他制造业	≥1.0
43	废弃资源和废旧材料回收加工站	≥0.7

c. 建筑建造规定。建筑高度:沿道路两侧布置的建筑物高度不得超过规划道路红线宽度加上建筑后退距离之和的1.5倍,宜控制在0.5倍以内;除特殊工艺流程的项目外,工业

建设项目必须建设 3 层以上建筑物(不含地下层)。建筑后退：建筑物后退应满足日照间距、交通安全、救灾防灾、市政管线等综合要求。本规划规定工业地块建筑沿道路红线后退依照表 9.2，其他工业用地主要朝向后退用地边界不得小于 5 m，次要朝向后退用地边界不得小于 4 m，稀土分离车间距居住区不得少于 200 m。

表 9.2　工业用地建筑后退规定

道路宽度(m)	围墙退道路界(m)	建筑退围墙界(m)
大于 30	5	3～5
20～30	4	3
小于 20	1.5～3	1.5～3

d. 交通活动规定。停车位标准：每个工业地块应根据自身发展要求，提供充足的停车位，方便小汽车、货车及其他交通工具的停泊，具体要求见表 9.3。出入口控制：当街区面积大于 2 hm² 时，设置 2 个出入口；当街区面积在 1～2 hm² 时，根据用地条件，设置 1～2 个出入口；当街区面积小于 1 hm² 时，不单独批地和设置出入口，必须进入标准厂房区设置。出入口设置必须同时满足城市道路设计规范和消防要求。

表 9.3　工业地块停车位控制指标表

停车位类型	建筑类型			
	独立式厂房	排屋式厂房	多层厂房	仓库
小汽车位	0.15 辆/100 m² 最少 1 辆/每单位	0.20 辆/100 m² 最少 1 辆/每单位	0.20 辆/100 m² 最少 1 辆/每单位	无规定
货车位	1 辆/3 000 m² 最少 1 辆/每幢厂房	1 辆/3 000 m² 最少 1 辆/每幢厂房	1 辆/3 000 m² 最少 1 辆/每幢厂房	1 辆/800 m²
摩托车位 自行车位	1 辆/3 名职工	1 辆/3 名职工	1 辆/3 名职工	1 辆/3 名职工

注：①每个地块至少保证一个机动车位；②地面停车位不得少于总停车位的 20%。

e. 投资强度控制。投资强度按地区、行业确定，为促进土地集约使用，提高引进企业质量，要求新引进的企业投资强度大于 1 800 万元/hm²。规划已批企业未达到此要求的，应当在规定期限内，补充投资差额。

f. 违约责任。不符合本控制指标要求的工业项目，不予供地或对项目用地面积予以核减。对因生产安全等有特殊要求确需突破控制指标的，应根据有关规定，结合项目实际进行充分论证，确属合理的，方可批准供地。建设项目竣工验收时，没有达到本控制指标要求，以及在工业项目用地范围内违规建造非生产性配套设施的，应依照合同约定及有关规定追究违约责任。

⑤ 容积率奖励和补偿规定

在建筑自身功能需要以外，为社会提供公共开放空间，在符合有关规划、满足有关要求的前提下，可采用容积率奖励办法，允许增加建筑面积。增加的建筑面积不得高于所提供公共开放空间场地面积和容积率乘积的一半，同时不得超过原核定总建筑面积的 20%。

建设项目代拆、代征城市道路、城市绿地等公益设施用地比例超出项目净用地面积 20%的,可采用容积率补偿办法,超出面积参与容积率指标计算,但增加的建筑面积不得超 过原核定总建筑面积的 30%。

(5)容量指标及开发建设控制规划

① 地块划分

采取"图则单元-地块片区-地块-弹性地块"四级划分。图则单元划分根据主、次干路, 自然要素等因素,将编制区划分为 A、B、C、D、E、F 共 6 个图则单元;地块片区根据《城市用 地分类与规划建设用地标准》(GB50137—2011)规定,按照适度的用地规模(中心区以20～ 30 hm² 为宜,新区以 80～150 hm² 为宜),结合自然山体、道路、用地性质等因素,将 6 个图则 单元细分为 11 个地块片区,共 124 个地块。其中,弹性地块划分将在划分图则部分予以示 意,在总则部分不做体现。

② 地块编码

地块编码采用三级编码方法,由"图则单元-地块片区-地块"组成。地块编码采用阿拉 伯数字。如 A-02-03 代表 A 图则单元中 02 地块片区的 03 号地块。

③ 控制指标体系

容积率、建筑密度、绿地率、建筑高度、配建停车泊位、建筑风格、建筑色彩等强制性与引 导性控制指标体系见下述规划图(图9.7～图9.10)。

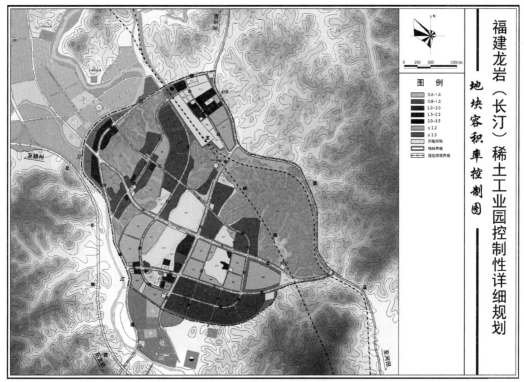

图 9.7 地块容积率控制图

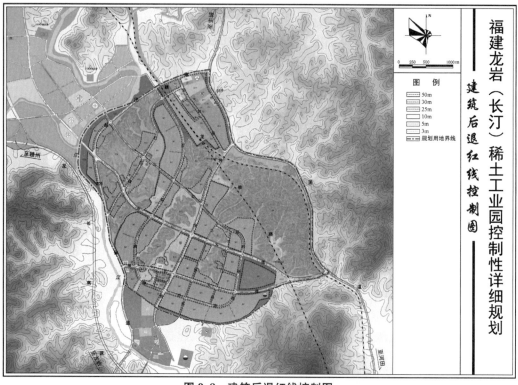

图 9.8　建筑后退红线控制图

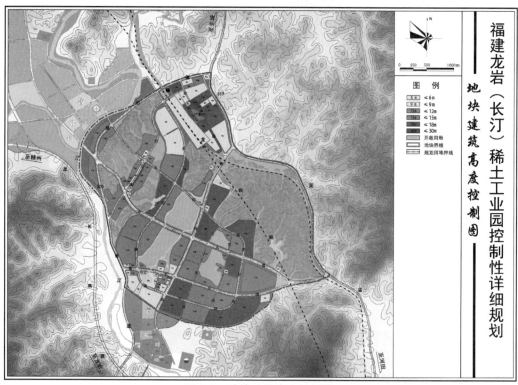

图 9.9　地块建筑高度控制图

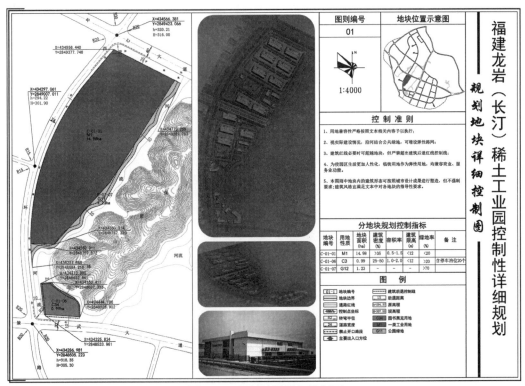

图 9.10　规划地块详细控制图

（6）四线控制规划

① 道路红线控制

红线是指规划中用于界定城市道路用地的控制线。红线控制的核心是明确道路及重要交通设施的用地范围，限定各类道路沿线建（构）筑物的用地条件。道路红线控制分主干路、次干路、支路三级控制，详见图纸红线控制与竖向规划图（图 9.11）。严格控制道路用地红线，红线内土地不得进行任何与道路功能不相符合的建设。道路实行统一的建筑后退规范，保障城市道路建设的标准化和规范化，后退距离按图纸建筑后退红线控制图规定执行。

② 城市绿线控制

绿线是指规划中界定公共绿地、防护绿地以及各类绿地的控制线，目的是控制城市各类园林、绿地的用地范围。城市绿线内的用地，不得改作他用，不得违反法律法规、强制性标准以及批准的规划进行开发建设。有关部门不得违反规定，批准在城市绿线范围内的建设项目。因建设或者其他特殊情况，需要临时占用城市绿线内用地的，必须依法办理相关审批手续。在城市绿线范围内，不符合规划要求的建筑物、构筑物及其他设施应当限期迁出。在城市绿线范围内，如属河道蓝线的范围，应同时满足河道蓝线的控制要点。对城市公园、中心绿地、沿河沿路绿地规划实行严格的控制。对居住小区级绿地及组团级绿地，严格控制其面积，对具体位置不做硬性规定。绿线规划控制图如图 9.12 所示。

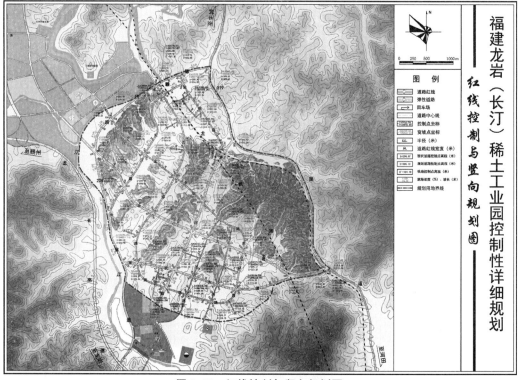

图 9.11　红线控制与竖向规划图

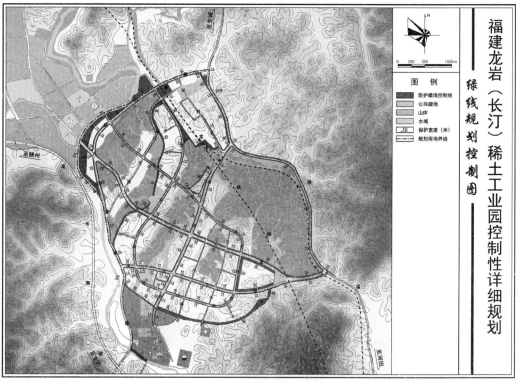

图 9.12　绿线规划控制图

③ 城市蓝线控制

蓝线是指用于划定较大面积水域、水系、湿地、水源保护区及其沿岸一定范围陆域地区保护区的控制线。规划范围内的水系均划入蓝线控制范围。不得改变原有水域形态,不得减少水域面积。在蓝线控制区内不得建设除防洪排涝必需设施外的任何其他建(构)筑物。蓝线控制可与河道两侧绿线控制要求相结合,按距离大者控制。蓝线规划控制图如图 9.13 所示。

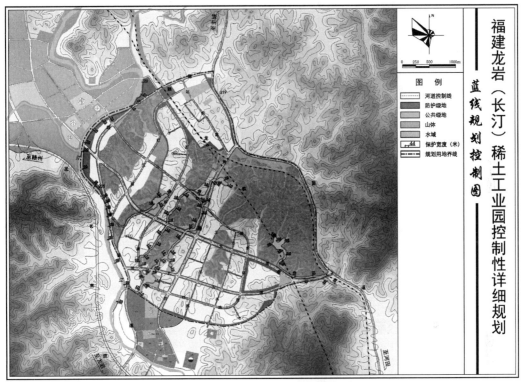

图 9.13 蓝线规划控制图

④ 城市黄线控制

黄线指对城市发展全局有影响的、城市规划中确定的、必须控制的城市基础设施用地的控制界线。园区内属城市黄线控制范围内的有:公交站场、污水处理、供燃气、供热、供电、邮政局、消防站等城市设施。城市黄线控制依据《城市黄线管理办法》的相关规定执行。在城市黄线范围内禁止进行以下活动:违反城市规划要求,进行建筑物、构筑物及其他设施的建设;违反国家有关技术标准和规范进行建设;未经批准,改装、迁移或拆毁原有城市基础设施;其他损坏城市基础设施或影响城市基础设施安全和正常运转的行为。黄线规划控制图如图 9.14 所示。

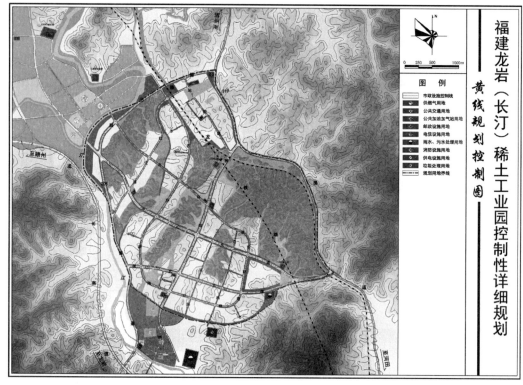

图 9.14 黄线规划控制图

9.3 数字控制性详细规划编制方法

9.3.1 编制审批流程与成果要求

（1）编制流程

① 控制性详细规划编制基本原则

依据城市（镇）总体规划，落实基础设施、公共服务设施用地以及水源地、水系、绿化、历史文化保护的地域范围等，具体规定各项控制指标和规划管理要求；不得改变城市、镇总体规划的强制性内容；如需要改变，应当先按照程序修改城市、镇总体规划。

② 控制性详细规划编制技术要求

应当综合考虑当地资源条件、环境状况、历史文化遗产、公共安全以及土地权属等因素，满足城市地下空间利用的需要，妥善处理近期与长远、局部与整体、发展与保护的关系；应当依据经批准的城市、镇总体规划，遵守国家有关标准和技术规范，采用符合国家有关规定的基础资料。

③ 控制性详细规划草案公告

规划编制完成后，组织编制机关应当依法将控制性详细规划草案予以公告，并采取论证会、听证会或者其他方式征求专家和公众意见。公告的时间不得少于 30 日。公告的时间、地点及公众提交意见的期限、方式,应当在政府信息网站以及当地主要新闻媒体上公告。

(2)审批流程

城市和县人民政府所在地镇的控制性详细规划经本级人民政府批准后,报本级人民代表大会常务委员会和上一级人民政府备案。其他镇的控制性详细规划由镇人民政府报上一级人民政府审批。控制性详细规划组织编制机关应当组织召开由有关部门和专家参加的审查会。审查通过后,组织编制机关应当将控制性详细规划草案、审查意见、公众意见及处理结果报审批机关,并通过政府信息网站以及当地主要新闻媒体等便于公众知晓的方式公布。

控制性详细规划组织编制机关应当建立控制性详细规划档案管理制度,逐步建立控制性详细规划数字化信息管理平台。控制性详细规划组织编制机关应当建立规划动态维护制度,有计划、有组织地对控制性详细规划进行评估和维护。经批准后的控制性详细规划具有法定效力,任何单位和个人不得随意修改;确需修改的,应当按照相关程序进行。

(3)成果要求

控制性详细规划编制成果由文本、图表、说明书以及各种必要的技术研究资料构成。文本和图表的内容应当一致,并作为规划管理的法定依据。下面以福建省城市控制性详细规划编制成果报备规范为例,进行控制性详细规划成果要求解读。

① 成果内容

城市控制性详细规划编制成果包括:文本、图表、附件、审查备案资料、项目基本信息和GIS数据等几个方面。文本指规划文本;图表应包括各种图纸的矢量图和栅格图、地块指标一览表;附件包括说明书、基础资料汇编、专题研究报告等。

审查备案资料应包括审查备案过程必备的各种文件,如各级政府研究意见、各级人大常委会审议意见、有关部门意见、专家意见、公示意见及其落实情况说明、规划编制工作大事记、规划编制单位内部技术审查意见以及其他相关会议的记录文件等。

项目基本信息是指用文字形式描述的项目名称、项目代码(自动生成)、行政区代码、成果类型、现状基准年、编制单位、编制时间、规划范围、规划面积、规划人口、委托单位、所在政区、成果版本、批准部门、批准时间等项目的基本信息。

GIS数据为地理数据库和数据坐标说明文本,其中地理数据库为ArcGIS 10.0及以上版本的个人地理数据库(Personal GeoDatabase),其具体要求见《福建省城市总体规划成果数据库规范》,数据坐标说明文本为描述地理数据所采用的平面坐标、中央经线坐标等相关信息的文本文件,后缀名为 * . txt;各成果版本均需提交规定的成果内容。

② 城市控制性详细规划编制成果图件报备内容

福建省城市控制性详细规划,其编制成果所包含图件应符合表9.4。福建省城市控制性详细规划编制成果各图件内容要求见《福建省城市控制性详细规划编制导则》。矢量图件具体要求见《福建省城市控制性详细规划编制成果CAD制图规范》。

表 9.4　城市控制性详细规划编制成果图件表

序号	层次	图纸图件	栅格图件	矢量图件
1	单元控规	土地利用现状图(含区位图)	必备	必备
2		土地利用规划图	必备	必备
3		道路交通及竖向规划图	必备	必备
4		工程管网规划图	必备	必备
5		"五线"和配套设施控制图	必备	必备
6		单元划分及编号图	必备	必备
7		绿地系统规划图	可选	可选
8		地下空间开发利用规划图	可选	可选
9		管线综合图	可选	可选
10	地块控规	基本单元土地利用现状图(含区位图)	必备	必备
11		基本单元土地利用规划图	必备	必备
12		基本单元"五线"和配套设施控制图	必备	必备
13		地块划分及编号图	必备	必备
14		基本单元修建性详细规划总平面图	可选	可选
15		地块修建性详细规划总平面图	可选	可选
16		基本单元城市设计方案图	可选	可选
17		基本单元日照分析图	可选	可选
18		基本单元鸟瞰图	可选	可选

备注:①"必备"表示该图件必须提交备案;"可选"表示该图件根据实际情况选择是否提交,不做强制要求;
②"五线"和配套设施控制图由分图组合成总图,总图和分图均需提交。

9.3.2　数据组织与数据结构

以《福建省城市控制性详细规划编制成果数据库规范(初稿)》为例,进行控制性详细规划数据组织与数据结构的解读。

（1）术语

① 图层 layer:表示城市总体规划编制成果空间数据库的要素类。

② 特征码 signature:表示城市总体规划编制成果图纸、文档资料类型的代码。

③ 数据库:为一定目的服务,以特定的数据存储相关联的数据集合,是数据管理的高级阶段,是从文件管理系统发展而来的。

④ 地理数据库 GeoDatabase:由关系数据库管理系统来实现,包括 ArcSDE 地理数据库、个人地理数据库和文件地理数据库。

⑤ 要素 Feature:地图上对真实世界对象的一种表示。

⑥ 要素类 Feature Class:具有相同几何类型、相同属性以及相同空间参考的地理要素的集合。

⑦ 要素集 Feature Dataset：地理数据库中共享同一空间参照系的要素类的集合。

（2）基本规定

① 高程基准采用"1985 国家高程基准"。

② 平面坐标系宜采用"2000 国家大地坐标系"。

③ 地图投影与分带采用"高斯-克吕格投影"，3°分带。

（3）数据内容

① 城市控制性详细规划编制成果数据内容包括空间数据和非空间数据。

② 空间数据内容应符合规定。

③ 非空间数据包括：规划文档、规划表格、基础资料、审查备案等要素类型。

④ 各市（县）、镇（乡）可根据需要增加数据要素的内容。

（4）要素分层和数据库结构定义

① 空间要素分层

a. 空间要素在数据库中按照规划专题分类组织、分层管理，同一专题数据应按实体类型（点、线、面）严格分开。b. 数据库中图层代码命名规则为：规划范围分类码_要素图层字符码_实体类型码，其中连接符"_"采用半角字符。c. 规划层次分类码分 DY、DK 两种，分别表示单元控规、地块控规。d. 要素图层字符码采用图层名称汉语拼音首字母命名，长度一般不超过 4 个字母，图层名称特别长的采用关键字的汉语拼音首字母命名。当两个及两个以上图层名称的关键词拼音首字母相同时，可采用英文单词的首字母加以区分。e. 实体类型码分 PT、LN、PY 三种，分别表示点、线、面三种实体类型。f. 要素图层定义表中约束条件取值：M 为"必选"，C 为"条件必选"，O 为"可选"。g. 单元控规要素图层定义应符合表 9.5 的规定。

表 9.5　单元控规要素图层定义

序号	图层分类	图层名称	实体类型	图层代码（属性表名）	约束条件	备注
1	基本单元土地利用现状图（含区位图）	用地现状	面	DK_YDXZ_PY	M	
2	基本单元土地利用规划图	规划用地	面	DK_YDGH_PY	M	
3	基本单元"五线"和配套设施控制图	绿线	线	DK_LHLX_LN	M	
		蓝线	线	DK_SXLX_LN	M	
		黄线	线	DK_SSHX_LN	M	
		紫线	线	DK_WBZX_LN	M	
		红线	线	DK_DLHX_LN	M	
		公共管理与公共服务设施	点	DK_GFSS_PT	M	
		公用设施	点	DK_GYSS_PT	M	
		道路与交通设施	点	DK_JTSS_PT	M	
4	地块划分及编号图	规划用地	面	DK_YDGH_PY	M	要素属性已在用地规划图中导出，不设单独空间图层

② 空间要素属性表结构定义

a. 空间要素属性结构描述表的名称对应本标准规定的属性表名。

b. 空间要素属性结构描述表数据库字段名称代码采用各字段名称的汉语拼音首字母命名。

c. 空间要素属性结构描述表数据库字段类型分为 INT(整型)、CHAR(文本型)、FLOAT(浮点型)、DATE(日期型)等。

d. 要素属性结构描述表中的要素代码字段值应符合《福建省城市规划编制成果要素编码与符号样式规范》的规定。

e. 用地现状、单元控规规划用地、规划范围、道路中线、快速公交线、绿线、蓝线、黄线、紫线、红线、公共管理与公共服务设施、公用设施、道路与交通设施、市政设施、控规单元、地块控规规划用地等要素属性表结构应符合相关规定。

③ 非空间要素分类与属性表结构定义

a. 非空间要素包括规划文档、基础资料和审查备案资料等要素。

b. 文档应包含规划文本、规划说明、专题报告。

c. 非空间要素分类定义和文档要素属性表结构定义应符合相关规定。

④ 属性值代码定义与空间要素符号样式

a. 线状交通类型码应符合相关规定。

b. 空间要素、用地要素分类的符号样式应符合《福建省城市规划编制成果要素编码与符号样式规范》的规定。

9.3.3 核心控制指标编绘

(1) 建筑图层建立

① 建筑物平面区域对象(多边形)生成。

方法1:地形图像人工矢量化(图9.15)。方法2:DLG 线划拓扑生成。

② 楼层属性数据派生,如图9.16所示。

方法1:人工录入。方法2:点面包含分析自动提取。

(2) 地块划分与用地图层建立

在进行地块划分的时候应注意:①按用地性质划分到中类或小类;②同一规划地块的控制要素要求相同;③规划地块至少与一条街坊内道路毗连;④地块大小控制在0.1～2 hm²;⑤对地块进行编码:街坊号＋序号。地块划分如图9.17所示。

建立用地图层主要步骤为:①地块边界划定与多边形生成;②地块属性数据库建立,数据库主要属性包括用块编号、现状地块性质、用地面积等,如图9.18所示。

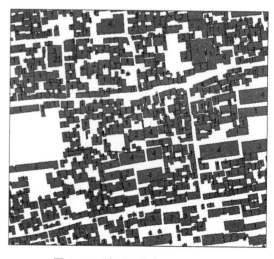

图9.15 地形图像人工矢量化

ID	层数	建筑占地面积	建筑面积	现状建筑质量	现状建筑风貌	保护与更新模式	备注
1	1	6.23	6.23	3	2	1	
2	1	41.22	41.22	3	2	1	
3	1	20.01	20.01	3	2	1	
4	1	51.55	51.55	3	2	1	
5	1	33.64	33.64	3	2	1	
6	1	33.77	33.77	3	2	1	
7	1	98.58	98.58	3	2	1	
8	1	29.63	29.63	3	2	1	
9	1	8.96	8.96	3	2	1	
10	1	25.43	25.43	3	2	1	
11	1	57.53	57.53	3	2	1	
12	1	59.41	59.41	3	2	1	
13	1	33.55	33.55	3	2	1	
14	2	174.53	349.06	3	1	1	
15	1	169.23	169.23	3	2	1	
16	1	18.89	18.09	3	2	1	
17	1	123.55	123.55	3	2	1	
18	1	10.96	10.96	3	2	1	
19	1	77.52	77.52	3	3	1	
20	1	75.11	75.11	3	3	1	
21	1	39.60	39.60	3	2	1	

图 9.16 楼层属性数据派生

图 9.17 地块划分

ID	用地编号	现状用地性质	用地面积	LandArea	现状容积率	FDF	现状建筑密度%
4,501	307	X	4,463	4,501	0	0.0	0
3,006	303	R3.M2	2,946	3,006	1	0.0	55
2,724	301	R3	2,726	2,724	1.2	0.0	40
8,236	202	X	8,266	8,236	0	0.0	0
5,741	201	X	5,818	5,741	0	0.0	0
525	306	R3	537	525	0.7	0.0	45
174	101	x	176	174	0	0.0	0
396	304	C2	397	396	1.3	0.0	55
756	302	R3	762	756	0.9	0.0	60
248	305	R3	247	248	0.9	0.0	65
517	102	R3	519	517	1.1	0.0	75
2,796	712	R3	2,767	2,796	1	0.0	70
645	711	R3	636	645	0.8	0.0	80
1,126	709	R3	1,134	1,126	1.2	0.0	75
2,375	706	R31	2,340	2,375	0.8	0.0	70
3,617	703	M22	3,598	3,617	1.3	0.0	65
622	701	R31	625	622	2.4	0.0	80
2,301	404	M2	2,297	2,301	2.8	0.0	75
2,023	403	R3	2,020	2,023	0.6	0.0	43
1,510	103	R3	1,526	1,510	1.1	0.0	80
2,730	402	R3	2,879	2,730	0.8	0.0	70
3,105	710	C2	4,583	3,105	1.3	0.0	45

图 9.18 地块属性数据

（3）基础指标数据生成

在建立用地图层后，应进行基础指标数据的生成，基础指标数据生成涉及的要素包括：地块面积、人口数、户籍统计与录入、建筑占地面积、建筑面积等，如图 9.19 所示。

图 9.19　基础指标数据生成

（4）土地开发强度指标数据生成

在基础指标数据生成后，应生成土地开发强度指标数据，主要要素为地块总建筑底面积、地块总建筑面积。主要步骤为：①工具板选择包含提取，求和统计，录入。②SQL 多表对象包含选择，如图 9.20、图 9.21 所示。③保存地块总建筑面积，如图 9.22 所示。④运用公式更新建筑密度与建筑容积率字段数据，如图 9.23 所示。

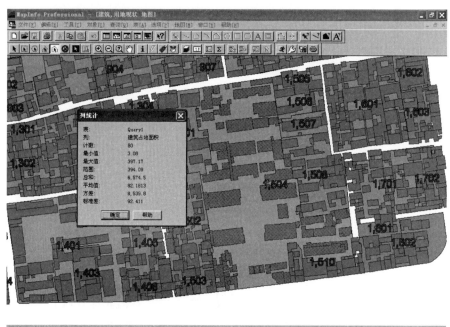

图 9.20　列统计

图 9.21　SQL 选择

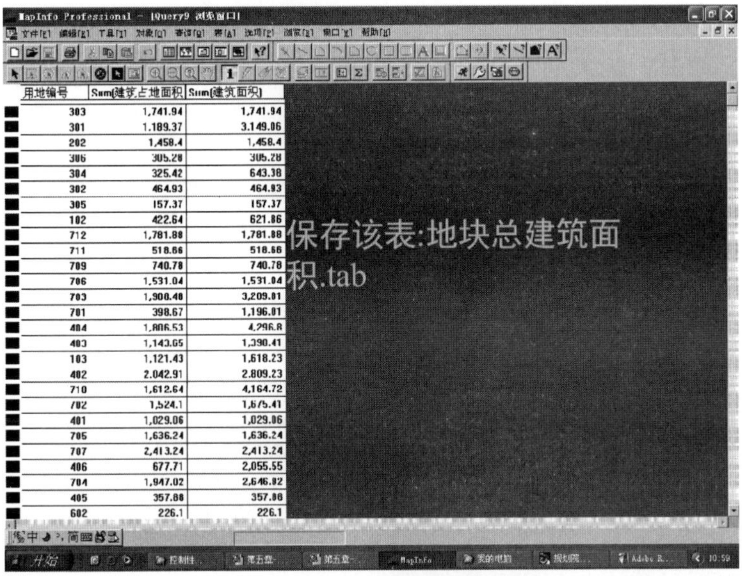

图 9.22　保存地块总建筑面积

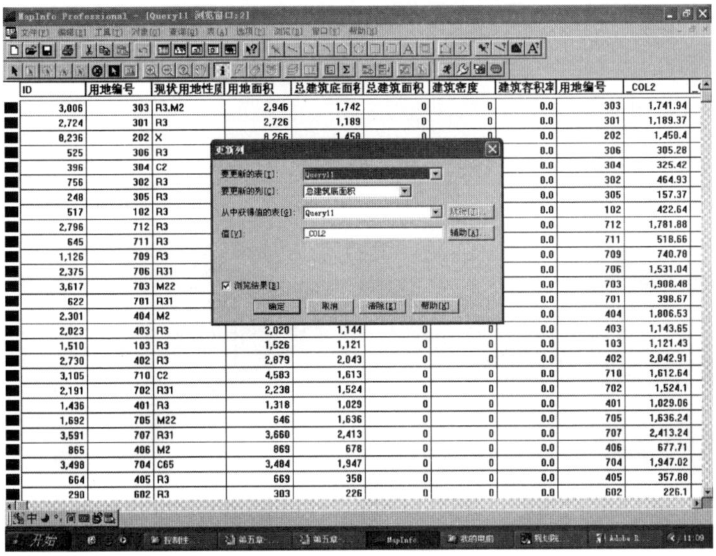

图 9.23　更新建筑密度与建筑容积率字段数据

（5）系列指标专题地图设计

控制性详细规划的系列指标专题地图设计表达如图 9.24～图 9.27 所示。

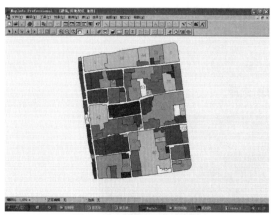

图 9.24　建筑用地现状图

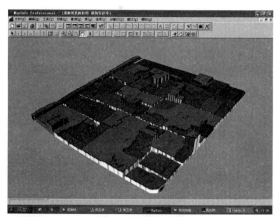

图 9.25　建筑容积率棱柱图

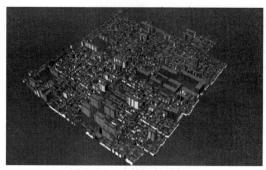

图 9.26　建筑层数棱柱图

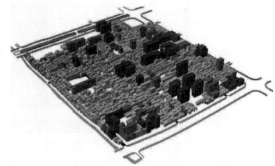

图 9.27　三维建筑现状图

（6）规划设计与建设分析

控制性详细规划的规划设计与建筑分析成果如图 9.28～图 9.31 所示。

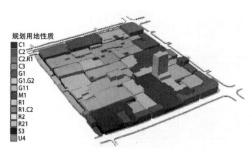

图 9.28　地块高度三维模拟控制图

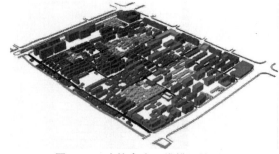

图 9.29　建筑高度三维模拟控制图

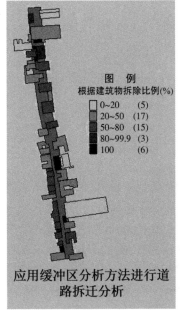

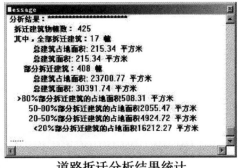

应用缓冲区分析方法进行道
路拆迁分析

道路拆迁分析结果统计

图 9.30　缓冲区生成

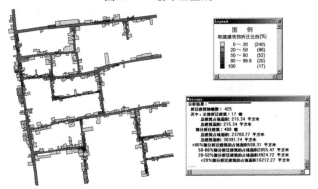

图 9.31　规划道路拆迁分析

思考题

1. 控制性详细规划的强制性指标与引导性指标是什么？

2. 容积率与哪些参数有关，怎么确定？

3. 数字控制性详细规划的数据组织应该有哪些内容？

⬡10 规划成果图辅助设计

在信息化时代背景下,计算机辅助设计作为城市规划专业的一门技术手段与应用平台,在城市规划的空间分析与工程实践方面发挥着越来越重要的作用。在过去传统的城市规划成果编制中,主要强调手绘技能对城市规划专业应用的重要性,随着时间效率和成本控制的驱动,计算机辅助在工程实践中的优势日益凸显,成为规划成果编制的主流技术。目前,我国国内辅助设计技术主要以 AutoCAD 为核心,辅以湘源控规的地块开发容量控制插件,Sketch up 的三维空间设计软件,Adobe Illustrator 与 Adobe Photoshop 等分析图示与图片美化工具。在未来我国城乡规划向国土空间规划转型的过程中,需要不断探索新的技术手段与应用方式,为科学合理地规划布局奠定技术基础。

10.1 AutoCAD 辅助设计

10.1.1 AutoCAD 软件简介

AutoCAD(Autodesk Computer Aided Design)是由美国 Autodesk 公司开发的通用计算机辅助设计软件。自 1982 年问世以来,软件性能得到了不断地完善和提升。目前 AutoCAD 已经成为一款功能强大、性能稳定、兼容性与扩展性较好的主流设计软件,在城市规划成果图编制方面占据核心地位,是目前我国规划设计行业应用最为广泛的计算机辅助绘图软件。

AutoCAD 具有优秀的二维图形和三维图形绘制功能、二次开发功能与数据管理功能。同传统的手工绘图方式相比,用 AutoCAD 绘图速度更快、精度更高。AutoCAD 具有良好的用户界面以及交互方式,通过与 GIS 等空间分析工具的结合使用,使其更科学地应用于规划成果图的编制工作中。

10.1.2 AutoCAD 主要功能介绍

AutoCAD 的工作空间由菜单栏、工具栏、选项版和功能区控制面板组成。使用工作空间时,只会显示与任务相关的菜单栏、工具栏、功能区工具和选项版等。目前该软件提供了 3 种工作空间形式,分别为 AutoCAD 二维草图与注释工作空间、三维基础工作空间和三维建模工作空间(图 10.1)。

AutoCAD 在菜单栏中将命令按其实现的功能分为文件、编辑、视图、插入、格式、工具、绘图、标注、修改、参数、窗口以及帮助几大项，单击菜单栏的某一项可以打开相应的下拉菜单，选择相关的命令。

功能区由许多面板组成，这些面板根据实现功能的不同分布在功能区的各个选项卡中，功能区可以水平显示、垂直显示。将光标放到各个面板的命令按钮上稍做停留，即会弹出相应的命令提示，以说明该按钮对应的命令以及该命令功能。

绘图区是 AutoCAD 主要的工作区域，绘图的图形在该区域中显示。坐标系图标用于表示当前绘图所使用的坐标系形式以及坐标方向。AutoCAD 提供了世界坐标系和用户坐标系两种坐标系。世界坐标系为默认坐标系，默认时水平向右为 X 轴正方向，垂直向上为 Y 轴正方向。

命令窗口用于显示用户输入的命令和 AutoCAD 提示信息，默认设置下，命令窗口是浮动形式的。AutoCAD 的状态栏则位于绘图窗口的最下方，用于显示或设置当前的绘图状态。

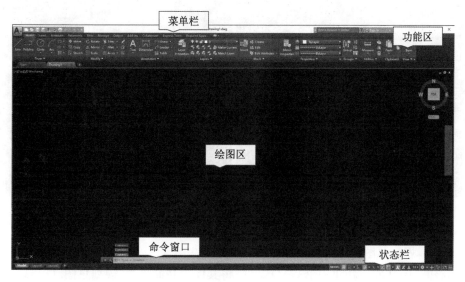

图 10.1 AutoCAD 的工具界面

10.1.3 AutoCAD 在规划成果图中的应用

目前，AutoCAD 已经被广泛地应用于包括城市规划、建筑、测绘、机械、电子、造船、汽车等许多行业，并取得了较大的成效。就城市规划领域而言，在 20 世纪 80 年代中期至 80 年代末期，国内一些知名的城市规划设计院开始使用 AutoCAD 作为规划设计的工具。由于 AutoCAD 在绘制城市规划图形要素时有操作简便、定位精确、快速高效等特点，至 90 年代初，AutoCAD 的普及率明显提高，国内大多数的规划设计院均以其作为主要的规划设计工具。由于规划设计成果在计算机里完成，图板逐渐淡出了规划设计人员的视野。与此同时，在规划设计院广泛使用 AutoCAD 这一现实情况的推动下，建设部门、规划管理部门也纷纷使用 AutoCAD，以便能充分利用规划设计成果，有效地实施城市规划管理和监督等职能。

自 20 世纪 80 年代末以来，熟练使用 AutoCAD 作为一项基本的计算机技能，逐渐被引入开设有城市规划专业的高等院校的课堂里,并被纳入城市规划专业的培养方案中。从多年的城市规划设计实践看,AutoCAD 几乎渗透到各个层面的城市规划设计中。在市县域城镇体系规划、城市总体规划、分区规划到控制性详细规划乃至修建性详细规划等方案的制订、基础设施要素的绘制以及各类规划分析图的编制过程中,均发挥着极其重要的辅助设计作用。

在城市总体规划中,通过运用 AutoCAD 可以高效地绘制城市总体规划总图(图 10.2),表现规划建设用地范围内的各项规划内容,体现规划建设用地范围内主要的路网结构和用地布局,同时 AutoCAD 也是绘制各类专项规划图的基础。

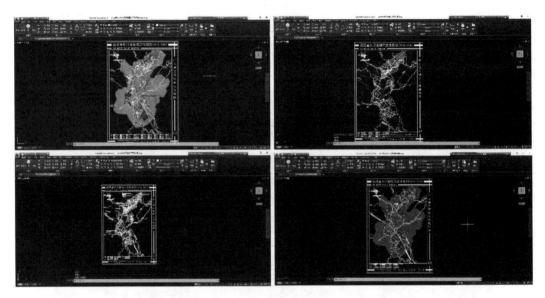

图 10.2 基于 AutoCAD 绘制的长汀总体规划图件

城市总体规划总图的 AutoCAD 绘制步骤如下:

① 新建总图文件。新建一个 CAD 文件,将其保存并命名为"规划总图.DWG"。

② 图层设置。在新建的 CAD 文件添加如下图层:地形层、道路层、各类用地边界层、文字标注层、标题标签层等,以便于绘图时对图形按特征进行统一管理。

③ 底图导入。在规划总图绘制前,应引入规划地形图,通过外部光栅图插入的方法,插入时选择合适的比例配准后即可。

④ 规划范围界限划定。在地形图或规划底图上确定规划范围,并绘制规划区范围界限。

⑤ 基础地理要素的绘制。对于一般的矢量地形图,山体等高线以及河流边界在现状图中已有绘制,无须人工勾绘。

⑥ 风玫瑰图、指北针、比例尺绘制。如果采用的是矢量地形图,一般情况下此三项均已存在,如若是光栅地形图,则需要人工绘制。

⑦ 道路网绘制。根据规划设计方案在地形图上确定道路中心线,绘制城市道路骨架,并对道路交叉口进行修剪。

⑧ 地块分界线。在规划区域内完成路网绘制后,根据规划方案绘制不同用地类型地块

的分割界限。

⑨ 用地填充。对所分割的地块进行用地性质确定,以及对应色彩填充。

⑩ 计算各类用地面积并检查用地平衡情况。在不同的用地图层上计算、统计各类用地面积,并计算人均用地指标。

⑪ 文字标注。对需要进行标注的要素插入文字进行辅助说明。

⑫ 图例、图框、图签制作。插入图中出现的所有需要详细说明的绘图要素的样例,以及选取合适的图框与图签模板。

10.2 湘源控规辅助设计

10.2.1 湘源控规软件简介

随着现代科学技术的迅猛发展及城市化进程的不断加快,计算机技术应用日益广泛,数字化、信息化技术给城市规划和管理带来一次大变革,传统的规划设计与管理办法已不再适应快速的城市发展和建设的速度。湘源规划系列软件正是基于城市规划和城市发展,提出了一套规划设计和管理的技术解决方法,实现了规划成果的标准化、规划设计的高效化、规划信息管理的科学化模式,为高效的网络化、自动化的规划管理工作及辅助城市建设决策探索出了一条成功之路。

湘源控制性详细规划,简称湘源控规,就是在这样的背景之下被推出的,软件自面世以来,受到用户的高度评价,全国近80%的规划设计和管理单位正在使用,几乎达到了普遍使用的程度。

湘源规划系列软件是在长沙市城乡规划局的大力支持下,由长沙市规划勘测设计研究院下属部门城乡规划编制中心研发的,版权归长沙市城乡规划局和长沙市勘测设计研究院共同所有。

2004年,湘源控规被长沙市城乡规划局指定为标准制图软件。2004年12月,湘源控规通过了原湖南省建设厅科技成果鉴定,获得湖南省建设科技成果推广项目证书和科学技术成果鉴定证书,同年在湖南省规划系统建议推广。到2005年9月1日止,长沙市已有17个分区规划、107个控制性详细规划是使用该软件编制的。由于成果规范、标准,为统一规划绘制、规划研究、规划建库等提供了便利,该软件的应用,提高了长沙市整体规划编制水平,加强了规划成果的可比性和可读性,便于规划公示和规划查询,在规划管理中取得了良好的效果。

湘源控规软件是国内规划行业使用最广泛最通用的专业软件,在全国的市场占有率遥遥领先于其他同类软件。同时湘源控规还积极与各大高校合作,为广大规划设计单位培养优秀人才。

10.2.2 湘源控规主要功能介绍

"湘源控规"是一套基于AutoCAD平台开发的城市控制性详细规划设计辅助软件,适用于城市分区规划、城市控制性详细规划的设计和管理。其主要功能模块有:地形生成及分析、道路系统规划、用地规划、控制指标规划、市政管网设计、总平面图设计、园林绿化设计、土方计算、日照分析、制作图则、制作图库、规划审查等(图10.3)。

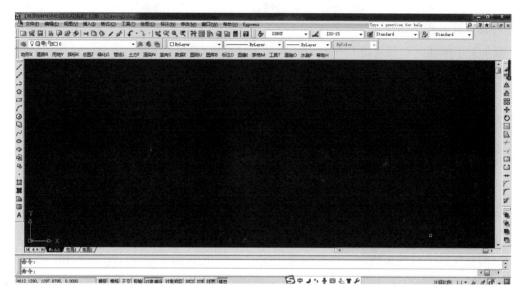

图 10.3 湘源控规软件界面

湘源控规软件提供了较强的制图、计算及分析功能,具有较高的自动化程度,能明显提高规划设计效率。系统对规划设计与规划管理功能进行了高度集成,为规划管理提供了便利,提高了审批效率。软件统一了制图标准,生成的成果图符合规划设计规范,方便了规划公示及数据建库。软件实现了规划设计与规划管理功能的高度集成,提供了图纸审核功能,实现了规划设计单位和规划管理单位的有机接轨,是一款站在规划管理和规划设计人员的角度开发的软件。

湘源控规主要技术功能如下:

① 软件由规划专业人员编写,与规划设计规范结合紧密;软件的使用可以使规划设计院的图纸标准化和规范化(在线型、颜色、图层、图则、风玫瑰图、图例等方面都可以按规划设计院的标准统一定制使用)。

② 软件自动化程度很高(道路的自动生成、交叉口自动处理、绿化带自动生成、一次性标注、用地代码一次性标注、指标块自动生成、平衡表等表格自动生成、图则的指标自动关联等);提供了很强的制图及分析功能(地形分析、高程分析、坡度分析、三维分析、日照分析、雨水量分析、图纸设计是否符合规范的提示等)。

③ 软件可以输出ArcGIS格式,与数据库相连接,实现规划图纸的多种管理方式(数据库管理、图纸管理、与GIS互换管理等)。

④ 软件能够实现图形文件和文本、表格、图像等文件之间的互相转换,极大地方便了用户。除此之外,图库、景观分析线、线型、绿化等内容非常丰富。

⑤ 软件兼容性好、互通性强、修改方便、稳定性好。在工程竖向方面更具优越性,可操作性强。软件的开发性好,用户可以根据不同地方标准进行配置(指标块任意配置、图层颜色任意配置、图则任意配置等)。软件能够极大地提高设计人员的工作效率,减轻工作强度,

减少工作量,缩短规划时间。软件的功能强大,操作流程简单实用,非常符合设计人员的操作习惯。

　　湘源控规主要功能模块有初始参数设置模块、绘制地形图模块、绘制道路系统图模块、绘制用地图模块、日照分析模块、绘制控制指标图模块、绘制总平面图模块、绘制园林绿化图模块、土方计算模块、图则制作模块、绘制管线综合图模块、工具模块(图纸水印加密以及过期销毁功能)等(图 10.4)。

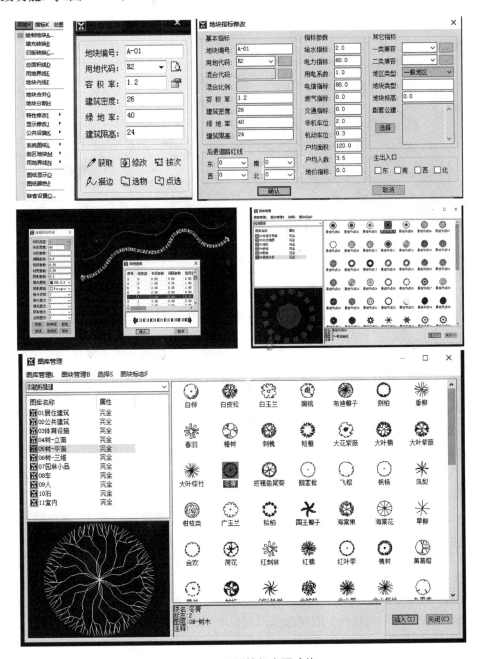

图 10.4　湘源控规主要功能

10.2.3 湘源控规在规划成果图中的应用

湘源控规如其名所言,主要针对的是控制性详细规划的成果图编制,在传统的控规成果图编制过程中,单纯依靠 AutoCAD,在地块编制、路网生成以及地块开发容量的控制方面需要通过人工的单一勾绘。在湘源控规当中,将单一的重复劳动转化为一键生成以及表格式输入指标数据,大大降低了工作强度,便于规划师绘制相关控规总图以及图则,如图10.5所示为长汀历史街区控制性详细规划。以下将简单介绍湘源控规几大核心功能以及操作步骤。

图 10.5　长汀历史街区控制性详细规划

(1) 地块编制。首先创建地块边界线,通过选择用地-绘制地块命令,依据《城市用地分类与规划建设用地标准》(GB 50137—2011),选择对应的用地代码,同时输入该地块的开发强度以及地块编号,通过点选地块即可一键生成带有属性的地块。

(2) 控制指标规划。使用湘源控规界面指标-指标修改,对每个地块的控制指标(地块编号、用地性质、建筑限高、容积率、建筑密度、绿地率等)进行赋值以及修改,修改后可以利用湘源控规界面指标-统计表格-指标总表-文件输出命令输出指标控制 Excel 表格。

(3) 道路系统规划。首先绘制道路网中心线,利用湘源控规界面中道路-单线转路命令,设置好路幅、横断面形式、道路类型三个参数,可点选道路中心线生成规划道路。进而可一键生成交叉口、横断面符号标注、横断面图、道路坐标、道路宽度标注、道路转弯半径等信息。

(4) 图则绘制。首先选择合适的图则模板框,设置相关图则参数,对图则中不同图层的显示顺序进行调整,再进行人工分幅划分图框和街区,最后即可一键生成多幅图则。

(5) GIS 交互。湘源控规支持将所绘制的数据输出为 GIS 图层数据以及 GIS 数据的输入转换,便于规划师们构建相关空间数据库与修改图件。

10.3　SketchUp 辅助设计

10.3.1　SketchUp 软件简介

随着计算机设计技术的发展及相关制图软件的开发,设计行业从原有徒手绘图逐渐演变成计算机制图,但是制图软件复杂的命令以及烦琐的操作使规划师的创作思路和设计热情流失在计算机绘图之中。尤其是三维制图,不仅要求能直观地反映空间体块效果,而且要求能够在后期对环境、材质等细节进行设计优化和美观处理。为满足上述需求,SketchUp 应运而生,由 Last Software 软件公司开发,最早的版本于 2000 年 8 月发布。

SketchUp 是一款极受欢迎且易于使用的 3D 设计软件,它是电子设计中的"铅笔",使用简便、上手快速,其创作过程不仅能够充分表达规划师的思想,而且能够较好地满足客户即时交流的需要。

SketchUp 因其直观、安装使用方便等优点深受规划师的喜爱,不管是宏观的城市空间形态,还是中微观、详细的规划设计,其辅助建模以及分析功能都大大解放了规划师的双手,提高了规划编制的科学性与合理性。目前,SketchUp 被广泛应用于总体城市设计、控制性详细规划、修建性详细设计以及概念性规划等不同规划类型项目中。

10.3.2　SketchUp 主要功能介绍

SketchUp 的界面简洁,不同于其他设计软件的复杂操作,菜单命令基本拥有对应的图标工具(图 10.6),使命令效果简单直观,如绘图工具列表,自上而下,自左至右分别是矩形、直线、圆、圆弧、多边形、徒手画笔等工具。除此以外,软件自带的快捷键也较为便捷,用户可根据使用习惯自定义快捷键,从而大大提高了效率(图 10.7)。

SketchUp 是为了辅助设计而特别研发的,与 CAD 和 3DSMAX 有很大的不同。SketchUp 环境中的模型由边线和表面两个基本元素构成,后者是通过前者围合而成的。这些相互连接的边线与表面和周边几何体保持关联性,使得 SketchUp 在设计时可以通过推拉、移动等功能快速获得几何体,而当需要删除一个面的时候,只需要删除该表面的任一边线即可(图10.8)。绘制完体块后可以通过赋予材质以及调整阴影等方式,让整体场景更为真实与立体。

10.3.3　SketchUp 在规划成果图中的应用

SketchUp 较多地运用于三维空间的设计与效果展示。在实际的规划成果项目中,一般先于二维平面进行要素布局规划;通过 CAD 可以快速地绘制出总平面,进而可将其导入 GIS 中进行高度属性赋值,统一拉出相应的高度,成为体块;通过 GIS 插件可将绘制好的场景体块与地形 DEM 以 SU 文件格式导入 SketchUp 绘图场景中进行材质赋值以及细节模型的调整(图 10.9)。该方法避免了大场景的建筑体量过多,建模拉伸时间过长,且便于整体数据的管理。目前 SketchUp 当中也有许多用户开发了不同类型的插件,同样可实现上述的功能,通过基于 SketchUp 的插件,可实现从 CAD 直接导入 SketchUp 进行后期建模,但 SketchUp 当中的插件具有稳定性差,且无法处理大场景的缺点,因此同时运用 CAD、GIS 与 SketchUp 更为高效稳定。

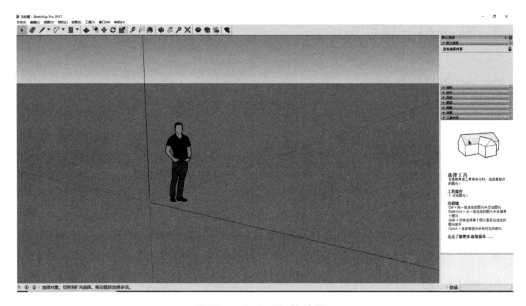

图 10.6　SketchUp 软件界面

线段		L	漫游		W	平行偏移		0
圆弧		A	透明显示		Alt+	量角器		V
多边形		N	消隐显示		Alt+2	尺寸标示		D
选择		空格键	贴图显示		Alt+4	三维文字		Shift+T
橡皮擦		E	等角透视		F2	视图平稳		H
移动		M	前视图		F4	充满视图		Shift+Z
缩放		S	左视图		F6	回到下个视图		F9
路径跟随		J	矩形		B	绕轴旋转		K
测量		Q	圆		C	添加剖面		P
文字标注		T	不规则线段		F	线框显示		Alt+1
坐标轴		Y	油漆桶		X	着色显示		Alt+3
视图旋转		鼠标中键	定义组件		G	顶视图		F3
视图缩放		Z	旋转		R	后视图		F5
恢复上个视图		F8	推拉		U	左视图		F7
相机位置		I						

图 10.7　SketchUp 主要功能以及快捷键

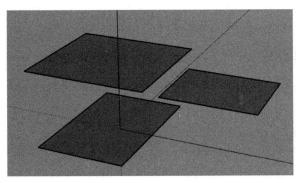
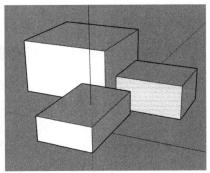

图 10.8　SketchUp 快速建模

图 10.9　长汀南部新城概念规划

10.4　Adobe Illustrator 辅助设计

10.4.1　Adobe Illustrator 软件简介

Adobe Illustrator 作为一款优秀的平面矢量图形设计软件，出自 Adobe 公司，它可以快速、方便地制作出各种形态逼真、颜色丰富的图形，并具有进行文字排版和图表处理等功能，普遍受到出版、平面设计、多媒体等行业好评，并以其强大的功能和体贴用户的界面设计占据了全球矢量绘图软件的大部分市场份额。

在城市规划设计过程中，设计者往往要对规划对象和设计内容用一定的方式进行概括性表达，以便使他人能够更好地理解规划对象的实际情况和现状条件、规划师的设计思路和设计意图等内容。例如总体规划中的区位分析、现状分析、功能结构分析，详细规划中的空间组合分析、交通流线分析、景观视线分析等，即分析图的绘制。

分析图是指设计者用一种或多种象征和抽象的图解语言形式来概括表达具体的或抽象的设计内容的图示表现方式，是辅助规划方案构思和解读的重要手段。规划分析图的表达不像方案总图和其他专项图纸表达那样具备较为完善的规范和标准，它本身既无固定格式可循，也或多或少地带有某种程度的随意性，这种特性使其难以被冠以某种制式。

Adobe Illustrator 在城市规划领域更多地运用于分析图的绘制，由于其具有大量的分析工具,以及矢量的编辑方式,便于面块、轴线、节点的绘制、修改,在规划成果图后期加工中发挥了重要的作用。

10.4.2　Adobe Illustrator 主要功能介绍

Adobe Illustrator 的工作界面主要由文档窗口、工具箱、工具属性栏、面板、菜单栏以及状态栏等组成(图 10.10)。文档窗口是用户编辑图稿的区域,主要由"标题栏""工作区"和"滚动条"组成。工具箱中集合了用于创建和编辑图形、图像和页面元素的各种工具。Illustrator 系统提供了 24 种面板,主要用于配合编辑图稿、设置工具参数和选项等。在 Illustrator 菜单栏中包含了文件、编辑、对象、文字、选择、效果、视图、窗口和帮助等 9 个主菜单。状态栏位于文档窗口底部,显示了当前文档窗口的显示比例、面板数量、当前使用工具等信息。

10.4.3　Adobe Illustrator 在规划成果图中的应用

Adobe Illustrator 大多运用于规划成果图后期处理,且多运用于相关分析图的绘制。通常情况下,在不同类型的规划编制中,前期通过 GIS、CAD 等软件编制了现状的图件以及规划总底图,导出统一的 JPG 底图图件。再将底图图件导入 Adobe Illustrator 中,通过画笔及多边形等常用功能,将所要划分的区域、轴线以及重要节点标示于正确位置,通过双击不同要素,可在面板上进行大小、粗细、线型、颜色、透明度等的修改,最后加入图框、比例尺、风玫瑰等要素导出成图。

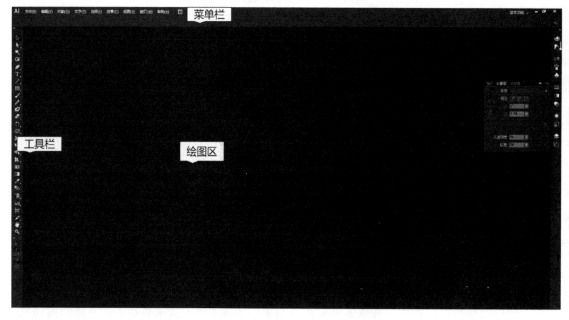

图 10.10　Adobe Illustrator 软件界面

10.5 Adobe Photoshop 辅助设计

10.5.1 Adobe Photoshop 软件简介

Adobe Photoshop 作为 Adobe 公司旗下最出名的图像处理软件之一,于 1990 年 2 月正式发布,是集图像扫描、编辑修改、图像制作、广告创意、图像输入与输出于一体的图形图像处理软件,深受广大平面设计人员和电脑美术爱好者的喜爱。

从功能上看,Adobe Photoshop 可分为图像编辑、图像合成、校色调色以及特效制作部分。图像编辑是图像处理的基础,用户可以对图形做各种变换,也可以进行复制,去除斑点等操作。图像合成则是将几幅图像通过图层操作、工具应用合成完整的、传达明确意义的图像。校色调色可方便快捷地对图像的颜色进行明暗、色偏的调整和矫正,也可以在不同颜色间进行切换以满足图像在不同领域的应用需要。特效制作在 Adobe Photoshop 中主要由滤镜、通道以及工具综合应用完成,包括图像的特效创意和特效字的制作。

10.5.2 Adobe Photoshop 主要功能介绍

Adobe Photoshop 的工作界面由菜单栏、控制面板、工具面板、面板、文档串钩和状态栏等部分组成(图 10.11)。菜单栏是 Adobe Photoshop 的重要组成部分,包含了文件、编辑、图像、图层、文字、选择、滤镜等 11 个命令菜单。在 Adobe Photoshop 工具面板中,包含了很多工具图标,其中工具功能与用途大致可分为选取、编辑、绘图、修图、路径、文字、填色以及预览等。控制面板在 Adobe Photoshop 的应用中具有非常关键的作用,它位于菜单栏的下方,用户可以很方便地利用它来设置工具的各种属性。面板是 Adobe Photoshop 工作区中最常使用的组成部分,通过面板可以完成图像编辑处理时命令参数的设置,以及图层、路径、通道编辑等操作。状态栏位于文档窗口的顶部,用于显示诸如当前图像的缩放比例、文件大

图 10.11 Adobe Photoshop 软件界面

小以及有关当前使用工具的简要说明信息。

10.5.3　Adobe Photoshop 在规划成果图中的应用

在传统的规划成果图编制过程中,单纯依靠 CAD 所绘图件,受限于其线型、色彩的单一性,难以获得美观的效果,所以规划师往往在 CAD 中绘制好相关的图形要素,分别以不同的图层形式以 EPS 文件形式导出,再通过 Photoshop 将其转换为不同的图层。Photoshop 可以对不同类型的规划要素进行后期的美化,例如调整其线型、粗细、颜色等,从而提升整体图面的美观性。

Photoshop 内通道以及色彩选择可以大范围地对整体图件进行编辑,在项目编辑过程中,如遇到小范围调整时,规划师首先考虑利用 Photoshop 进行修改,从而保证制图的高效性与便捷性。

在 GIS 软件不断提升与普及的情况下,越来越多的规划师转向在 GIS 内完成整套图件的绘制。GIS 自身矢量的编辑模式可用于修改,且其色彩丰富,线型明晰,所绘成果图独具风格。但 Photoshop 强大的图形编辑效果,使规划图件逼近于真实场景成为可能,所以其依然是规划成果图后期的有力工具。

思考题

1. 如何运用 AutoCAD 软件在总体规划中绘制道路与用地?
2. 如何运用湘源控规软件在控制性详细规划中快速的设置指标?
3. 如何运用 SketchUp 软件在城市设计中绘制三维建筑形体?
4. 如何运用 AI 软件绘制规划分析图?
5. 如何运用 Adobe Photoshop 软件调整规划成果图的色彩?

第四部分

数字城市规划技术拓展与智慧规划创新

第三部分系统地阐述了以 GIS 为支撑平台的多种空间分析与可视化技术在多尺度城乡空间规划编制实践中的科学应用模式，其业已表明，数字技术已全方位的渗透到规划编制的调查、分析和方案设计全过程。可以预见，随着网络大数据和机器学习等智能化技术的高速发展，未来的国土空间规划领域将很快迈进智慧规划时代。因此，国土空间规划的智慧创新将成为未来规划领域产学研的主旋律。本部分呼应这一学科发展的前沿方向，从目前区域城乡规划（抑或国土空间规划）体系中空间表达更为复杂的城市专项规划的数字技术集成应用需要、社会大数据中通过空间特征挖掘技术创新而进行的探索性规划研究两个方面来展示智慧规划创新的价值意义。

第 11 章选取的三个案例，来自不同类别的规划实践。第一个案例，洛阳涧河滨水生态景观规划与设计是地方政府在当地规划设计院不知如何做一条河的生态景观综合整治规划设计的背景下，编者团队通过与建筑园林设计公司联合投标的中标项目。因涧河两岸为城市内部衰退地区，功能复杂，因此，编者在充分研读标书中多个治理目标后，提出了以民生为价值导向的规划模式；随后编者将本教程前面介绍的各种分析技术手段逐一用来进行涧河滨水景观的时空多情景分析，包括水体防洪治污、水面与两岸地标建筑视廊、河道护岸及历史文化展示、桥梁节点可达性、两岸小区居民休闲空间打造等多个维度，取得了绝对的竞争优势。该案例充分体现了 GIS 建模分析对规划设计方案的科学性和可操作性的提升。第二个案例，上杭客家新城概念性规划与设计案例突出了运用雨洪模拟技术划分基地微流域来保障未来新城的防洪排涝安全，从而为山地城市新区如何因地制宜进行功能布局设计打下了生态安全基础。第三个案例，基于空间句法与可达性的规划分析，针对 21 世纪初南京古城内一条支路拓宽带来的社区环境、文化保护、生态景观和交通工程等一系列的问题如何运用空间句法、可达成本等建模技术进行系统性的综合分析研究来证明该工程对片区带来的利弊，分析结果科学的说明了该工程的不合时宜。

第 12 章针对近几年大数据技术在规划中应用的兴起，在梳理空间大数据概念内涵、基本特征的基础上，归纳总结了目前主要采用的互联网大数据采集、空间化组织技术和大数据空间分析技术。最后介绍了编者团队近年来进行大数据规划应用研究的两个案例，其一以上海中心城区为例，利用共享单车等时空大数据进行了共享单车带来的交通新特征分析及其对交通枢纽功能区的优化布局；其二以南京老城区为例，运用挖掘的 POI 数据，结合现状土地利用数据识别老城区空间中各类用地空间的主导功能特征，可为老城有机更新提供科学依据。该章内容为读者展现了大数据时代新兴的规划时空分析模拟的技术特点。

11 数字规划技术集成开发应用案例

进入 21 世纪后,随着社会经济的迅猛发展,我国城市空间拓展的需求越来越强烈。但与此同时,城市作为一个开放的巨系统所产生和面临的问题也越来越具象化、复杂化,产业、生态、文化、交通等多个维度间的相互联系日益增强,往往"牵一发而动全身"。因此,在一座城市实施方案之前是否做好科学分析、找到客观事物与城市空间相互作用的规律,从而根据空间规律去制定方案成了重中之重。这时,相比传统的规划做法,数字规划技术开发应用就具有高度的优越性。在这一时代需求背景下,近年来南京大学数字城市与智慧规划团队先后承接了多个规划编制任务,秉承"调查-分析-规划"的逻辑思路,通过对城市诸要素间基本关系的研究,以正确的价值导向为引导,发展了一系列以 GIS 数字空间分析技术为基础的建模分析方法,其中一些综合研究与规划案例成为数字规划技术在规划设计项目中集成开发应用的成功典范。本章选取了其中三个典型案例,对技术应用的科学规划模式进行提炼。

11.1 洛阳涧河滨水生态景观规划与设计

"水者,地之血气,如筋脉之通流者也",自古以来,人类就依水而居,古今中外几乎所有城市的诞生与延续都离不开水,河流产生和孕育了城市文明,是城市历史、社会与文化的"根基"。20 世纪 80 年代以来,我国的工业化浪潮推动着城市急速发展与扩张,侵吞和破坏了河流水系生态环境,造成人与水的疏离,许多城市的内河沿岸地区出现了河流水体黑臭、河道污染、滨岸建筑景观凌乱、交通拥塞等严重问题,使得城市最早的聚居环境,日益变成都市的失落空间。进入 21 世纪,随着我国社会经济的持续发展,城市综合实力有了显著的提高,许多城市确立了建设生态文明城市的目标,改善现有内河滨水区景观生态环境,已经成为现代城市发展的一项重要任务。

在这一时代背景下,编者团队于 2009 年承接了洛阳市涧河两岸景观规划编制任务。通过详细调查,发现洛阳市涧河存在我国城市内河地区普遍出现的上述人、城与河流失衡的关系,而要实现编制要求提出的"为进一步提高洛阳市城市品位与人居环境,塑造涧河两岸滨水风光带,彰显山水城市特色,充分发挥涧河及其沿岸地块的社会效益、经济效益和环境效益"的规划目标,必须在规划中树立民生价值导向,并以此为纲,构建河道自然生态修复、两岸用地功能优化和滨水宜人活动景观塑造的规划设计体系,从而实现一种人与自然和谐共生的内河复兴景象。为此,编者团队开发了一种以 GIS 数字空间分析技术为基础的水体流量疏导、人流可达交通组织和三维景观视廊分析等建模分析方法。本案例重点介绍这种"治水、治岸、治地"的生态景观科学规划模式。

11.1.1 城市内河复兴的民生价值

（1）民生理念溯源

"民生"一词最早出现在《左传·宣公十二年》，所谓"民生在勤，勤则不匮"。在中国传统社会中，民生一般是指百姓的基本生计。到了 20 世纪 20 年代，孙中山给"民生"注入了新的内涵，将之上升到"主义"、国家方针大政以及历史观这样一个前所未有的高度。孙中山对民生问题较为经典的解释是："民生就是人民的生活——社会的生存，国民的生计，群众的生命。"

（2）民生理念的价值内涵

"民众的生计"，是一个带有人本思想和人文关怀的词语，语境中渗透着一种大众情怀。在现代社会中，民生之本已由原来的生产、生活资料，上升为生活形态、文化模式、市民精神等物质需求与精神特征的整体样态。从需求角度看，民生是指与实现人的生存权利有关的全部需求和与实现人的发展权利有关的普遍需求。前者强调的是生存条件，后者追求的是生活质量。从责任角度看，就是政府施政的最高准则。

（3）城市对河流的依存关系

现代城市在江河提供基本的生产生活用水需求的同时，城市内部河湖水系已成为城市景观生态安全保障、空间结构优化、居民生活环境质量提高和文化品质提升的核心元素。因此，对于我国有一定历史的城市来说，根治久已衰败的老城内河滨水带是城市内河地区复兴的新举措，也是真正解决城市民生问题的重要切入点。

（4）城市内河复兴的民生引领

基于上述认知，城市内河复兴可以从以下 4 个方面引领：

①河道疏浚——保障民生安全。提高洪水疏泄能力，提升防洪排涝标准，保障居民生命安全。②水污染治理——改善民生条件。对沿河污染口污水截流处理，将使河水变清，恶臭根除，沿岸居民的居住环境得到根本性改变。③绿地系统重构——提高民生质量。通过建设滨河绿廊带，营造宜人的自然风光，使之成为市民的休闲场所，将极大地提高居民生活质量。④公共服务建设——促进民生发展。通过文化娱乐、公共服务及其慢行交通系统等配套基础设施建设，将使滨河地区成为城市最具活力的地带。

11.1.2 民生为本的规划模式构建

（1）内河在城市中的地位认知

洛阳自古为九州腹地。宋代李格非说："洛阳处天下之中。""中国"一词的最初含义，也原指洛阳一带。以洛阳为中心的河洛文化，作为中原文化的核心，构成了华夏文明的重要组成部分。洛阳山水交融，群山环抱，四水穿流，自古就被誉为"河山拱戴，形胜甲于天下"。

涧河为四水之一，作为洛阳内河历史悠久，3 000 多年前的东周灵王时，曾引涧河水入洛阳京都，作为洛阳地区的农业用水和生活用水，涧河与古都人民生活与环境美化关系极为密切。

（2）城河发展关系演进

由古至今，洛阳都城、府城和现代城市建设一直与河水紧密相依。洛阳城市发展的各个阶段均与涧河息息相关，涧河的整治、规划不仅可以带动周边区域的更新改造，同时可以重新确立涧河在洛阳城市中的地位。

对 1949 年以来的历次总体规划进行总结提炼来看,涧河两岸作为城市的重要发展地区,洛阳总规中的定位体现了城河关系呈现出从分离走向融合的变化特征。第一期总体规划侧重两岸城市建设发展;第二期总体规划将其作为分隔城市片区的界限,对沿岸用地进行有侧重的规划;第三期总体规划亦为分隔城市片区的界限;第四期总体规划提升为城市绿色廊道和滨水景观次轴。

(3)民生为本的内河规划重点

涧河作为古都洛阳城市内河见证了近三千年十三个朝代的历史兴衰,其两岸在近代业已发展为城市核心区域。涧河两岸理应成为古都一条靓丽的风景生态廊道和充满人文活力的都市生活区。因此,以民生为本作为核心价值的规划重点为:①生态文明为基:对水安全与水环境进行综合整治、重塑河道与两岸绿廊生态景观。②文化底蕴为脉:在滨水景观设计中融入文化墙与小品来展示古都历史文化风情特色。③公共服务为介:对近岸区域进行居住和商服功能优化,整体提升环境质量。④慢行交通为纽:构建完善的滨河慢行交通系统,使规划惠及居民,体现社会公平。

(4)规划总体模式

依据上述分析,在以民生和谐为核心规划价值观和方法论引导上,提出了"治水、治岸、治地"的总体模式,先进行河道整体治理,然后再从空间结构、功能分区、土地利用、开放空间、景观规划、景点设计等方面进行具体的规划设计。图 11.1 表达了基于涧河案例的城市内河生态景观综合规划的总体框架图。其中,规划支撑中的专题研究通过本教程建立的空间分析模型成为该模式具有科学性的关键。

11.1.3 内河地区现状认知

(1)河流现状

涧河是黄河二级支流,洛河第二大支流。全长约 18 km,流域面积 1 430 km²,下游在洛阳主城区段长约 7 km。涧河为典型的北方山区河流,夏季流量较大,每年 7～9 月为丰水期,流量占到全年流量的一半以上,而秋冬枯水期则仅依靠各级支流及泉水维持流量。因此,涧河夏季洪水安全威胁严峻,而秋冬枯水期河道景观荒凉,由于涧河下游城区段河道内有多处生产生活排污管道,涧河整体水质始终处于劣 V 类水平。涧河堤顶与常水位高差大,堤内存在大量农田、绿地。护坡分为软质、硬质两类;软质护坡包括裸露泥土地及有植被覆盖的护坡两类,硬质护坡多为毛石砌筑。图 11.2 中左图的卫星影像图展现了涧河流域与黄河小浪底段调水的空间关系,以及与洛河、洛阳城区的区位关系;右图则反映了涧河下游与城市街区的空间关系。

(2)沿岸现状

通过土地利用分析可知,涧河沿岸 500 m 宽度带状滨河区域土地利用结构为:水域用地面积所占近一半;其次为居住用地;再次为工业用地;公共服务设施用地、绿地较少。在两岸建筑景观上,西北部以低层建筑为主,中部主要为中高层与多层,南部相对混杂。沿岸文化景观包括王城公园、王城动物园等景点。

(3)道路现状

涧河自同乐桥以下共约 7 km 河道上,有车行桥 4 座,跨河道路主要为交通功能,使得

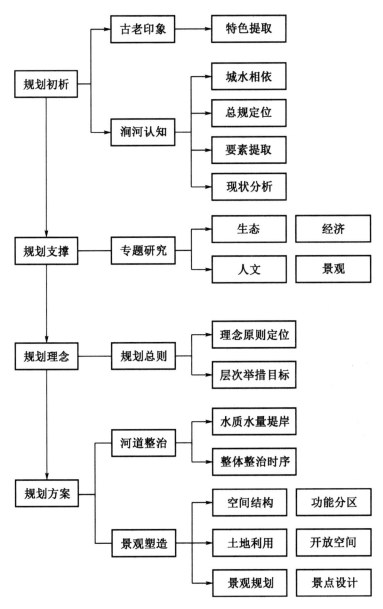

图 11.1 规划总体框架图

通过现状跨河交通为涧河营造亲水氛围有一定难度。涧河全线现仅有步行桥 1 座,且位于王城公园内部,步行交通的匮乏在一定程度上使得涧河对周边人流不具有足够的吸引力。现状滨河道路由北至南,很大一部分道路在居住区及工厂内部,难以穿越。现状滨河开敞空间严重缺乏,仅有一小型绿地广场。桥梁大多以快速穿越为目的,功能单一,而且桥梁形态趋同,缺乏设计美感。

（4）滨水空间景观现状

图 11.3 反映了涧河下游沿岸自同乐桥到河口彩虹桥河段的多角度景观特色,提炼归纳了沿岸建筑立面、形态、色彩和天际线等景观问题,还对重要的节点桥梁的特色进行了评价。

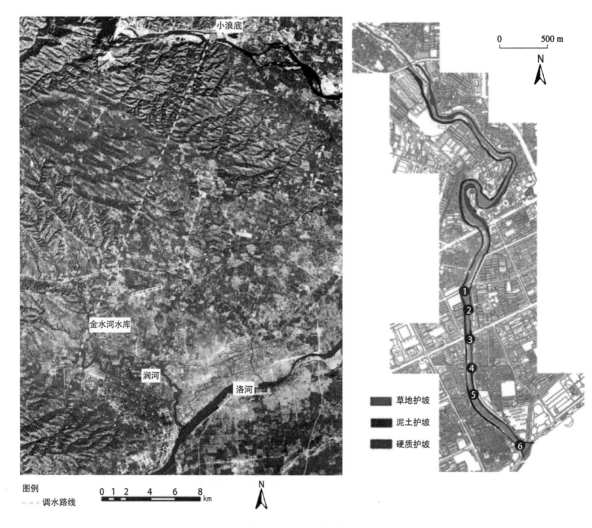

图 11.2　河流现状

11.1.4　民生规划问题的科学诊断

按照近代规划大师盖迪斯"调查-分析-规划"的方法体系,集成运用 GIS 多种空间分析技术进行建模分析,创建了 3 个层次的内河复兴规划空间定量分析方法。分别为:河道治水治污的过程化空间分析、沿岸区域功能优化的时空可达性分析和滨河两岸景观重塑的三维空间分析。这里介绍建模分析思路。

（1）河道治水治污的过程化空间分析

治理目标:保障汛期洪水安全,配合城中村改造,做好污水截流;修筑堤坝,营造景观水面;补充水源,提高河流水质。统筹发挥水系内在功能,形成水安全→水生态→水景观的治理体系;分区涵养水生态、截流处理工业城镇生活污水、分段打造景观用水等策略来实现分片治理,有序改造。

分析思路:通过大比例尺数字地形图构建数字高程模型（DEM）,结合高分辨率遥感影

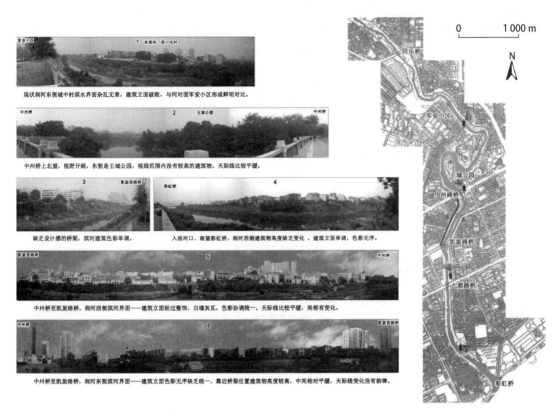

图 11.3 滨水空间现状

像信息,对涧河下游流域的集水区进行划定,进行水动力过程定量分析,确定特大洪水淹没边界,从而依此划定河段水生态涵养区、工业污水排放管控区和亲水景观区,并进行范围边界、纳污容量和水景水量等计算。

(2)沿岸区域功能优化的时空可达性分析

优化理念:涧河沿岸"近水而不亲水",河道两侧空间局促,导致涧河没有充分展现其活力,在规划中涧河沿岸应更多地作为居民活动、休憩、游览空间进行整治。在目前城市交通日益拥堵的情况下,沿河两侧空间可以考虑开辟慢行交通系统,以提高居民休闲、出行质量,改善慢行交通环境。

分析思路:首先,在对周边区域道路系统特征提取基础上,从道路可达性、开敞空间系统、步行系统等方面进行空间分析。然后,结合现状与上位规划,以及周边人口密度、居民出行需求,进行路网系统调整改善。最后,从慢行交通的角度,进行非机动车、步行交通系统的规划设计,在此基础上策划适宜的休闲娱乐活动,以期改善沿河的慢行交通环境,丰富居民的亲水娱乐活动。具体技术路线见图 11.4。

(3)滨河两岸景观重塑的三维空间分析

分析视角:洛阳涧河三维视廊分析是由景观点、主要视点以及它们之间的各种视觉关联组成的,通过点的确立突出了洛阳的城市风貌特色,通过有意识的构建点之间的空间联系,强化洛阳标志性建筑与涧河的联系。

技术要点:基于传统纺锤体控制的基本理念,运用 ArcGIS 软件视域分析技术,选取涧河沿线景观价值较高的高层建筑及其洛阳市内的主要标志性建筑,对视线走向、视角、视域等各种视觉艺术要素在涧河滨水区空间塑造、景观组织中进行具体分析(图 11.5)。

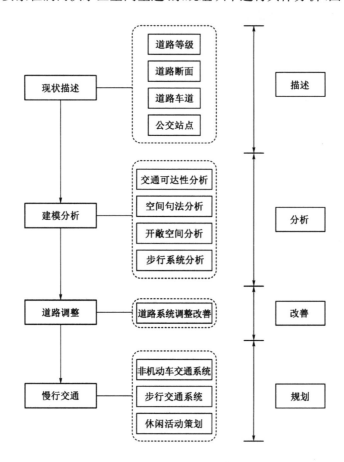

图 11.4　研究思路示意图

图 11.5　三维空间分析图

11.1.5 规划与设计成果特色

（1）功能分区规划

在河道整治中充分考虑涧河两岸的历史文化特色，结合两岸居民日常生活，如购物、休闲和文化娱乐等多方面需求，规划以下六大功能区：

①上游生态涵养区：保护和恢复影响水域生态的湿地、滩地、湖泊等自然生态用地。②民生改善示范区：充分利用东涧沟、小屯遗址资源，将该地区打造为亲水宜居的现代生活示范区。③东周历史文化展示区：结合王城公园进行滨河沿线景观环境改造，将历史遗存进行再利用。④亲水休闲娱乐区：开发兼具娱乐文化功能和商业、快餐、饭店、咖啡厅等内容的休闲服务设施。⑤生活运动休闲区：临水处布置广场、绿地、步行道等，为居民日常休闲、游憩提供良好的场所。⑥河口风貌区：布置绿地、广场和景观建筑构，营建兼具文化功能的河口风貌滨水活动空间。

（2）土地利用规划

以城市总体规划及相关城中村控制性详细规划为依据，结合现状空间分析结果，将涧河沿岸规划成景观、居住、休闲为一体的城市生态宜居绿廊（图11.6）。

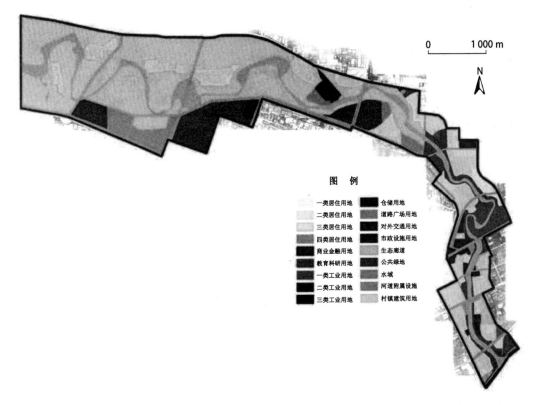

图11.6 土地利用规划图

（3）道路交通规划

根据空间句法集成度分析（图11.7）结果，在沿河集成度低的区域，行人不易集聚，因此增加部分过河交通。划定步行桥15～20 min范围为慢行核。依据洛阳城市总体规划和相关城中村控制性规划,增加泰山路与丽春路两条通道沟通涧河两岸的城市道路交通。结合景观需求规划拟增设三座人行景观桥。

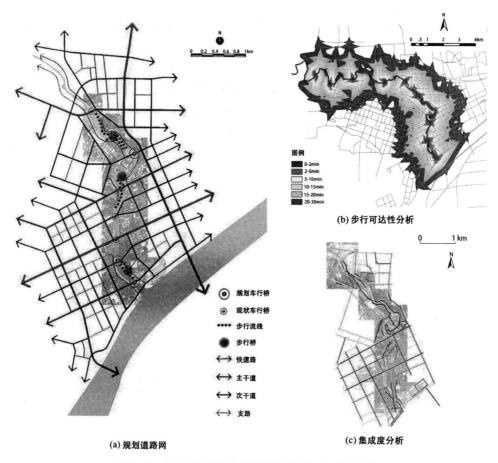

(a) 规划道路网　　(b) 步行可达性分析　　(c) 集成度分析

图 11.7　规划道路网、步行可达性分析和集成度分析

（4）空间视廊规划（图 11.8）

在上述建立通向河流的交通体系基础上,确定保持面向河流的视觉通廊,并引导向对岸景物眺望的视线的视廊规划原则。具体规划包括:

①结合城中村改造,在涧河东岸新建地标建筑,展现涧西新风采;②入河口可以结合洛浦公园及上阳宫遗址;③涧河西侧树立能够展现洛阳历史文化风貌的新地标(图 11.8)。

（5）开放空间规划

首先,控制河道两岸的开发建设,保证沿岸绿色植被的连续性,保持其一定的宽度,强化河流风道的作用,并充分发挥河流的生态廊道作用。其次,保证垂直于河流的廊道通畅,形成有利于水陆风导入的空气通道。立体乡土绿化,带状向线面结合的绿地演变,建筑和绿地互相穿插渗透(图 11.9)。

（6）景观规划

设计理念:通过涧河河道和周边环境治理,结合旧城改造,努力建设现代生态、舒适美观、简洁明快的城市滨河绿地,以及具有地域特色的体现文化历史特色的城市广场,提供健

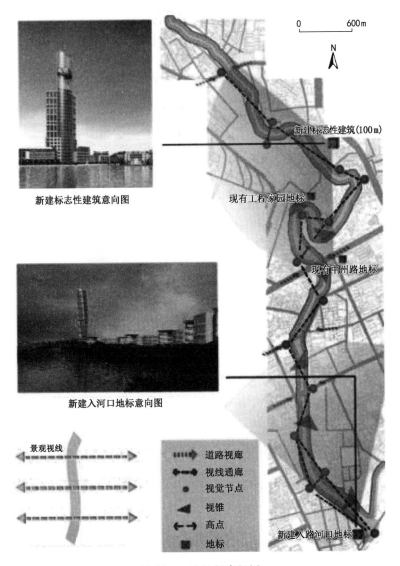

新建标志性建筑意向图

新建入河口地标意向图

景观视线

▪▪▪▪	道路视廊
◆━━◆	视线通廊
●	视觉节点
◀	视锥
↔	高点
■	地标

新建标志性建筑(100 m)

现有工程家园地标

现有中州路地标

新建入路河口地标

0 600 m

N

图 11.8 空间视廊规划

身休闲的公共空间。

　　设计目标:在规划道路和河道之间形成一条连续的公共绿化带。在设计中强调场所的公共性、内容的多样性、水体的可亲近性、滨水景观的生态化设计及城市防洪、疏浚的功能性,形成优美的河道景观、滨水绿色的生态走廊、舒适的水岸道路,使该公共绿化带成为居民休闲的乐土,历史文化及城市风貌的展台。

　　设计要点:滨水景观带充分利用现有河堤内边坡的用地,基本按原地形地貌形成水岸进行设计。设置台阶、慢行道路、生态绿地、休闲绿地、亲水栈道等。挡墙尽量利用原有的挡墙做垂直绿化或者历史浮雕墙,改造部分坡地做成二阶三阶绿化台地(图 11.10)。

图 11.9 开放空间规划

图 11.10 景观规划

11.1.6 小结

洛阳涧河景观规划案例表明:在规划设计中坚持以民生为核心价值导向,就能同时体现生态优先、环境优化、人文关怀和社会和谐等多个层面的社会主义核心价值观。运用 RS 与 GIS 等多种数字分析技术能够将城市空间中的人与自然、人与社会、人与城市共生发展的关系梳理清楚,使规划师可以自觉地实现以人为本的职业理想。

党的十八大提出了必须树立尊重自然、顺应自然、保护自然的生态文明理念,这是推进生态文明建设的重要思想基础,体现了更为全面的价值取向和更为深刻的生态伦理。本研究提出的以民生为本的价值导向来进行城市内河景观规划正是践行城市发展如何尊重河流自然、顺应河流自然、保护河流自然。基于空间分析的科学规划方法为解决当代城市空间发展中如何体现生态文明建设提供了一种有效的手段。

11.2 上杭客家新城概念性规划与设计

"凡有海水的地方,就有华人,有华人的地方就有客家人"。客家是华夏汉族的一个分支族群,也是汉族在世界上分布范围广阔、影响深远的民系之一。上杭,一座山川秀丽而气象万千的城市,一座文脉悠远而内敛包容的城市,一座诗情画意而又气吞万里的城市。在中国客家民系的历史与文化版图上,上杭曾是一个重要的地标。然而种种迹象显示,拥有 1 300 年沧桑轮回的历史与"客家祖地""诗画之乡""山歌之乡""著名苏区""将军之乡"等众多美誉的上杭,其发展的实际状况与抱负之间存在着较大的落差,上杭的发展环境正经历着愈加严峻的挑战,同时"客家祖地"这一重要的城市品牌也尚未很好地彰显。为实现山、水、城、林和谐的江滨园林城市和生态型工贸强县的发展目标,实施南延北拓、沿江发展的战略,更好地指导客家新城的城市建设,上杭县决定开展"上杭县客家新城概念性城市设计"竞赛。

放眼当代中国,生态与文化已成为城市发展的核心竞争力,如何将生态与文化价值观融入城市规划与设计,已成为中国规划师的重要职责,基于此信念,编者团队于 2011 年参与了"上杭县客家新城概念性城市设计"竞赛。"造城之形易,塑城之魂难",本次规划设计迎难而上,为打造上杭山、水、城、林和谐的人文之城,奉献编者团队的智慧和心血。

11.2.1 生态与文化价值的融合

(1)生态文化的理念与内涵

在中国,生态文化理念与民族传统价值观是息息相关的。不同于西方人"以人类为中心,自然界可以被无限利用来满足人类需求"的价值观,中国人认为"万物与人类同源同根,尊重生命价值,天人合一"。

到了现代社会,生态文化有了更丰富明确的内涵:从人统治自然的文化过渡到人与自然和谐的文化价值观念,为生态城市创新指明了方向。在这种文化理念和内涵的指引下,城市生态文化系统建设秉承的价值观可以概括为:以有效地利用自然资源、改善生存环境、减少和避免各种城市问题和城市病态为基础,以人与自然和谐理念营造城市社区和城市环境,使城市、人、自然三者之间高度和谐。

（2）文化生态学的研究方法

文化生态学是一门将生态学的方法运用于文化学研究的新兴交叉学科,其主要是"从人类生存的整个自然环境和社会环境中的各种因素交互作用研究文化产生、发展、变异规律的一种学说"。城市规划与设计的本质正是将影响城市发展的各种复杂因素联系在一起,进行空间整合。因此,文化生态学对城市规划领域的方法创新具有重要的借鉴价值。

① 理论基础:人类在生物层上建立起一个文化层,两个层次之间交互作用、交互影响,形成一种共生关系。因此,文化生态学主要是用来解释文化适应环境的过程。

② 内涵:文化不是经济活动的直接产物,它们之间存在着各种各样的复杂变量。山脉、河流、海洋等自然条件的影响,不同民族的居住地、环境、先前的社会观念、现实生活中流行的新观念,以及社会、社区的特殊发展趋势等等,都给文化的产生和发展提供了特殊的、独一无二的场合和情境。

③ 方法论:文化生态学的研究方法可以看作是真正整合的方法。出发点为综合考虑人口、居住模式、亲属关系结构、土地占有形式及使用制度、技术等文化因素,才能掌握它们之间的关系以及与环境的联系。

（3）融合生态与文化的新城塑造思路

客家新城位于上杭县城规划区内龙翔片区,总用地面积约 7 km²,东北至汀江浙回澜南段,西南至石壁寨风景区山脚,西北至黄田坝濑溪及国道 205 线,东南至规划杭兴路(图11.11)。对于具有深厚客家文化积淀的上杭县城,要打造具有鲜明文化特色的新城区,必须从客家文化传承、创新的高度进行战略审视,而其所拥有的山水自然生态脉络正是新城文化的"根基"。因此,本项目拟定的规划设计思路是:以人、城及其自然环境和谐的生态文化价值观为原则,将文化生态学的研究方法引入上杭客家新城的分析研究与规划设计中;以客家文化中依山傍水的择居理念为基础,通过对新城承载的多种功能空间的发展定位与有机组织,营造一种海内外全体客家人认同的具有客家文化独特魅力的社区场所与情景交融的现代新城。

11.2.2 基于 DEM 的场地自然肌理分析

（1）城市发展脉络分析

上杭县城发展早期占据主要的平原地带,靠山、面水,山体、水体位置是空间拓展的主要制约因素;随着城市经济发展和桥梁的建设,城市呈现跨越式发展的特征,依托纵深广阔的平坦地带跨江、围山跳跃式发展,山体、水体脉络和交通条件成为城市空间拓展的导向依据。

（2）用地与交通现状特征

项目地块用地类型以林地与农田为主。林地主要分布在山体与汀江沿岸,未来可作为新城的生态源;农田主要分布在龙翔村周边,未来将作为新城开发利用的主要发展空间。现状周边交通条件较差,除龙翔大道与上杭大道以外,仅有部分质量较差的村庄道路(图 11.12)。

（3）基于 DEM 的地形肌理分析

地形西南高,东北低,西南部及中部有多座小山及低丘陵地,汀江沿岸用地大多较平坦。如图 11.13 所示,滨江大部分地区为坡度低于 10°的平坦农田,高差不过 10 m;西部山路连绵,丘陵呈带状分布,高差达 50 m 左右;由于地形较破碎,坡向呈多个方向。

图 11.11　项目地块位置示意图

	面积(km²)	比例
已建设用地	43.1	6.78%
已平整用地	139	21.85%
林地	191.1	30.04%
农田	239.8	37.70%
水域	15.6	2.45%
道路用地	7.5	1.18%
总面积	636.1	100.00%

图 11.12　项目地块现状土地利用图及用地汇总

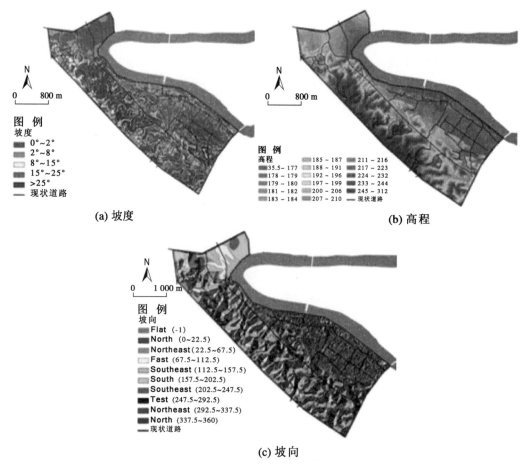

(a) 坡度

(b) 高程

(c) 坡向

图 11.13 坡度、高程、坡向分析

（4）基于 DEM 的生态敏感性分析

新城生态要素和生态实体的保护、生长、发育程度决定了新城未来生态环境的状况，生态敏感性分析与区划划定对保护新城生态具有积极的意义。方案结合工程建设和生态保护需求，选取地形、水域、主要汇水线等自然因子作为主要因子；单因子评价按重要性程度划分为 5 级，即极高、高、中、低、微生态敏感区，分别赋值 9、7、5、3、1，单因子评价赋值标准与生态敏感性等级评估结果见图 11.14。

综合生态敏感区划分采用"取大原则"，多个因子叠加时生态敏感程度由最高敏感等级值确定，体现了生态学的"最小限制定律"。在生态敏感性单因子评价的基础上，叠合各类因子，最终划分新城的生态敏感区（图 11.15）。微、低生态敏感区为适宜建设用地，是未来城镇用地空间拓展的重要方向，中生态敏感区内可以进行低强度开发建设，高、极高生态敏感区内应严格控制城市建设，划为保护区，可在高生态敏感区内结合现状通过植被修复、水系贯通等方法，保持并延续现状自然肌理。

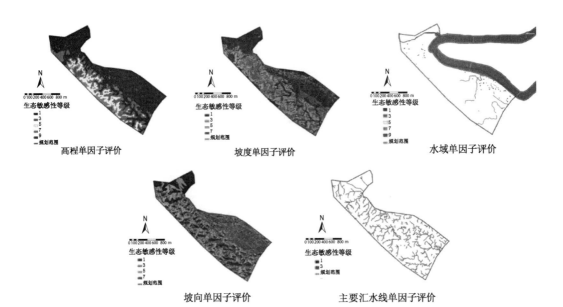

生态因子		分类	赋值	生态敏感性等级
地形	高程	>260 m	9	极高
		240~260 m	7	高
		220~240 m	5	中
		200~220 m	3	低
		<200 m	1	微
	坡度	>25°	7	高
		15°~25°	5	中
		8°~15°	3	低
		<8°	1	微
	坡向	北坡	7	高
		西、西北、东北	5	中
		东	3	低
		南、西南、东南、平地	1	微
水域	汀江	河流所在区域	9	极高
		20 m缓冲区	7	高
		20~50 m缓冲区	3	中
		>50 m缓冲区	1	微
	次要河流	河流所在区域	9	极高
		5 m缓冲区	7	高
		5~10 m缓冲区	5	中
		>10 m缓冲区	1	微
	池塘水库	>1 hm²	9	极高
		0.5~1 hm²	7	高
		0.1~0.5 hm²	5	中
		<0.1 hm²	1	微
	主要汇水线	<3 m缓冲区	7	极高
		3~5 m缓冲区	3	高
		>5 m缓冲区	1	微

图 11.14 单因子评价赋值标准与生态敏感性等级评估结果

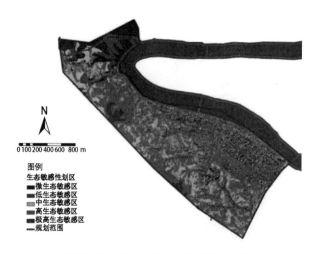

图 11.15　项目地块生态敏感性分析图

11.2.3　基于文化特色的客家新城定位

　　上杭是闽西客家祖地的重要组成部分,是名副其实的客家文化重要发祥地之一。客家文化源于中国传统文化,并与迁徙地的土著文化相融合,在赣、闽、粤边"三角地区"的特定区域内形成了自己的特色文化。据考证,仅广东梅州七县一区 130 多个客家姓氏中,从上杭迁去的就有 117 个,占 90%。因此,上杭成为海内外客家人公认的"宗族之都"。基于上杭在客家文化中的重要地位,客家新城方案提出了"全球客家人心灵深处的理想家园"的愿景目标,并围绕该愿景提出了新城功能定位(图 11.16)。图 11.17 依据上述生态敏感性分析结果,结合城市规划原理对客家新城进行功能片区划分与空间组织。

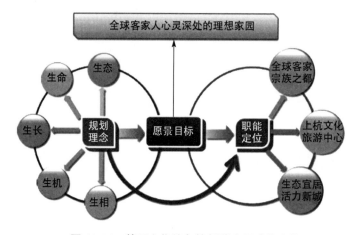

图 11.16　基于文化特色的新城空间功能定位

11.2.4　规划与设计成果特色

　　(1) 低碳导向的多层次交通组织

　　1994 年,加拿大学者克里斯·布拉德肖提出了绿色交通体系(Green Transportation

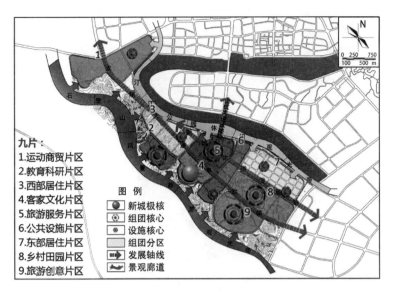

图 11.17　客家新城片区划定

Hierarchy)。该体系界定了绿色交通工具的优先级,依次为步行、自行车、公共运输工具、共乘车,最末者为单人驾驶自用车。减少城市居民的小汽车出行量,不仅可以减轻交通拥堵,而且将降低城市废气排放和能源消耗,正好体现了低碳城市理念中最大限度地降低城市居民生活中碳排放量的要求。基于这一理念,我们结合区域交通、自然条件和城市已有路网格局等因素,从以下 6 个方面进行了交通系统的分析与设计。

① 区域交通分析。在南北方向上,上杭大道串联老城和客家新城;在东西方向上,龙翔大道贯穿客家新城,北与永武高速相连,南与省道 309 相接;漳武高速互通口位于客家新城南侧;在与南部火车站的联系中,龙翔大道、上杭大道必将承受巨大的交通压力(图11.18)。因此,需要在低碳交通理念的引导下,对道路网络规划、道路断面设计、静态交通规划、交通需求管理等方面予以考虑,从满足区域交通量的角度进行整体规划。

② 结合自然条件的道路选线。道路选线的基本操作思路是通过使用 ArcGIS 软件,综合运用最优路径选取,通过定量理性地分析为复杂地形条件下的山地道路选线提供科学依据。

首先,进行山地坡度和起伏度因子、保留水面影响因子等路径成本数据制作。利用数字高程模型分别生成坡度数据和起伏度数据,然后采用等间距重分类为 10 级(1~10);通过栅格计算器叠加生成路径成本栅格 cost(cost=water(赋值后)+reclass_slope(重分类坡度数据)×0.6+reclass_rough(重分类起伏度数据)×0.4)。

其次,计算成本权重距离函数。利用 ArcGIS 中 Distance 成本权重分析(Cost weighted)工具,选取成本栅格为前面生成的路径成本栅格 Cost,计算每个栅格单元沿最低成本路径从该点分别到 S1 和 S2 两个源点的最小累积成本值。

最后,求取最短路径。确定道路终点及比较重要的道路中间控制点;利用 Spatial Analyst 模块中的 Distance—Shortest Path 工具计算最小成本路径;增加控制点,引导道路形状;综合线型顺畅等影响因素,最终形成创意片区的路网布局。

图 11.18 项目地块周边交通现状

③ 道路系统组织。结合现状和自然地形条件,考虑水系与道路的关系,组织形成功能明确、等级完备的道路网络,既体现客家新城特征,又适应今后用地规模扩展和交通结构变化的需要,使道路系统具有一定的弹性。道路网布置考虑结合河流走向、地形特点和地方特色,因地制宜,主要采用方格网的路网形式,不强求生硬的横平竖直。

④ 交通管制。为合理引导客家缘(已建的客家族谱博物馆为规划区中心)的交通,规划上杭大道与客家缘相连接的环状道路为单行道。由于龙翔大道为新城主要交通性道路,其沿线规划 4 处禁止左转的路口,减少对龙翔大道的干扰。

⑤ 快慢分流。构建机动车、非机动车与人行两个交通网络,打造舒适宜人的慢行交通系统;沿滨江大道规划自行车专用道,沿客家村落和旅游创意片区设置环状自行车专用道,形成自行车专用道系统;规划沿生态廊道、自然山水的步行道路系统,联通汀江与石壁寨风景区。

⑥ 片区交通组织。片区在进行功能组织的同时,将车行路网加入设计框架中,使得交通与功能相配套,减少区间交通量,并以路网格局为中心,对原有功能布局进行分割演绎。

综合上述 6 个方面的分析结果,该项目的交通系统规划成果如图 11.19、图 11.20 所示。

(2)基于防洪排涝的水生态安全格局构建

该项目整体均位于石壁寨山东坡山麓至汀江地带,该山顶峰海拔高度达 409 m,汀江滨岸仅 176 m,相对高差达 233 m,规划区域经常遭受洪水淹没。因此,构筑基于防洪排涝的水生态安全格局成为重中之重的工作。

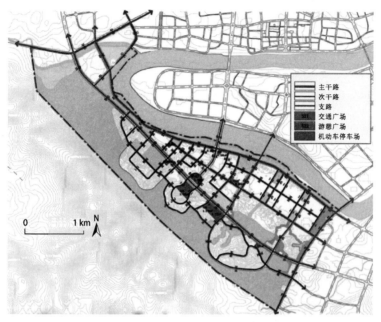

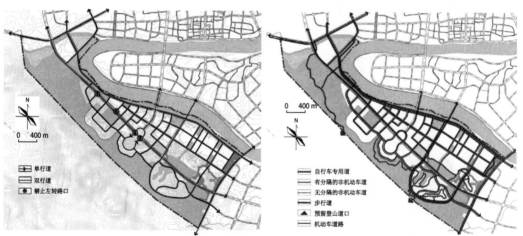

图 11.19 项目地块交通系统规划示意图

① 基于流域分析的新城水系布局设计

引入 GIS 流域分析技术方法,基于 DEM 进行地表流域分析,提取水流方向、汇流累积量、水流长度、河流网络、河网分级以及流域划分等;根据提取出的汇水边界线,将新城划分为多个子流域,子流域中又进一步细化为多个微流域。

首先,进行汇水线提取。运用 GIS 水文分析模型自动提取新城自然汇水线,按照汇流累积量进行相应的分级,以明确其主次关系(图 11.21)。其次,进行水系布局导引。将提取出的等级较高的汇水线作为新城设计中线状水系布局的主要河道,并充分利用现状场地内零星分散的小水塘。

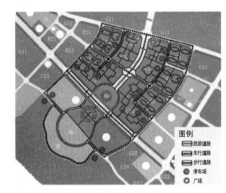

客家前厅

客家村落

客家寓所

图 11.20 项目地块片区交通组织

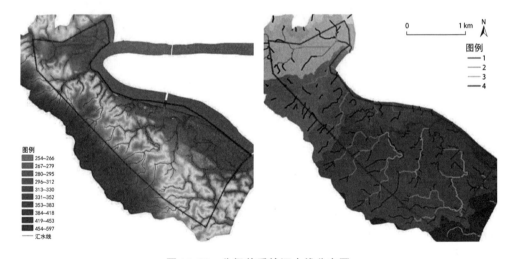

图 11.21 分级前后的汇水线分布图

② 防洪安全

根据上杭县水利局提供的资料,本项目北面汀江从下游竹歧头至上游黄田坝 20 年一遇洪水位为 178.8~180.87 m,50 年一遇洪水位为 180.1~182.09 m。而根据高精度地形图,项目内龙翔村与汀江之间的地区高程平均为 178 m,并不足以防御来自汀江的水患(图 11.22)。因此,规划沿汀江修筑路堤,标高应当满足 50 年一遇防洪的标准。在项目内进行规划及城市设计时,需考虑到路堤对于亲水带来的不利影响。

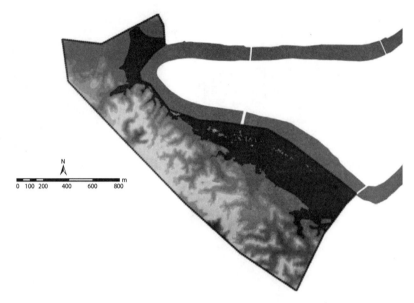

图 11.22   项目地块 50 年一遇淹没范围示意图

③ 排涝安全

以 ArcGIS 为技术平台,依据大比例尺地形图与高分辨率遥感图像构建三维数字地表模型,自动进行子(微)流域划分,在对降雨、径流、下垫面条件进行分析的基础上,构建小流域降雨径流模型。在该模型中,对汇水量、典型断面水量进行了估算。

首先,进行子流域划分。根据汇水线分级结果和新城建设需要,进一步提取出对新城建设影响较大的四大子流域,并确定子流域界线,从而明确各子流域具体的降水范围,为确定新城的洪涝预警范围提供依据(图 11.23)。

其次,进行流量计算公式选择及参数确定。在应用推理公式计算指定频率 p 的设计流量时,流域面积是固定不变的,损失强度一般变化不大,因此关键在于确定设计暴雨强度。暴雨强度是暴雨时段 t 的函数,因此必须确定时段 t。工程设计上一般取流域汇流时间 τ 作为设计暴雨时段,则可以得出下式:

$$Q_{m, p} = 0.278 \times \psi \times a_{\tau, p} \times S$$

式中,$Q_{m, p}$ 为子流域汇水量(m^3/s);$a_{\tau, p}$ 为降雨强度(mm/h);S 为子流域汇水面积(km^2);ψ 为综合径流系数,与下垫面情况、降雨历时、降雨强度相关。本地区计算 50 年一遇的暴雨强度,综合径流系数取 0.85。

最后,流量计算结果。通过累加计算,得出每一流域出口处的流量。推算出在 50 年一遇的降雨情形下,新城场地内的东南两个主要子流域将在各自的流域出口产生约 50 m^3/s 的水量。上述水量分析结果可以直接应用于新城在特殊地段设计符合工程要求的堤坝和护坡形式。同时,也为控规层面的市政规划中的本项目排涝要求提供依据。

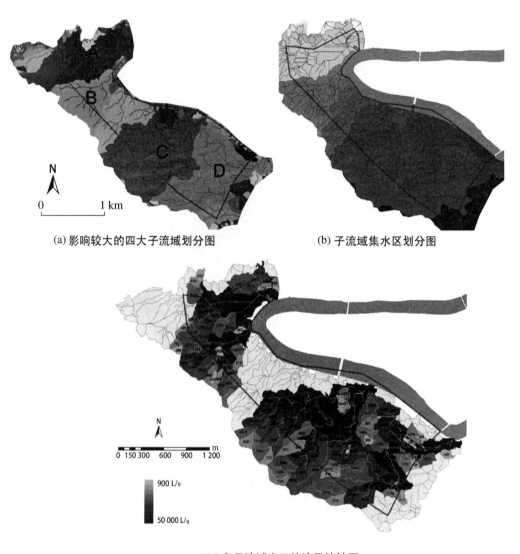

(a) 影响较大的四大子流域划分图　　　　(b) 子流域集水区划分图

(c) 各子流域出口处流量统计图

图 11.23　流域分析相关示意图

（3）情景交融的山、水、城、林景观规划设计

① 现状景观要素提取

山体作为新城的背景，水系作为新城的前景，二者成为景观设计基础；现状众多的簇生竹林，具有较好的原生态景观；现状内部散布的村庄点，需要集中布局。通过村庄合并与整治，营造有特色的客家村落；现状基地的农田主要集中于龙翔村附近，未来通过性质调整，将作为新城建设的重要空间。现状景观要素的提取模式见图 11.24。

② 规划景观结构

在空间布局上使自然山水渗透入城市空间，营造出人与自然相融的和谐环境；充分体现"显山、露水、透绿"，保障自然生态格局的完整性，确保风水气场的延续。围绕"山水"主题展开，将建筑、道路、步行、绿化和水体等空间融合在一起，创造出连续、多样的景观体系，营造

图 11.24 现状景观要素的提取模式图

"依山、临水、融绿"三大景观主题。景观分析示意图如图 11.25 所示。

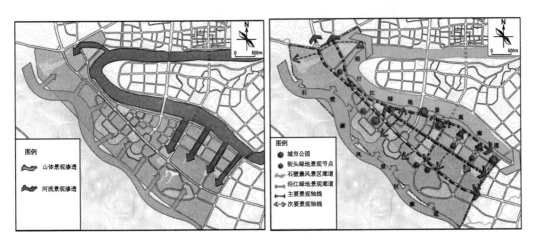

图 11.25 景观分析示意图

③ 开放空间体系

开放空间包括两部分,一是由自然山体、河流水系及滨水空间组成的软质开放空间体系,另一部分是由广场、内部庭院、公共活动区组成的硬质开放空间体系。系统地规划和设计开放空间,运用绿化配置、色彩搭配、建筑体量造型、点缀富有客家文化主题的公共艺术品和设置标志性景观等城市设计手段来营造新城的整体开放空间系统。图 11.26 表达了该项目的开放空间体系结构特征。

④ 高度控制分析

在 ArcGIS 内划定沿汀江到山体顶部的平面视线,依据现状地形计算各视线的现状高程;画出从汀江到山体 1/3 高度处的视线剖面(红线),同时在有保留山体的地方画出从汀江到保留山体间的视线;划定各地块界线,并依据高差最小值为确定各地块建筑高度提供参考。控制原则是保证在汀江上南望时,没有障碍物阻挡在山体 1/3 高度处;尽量使保留山体在从汀江到南部山体的视线上显现出来(图 11.27)。

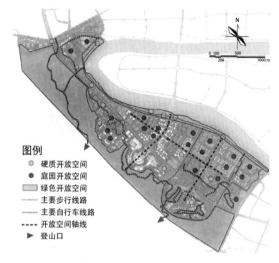

图 11.26　开放空间体系

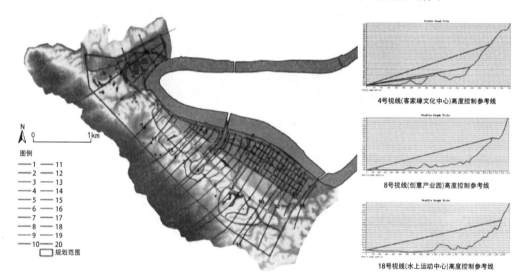

图 11.27　高度控制分析

⑤ GIS 视廊分析(见图 11.28)

三维视廊分析是通过景观点、主要视点的确立突出规划区的风貌特色,并通过有意识地构建点之间的空间联系,强化标志性建筑与山水之间的联系。

基于传统纺锤体控制的基本理念,运用 ArcGIS 视域分析模块,确定规划区内的标志性建筑及重要视点,对视线走向、视角、视域等视觉艺术要素进行组合分析;选择重要视点,与山体的天际线构成视锥,从而得到视锥范围内的高度控制参考。

11.2.5　小结

本实证案例成果得到了当地政府的高度好评,认为"既充分弘扬了当地客家文化特色,又有机地融合了本项目的自然与经济社会特点,具有很强的可操作性"。本研究表明,以生态文化价值观为核心理念,以文化生态学整合方法论为指导思想,综合运用多种基于 GIS

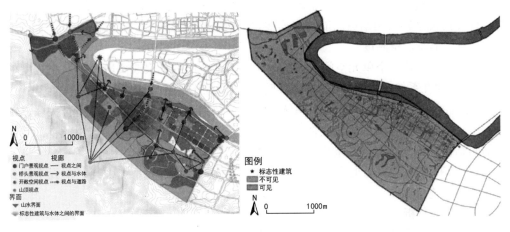

图 11.28　视廊分析图

的空间分析方法,是实现具有当代文化与生态特色城市规划设计的有效途径。

11.3　基于空间句法与可达性的规划分析

南京市汉口路西延工程是一个为小汽车群体服务的工程体系。汉口路西延工程全长约 4.3 km,盾构隧道约 1.8 km,隧道主体为双层双向 4 车道,地面道路双向 4 至 6 车道。工程原计划在 2011 年建成通车。然而,该工程建设规划经媒体披露,就引起社会的广泛质疑。

据了解,汉口路西延工程东起中山路,沿汉口路、汉口西路西进,在上海路口、宁海路口西侧以上下层隧道穿越西康路、河海大学、虎踞路、国防园、明城墙、石头城公园、秦淮河后,于龙园南路先后出地面,并延至江东北路交叉口止。而工程沿线,直接穿越南京大学、南京师范大学和河海大学三所著名的高等学府校园,势必对师生的教学和科研活动带来负面影响。该项目建设目的和意义何在?为此,编者团队引入空间句法与可达性分析方法来探析该工程对大学校园会产生怎样的影响。

11.3.1　空间句法与可达性方法简介

（1）空间句法方法思路

空间句法是通过对建筑、聚落、城市、景观等空间结构的量化描述,研究空间组织与人类社会之间关系的理论和方法,是一种新的描述城市空间结构特征的计算机语言。空间句法被运用到城市研究的诸多领域,如城市空间与社会文化间的联系、城市交通文明、城市土地利用密度、城市中心性研究、城市空间网络化研究、系统中的行人流量以及城市布局特征等。

空间句法的基本原理是对空间进行尺度划分和空间分割。空间分割的目的是为了导出代表空间形态结构特征的连接图。目前导出连接图的方法有基于轴线地图的方法和基于特征点的方法。其中,轴线地图是用一系列覆盖了整个空间的彼此相交的轴线（道路）来表达和描述城市形态,将所有轴线的交叉点提取出来作为连接图的结点,再按结点之间能否相连（即是否可达）来将这些结点连接起来,最后形成轴线地图的连接图。特征点指空间中具有重要意义的点,它包括道路的拐点和交接点等,将特征点作为连接图中的结点,按每一点是否与其他点可视来判断两结点间能否有连线,最终得出其相应的连接图。

（2）空间形态定量测度

① 集成度:反映一个单元空间与系统中所有其他空间的集聚或离散程度。集成度值越大,表示该空间在系统中的便捷程度越大;反之,空间处于不便捷的位置。

② 智能度:代表局部空间在整个系统中的地位及其与周围空间的关系是否关联、统一,反映了由局部空间的连通性感知整体空间的能力。智能度高的空间意味着由此空间看到的局部空间结构有助于建立整个系统的全局图景。

③ 平均深度:反映了街道之间的便捷程度。其值指在一空间系统中某一单元空间到其他空间的最小连接数。

（3）可达性分析

可达性是度量到达目标难易程度的一种指标。一般认为的可达性是指利用一种特定的交通系统从某一给定区位到达活动地点的便利程度。常用的可达性度量方法是对交通成本加权平均值的计算。根据不同等级道路平均行车速度获得单位成本,选定源后,通过计算空间任一点至源最短路径情况下的累计成本获得可达性分布图。目前通过 ArcGIS 软件可以方便地进行可达性计算,但在考虑空间成本因素时,一般只考虑道路路段的成本,对交叉口成本不予考虑。

11.3.2 工程影响范围分析

（1）隧道的特殊性

与一般城市道路相比,隧道具有封闭性,只在出入口真正与城市道路发生关联,因此隧道可以抽象为两个交通点源考虑其交通影响。隧道出入口与一般交通点源的不同之处在于,穿越隧道的交通量具有明确的方向选择,隧道出入口的交通点源不会在各个方向上产生均等的影响(图11.29)。

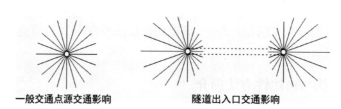

一般交通点源交通影响　　　　隧道出入口交通影响

图 11.29　隧道出入口与一般交通点源交通影响比较

（2）模型构建(图 11.30)

为了方便空间句法形态分析变量的引入,需要将路网系统进行拓扑化。通常的路网拓扑化方法是将路段作为连接线,交叉口作为结点表示空间关系,但这种方法并不利于交通量的分配。如前所述,交通量在路段行驶过程中并不会发生分配,只会在交叉口分流,因此可以将路段抽象为点。图 11.30 给出了交通路网系统的拓扑化示意图。

（3）积极影响范围确定(图 11.31)

在无隧道情形下,由现状路网可以得出主城可达性。由图 11.31 可知,隧道出入口之间的数条呈格网状路段可达性得到改善。

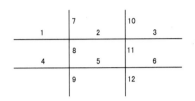

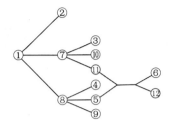

图 11.30　交通路网系统的拓扑化示意图

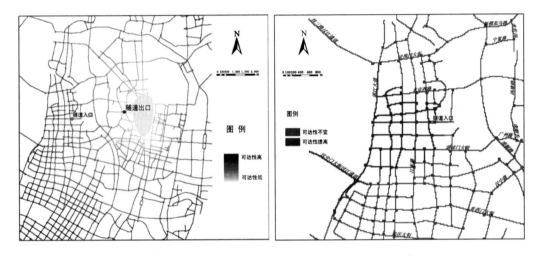

图 11.31　积极影响范围

（4）消极影响范围确定

消极影响的阻力值确定主要有时间成本和方向选择两个因素。利用 ArcGIS 网络分析功能,建立图 11.32(a)的阻抗分布计算技术路线,可以获得各个路段阻抗值,从路段分向表达结果图11.32(e)可知,隧道出口处上海路以东大片区域交通将受到影响,最东路段可达东南大学四牌楼校区。

11.3.3　大学社区文化空间的整体性分析

（1）大学社区文化空间特征分析思路

现代大学已不是一个封闭的教育功能区,而是一个开放的、功能复合化的城市社区。位于城市中心区的大学老校区往往以其深厚的文化积淀和优美的校园景观成为城市文化传播及社会空间集聚的核心。汉口路沿线的南京大学等四所高校历史渊源深厚,社会影响极大。

南京市作为我国重要的科教中心城市,原来的老城区密集分布着大量的高等院校,其密度之高本身就是世界上独一无二的"大学城"。

在目前规划研究与分析过程中,城市层面下的校园属于封闭板块,校园道路不纳入城市整体道路体系。实际上,大学校园作为一个开放的空间体系,校园内部的道路是社区街道系

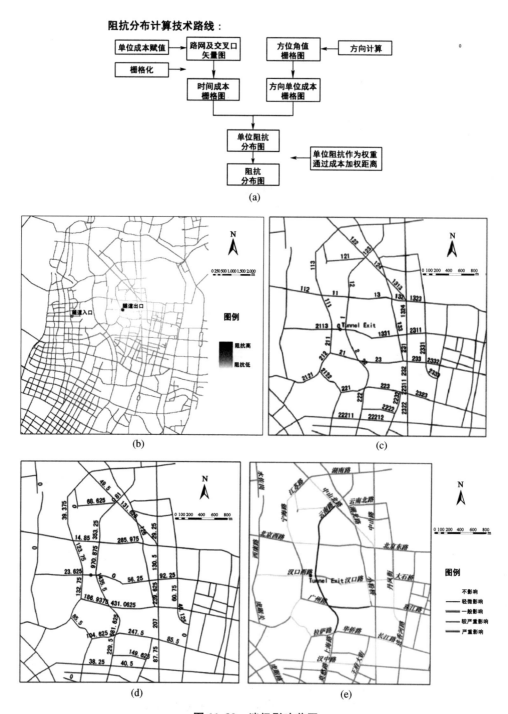

图 11.32 消极影响范围

统不可缺少的重要元素，并且在城市居民日常通行中发挥了极大的作用(图 11.33)。

（2）基于轴线的空间句法街道拓扑关系分析

每个街道局部深度值的颜色不同则代表不同的集聚程度，红色最大，蓝色最小。图 11.34 中显示了四大高校校园均出现了若干有机的人流高集聚度轴线，其与校园布局、历史文化沉淀等因素有着密切的关系,如东南大学的"丁"字轴线,南京大学的"早"字轴线,南京师范大学的"曰"字轴线以及河海大学的弱"十"字轴线。

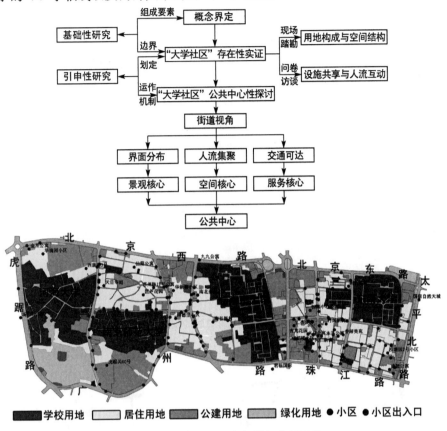

图 11.33　大学社区空间特征分析思路

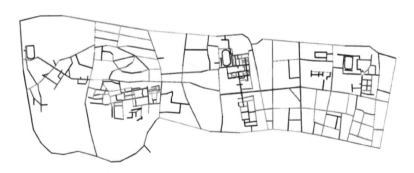

图 11.34　基于轴线的空间句法街道拓扑关系分析

（4）基于特征点空间句法的视线通透关系分析

视线通透性越高,说明空间开敞性越大。图 11.35 显示四大高校校园均出现局部深度高值区域,它们意味着人流大量集聚,其与校园的传统布局和历史遗迹及体育活动等有着很大的关系。如东南大学的喷泉水池区,南京大学的金陵大学遗址区,南京师范大学的金陵女子大学遗址区（随园）,河海大学的工程、水利两馆区域等空间集聚度最高;另外,体育场馆区无一例外也显示了高集聚特征。

(5) 交通可达与服务核心分析

如图 11.36 所示,黑点为小区出入口,品红色区域是校内文化与体育设施,紫色点为街道上分布的文化服务设施。为了明确文化服务辐射力度,将小区出入口与缓冲区进行叠加,分析得出不同缓冲圈层中小区出入口数量及相应比重,最终得出分析结果。

结果显示:校园文化服务在 10 min 内的缓冲辐射能力达到了街道面积的 75% 和小区出入口的 74%,而 15 min 内的缓冲辐射能力上升到 96% 与 99%;街道文化服务在 10 min 内的缓冲辐射能力已达到了 91% 与 97%。这些数据反映了校园文化体育服务在 15 min 内,即人的适宜步行时间范围内,基本上实现了全覆盖。

图 11.35 基于特征点空间句法的视线通透关系分析

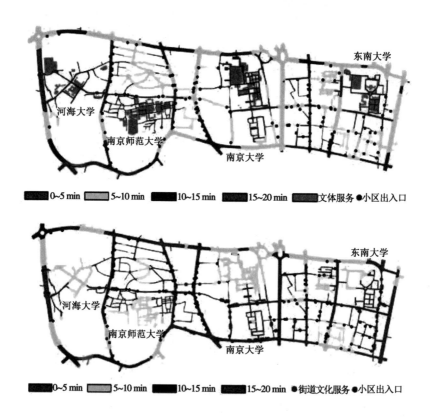

项目	时间区段/min	街道面积/hm²	占总街道比重	数量/个	小区出入口比重
校园文化服务	0~5	30.9	37%	32	24%
	0~10	62.9	75%	98	74%
	0~15	80.5	96%	132	99%
	0~20	84.3	100%	133	100%
街道文化服务	0~5	50.3	60%	103	77%
	0~10	76.5	91%	129	97%
	0~15	83.8	99%	133	100%
	0~20	84.3	100%	133	100%

图 11.36　交通可达与服务核心分析

11.3.4　小结

上述分析表明:汉口路隧道的建成通车将大量蚕食大学社区的空间。尤其需要关注的是:四大高校师生相互交往的出行安全将受到严重威胁。该工程之所以如此设计,根本原因是南京老城区的功能高度集中,从而引发了强势群体对城市核心区可达性控制与出行空间资源的争夺。

思考题

1. 数字规划技术相比于传统规划方法的优越性主要体现在哪些方面?

2. 在前两个案例中都进行了理念分析与价值评估,请问价值观对于规划有何重要性?

3. 如何平衡现代城市发展与历史文化遗产保护两者间的关系?

4. 请对比三个案例中的交通规划方案,思考城市中心与边缘区的交通规划有何不同之处?

5. 最后一个案例中,交通科学分析规划与城市可持续发展之间有何联系?

12 大数据技术应用与智慧规划创新

随着信息技术的不断发展,云计算、物联网、互联网等技术应用迅速普及,社会活动产生的数据种类和数量日益增多,大数据时代悄然来临。本章首先梳理了大数据的概念、类型和特征;进而介绍了互联网大数据的采集、空间化和空间分析方法;进一步从城市规划数据信息具有的时空特征出发,以上海市共享单车大数据和南京市 POI 大数据为数据基础,分别研究大数据的时空特征和大数据在城市用地识别方面的应用。

12.1 大数据概述

20 世纪 90 年代开始以互联网为代表的信息通信技术在全球范围内快速发展,不仅对人类社会系统和经济结构产生了深刻的影响,同时也对实体和虚拟空间组织产生了重构,移动信息网络成为信息化发展的新热潮,并在工作、商务、教育等方面对人们提供了较大帮助。人们传统的生活、工作及休闲方式在这一发展背景下正在被逐渐改变。以电子公务、电子审批、在线办公等为代表的网络行政管理,以网购、网上银行、旅行预订等为代表的电子商务,以手机、电子邮件、微博等为代表的网络社交越来越普及,网络成为人们生活中的重要组成部分。而这也对居民的活动空间、城市公共空间和城市发展带来巨大影响。

"数据就是价值",人们对大数据的掌握已经可以转化为经济价值,大数据的学术和社会价值获得越来越多的正视。《自然》杂志在 2008 年 9 月 4 日推出的"大数据"专刊中也描写了大数据在各个领域的研究与利用。2016 年国际数据公司(IDC)发布的《数字全球研究》指出,全世界正在有越来越多的人通过移动设备来使用互联网,在全球互联网总流量中,移动端的份额年增长率达到了 21%。据 CNNIC 发布的第 40 次《中国互联网络发展状况统计报告》,中国网民规模达到 7.51 亿,互联网普及率为 54.3%,手机网民占比达 96.3%,移动互联网主导地位不断强化。伴随着互联网发展的强劲势头,大数据时代到来了。

12.1.1 大数据定义

众所周知,数据是指对客观事件进行记录并可以鉴别的符号,是对客观事物的性质、状态以及相互关系等进行记载的物理符号或这些物理符号的组合。目前大数据(Big Data)并没有一个被广泛认同的精确定义,一般来说,大数据指无法在一定时间范围内用常规软件工具进行捕捉、管理和处理的数据集合,是需要新处理模式才能具有更强的决策力、洞察发现力和流程优化能力的海量、高增长率和多样化的信息资产。规模庞大只是大数据的一个特征,反映的是一个相对的数据规模增长趋势,且这个规模划定的标准也会随着技术的进步与时间的积累而改变,不能仅仅用数据的规模来界定大数据。出于不同的研究或实践需求,各个领域对大数据均有着不同的定义。

大数据技术的战略意义不在于掌握庞大的数据信息,而在于对这些含有意义的数据进行专业化处理。换而言之,如果把大数据比作一种产业,那么这种产业实现盈利的关键,在于提高对数据的"加工能力",通过"加工"实现数据的"增值"。

12.1.2 大数据的特征

大数据是区别于以往传统数据的一种新的数据类型。IBM 提出大数据的 5V 特点,即 Volume(大量)、Velocity(速度)、Variety(多样)、Value(低价值密度)、Veracity(真实性)。综合现有研究成果,大数据有 7 个方面特征:①大容量:海量数据决定所考虑的数据的价值和潜在的信息;②高速度:数据获取速度和生产速度均具有高速性;③多种类:数据类型具有多样性;④真实性:数据的质量和来源层次不一,真实性有待进一步挖掘;⑤可变性:数据规模可实时增加,数据间具有相关性;⑥复杂性:数据量大,来源多渠道,数据处理较为复杂;⑦高价值:合理运用大数据,创造巨大价值。

12.1.3 大数据的类型

按数据结构划分,大数据可以分为结构化、半结构化和非结构化数据,非结构化数据越来越成为数据的主要部分。据互联网数据中心的调查报告显示:企业中 80% 的数据都是非结构化数据,这些数据每年都按指数增长 60%。

(1) 按数据类型来分,大数据可分为以下 7 类:①业务运营数据,例如公交 IC 刷卡数据、水电煤气数据、业务审批数据、出租车 GPS 轨迹数据、移动通信数据、金融数据、物流数据、超市购物数据、就医数据等;②普查数据,例如人口普查、经济普查等;③监控数据,例如视频监控、交通监控、环境监控等;④社会网络数据,例如微博、论坛等;⑤主动感知数据,例如关于温度、湿度、PM2.5 等环境的感知数据,手机定位数据等;⑥遥感数据,例如航空遥感和航天遥感数据等;⑦GIS 数据,例如关于道路、建筑、行政区划的地形数据等。

(2) 按数据来源来分,大数据可以分为直接观测型、自动获取型与自愿贡献型三类:①直接观测型:由各种电子监视器等直接观测的数据,往往针对某一特定地方或人群。例如道路沿线摄像头获取的数据。②自动获取型:由电子信息设备或相关网络应用程序的使用而自动留下的网络痕迹。例如网络中留下的搜索与浏览记录,网络购物留下的交易数据,快递包裹留下的转运记录,出租车 GPS 记录的时空出行路线,智能公交卡记录的上下车出行记录,手机基站检测得到的手机用户位置、手机用户间的通信记录等。③自愿贡献型:人们自愿在网络上发布或分享的数据,主要是社交网站上使用者的相互作用,例如社交网站签到留下的时空数据,社交网站用户的社交关系网络,社交网站用户的相关言论等。

12.2 互联网大数据采集

从技术上看,大数据与云计算的关系就像一枚硬币的正反面一样密不可分。大数据必然无法用单台的计算机进行处理,必须采用分布式架构。它的特色在于对海量数据进行分布式数据挖掘,但它必须依托云计算的分布式处理、分布式数据库和云存储、虚拟化技术。大数据需要特殊的技术,以有效地处理大量的容忍经过时间内的数据。适用于大数据的技术,包括大规模并行处理(MPP)数据库、数据挖掘、分布式文件系统、分布式数据库、云计算平台、互联网和可扩展的存储系统。

12.2.1 主要数据来源

大数据的数据来源主要来自网络开放数据。开放数据指的是一种经过挑选与许可的数据,这些数据不受著作权、专利权以及其他管理机制所限制,可以开放给社会公众,任何人都可以自由使用,不论是拿来出版或是做其他的运用都不加以限制。城市规划领域使用较多的几类数据如下:

① 地图兴趣点(POI, Points of Interest)数据,主要采集自网络位置服务的接口,具体内容包括采集区域内全部兴趣点的经纬度及名称、地址、类别等基本信息。

② 社交网络数据,如微博签到数据、腾讯数据、Facebook 数据等。

③ 移动通信数据,如基站数据、手机信令数据、用户数据(兴趣偏好、行为偏好、生活轨迹)、产品数据、网络能力数据等。

④ 商业网站数据,如房产交易数据(搜房网、安居客)、餐饮网站数据(美团、大众点评)等。

⑤ 开放街道地图(Open Street Map)数据。

⑥ 政务网站数据。

⑦ 公交刷卡数据。

12.2.2 数据采集方法

(1) API 数据爬虫

API 数据爬虫是指借助于互联网进行数据通信的 API(Application Programming Interface)程序接口抓取来自商业网站、App 应用等开放或半开放状态数据的程序。App 作为一种客户端软件,本身并没有实际的位置信息,但当用户使用该 App 时,客户端会读取当下用户的位置信息,并向服务器发送位置周边情况的 API 数据请求。据此可模拟 App 客户端的使用行为,向服务器发送指定的位置信息,从而获取相关位置分布数据(图 12.1)。目前,这种方法也是城市规划领域大数据研究的主要数据获取方式。该方法可以将非结构化数据从网页中抽取出来,将其存储为统一的本地数据文件,并以结构化的方式存储。它支持图片、音频、视频等文件或附件的采集,附件与正文可以自动关联。具体步骤如下:

① 将需要抓取数据网站的 URL 信息写入 URL 队列。

② 爬虫从 URL 队列中获取需要抓取数据网站的 Site URL 信息。

③ 爬虫从 Internet 抓取对应网页内容,并抽取其特定属性的内容值。

④ 爬虫将从网页中抽取出的数据写入数据库。

⑤ Dp 读取 Spider Data(数据),并进行处理。

⑥ Dp 将处理后的数据写入数据库。

(2) 海量数据采集工具

很多互联网企业都有自己的海量数据采集工具,多用于系统日志采集,如 Hadoop 的

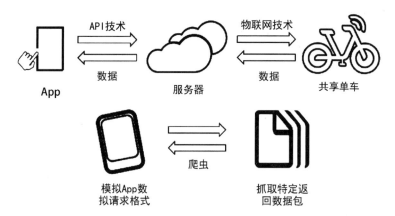

图 12.1 数据爬取技术原理示意图

Chukwa(图 12.2),Cloudera 的 Flume,Facebook 的 Scribe(图 12.3)等,这些工具均采用分布式架构,能满足每秒数百兆字节的日志数据采集和传输需求。如 Scribe 是 Facebook 开源的日志收集系统,在 Facebook 内部已经得到大量的应用。它能够从各种日志源上收集日志,存储到一个中央存储系统(可以是 NFS(分布式文件系统)等)上,以便进行集中统计分析处理。它为日志的"分布式收集,统一处理"提供了一个可扩展的、高容错的方案。

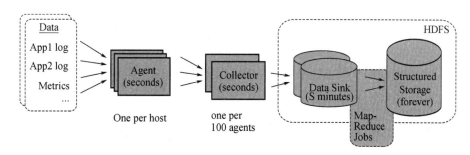

图 12.2 Chukwa 原理示意图

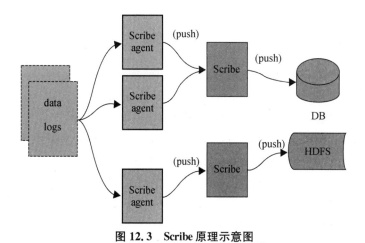

图 12.3 Scribe 原理示意图

（3）其他数据采集

对于企业生产经营数据或学科研究数据等保密性要求较高的数据，可以通过与企业或研究机构合作，使用特定系统接口等相关方式采集数据。

12.3 大数据空间化组织技术

12.3.1 空间化的方法

根据当前的技术条件，可以采用以下两种方法对城乡规划大数据进行空间化，它们都需要借助 GIS 平台来实现。

（1）基于大数据中自带或关联的地理坐标信息

部分大数据直接带有或可以关联地理坐标信息。例如微博签到数据、出租车 GPS 轨迹数据、LBS（基于地理位置的服务）数据等直接带有地理坐标信息。通用 GIS（地理信息系统）平台一般都可以将这些地理坐标转换成地图上的点，并把其他信息附加到点上。例如 ArcGIS 提供了"创建 XY 事件图层"工具，根据数据表中每行记录的 X 和 Y 坐标字段创建新的点图，并附上所有其他字段信息。可以根据人口普查、经济普查、公交刷卡等带有标识其空间位置的代码关联上普查小区、站点等地理要素，进而获得地理位置信息。以公交刷卡数据为例，如果刷卡记录中有起讫站点的编号（公交车刷卡可能只有上车站点编号），同时还有关于站点位置的 GIS 数据，那么就可以根据共同的站点编号将刷卡记录链接到站点位置 GIS 数据上，从而实现刷卡数据的空间化。

（2）基于大数据中的地址、地名信息

城市业务部门产生的大数据一般都会带有地址信息，例如水电煤气数据、物流数据等都会带有用户的地址。基于地址数据库和 GIS 提供的地址匹配功能，可以自动实现其空间化。地理匹配的过程是先对含有地址属性的每个记录和带有地址属性的 GIS 空间参照要素进行比较，如果匹配成功，GIS 空间参照要素上的地理坐标就会被分配给相应的记录，从而可以在 GIS 中作为地图显示并用做进一步的分析。ArcGIS 中的 Geocoding 提供了上述功能。

12.3.2 坐标转换

由于很多时候从网上爬取的 POI 数据所使用的地理数据的空间坐标系并不一致，因此，需要通过坐标转换使研究数据的空间坐标统一到给定坐标系下。

出于地理信息安全因素考虑，国家测绘地理信息局通过非线性的人为偏移计算，将国际上流行惯用的 WGS-84 坐标系转换为 GCJ-02 坐标系（又称火星坐标系统），由于加密计算过程采用非线性算法，国内不同地区具备不一致的偏移情况。目前在国内几大互联网地图厂商中，高德地图及腾讯地图直接使用国家测绘地理信息局加密的 GCJ-02 坐标系。在本研究使用的地理数据中，带签到频次的地图兴趣点、分时定位热度数据、道路数据等地理数据的空间坐标系为腾讯地图自有坐标系，城市用地现状数据的空间坐标系则为 WGS-84 坐标系。在预处理过程中，坐标转换的任务是统一研究数据的空间坐标系。由于国家测绘地理信息局的坐标加密算法是不可逆的,且逆转换已加密的空间坐标违反测绘地理信息相关法律法规,因此只能将基于 WGS-84 坐标系的城市用地现状数据地理要素转换到GCJ-02坐标系下处理,以腾讯地图用地数据为例,主要的转换过程包括:

① 通过 Python 脚本访问城市用地现状各面要素的边界折点,传至腾讯地图提供的将WGS-84 坐标系转换为自身坐标系的开放 API 接口,采集接口返回的已加密的经纬度坐标并保存为新的城市用地现状数据。

② 为解决经腾讯地图接口加密后的城市用地数据依然可能存在的微小偏移,在ArcGIS平台通过空间校正(Spatial Adjustment)中的橡皮页(Rubbersheet)变换,通过人工建立多对空间校正链接实现微调。

③ 手动核查后保存经坐标转换的城市用地现状数据。

12.3.3 空间关联

有些研究的分析处理以空间单元作为基本单元,因此,需要将从网上爬取的各项数据链接到空间单元上,具体操作方式为:

① 带签到频次的地图兴趣点,在 ArcGIS 平台上直接通过空间连接(Spatial Join)与空间单元进行空间关联,判断兴趣点从属的空间单元序号。

② 将坐标转换后的城市用地现状数据通过空间连接,与空间单元进行空间关联,判定空间单元的用地类型比例组成。经上述处理,各空间单元均带有用地类型比例特征字段,并通过序号字段与带签到频次的兴趣点关联。

12.3.4 空间化后的利用方法

城市大数据空间化后,信息变得直观,并拓展了分析和利用途径,可以更加有效地支持信息发掘和知识发现。

(1) 信息内容的空间可视化

"一张图胜过一千句话",这是对图纸信息表现力的客观评价。城市大数据由于数据量极其庞大,要直观反映其中的内容是非常困难的。而空间化后,用二维、三维地图反映其空间分布,用颜色、线型反映信息的内容(如 GDP、人口数量、交通量等),繁杂的信息就能变得有序、易懂。如此就可以将大数据中的数字转化为对城市的理解。前述各典型大数据空间化后得到的地图都是其信息表现力的有力证明。

(2) 空间分析

城市大数据空间化后,大量的空间分析方法都可以被使用,从而极大地拓宽了分析手段。这些空间分析类型众多,基于分析目的可以分为以下 5 类:空间特征分析、模式和格局分析、空间关系和成因分析、趋势分析和预测以及评价。

① 空间特征分析:通过空间统计、密度分析等方法得到研究对象时空分布和演变的特征。例如对人口普查数据空间化后可以分析其空间分布特征,在对出租车轨迹数据分析的基础上得到出行方式、通勤时间、出行人群识别和比例等。

② 模式和格局分析:通过空间自相关分析、热点分析、空间聚类等方法找到研究对象空间分布的格局和模式。例如对社交网络数据空间化后可以识别城市网络体系、城市间的联系和等级结构,识别不同类型人群及其聚集方式和范围。

③ 空间关系和成因分析:通过空间回归分析等揭示变量之间的统计因果关系。例如分析人口空间分布和水电煤气消耗、道路交通量的关系,城市环境质量和经济、人口分布、交通网络之间的关系等。

④ 趋势分析和预测:预测是大数据的核心,大数据空间化后可以通过趋势面分析预测交通拥堵点发生的时间地点、预测环境即将恶化的区域、预测人行为的路径、预测犯罪可能会发生的区域等。

⑤ 评价:按照评价模型,分区域对社会、经济、城市管理、交通、环境等部门的满意度、规划实施效果等进行评价。

此外,大数据的最大魅力在于隐藏在其中的各类知识,数据挖掘是发现这些知识的重要途径。大数据空间化后,利用空间数据挖掘技术则可以发掘出空间知识,这正是城市研究的重要目标之一。空间数据挖掘是指从空间数据库中抽取没有清楚表现出来的隐含知识和空间关系,并发现其中有用的特征和模式的理论、方法和技术,可以找到空间关联规则,对数据进行分类和聚类,归纳出一般规则和模式,发现空间特征、趋势等。

12.4 大数据空间分析技术

在对大数据的空间特征挖掘的过程中,本书前述的 GIS 空间分析方法均能采用。这里主要介绍大数据分析中常用的空间分析建模方法及其技术实现。

12.4.1 密度分析

密度分析是通过离散点数据或者线数据进行内插的过程,根据插值原理不同,主要分为核密度分析和普通的点/线密度分析。核密度分析中,落入搜索区域内的点具有不同的权重,靠近搜索中心的点或线会被赋予较大的权重,反之,权重较小,它的计算结果分布较平滑。普通的点/线密度分析中,落在搜索区域内的点或线有相同的权重,先对其求和,再除以搜索区域的大小,从而得到每个点的密度值。

空间密度分析(核密度分析法)主要用于描述在研究区域内的居民活动空间差异。运用研究区居民活动空间核密度分析法,以等值线形式表示居民签到活动的空间分布趋势,峰值区代表活动密集区,反之则为稀疏区。以此来判定各个城市活动集聚圈层分布。运用 ArcGIS 空间分析模块中的核密度分析工具,以采集到的特征数据,按照辐射范围为15 km、30 km、45 km 获取搜索半径,进行研究区居民活动空间格局的 Kernel 密度分析,在研究区行政区划范围内生成活动密集区的边界范围。

12.4.2 热点分析

在空间统计学中,空间自相关分析将空间热点定义为较高值的空间聚集,而相对应的较低值的空间聚集就成了冷点。之前大量的研究文献提出通过局部 G 统计量(Local G-statistic)可以判断出空间中的区域热点与冷点,那么对于研究单元 i 的局部统计量 G_i 可以通过公式(12.1)进行计算:

$$G_i = \frac{\sum_{j=1}^{n} W_{ij} X_j}{\sum_{j=1}^{n} X_j} \tag{12.1}$$

式中，W_{ij} 是空间权重矩阵(SWM, Spatial Weight Matrix)中研究单元 i 与研究单元 j 的空间权重系数；X_j 是研究单元 j 的观测值。基于此情况下再定义一个 Z 函数，通过检验 Z 函数可以推断整个研究单元全局中是否存在真正统计学意义上的空间高值集合或低值空间聚集：

$$Z_i = \frac{G_i - E(G_i)}{\sqrt{\mathrm{Var}(G_i)}} \tag{12.2}$$

式中，E 和 Var 分别代表 G_i 的期望值与方差。在对显著性水平进行确认之后，当 G_i 的标准化统计值 Z_i 显著大于 0 时，代表研究单元 i 是热点区域；当 G_i 的标准化统计值 Z_i 显著小于 0 时，代表研究单元 i 为冷点区域；其余情况下则认定研究单元 i 不存在明显的空间高值聚集或低值聚集。为此对规定显著水平进行标准化划分，可以更加客观科学地分析空间热点或冷点，表 12.1 为基于标准化统计量 Z_i 的划分。

表 12.1 基于标准化统计量 Z_i 的划分

取值	热冷点确定与说明
$Z_i \geqslant 2.58$	热点，显著性水平 $p < 0.01$
$1.96 \leqslant Z_i < 2.58$	热点，显著性水平 $p < 0.05$
$1.64 \leqslant Z_i < 1.96$	热点，显著性水平 $p < 0.10$
$-1.64 \leqslant Z_i < 1.64$	无明显冷热点标志
$-1.96 \leqslant Z_i < -1.64$	冷点，显著性水平 $p < 0.10$
$-2.58 \leqslant Z_i < -1.96$	冷点，显著性水平 $p < 0.05$
$Z_i < -2.58$	冷点，显著性水平 $p < 0.01$

12.4.3 地理加权回归模型

在总结前人局部回归分析和变参数研究的基础上，Fotheringham 等基于局部光滑的思想，提出了地理加权回归模型，将数据的空间位置嵌入回归参数中，利用局部加权最小二乘法进行逐点参数估计，其中权是回归点所在的地理空间位置到其他各观测点的地理空间位置之间的距离函数。

GIS 地理加权回归优势在于：在空间分析中，变量的观测值(数据)一般都是按照某给定的地理单位为抽样单位得到的，随着地理位置的变化，变量间的关系或者结构会发生变化，这种因地理位置的变化而引起的变量间关系或结构的变化称之为空间非平稳性。这种空间非平稳性普遍存在于空间数据中，如果采用通常的线性回归模型或莫伊特定形式的非线性回归函数来分析空间数据，一般很难得到满意的结果，因为全局模型在分析之前就假定了变量间的关系具有同质性，从而掩盖了变量间关系的局部特性，所得结果也只有研究区域内的某种"平均",因此需要对传统的分析方法进行改进。而地理加权回归模型的核心是空间权重矩阵,它是通过选取不同的空间权函数来表达对数据空间关系的不同认识,考虑了空间关系而进行逐点参数估计,这进一步减小了空间回归分析的误差,有利于得到较为理想的结果。

地理加权回归模型(GWR)是对普通线性回归模型(OLR)的扩展,将样点数据的地理位置嵌入回归参数之中,即:

$$y_i = \beta_o(u_i, v_i) + \sum_{k=1}^{\rho} \beta_k(u_i, v_i)x_{ik} + \varepsilon_i \quad i = 1, 2, \cdots, n$$

式中,(u_i, v_i)为第i个样点的坐标(如经纬度);$\beta_k(u_i, v_i)$是第i个样点的第k个回归参数;ε_i是第i个样点的随机误差。为了表述方便,我们将上式简写为:

$$y_i = \beta_o + \sum_{k=1}^{\rho} \beta_{ik}x_{ik} + \varepsilon_i \quad i = 1, 2, \cdots, n$$

若$\beta_{1k} = \beta_{2k} = \cdots = \beta_{nk}$,则地理加权回归模型(GWR)就换算为普通线性回归模型(OLR)。

Fotheringham 等依据"接近位置i的观察数据比那些离i位置远一些的数据对估计有更多的影响"的思想,利用加权最小二乘法来估计参数,得

$$\hat{\boldsymbol{\beta}}(u_i, v_i) = [\boldsymbol{X}^{\mathrm{T}}\boldsymbol{W}(u_i, v_j)\boldsymbol{X}]^{-1}\boldsymbol{X}^{\mathrm{T}}\boldsymbol{W}(u_i, v_i)\boldsymbol{Y}$$

其中:

$$\boldsymbol{X} = \begin{bmatrix} 1 & x_{11} & \cdots & X_{1k} \\ 1 & X_{21} & \cdots & X_{2k} \\ \cdots & \cdots & \cdots & \cdots \\ 1 & X_{n1} & \cdots & X_{nk} \end{bmatrix} \quad \boldsymbol{W}(u_i, v_j) = \boldsymbol{W}(i) = \begin{bmatrix} W_{i1} & 0 & \cdots & 0 \\ 0 & W_{i2} & \cdots & 0 \\ \cdots & \cdots & \cdots & \cdots \\ 0 & 0 & \cdots & W_{in} \end{bmatrix}$$

$$\boldsymbol{\beta} = \begin{bmatrix} \beta_o(u_1, v_1) & \beta_1(u_1, v_1) & \cdots & \beta_k(u_1, v_1) \\ \beta_o(u_2, v_2) & \beta_1(u_2, v_2) & \cdots & \beta_k(u_2, v_2) \\ \cdots & \cdots & \cdots & \cdots \\ \beta_o(u_n, v_n) & \beta_1(u_n, v_n) & \cdots & \beta_k(v_n, v_n) \end{bmatrix} \quad \boldsymbol{Y} = \begin{bmatrix} y_1 \\ y_2 \\ \cdots \\ y_n \end{bmatrix}$$

式中,$\hat{\boldsymbol{\beta}}$是$\boldsymbol{\beta}$的估计值;n是空间样点数;k是自变量的个数;W_{in}是对位置i刻画模型时赋予数据点n的权重。

由于地理加权回归模型中的回归参数在每个数据采样点上都是不同的,因此其未知参数的个数为$n \times (P + 1)$,远远大于观测个数n,这样就不能直接利用参数回归估计方法估计其中的未知参数,而一些非参数光滑方法为拟合该模型提供了一个可行的思路。Foste & Gorr 和 Gorr & Olligsehiaeger 利用广义阻尼负反馈(generalized damped negative feedback)方法估计未知参数在各地理位置的值,这种估计方法只是在很直观的意义上考虑数据的空间结构,加之估计方法较为复杂,很难对估计量做深入的统计推断方面的研究。Brunsdon 等在局部多项式光滑思想上提出了偏差和方差折中(Bias-Variance Trade-off)的解题思路:假设回归参数为一连续表面,位置相邻的回归参数非常相似,在估计采样点i的

回归参数时,以采样点 i 及其邻域采样点上的观测值构成局域子样,建立全局线性回归模型,然后采用最小二乘法得到回归参数估计 $\hat{\beta}_{ik}(k = 0, 1, 2, \cdots, p)$。对于另一个采样点,$i+1$ 采用另一个相应的局域子样来估计,以此类推。由于在回归分析过程中,以其他采样点上的观测值来估计 i 点上的回归参数,因此得到的 i 点上的参数估计不可避免地会存在偏差,即参数估计为有偏估计。显然,参与回归估计的子样规模越大,参数估计的偏差就越大,参与回归估计的子样规模越小,参数估计的偏差就越小。从降低偏差这一角度考虑因尽量减少子样规模,但子样规模的减少必然导致回归参数估计值的方差增加,精度降低。

12.4.4　区域人口流动模型

以流动空间理论为支撑,利用新浪微博用户签到发布的非本地位置信息,模拟城市间短时人口流动情况,构建区域流动空间模型。即:如果居住地为 A 的微博用户在 B 地签到,鉴于流动空间要素流动具有瞬时性、反复性和可程式化的特征,则可以认为用户在 A、B 之间有一次短时流动,以此构建城市之间的人口流动模型。

两两城市之间的人流强度(活动联系强度)用城市 A 和 B 各自到对方城市的签到之和 R_i 表征,其公式为:

$$R_i = A_b + B_a$$

式中,A_b 为城市 A 用户在城市 B 的签到数;B_a 为城市 B 用户在城市 A 的签到数。

采用总和标准化的方法处理人流强度数据,反映两两城市间人流强度占总和比重的相对大小,其公式为:

$$B_i = R/\mathrm{Sum}(R) \times 10\,000$$

式中,B_i 为标准化后对应的人流强度;$\mathrm{Sum}(R)$ 为人流强度的原始数据之和。

再采用极大值标准化,用数值 C_i 来反映两两城市之间的人流相对大小,其公式为:

$$\max(B_i) = 100, C_i = B_i/\max(B_i) \times 100$$

依据上述计算公式,计算城市的活动联系强度和活动联系紧密度 $(L_R = R_i/\sum R_i)$。采用聚类方法,运用 ArcGIS 软件的 natural breaks 工具,按数据固有自然类别分类,使得组内差异最小,组间差异最大,得到城市对外活动联系强度的空间划分。

12.4.5　向量空间模型

向量空间模型(VSM,Vector Space Model)是文本挖掘、数据挖掘、信息检索领域常用的模型,是由 Salton 所提出的一种文本表示模型,其核心思想是将语义数据的处理转化为向量的计算。向量空间模型认为:文档中蕴含的内容可以通过构成该文档的各种语义单位本身的特性以及各种语义单位所占的权重表征。基于向量空间模型的思想,我们可以将研究单元中蕴含的空间数据信息通过向量的形式进行标识。首先给出向量空间模型的几个相关概念的定义:

① 文档(Doucument):在文本挖掘中,泛指一般的由基本语言单位所构成的文本,或文

本内的部分片段(如句子、段落或句组等)。

② 特征项(Term):在文本挖掘中,文档所表达的内容由其包含的基本语言单位(字、词、词组或短语等)所组成,向量空间模型中使用的基本语言单位称之为文档的特征项。

③ 特征项权重(Term Weight):在文本挖掘中,对于文档中的某个特征项,为其赋予特定的权重,以衡量该特征项对整个文档所蕴含内容的重要程度,即其对文档的贡献程度。

利用向量空间模型进行数学建模的基本思路为:不考虑各个特征项在文档中的位置,并假设文档中各个不同特征项间的关系完全独立,将文档视作相互独立的特征项的组合,以各个不同类型的特征项构造一个高维空间,高维空间的维数即特征项的个数,那么文档信息可以用该高维空间中的某个向量表示。即对于文档 d 及 n 个不同的特征项 t_1, t_2, $\cdots$, t_n,特征项 t_i 在文档 d 中的权重为 w_i(其中 $1 \leqslant i \leqslant n$),由此文档 d 可以表示为以下的向量:

$$V_d = (w_1, w_2, \cdots, w_n)$$

在向量空间模型中最简单的模型是独热表示(One-hot Reprentation),即将每一个特征项作为维度,若该特征项出现在文档内,其对应的特征项权重为 1,否则对应的特征项权重为 0,标识文档的向量长度和特征项的数量相同。此外还可以使用词频模型,即统计各特征项出现在文档中的频数,直接作为其对应特征项的权重。独热表示模型和词频模型处理起来相对简单,被广泛应用于文本挖掘、信息检索等自然语言处理研究中,并发展出词频逆文档频率等其他的向量空间模型。

12.4.6 共区位商

Leslie 等提出了一种新的点集空间关联衡量方法:共区位商(CLQ, Colocation Quotient)。共区位商是一种基于最近邻点的空间集聚与关联的衡量方法,借鉴了在经济地理学中被广泛运用的区位商(Location Quotient)思想而来。若空间中的所有点要素可以划分为 k 个子集,其中包括点格局 A 与点格局 B(A 与 B 可以相同),记点格局 B 对于 A 的共区位商为:

$$CLQ_{A \to B} = \frac{N_{A \to B}/N_A}{N_B/(N-1)} \tag{12.3}$$

式中,N 为所有点的数量;N_A 是点格局 A 的点数量;N_B 是点格局 B 的点数量;$N_{A \to B}$ 是点格局 B 在点格局 A 的最近邻点中所占的数量的一个表征。根据研究需要对于某个点往往可以指定多个最近邻点,指定某个带宽 h(最近邻点的个数),那么有:

$$N_{A \to B} = \sum_{i=1}^{N_A} \sum_{j=1}^{h} \frac{f(i, j)}{h} \tag{12.4}$$

式中,对于点格局 A 中的点 i 有 h 个最近邻点,点 j 是其 h 个最近邻点之一,当点 j 是点格局 B 内的点时有 $f(i, j) = 1$,否则 $f(i, j) = 0$。记点格局 A 中某个点的最近邻点属于点格局 B 的概率为 $p_{B|A}$,在理想情况下 $p_{B|A}$ 应该与点格局 B 的点数量占其余所有点数量的比例相等(一个点的最近邻点不包括其自身),因此 $N_{A \to B}$ 的期望为:

$$E(N_{A \to B}) = N_A E(p_{B|A}) = \frac{N_A N_B}{N-1} \tag{12.5}$$

因此对于 $CLQ_{A \to B}$，其期望恰好为：

$$E(CLQ_{A \to B}) = \frac{E(N_{A \to B})/N_A}{N_B/(N-1)} = 1 \qquad (12.6)$$

由此可见，共区位商的基本思想是：如果点格局 A 中的点的最近邻点中，点格局 B 所占的比例显著高于或低于点格局 B 占所有点的比例，那么可以认为点格局 A 与 B 之间存在空间关联。点格局 B 对于 A 的共区位商 $CLQ_{A \to B}$ 既反映了 A 对 B 的空间吸引力，也表征了 B 与 A 的空间关联度：当 $CLQ_{A \to B} > 1$ 时，A 对 B 具有空间吸引，B 与 A 存在空间正关联；当 $CLQ_{A \to B} < 1$ 时，A 对 B 具有空间排斥，B 与 A 存在空间负关联；当 $CLQ_{A \to B} = 1$ 时，A 与 B 之间不存在空间关联关系。与 Ripley's K 函数一样的是，两个点格局间的共区位商 CLQ 并不是对称的，即 $CLQ_{A \to B} = CLQ_{B \to A}$ 并不一定成立。举一个通俗的例子：火车站附近通常集聚有很多旅馆，即火车站对旅馆存在空间吸引，但是显然不能颠倒因果关系，认为旅馆对火车站也存在同等程度的空间吸引，从而推论旅馆附近集聚有很多火车站。

12.5 大数据规划的相关应用案例

12.5.1 上海共享单车大数据空间特征分析及其规划应用

共享单车利用移动通信与 GPS 定位系统的集成实现了用户的自由存取。这不仅革新了城市居民出行方式，也弥补了微观尺度下慢行交通数据采集困难的状况。一方面意味着，传统城市分析方法面临变革，急需尽快形成与大数据遥相呼应的分析方法；另一方面则暗示着，城市交通流的变迁将会对城市公共交通以及城市空间规划产生一定影响，孕育着居民出行方式的重大变革。如何提取和利用共享单车海量而详细的新型 OD 空间大数据，已成为当下智慧城市规划的新发展方向。本研究在对国内外城市公共交通相关实践与研究进展综述基础上，从以共享单车为代表的"交通＋"模式兴起的背景出发，提出了利用多源大数据研究共享单车对交通出行方式与规划模式转变的影响研究。

（1）研究方法

在具体研究过程中，本次研究主要采用了网络数据挖掘、GIS 空间关联分析、空间大数据 OD 模型分析方法，具体如下：

① 网络数据挖掘

借助某共享单车 App 内的位置服务动态应用程序编程接口（API）以及上海闵行区政府提供的全市市政自行车服务数据接口，获取了上海市域范围的共享单车以及市政单车实时分布数据，并利用自编程序以 20 min 的间隔对 3 月 2 日、3 月 3 日两个工作日的上海共享单车及市政自行车分布情况进行持续跟踪采集，从而模拟所有公共自行车的使用变化。

② GIS 空间关联分析

首先，通过空间坐标关联，将获取的共享单车以及市政自行车的位置信息落实到 ArcGIS 空间分析平台，并利用核密度分析实现自行车使用分布的时空可视化。其次，借助空间提取功能，将自行车使用数据与不同的城市用地类型叠置，提取公共自行车使用的典型特征。最后,借助地铁刷卡、手机信令等同一时空间的其他相关多源异构数据,对空间特征的分析结果进行比对。

③ 空间大数据 OD 模型分析

首先,运用手机信令数据对上海进行交通小区划分,进而建立 OD 通勤模型;其次,借助通勤的 OD 关系同百度交通大数据结合,建立基于大数据的多交通工具的通勤效益比对分析模型,从而评估新兴出行模式的潜在价值。

（2）多源数据获取

本研究在多源大数据的选择上,将能代表整体出行行为的手机信令大数据以及能代表公交出行的公交 IC 卡大数据以及传统公共自行车模式的市政自行车大数据同共享单车大数据进行了结合,构成了较为全面的多源大数据分析框架。

① 手机信令数据

本研究的手机信令数据为上海市某移动运营商 2014 年某月的手机信令连续时段的统计数据,包含 1 800 万个手机别号(IMEI),约占 2014 年上海 2 415 万常住人口的 70%。每条信令记录包含用户标识(脱密后)、时间、基站 3 个字段信息,日均约产生 10 亿条左右的数据。

② 公共交通数据

公共交通数据由公交 IC 卡刷卡数据与公共交通基本地理信息数据组成。其中,公交 IC 卡刷卡数据由上海公共交通卡股份有限公司提供,时间跨度为 2016 年 4 月连续 2 周,共包括卡号、交易日期、交易时间、线路/地铁站点名称、行业名称(公交、地铁、出租、轮渡、P＋R 停车场)、交易金额、交易性质(非优惠、优惠、无)等 7 项类别信息,日均刷卡记录 1 500 余万条。公共交通基本地理信息数据包括线路走向数据与站点分布数据,通过将公交刷卡数据整理出的线路名称输入百度在线地图开放平台的公共交通数据服务接口(URL API)批量采集获得。

③ 公共自行车数据

a. 市政自行车数据

上海市政自行车数据借助于闵行区政府提供的全市市政自行车网点位置服务数据接口获取,包括上海全市的市政自行车网点名称、网点状态、网点经纬度、网点自行车容量以及当前自行车停放数量等属性信息。

b. 共享单车数据

共享单车最早由某单车公司于 2016 年 4 月在上海徐汇区投放。据速途研究院的一项共享单车市场调查报告显示,该共享单车品牌的市场占有率已超过 50%,基本上代表了上海目前共享单车的使用特征。

共享单车数据利用该单车 App 内部的单车位置搜索服务动态数据接口获取,将上海市域范围切分成 250 m 的网格,并依次遍历所有网格中心点,通过以该点为位置中心点、250 m 为搜索半径的方式获取该位置周边的所有自行车 ID 编号、经纬度分布等属性信息(图 12.4)。程序设定以 20 min 的间隔持续跟踪 3 月 2 日、3 月 3 日两个工作日共享单车及市政自行车分布情况,从而实现对上海所有公共自行车的使用变化的模拟。

（3）数据处理及数据建库

① 手机信令数据的处理

手机信令是通过被服务的基站位置信息而获取的手机大致位置的数据。由于手机是被

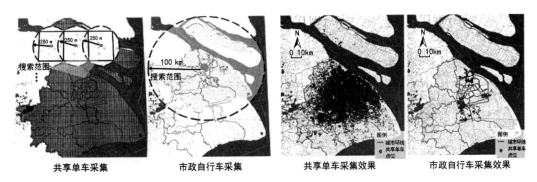

图 12.4　共享单车与市政自行车采集模式和采集效果示意图

最近的基站服务,因此,在该基站空间服务范围内,任意位置到该基站的距离都小于到其他基站的距离,这与泰森多边形(Voronoi Diagram)空间特征相同(图 12.5)。由此,本次研究利用 ArcGIS 平台上的创建泰森多边形工具,对上海全市基站点位进行泰森多边形分析,进而确定各个基站的空间服务范围(即基站交通小区)。由于受到手机信令数据基站分布的精度限制,泰森多边形所生成的手机交通小区平均面积为 0.6 km²,最大面积不超过 4 km²。

为提高精度,本研究主要利用手机信令数据进行通勤 OD 的识别。将晚20:00至次日8:00 时段内周平均出现次数超过 5 次的手机基站交通小区视为居住地,而早9:00至晚18:00时段内周平均出现次数超过 5 次的手机基站交通小区视为工作地。利用该方法,本次研究共计识别出交通小区 4 364 个,OD 对 185 万对,通勤次数 1 730 万余次(图 12.6)。

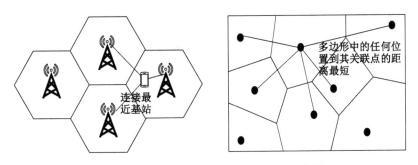

图 12.5　手机基站与泰森多边形关系示意图

② 共享单车及市政自行车有效数据的提取

共享单车方面,首先将采集到的共享单车数据全部导入 ArcGIS 分析平台,经去重得到有效数据。其次,依据时间属性计算同一自行车编号前后两次坐标位置的变化。考虑到目前共享单车骑行距离普遍在 5 km 以内,故将 500～600 m 范围内的经纬度投影距离视为一次有效的骑行行为,最后将处理过的共享单车使用数据按照 1 h 的步长进行统计。

在市政自行车方面,由于市政自行车定桩运营,其空间分布变化仅限于各个自行车网点间,故通过计算前后两次采集间隔的网点现存自行车数量变化的方式来模拟其使用情况,并同样以 1 h 的步长进行统计(图 12.7)。

③ 多源数据库构建

通过 ArcGIS平台,将收集及采集到的多源大数据的原始属性信息数据及经过处理后

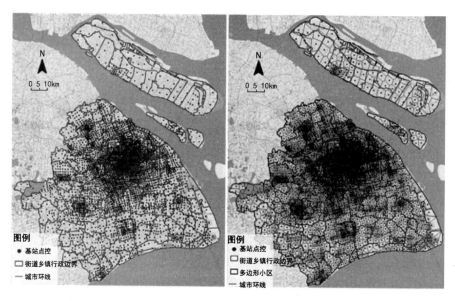

图 12.6 上海手机基站及泰森多边形基站交通小区空间分布图

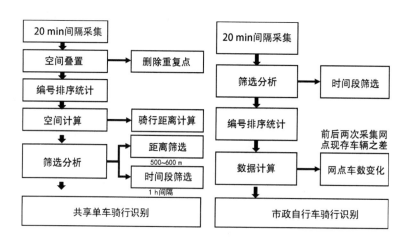

图 12.7 共享单车与市政自行车骑行处理流程图

的使用行为数据与上海土地利用现状、行政区划边界等城市基础空间数据相结合,按照统一的空间参照系统处理后存储于地理数据库中。具体数据包括:①手机信令通勤数据库;②公共交通大数据库;③公共自行车大数据库;④城市基础空间数据库(图 12.8)。

(4)共享单车通勤出行使用特征

在市政自行车与共享单车不同使用时段的使用量分析中,服务通勤均是最主要的使用类型。考虑到通勤出行的目的极为明确,而交通走廊、枢纽节点以及城市主要就业区等三类城市空间,恰能反映出城市主要的交通流向,也体现了城市交通衔接的效率,并代表着城市通勤的主要需求目的地。因此,对以上三个特殊城市空间的数据挖掘,可以较好地反映出通勤时段共享单车的出行特征及关系。

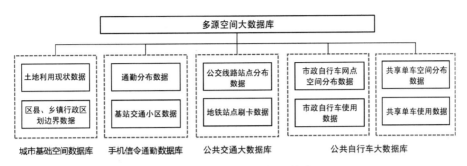

图 12.8 空间大数据库数据构成图

① 短距离骑行为主与交通走廊弱相关

通过将共享单车早晚高峰有效的骑行 OD 线与行政区划边界进行空间叠置发现,共享单车骑行行为主要发生在外环以内的上海主城区,其次为内环、中环、外环各自环间内部的出行,跨环通勤的行为占比仅为 17%。在骑行距离方面,共享单车平均骑行距离(直线)为 1.68 km。环内内部通勤 1.5 km 左右,跨环出行距离也普遍不到 2.5 km,共享单车的使用呈现出明显的以短途为主的通勤骑行特征。参照上海交通大调查中通勤通道的划分,对共享单车骑行的 OD 线进行相应的分析发现,共享单车在交通走廊上骑行行为极少,与日均各交通走廊数相比,除西南—东北向以及内环西向与上海日常通勤结构较为相似外,整体差别较大,未能形成类似的交通走廊结构(图 12.9)。

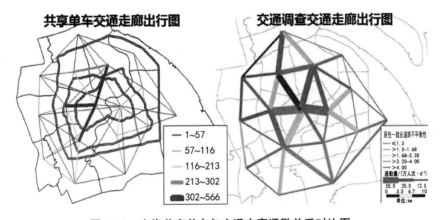

图 12.9 上海共享单车与交通走廊通勤关系对比图

② 近远郊区公共交通枢纽骑行显著

长期以来,上海公共交通一直采取轨道交通为主体的一体化公共交通发展战略,目前上海市建成并运营 12 条轨道交通线路(含磁浮线),基本组成了城市的核心公共交通枢纽。对地铁站点周边 300 m 范围进行缓冲区分析发现,早晚高峰中,共享单车骑行起止点在该范围内大量集聚。另一方面,在与地铁相关的骑行行为中,早高峰共享单车的使用具有明显向地铁站骑行的特点,而晚高峰则明显由地铁站骑行,呈现出明显的潮汐式使用特征。从平均的骑行距离来看,该类骑行模式与整体骑行距离相比偏小,大多骑行距离不足 1.5 km(表 12.2)。

表 12.2 共享单车通勤时段与地铁相关骑行分布统计表

类别	时段	个数	占比	该类骑行距离/m	整体骑行距离/m
向地铁站骑行	7 时～8 时	8 709	39%	1 392	1 613
	8 时～9 时	5 503	22%	1 530	1 830
	18 时～19 时	2 292	11%	1 594	1 712
	19 时～20 时	1 901	9%	1 640	1 700
由地铁站骑行	7 时～8 时	1 773	7%	1 528	1 613
	8 时～9 时	4 049	18%	1 628	1 830
	18 时～19 时	5 460	25%	1 591	1 712
	19 时～20 时	4 226	21%	1 607	1 700

从使用的分布来看,早晚高峰高使用频次的地铁站点主要集中在城市内环以外的地区,且在早高峰通勤出行中,中外环远郊区的地铁站点使用尤为明显,而晚高峰高使用频次站点分布区域也大体相似,不过整体上分布更加分散,使用量也有所减少。

③ 对部分地铁刷卡人数较少的站点产生促进作用

作为公共交通枢纽,地铁站点不仅本身承担着大量通勤出行职能,而且也是不同交通工具间的重要衔接。将同一时段的共享单车地铁骑行数量与地铁进站刷卡数据进行对比发现,共享单车每小时平均数万次的使用量与地铁站点百万次的刷卡量存在巨大的差别。故本次研究采用离差标准化法处理两类数据得到各站点的相对使用比例,以达到消除指标之间的量纲影响①。最后再利用自然分段法(Nature break)进行 4 级分类,达到同一地铁站点两类行为使用的对比分析。

通过剔除早晚高峰共享单车使用次数小于 60 次的低频使用站点并选取使用比例自然分段法中的最高两类站点发现②,早高峰高共享单车使用的地铁站点有 31 个,占上海全部地铁站数量的 10%,而晚高峰有 15 个,占比 5%。但如图 12.10 中早晚高峰该类站点的空间分布的叠加对比图所示,地铁刷卡人数的相对使用比例同共享单车使用整体相似,但存在一定的差别,并不是地铁站点刷卡的人越多,共享单车使用的人就越多。将该类站点同周边用地进行空间叠置发现,早晚高峰单车高使用的站点周边几乎均为城市近郊区居住用地的集聚区。结合站点周边的公共交通现状发现,对地铁站点产生一定促进作用的原因,主要可分为该地铁站点周边存在地面公交服务盲区,站点骑行可以减少换乘,以及两者情况综合等三类原因(图 12.11)。

---

① 数据标准化(归一化)处理是数据挖掘的一项基础工作,不同评价指标往往具有不同的量纲和量纲单位,这样的情况会影响数据分析的结果,为了消除指标之间的量纲影响,需要进行数据标准化处理,以解决数据指标之间的可比性。离差标准化是最为常用的归一化方法,它是对原始数据的线性变换,使结果值映射到 0～1 之间。

② 使用次数小于 60 次的意义为去除共享单车使用小于 1 次/min 的低频站点。

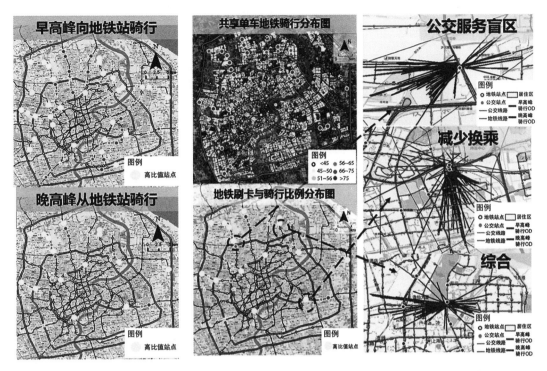

图 12.10　共享单车通勤时段
使用比例分布图

图 12.11　共享单车通勤时段高比值站点分布图

④ 开发区型就业区高频率使用

受产业空间布局战略的影响,上海外环以内的城市核心区产业空间发展主要呈现出开发区集聚的特征。如图 12.12 所示,通过对早通勤高峰骑行终点的核密度分析发现,除外高

图 12.12　共享单车通勤时段骑行目的地核密度分布图

桥保税区、吴淞工业区外,上海主城内的彭浦工业区、漕河泾开发区、凌空产业园区、陆家嘴商务区、张江高科技园区、金桥出口加工区等典型的开发区型就业集聚区都有着较为明显的骑行特征。

如表12.3所示,该类地区共享单车骑行比例远高于同一范围内手机信令所统计的全市通勤总人数占比。结合周边用地发现,该类地区骑行的OD线主要集中在开发区周边的居住用地中,占比达到了40.2%,较高于平均骑行距离。共享单车较好地满足了该地区居民中短距离通勤的需求。另一方面,开发区虽有一条地铁线路穿过(如图12.13中的彭浦工业区、张江高科技园区、漕河泾开发区)或在其边缘(如图12.13中的金桥出口加工区),但周边其他的地铁线路站点向该地区骑行的行为也非常显著。

表 12.3 共享单车早高峰骑行人数与手机信令通勤人数对比统计表

名称	骑行占比	通勤占比	相对比例	平均骑行距离/m
漕河泾开发区	2.24%	1.28%	1.42	1 971
金桥出口加工区	1.72%	0.80%	1.75	2 512
凌空产业园区	0.72%	0.32%	1.83	2 104
陆家嘴商务区	3.54%	2.92%	0.99	1 755
彭浦工业区	2.05%	0.56%	2.98	2 018
桃浦工业区	0.55%	0.39%	1.14	1 839
外高桥保税区	0.48%	0.67%	0.59	2 151
吴淞工业区	0.38%	0.18%	1.73	1 843
张江高科技园区	3.80%	1.37%	2.26	2 213

图 12.13 早晚高峰共享单车主要开发区型就业区周边骑行分布图

通过对同一地区的早晚高峰共享单车骑行对比发现,由于晚高峰对通勤时效性需求降低,除彭浦工业区外其余开发区骑行使用占比普遍下降。如图12.14中的金桥出口加工区早晚高峰骑行对比所示,晚高峰中该开发区周边远距离的地铁站点的骑行使用量下降,因减少换乘的远距离骑行行为也变得不再明显。另一方面,晚高峰对通勤时效性的降低也带来了开发区周边居民地通勤使用的增多,但骑行距离却变化不大。

⑤ 商业服务业就业集聚区使用总量大但比率低

在去除开发区型就业区以及高校的影响后,城市核心区骑行终点的核密度呈现出商业商务地块集聚的特点。该地区作为上海最重要的就业集中区,共享单车的总使用占比达到 32.5%,但对比高核密度地区的手机信令通勤数据发现,共享单车骑行使用比例略小于该地区的通勤人数比例,相比开发区地区的大量骑行,共享单车对该类地区的通勤促进作用较为有限。

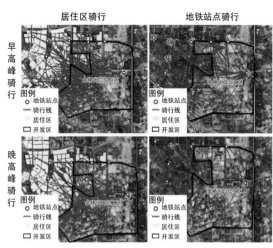

图 12.14　早晚高峰共享单车金桥出口加工区内骑行对比分布图

（5）共享单车日常出行使用特征

共享单车日常使用随机性大,但居住区周边业态高混合度地区较集聚。在市政自行车与共享单车不同使用时段使用量的分析中,满足日常出行需求是公共自行车另一主要的使用类型。然而比对表 12.4 中三个日常出行时段的核密度分布图发现,共享单车没有较为突出的潮汐式分布规律,使用呈现出一定的分散性与随机性(图 12.15)。事实上,以社交娱

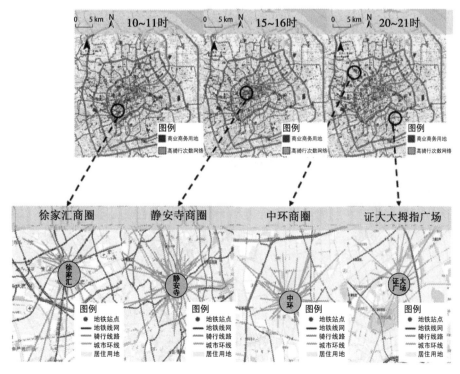

图 12.15　共享单车日常较高使用集聚地区示意图

乐、购物消费、日常事务为主的日常出行活动最终出行目的地上存在较大的偶然性。对 OD 点分布进行空间叠置分析统计发现,居住用地与商业办公用地的确是共享单车日常出行使用的主要发生地区,其中以与居住用地相关的骑行最为显著(表 12.4)。以 500 m 网格对三个日常出行时段的 OD 点分布进行细化统计发现,各时段中大于 15 次骑行行为的网格较少,使用分散依旧是主要特征,不过部分商业商务用地周边、地铁站点沿线仍存在少量集聚的特征,而且随着时间的推移及使用量的增加,该类出行特征的分布也越广,呈现出内环向中外环、地铁商圈向非地铁商圈扩散的态势(图 12.15)。从骑行的距离来看,该类骑行距离在各时段的差异并不明显,普遍骑行距离在 1.5 km 左右,集聚区的骑行距离也无太大变化,但整体相较于居住区通勤出行的骑行距离明显偏小。共享单车日常出行使用率高的地区,整体表现为居住区周边消费娱乐业态高混合度的城市区域。

表 12.4 共享单车日常出行 OD 与用地分布统计表

时间	居住用地	商业办公用地	工业用地	公共服务设施用地	其他用地
10~11 时	44.55%	24.38%	6.03%	13.41%	11.63%
15~16 时	49.29%	22.80%	4.97%	11.96%	10.99%
20~21 时	60.53%	18.11%	3.90%	10.27%	7.19%

(6)结论与讨论

全局式的空间分析结果表明,共享单车的数量及分布范围与仅外环外分布的市政自行车相比优势明显,但由于共享单车主要在外环内集中,因此从空间分布上两者竞争的关系较弱。在此基础上,本次研究展开了更加深入的共享单车空间特征挖掘,在整体分析比对市政自行车及共享单车各个时段的使用情况后,将其划分为通勤使用与日常使用两大类。进而再从空间维度对外环内的共享单车通勤及日常使用行为进行了重点分析并通过手机信令地铁刷卡等其他出行方式的大数据相互验证,得出了相对客观的共享单车使用时空间特征。研究表明,共享单车使用呈现出以短距离骑行为主、通勤时段大量使用的特点,使得公共自行车服务在上海市域范围内呈现整体强化。同时,这也为进一步探讨共享单车模式效益提供了相应的研究基础。

12.5.2 基于 POI 大数据的城市用地功能识别

(1)研究对象及范围

本次研究以南京老城区的某地图全类型 POI 数据为数据源,爬取的 POI 数据包括餐饮、公共设施、公司、购物、交通、教育、金融保险、生活、住宅、医疗、政府、住宿等 12 类,总共 262 000 条 POI 数据。研究对象主要为南京主城区的鼓楼、秦淮、玄武三个区,主要范围是明城墙、长江、外秦淮河合围的老城区地域。

(2)研究方法

本次研究主要采用了网络数据挖掘、GIS 空间分析等方法。主要技术步骤为:①借助某地图提供的南京地区 2015 年的 POI 数据,通过一些机器语言的处理获得这些数据;②将各类 POI 数据导入 ArcGIS 中,与已有的城市用地现状图进行空间坐标关联,通过配准和空间校正等手段将点能够精确地落到对应位置上;③使用核密度分析和分区统计得到相关数据点的聚集关系以及地块内最大值的统计;④通过机器语言等方面的操作识别不同功能区。

（3）数据处理

首先将获得的数据进行数据格式转换,因为爬取的数据是火星坐标系统,与研究区的坐标系不一致。通过搜索到的坐标纠正工具对各类 POI 数据进行坐标纠偏,数据预处理后,输入到 ArcGIS 中进行空间可视化的处理。

由于 POI 数据不包含空间实体对象占地面积等属性的抽象的点,而现实生活中,一个实际存在的店铺不可能是无建筑面积与占地面积的,所以在处理过程中,不同属性的 POI 点的实际情况(建筑面积等)会有较大差异,尤其在特定功能区内 POI 数据的实际占地面积对地块的主体功能的决定有着重要意义。因此,之前初步的 POI 数据的类型处理可能并不准确,还需要对各类 POI 数据进行重分类,最终将数据的类型分为 7 大类、12 小类。此外,在对 POI 点进行空间校正和叠合以后,将其中超出研究范围之外的点删除,最终得到有效的数据一共 184 529 条。

（4）研究单元主导功能识别

① 基于核密度最大值的主导功能类型识别

在各研究单元的核密度值的基础上,利用分区统计得到各研究单元内不同功能类型的平均核密度值,统计不同类型核密度值的大小,通过算法提取最大值,识别最大核密度值所对应的 POI 的主导功能,并将此功能定义为该研究单元的主导功能,结果如图 12.16 所示。根据识别结果来看,城市总的商业用地比例较现状用地来说明显偏高,初次识别的结果准确性较低,与现状用地差别较大。

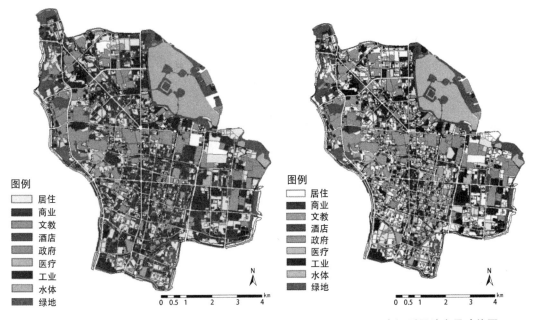

图例
□ 居住
■ 商业
■ 文教
■ 酒店
■ 政府
■ 医疗
■ 工业
■ 水体
■ 绿地

图例
□ 居住
■ 商业
■ 文教
■ 酒店
■ 政府
■ 医疗
■ 工业
■ 水体
■ 绿地

图 12.16　初次识别用地主导功能图　　　　图 12.17　二次识别用地主导功能图

因此,将叠在现状居住用地上的生活类 POI 点纳入居住功能识别范畴,提高居住类研究单元的识别数量(图 12.17)。对部分无法识别的研究单元采取人工识别的方法来提高识别的准确性。对于军事类设施 POI 点,由于资料的缺失,将该类功能划归到政府功能范畴。降低商业类 POI 与交通类 POI 的带宽值,在识别最大值时降低交通类设施核密度的权重,减少该类设施的识别数量。加入签到数据,由于签到数据大部分是对于商业和居住设施的签到,应添加居住类 POI 的签到数,提高居住类设施的识别研究单元数量。细化公司企业类设施分类,对商贸类企业和制造业企业进行分类,将商贸类企业划归为商业范畴,将制造业企业划归为工业范畴。经过以上步骤调整后得到如图 12.17 所示的二次识别用地的图像。

② 识别结果分析

经过二次识别后,商业类研究单元数量减少到 1 388 个,比初次识别的结果降低 50% 左右,考虑到城市商业扩展等因素,基本符合用地结构的正常比例;居住类研究单元数量增加到 2 155 个,占总用地面积的 30.66%,较现状比例略有下降,但总体差别仍在可接受范围之内;工业类研究单元数量为 78 个,低于现状用地数量和面积,对比南京市这几年陆续将老城区内的制造业企业外迁,大力进行工业用地置换工作,该识别结果明显是符合发展规律的;文教类设施识别面积为 7.351 km²,现状用地数量为 390 个,用地面积为 5.716 km²,识别准确率达到要求,随着老城区内教育设施的普及,城市内文教设施数量必定会增加,面积也会相应增加,识别结果符合这一特征;医疗设施识别总面积为 1.107 km²,现状用地总面积为 0.830 km²,识别结果较现状用地有所提高,符合南京市医疗普及以及综合医院扩张的发展趋势;政府类识别数量为 302 个,总用地面积为 2.572 km²,现状用地中行政用地加军事类用地共 368 块,总面积为 4.101 km²,与识别结果有些许差异,主要是因为军事类设施无法完全识别以及部分无法避免的细小研究单元无法识别。

③ 城市热点分析

a. 商业功能强度热点分析

对各研究区的商业功能强度进行热点分析(图12.18),根据结果中的标准化统计量 Z,将所得的商业类服务中心划分为三个等级,判定的结果按照标准化统计量值 $Z > 5$ 为第一层次;$4 \leqslant Z \leqslant 5$ 为第二层次;$Z < 4$ 为第三层次,根据该划分标准得出以下结论:新街口一带被识别出为南京主城区的商业功能热点中心,其标准化统计量 Z 的值最高,因此代表的空间集聚度最高;鼓楼区域紫峰一带的标准化统计值略低于新街口区域,但仍高于5,对比其他区域来说平均功能强度也较高,因此也划归到第一层次商业热点中。夫子庙、新街口金鹰、大行宫新

图 12.18 商业功能强度热点分析图

世纪广场、玄武门金茂汇广场、湖南路商业街和山西路商业区,根据计算所得标准化统计量 Z 的值低于新街口与鼓楼区域的值,商业类设施空间聚集度低于该区域,但这几处设施的空间聚集度仍高于其所在区域中其他研究单元的 Z 值。其余已识别的区域商业热点,如珠江路新世界百货等。

从以上结果可以发现:首先,所识别的所有商业热点中心均位于研究区内,研究区内部分缺失研究单元无法进行热点分析。其次,综合购物、金融、酒店和餐饮类设施共同识别的商业区域热点分析结果均显示新街口地区值最高。再次,设定不同的阈值范围对应所得的

标准化统计值 Z 的结果不一致,本次研究设定值 200 m 是因为南京老城区研究范围较小,设置较小的值会造成某些城市热点识别单元较小,较为分散,在实际面对较大研究区域时应增大阈值,使研究区的空间热点更加明显。最后,整个研究区内均未识别出空间冷点,由此表明南京老城区范围内不存在商业冷点区域,商业设施布局较为合理。

b. 教育设施空间热点分析

对各研究单元进行教育设施功能强度热点分析(图 12.19),根据识别结果来看:鼓楼区是南京老城区教育设施热点区块,大多数大学的老校区均布局其中,在整个南京市范围内也是教育设施的热点。对研究区进行热点分析时未出现区域冷点,由此表明南京老城区教育设施普及度较高,基础教育普及工作到位。

c. 医疗服务功能强度热点分析

对各研究单元的医疗服务功能进行热点分析(图 12.20),根据识别结果发现:第一等级类设施的普遍医疗等级较高,均是省级医疗机构,吸引的就医人群也不仅仅局限于南京市民,因此往往等级较高的医疗设施越能成为区域医疗功能热点区。高层次的医疗热点区域多集中在鼓楼区范围内,表明鼓楼区在整个南京老城区范围内也是医疗功能的热点区域。在对整个区域进行医疗设施热点分析时未发现冷点区域,表明南京地区无医疗设施服务盲区,医疗设施布局普遍性较高。

图 12.19 教育功能强度热点分析图

图 12.20 医疗功能强度热点分析图

(5) 结论与讨论

本研究以南京市主城区为研究对象,对城市各研究单元进行主导功能识别,并得到城区用地主导功能识别图像。通过准确性验证发现,识别数量准确性为 81.86%,面积准确性为 88.15%。通过将识别结果与现状用地图像进行叠置,以及一系列的举例分析发现,主导功能识别结果有助于对城市现状用地进行动态监测与纠错,同时部分用地的识别结果更能反映该用地的实际功能。之后基于识别结果对城市中的商业、教育与医疗功能进行热点分析,利用空间分析结果中的标准化 Z 值对商业、医疗与教育功能进行空间结构调整,并得出相关结论:①新街口地区处于商业最热地区,商业设施空间聚集度最高;②鼓楼区为全市范围内医疗和教育热点区域最多的地区,是城区空间内公共服务功能的热点区;③对研究区进行热点分析时均未发现区域内有功能冷点,说明南京市公共服务设施布局合理,教育和医疗普及程度较高。

思考题

1. 试述大数据的特点、类型,以及数据采集的方法。

2. 目前城市规划能应用的大数据有哪些?

3. 尝试从百度、腾讯、高德地图软件抓取 POI 数据。

4. 利用道路网和兴趣点 POI 数据生成用地现状图的主要步骤有哪些?

5. 试简述将 POI 数据空间化的过程,并尝试用框图表达至少一种空间分析方法如何实现对 POI 数据的分析。

第五部分

配套实验指导

这一部分专为城乡规划及相关专业本科生学习本教程主体内容而配套设计了 10 个上机实验。实验主要在 ArcGIS 桌面版软件平台上进行，每个实验控制在 2 h 内完成，配合一些课后时间，通常 30～40 学时可以完成。其中：

● 实验 1～实验 4 围绕反映城市空间现状的图形、图像和表格等原始数据的组织与建库核心问题展开，主要演示和训练空间数据的生产、制图以及简单分析等操作。实验 1、实验 2 作为基础实验，内容不多但详细演示了 GIS 在处理多源、不同空间参考数据时的工作流程和操作方式，与本书第 2 章内容直接呼应。在实验 3 和实验 4 中，围绕城市规划中核心的用地、建筑等问题开展基础数据处理技术演练，对应本书第 3 章核心内容。

● 实验 5、实验 6 通过控规技术指标和发展适宜性多因子分析两个主题，对应本书第 4 章和第 9 章的相关内容，通过实例介绍及操作练习来掌握其中的核心技术方法，即矢量数据和栅格数据的空间叠置分析模型的构建方式。

● 实验 7、实验 8 分别设计了与 AutoCAD、微软 Excel 软件进行交互操作来集成处理规划数据，相关方法已在具体的城乡规划工作中得到大量使用。在这两个实验中同时穿插介绍和练习了 GIS 三维地形数据建模分析、自动矢量化和空间专题图可视化等操作技术。进一步的，实验还演示了实际工作中可能碰到的真实数据错误问题，提供了多个技巧以帮助高效、高质量地解决问题。将此处介绍的基础方法在具体工作中灵活组合使用能够解决大量的规划编制与管理信息化过程中的实际问题。

● 实验 9 介绍相对高级的 ArcGIS 网络建模和网络分析操作，演示相对复杂的 GIS 空间分析功能在城乡规划中的应用模式。在这两个实验中还穿插了矢量数据的拓扑生成、最短路径和矢量距离计算等核心操作内容。其中距离及路径计算在适宜性评价、选址、空间公平、区位条件分析等规划工作流程中是关键操作（或关键操作之一），也是国土空间多尺度高级建模分析的基础。

● 实验 10 通过空间句法实践主题，与第 11 章相关内容直接呼应，以此为例演示了 ArcGIS 软件平台上的插件使用，示范 ArcGIS 支撑下较为复杂的城市空间分析的实现。

在该配套实验指导中，每个实验首先介绍实验目的，供有一定基础的读者参考；然后列出操作示范项目，在项目中的操作内容将会在后续小节中进行比较详细的示范；接着给出实验要求并介绍实验数据，有基础的读者可以自行参考随后列出的主要步骤完成实验；最后给出要点和释疑，以流程的方式给出实验的每一步操作，帮助有困难的读者学习操作方法，解决大多数操作中遇到的具体问题。

说　　明

（1）练习实验操作提示和演示界面部分参考 ESRI ArcGIS for Desktop 版本 10.6.1 软件，绝大多数操作在主要的 ArcGIS10 版本软件中没有太多区别，但依然可能有部分细节差异。

（2）本书实验操作部分需要有最基本的 ESRI ArcGIS 操作能力。虽然本书尽力给出各项主要的操作过程并给出说明，但并不是 ArcGIS 软件操作指南。详细了解 ArcGIS 软件的功能和操作模式请参考 ArcGIS 软件自带的文档、在线帮助和/或相关专业书籍。

（3）操作中一些常用技巧或者可能碰到的问题会以【Hint】方式给出，但并不能涵盖所有操作方面的问题。

（4）我们提供了操作示范索引表，如果在实际工作中有需要参考特定操作，可以直接查阅相关实验中所做的操作说明。

（5）请读者扫描封底的二维码免费下载本部分实验配套的图片和数据等文件。

主要 ArcGIS 操作示范索引表

序号	操作性质	操作项目	实验编号
1	数据生产	栅格数据配准	实验 1
2		新建地理数据库、地图项数据集和地图项类	实验 1
3		绘制生产矢量 GIS 图形数据	实验 1
4		录入矢量图形属性信息	实验 2
5		线划生成封闭面	实验 3
6		属性数据表关联	实验 5
7		使用 ArcScan 进行栅格数据自动矢量化	实验 8
8	制图输出	简单专题制图	实验 2
9		专题图制作	实验 4
10		统计图样式专题制图和在同一张图上同时展示两组专题信息	实验 8
11		排版出图	实验 5
12	数据输入输出	ArcGIS 数据导入导出	实验 5
13		AutoCAD 数据导入	实验 7
14		Excel 数据清洗和关联	实验 8
15	统计分析	使用字段计算功能和 summarize 工具对基本空间信息进行统计	实验 5
16	空间分析	使用 ArcToolbox 工具	实验 3
17		矢量数据空间叠置	实验 4
18		栅格空间叠合	实验 6
19		ArcGIS 矢量/栅格数据互转	实验 6

（续表）

序号	操作性质	操作项目	实验编号
20	三维空间分析	从矢量数据生成 GIS 表面数据	实验 7
21		空间信息三维可视化	实验 5
22	高级空间分析	建立拓扑（Topology）	实验 9
23		建立网络（Network）	实验 9
24		使用网络求解路径问题	实验 9
25		Axwoman 软件使用	实验 10

实验 1　地形基础数据库建立

1. 实验目的

（1）理解地图坐标系、坐标系变换、栅格数据的基本概念与处理原理。

（2）掌握 GIS 空间数据配准、数字化的基本技能。

2. 操作示范

（1）栅格数据配准。

（2）新建地理数据库、地图项数据集和地图项类。

（3）绘制生产矢量 GIS 图形数据。

3. 实验要求

对地形图图像设置正确空间参考，并在 ArcMap 中采用两种方法进行配准操作以将地形图 Topo. jpg 和遥感影像图 RS. jpg 配准到正确的地理空间位置上。

4. 实验数据

本实验一共提供了两张栅格图像数据：

（1）实验图 1.1 Topo. jpg 是南京市长虹路西侧地块局部历史地形图，成图时间较早。在图片上有横轴和纵轴方向坐标线各两条，并在四角标有交点的经纬度坐标。

（2）实验图 1.2 RS. jpg 是一张该地区较新时期的遥感影像。

对比可以发现实验图 1.2 RS. jpg 遥感影像图中一些房屋建筑与实验图 1.1Topo. jpg 地形图所示的内容有所区别，但依然有不少特征维持一致，可以寻找一些同名点。

5. 实验主要步骤

（1）在 ArcCatalog 中给扫描地形图文件设置空间参考。

① 根据图面内容判断比例尺。

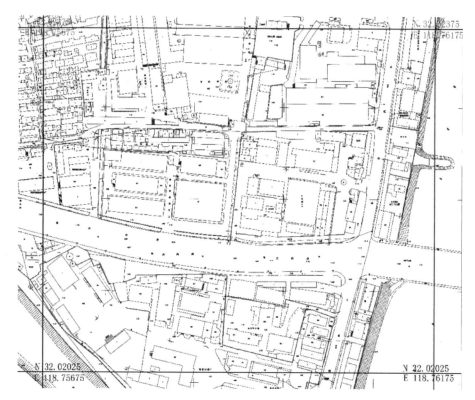

实验图 1.1　Topo.jpg 地形图

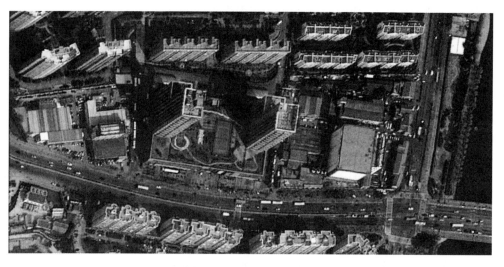

实验图 1.2　RS.jpg 遥感影像图

　② 根据比例尺判定投影类型。
　③ 根据比例尺确定投影带类型。
　④ 根据经纬度范围判断投影带。
　⑤ 选定空间参考并设置。

（2）在 ArcCatalog 中新建点 Feature Class 以存储四个控制点位置信息。

（3）在 ArcMap 中加入刚才新建的点 Feature Class，并录入四个控制点位置。

（4）在新打开的 ArcMap 中加入地形图图像文件，打开 Georeferencing 工具栏。

（5）采用采集空间点法进行配准操作，将 Topo.jpg 地形图栅格图像上的图框控制点配准到已有点位上。

（6）将遥感影像 RS.jpg 配准到地形图 Topo.jpg 上。

（7）比较各种配准的结果，分析偏差产生的原因。

6. 实验要点和释疑

（1）观察实验数据文件

① 在 ArcCatalog 中，点击 Topo.jpg 文件，右侧面板选择 Preview 标签，将出现预览图（实验图 1.3）。将鼠标指针放在预览图上，观察右下角的坐标值和单位，发现坐标值范围与图片文件的像素数范围一致，同时单位显示为"Unknown"，表示图像没有空间参考也没有经过配准。

实验图 1.3　在 ArcCatalog 中预览栅格图像数据

（2）在 ArcCatalog 中给扫描地形图文件设置空间参考

① 根据图面内容判断比例尺。图面内容中有明显的建筑外廓线，故应当是比例尺在 1∶1 000 左右的大比例尺地形图。

② 根据比例尺确定投影带类型。根据国家标准,比例尺大于等于 1∶10 000 的地形图应当使用高斯-克吕格投影 3° 带。

③ 根据经纬度范围判断投影带。根据图面角点经纬度信息,可以判断图面左右范围在数百米,同时投影带中央经线应当在东经 118.76° 附近。考虑历史原因,我们用西安 80 基准球面作为基准面,最接近的 3° 带中央经线为东经 120°。

④ 选定空间参考并设置。在不了解其他信息的情况下,我们可以设定地形图坐标系统为 Xian_1980_3_Degree_GK_CM_120E。

⑤ 为图像数据设置空间参考

a. 在 ArcCatalog 中,右击 Topo.jpg 文件图标,在弹出的下拉菜单中选择"Properties"(实验图 1.4)。

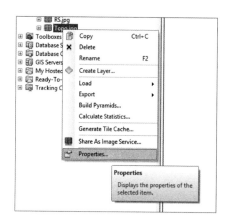

实验图 1.4　打开栅格数据属性对话框　　**实验图 1.5　栅格图像属性 Spatial Reference 设置**

b. 向下滚动到 Spatial Reference 条目,显示"＜Undefined＞"。点击后面的"Edit"按钮以定义空间参考(实验图 1.5)。

c. 在弹出的对话框中,依次打开"Projected Coordinate Systems"—"Gauss Kruger"— "Xian 1980",并找到中央经线为 120E 的,带有 3 度(3 Degree)字样的投影带 "Xian 1980 3 Degree GK CM 120E"(实验图 1.6)。

d. 点击 OK 按钮确定之后设定完成。

【Hint:如果在设置之后发现选错了空间参考,请打开 Windows 资源管理器,删除栅格图像所在文件夹中除了 Topo.jpg 文件之外以 Topo 开头的其他文件,再回到 ArcCatalog 中重新操作即可】

(3) 在 ArcCatalog 中新建点 Feature Class 以存储四个控制点位置信息

① 在 ArcCatalog 中右击某个文件夹,在弹出菜

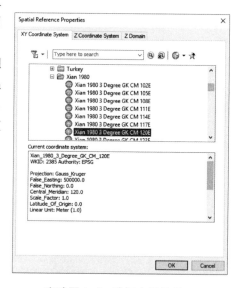

实验图 1.6　选择空间参考

单中选择 New-File Geodatabase（实验图 1.7）。

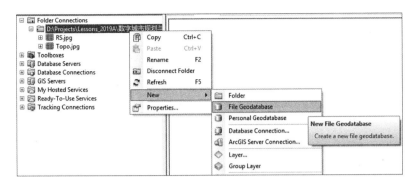

实验图 1.7 新建地理数据库

② 按提示命名数据库名称，以下演示命名为 exp1。

③ 右击刚新建的数据库图标，点击 New-Feature Dataset 以新建数据集（实验图 1.8）。

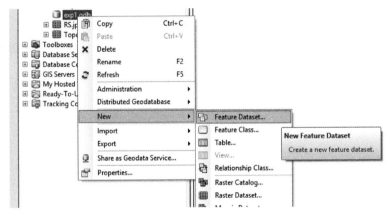

实验图 1.8 新建数据集

④ 在接下来的对话框中，首先命名数据集（这里命名为 ds）（实验图 1.9）。

⑤ 为存储以经纬度数值标注的点位置，我们需要以经纬度表示位置的点数据，故定义数据集的空间参考为地理坐标系。依次打开 Geographic Coordinate Systems-Asia，选取 Xian 1980（实验图 1.10）。

⑥ 下一步中因暂时用不到垂直坐标系，直接点击 Next 跳过（实验图 1.11）。

⑦ 在数据容限值设置页面，File GeoDatabase 默认数据精度较高，一般可以满足需求，这里可以取默认值，直接点击 Finish 完成（实验图 1.12）。

⑧ 右击刚新建的空数据集"ds"，点选 New-Feature Class（实验图 1.13）。

⑨ 命名为 control_points，并选取类型为 Point Features（实验图 1.14）。

⑩ 后续页面均取默认设置，完成对话交互，我们将获取一个点的空 Feature Class（地图项类）（实验图1.15）。

（4）在 ArcMap 中加入刚才新建的点 Feature Class，并录入四个控制点位置

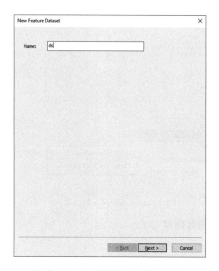

实验图 1.9　新建数据设置名称

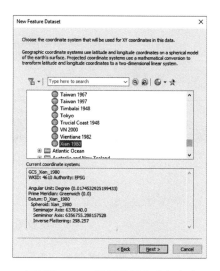

实验图 1.10　设置数据集空间参考

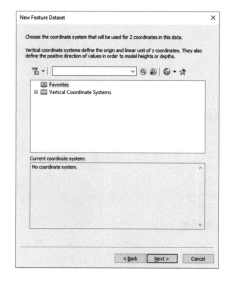

实验图 1.11　选择数据集垂直坐标系统

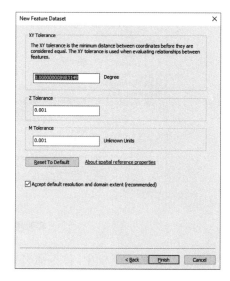

实验图 1.12　设置数据默认容限和精度

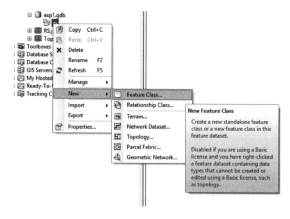

实验图 1.13　新建 Feature Class 地图项类(矢量数据表)

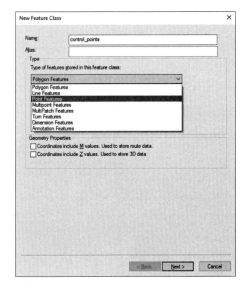

实验图 1.15　新建完成的空地图项类表数据图示

实验图 1.14　设置地图项类名称和图形类型

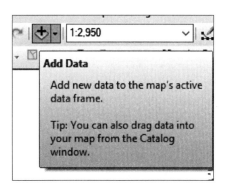

**实验图 1.16　使用 Add Data 按钮可以将
数据添加到 ArcMap 地图中**

① 新打开一个 ArcMap 程序。

② 使用 Add Data 按钮(实验图 1.16)加入刚新建的 control_points。【Hint：也可以将 control_points 从 ArcCatalog 中直接拖拽到 ArcMap 窗口以将其加入地图】

③ 在 ArcMap 程序窗口工具栏的空白处右击鼠标,并在弹出的下拉菜单中找到 Editor,点击以激活该工具栏。此时,Editor 工具栏将出现(实验图 1.17)。

实验图 1.17　打开 Editor 工具栏

④ 点击 Editor 工具栏中的 Editor 按钮,并点击 Start Editing(实验图 1.18)。

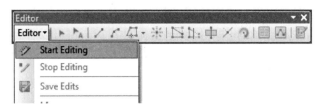

实验图 1.18　开始编辑

⑤ 在右侧弹出的 Create Features 面板中,点击 control_points(实验图 1.19)。【Hint：如果没有弹出 Create Features 面板,请点击 Editor 工具栏中的最后一个按钮▣】

⑥ 在地图面板空白位置点击鼠标右键,在弹出的菜单中点击 Absolute X,Y(实验图 1.20)。【Hint：也可以按 F6 键实现同样的操作】

⑦ 在弹出的小窗口中,输入角点的经纬度数值,最后按回车键完成输入(实验图 1.21)。

实验图 1.19　准备新建点对象

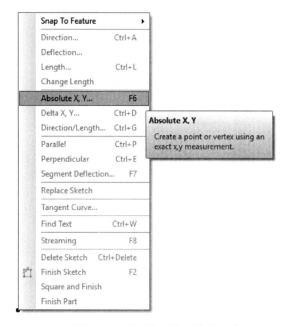

实验图 1.20　使用绝对坐标值新建点

Absolute X, Y		x
Long:	118.75675	▼
Lat:	32.02025	

实验图 1.21　输入坐标数值新建点

⑧ 依次重复录入 4 个角点坐标。

⑨ 此时，由于地图窗口所在范围原因，图面上并不会出现坐标点，右击左侧图层列表中 control_points 图层，并点击 Zoom To Layer（实验图 1.22），将可以看到刚才录入的点图形。

⑩ 再次点击 Editor 工具栏中的 Editor 按钮，并点选 Stop Editing 以结束编辑，按提示保存结果（实验图 1.23）。

（5）在 ArcMap 中加入地形图图像文件，打开 Georeferencing 工具栏

① 新打开一个 ArcMap 程序，或使用 ArcMap 程序右上角的"New"按钮新建一个空白文档（实验图 1.24），以保证 Data Frame 设置清空。【Hint：在此情况下，ArcMap 将根据加入的第一个有效地理数据的空间参考来初始化 Data Frame 的空间参考】

② 使用 Add Data 按钮加入 Topo.jpg 图像和刚才制作的 control_points 地图项类。

③ 在 ArcMap 程序窗口工具栏的空白处右击鼠标，并在弹出的下拉菜单中找到 Georeferencing，点击以激活该工具栏（实验图 1.25）。

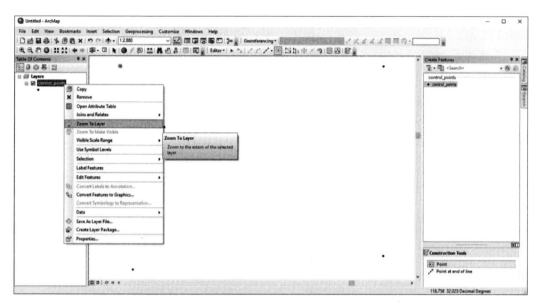

实验图 1.22　使用 Zoom To Layer 定位到有数据的区域

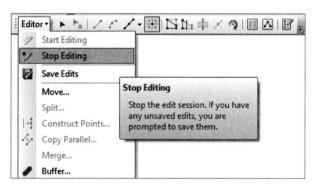

实验图 1.23　停止编辑并保存结果

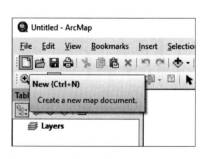

实验图 1.24　使用 New 按钮新建 ArcMap 地图

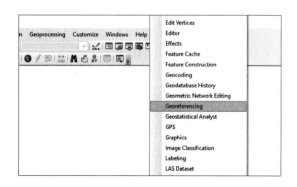

实验图 1.25　打开 Georeferencing 工具栏

④ 此时，Georeferencing 工具栏将出现（实验图 1.26）。

（6）采用采集空间点法进行配准操作，将 Topo.jpg 地形图栅格图像上的图框控制点配准到已有点位上

① 此时 Georeferencing 工具栏应该呈现激活状态并自动选中 Topo.jpg 图层（实验图1.26）。如果状态不同，请检查之前的步骤。

实验图 1.26　激活的 Georeferencing 工具栏

② 点击并激活 Georeferencing 工具栏中的 Add Control Points 工具（实验图1.27）。

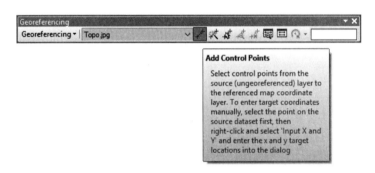

实验图 1.27　添加新控制点

③ 右键点击左侧图层列表中的 Topo.jpg 图层，并点击 Zoom To Layer 以帮助定位到待配准图像。

④ 放大并定位到某个控制角点，点击位置放置绿色十字标志（实验图1.28）。

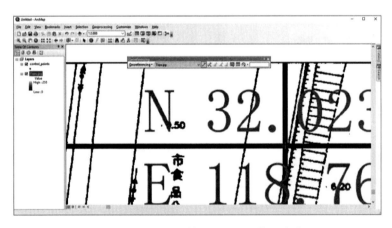

实验图 1.28　定位待配准地图上第一个点

⑤ 右击左侧 control_points 图层，Zoom To Layer 以帮助定位到控制点图形，点击对应的控制点以放置红色十字标志标记同名点（实验图1.29）。

⑥ 依次重复上面两步，标记所有同名点，获得配准结果应形如实验图1.30。

⑦ 点击 Georeferencing 工具栏中的 Georeferencing 按钮，再点击 Update Georeferencing 以

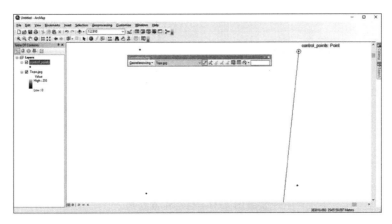

实验图 1.29　定位第一个配准点到底图同名点正确位置

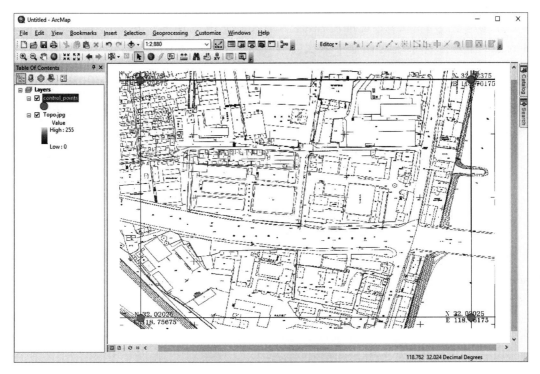

实验图 1.30　配准好的地形图

保存配准结果(实验图 1.31)。

(7) 将遥感影像 RS. jpg 配准到地形图 Topo. jpg 上

① 遥感影像为在线地图网络截图,采用 Web Mercator 投影。

【Hint:考虑到区域尺度很小,范围为东西 500 m 左右,城市地方坐标系在这样的尺度上近似于平面-平面的线性变换。同时,之所以城市设置彼此不同的地方坐标系,是为了使特定城市局部变形尽量小,故城市地形图通常与当地正射遥感影像间形变很小,遥感影像在这种极小尺度上通过线性变换不会产生显著的配准误差。故若不知道遥感影像的来源,无

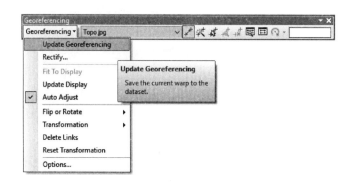

实验图 1.31 保存配准结果

法确定空间参考,那在这种极小尺度上,可以设置遥感影像坐标系统为与目标地形图的空间参考一致并进行配准】

② 参考上述 Topo. jpg 配准流程,在 ArcCatalog 中设置 RS. jpg 的空间参考为 Web Mercator(选取坐标系统对话框中依次打开 Projected Coordinate Systems—World,选择 WGS 1984 Web Mercator (auxiliary sphere))。

③ 新打开 ArcMap 程序,打开 Georeferencing 工具栏。

④ 将 RS. jpg 加入 ArcMap 中,此时 Georeferencing 工具栏应会自动激活并选中 RS. jpg。

⑤ 将 Topo. jpg 加入 ArcMap 中。

⑥ 点击并激活 Georeferencing 工具栏中的 Add Control Points 工具。

⑦ 放大到 RS. jpg 图层,点击某个位置,比如地形图上存在的建筑的某个基底角点。

⑧ 放大到 Topo. jpg 图层,点击对应的同名点。

⑨ 重复上述两步,尽量使得控制点在图面上较为均匀地分布。

【Hint:若发现有选错或不满意的点,可以点击 Georeferencing 工具栏中的 View Link Table 按钮后,选中要删除的记录,再点击 Delete Link 按钮 ✂ 删除不合适的点(实验图 1.32)】

实验图 1.32 使用 View Link Table 按钮操作配准控制点

⑩ 待配准结果较为满意之后,点击 Georeferencing 工具栏中的 Georeferencing 按钮,点击 Update Georeferencing 以保存配准结果。

⑪ 配准完成后效果应类似实验图 1.33。

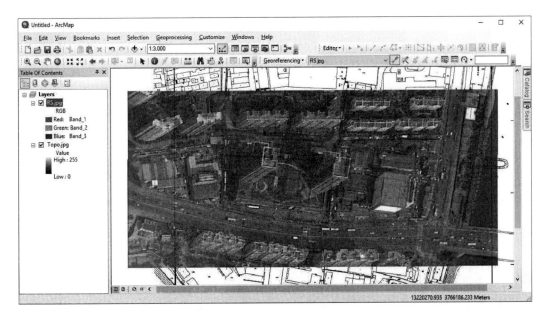

实验图 1.33　配准完成后的 RS. jpg 遥感影像图

实验 2　遥感解译与建库

1. 实验目的

（1）实践遥感影像与地形图矢量数据叠合，练习配准操作。

（2）初步了解建筑与地块多边形勾绘。

（3）探讨 GIS 属性数据库的数据处理与统计方法在规划设计中的用途。

2. 操作示范

（1）录入矢量图形属性信息。

（2）简单专题制图。

3. 实验要求

以地形图和遥感影像为参考，数字化该地块建筑与用地地块多边形，并建立含有建筑与地块面积、周长等属性项的地理数据库，地块 1 个及以上，建筑基底不少于 10 个。

4. 实验数据

本实验主要使用实验 1 配准好的遥感图片 RS. jpg 和地形图 Topo. jpg。

5. 实验主要步骤

（1）创建 GeoDatabase，并在 GeoDatabase 中创建 Feature Dataset，设置正确的空间参考。

（2）在 Feature Dataset 中分别创建地块和建筑两个 Feature Class。

（3）根据配准的遥感影像和地形图，参考地形图，进行建筑和地块数字化。

（4）设置图层关系和符号化样式，将建筑按高度着色。

6. 实验要点和释疑

（1）创建 GeoDatabase，并在 GeoDatabase 中创建 Feature Dataset，设置正确的空间参考

参考实验 1 要点 3 新建 Feature Dataset。因我们想要保存地形图相关的地块和建筑信息，故使用地形图的空间参考(Xian 1980 3 Degree GK CM 120E)以使各种信息可以在同一个空间参考下进行处理。

【Hint：可以继续使用在之前实验 1 建立的空间数据库，在其中新建一个 Feature Dataset】

（2）在 Feature Dataset 中分别创建地块和建筑两个 Feature Class

① 参考实验 1 要点 3 的方法新建 Feature Class，类型选择为 Polygon Features 以存储多边形信息。用地地块 Feature Class 这里命名为 landuse，建筑 Feature Class 命名为 buildings。

② 在建筑 Feature Class 建立时，增加一个字段以存储楼层数，类型选择为数值型，如短整型 Short Integer(实验图 2.1)。

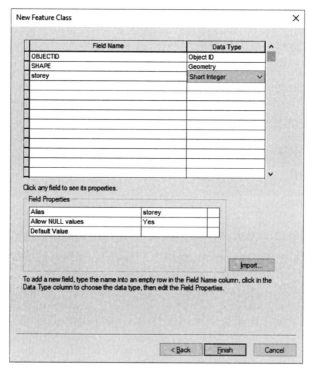

实验图 2.1　设置矢量数据属性字段

（3）根据配准的遥感影像和地形图，参考地形图，进行建筑和地块数字化

① 为了保证 ArcMap 地图框的投影与生产数据的投影一致以避免一些不必要的麻烦，新打开一个 ArcMap，并首先加入新建的 landuse 和 buildings 地图项类，再加入 RS. jpg 图像和 Topo. jpg 图像。

② 参考实验 1 要点 4 中开始编辑（Start Editing）的相关步骤，进入编辑状态并选中 landuse 图层，首先数字化地块。

③ 用鼠标沿地块边界勾绘地块，双击结束（实验图 2.2）。

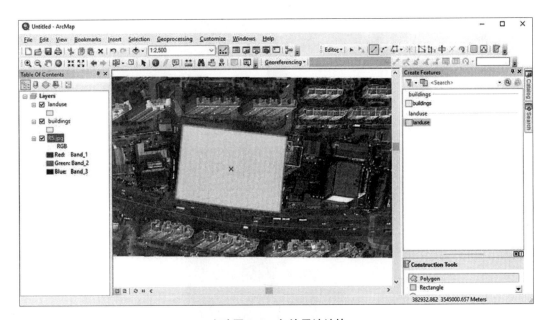

实验图 2.2　勾绘用地地块

④ 以类似的方式数字化建筑基底外廓线到 buildings 图层。

【Hint：可以在建筑顶面数字化建筑，完成后再将其挪动到基底位置（实验图 2.3）】

（4）录入建筑图形的楼层属性有多种方法可以给属性数据录入属性

① 可以右击建筑多边形，点击 Attributes 并在右侧弹出的 Attributes 面板中录入建筑楼层数（本实验的楼层数请根据遥感影像估计）（实验图 2.4）。

② 也可以通过右击左侧面板中的 buildings 图层，选择 Open Attribute Table，在属性表中批量录入/修改属性（实验图 2.5）。

【Hint：如果无法修改属性，请进入编辑状态（start editing）】

（5）设置图层关系和符号化样式，保存 mxd 地图文件

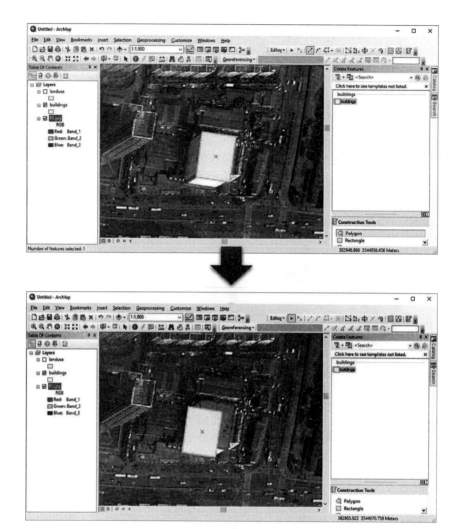

实验图 2.3 　在建筑顶部图像上勾绘轮廓并移动到建筑基底位置作为基底外廓

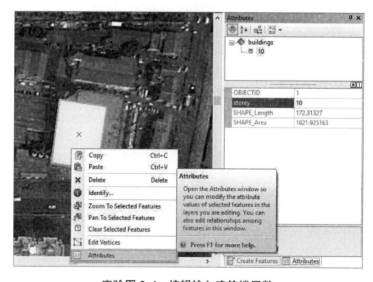

实验图 2.4 　编辑输入建筑楼层数

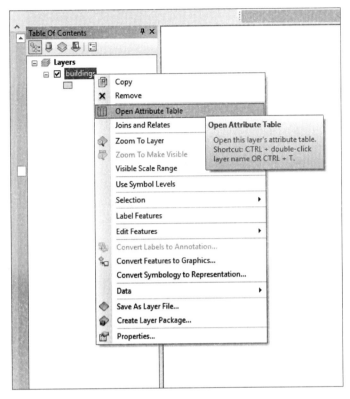

实验图 2.5　打开图层的数据属性表

① 右击左侧图层列表中的 buildings 图层，点击 Properties。

② 切换到 Symbology 标签，左侧选择 Quantities—Graduated colors，右侧将 Value 选项设置为楼层字段 storey，并选择合适的颜色和分段（实验图 2.6）。

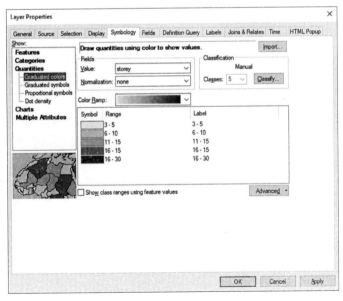

实验图 2.6　根据楼层数为建筑基底多边形着色

③ 切换到 Labels 标签后,可以打开注记标注楼层数(实验图 2.7)。

实验图 2.7 标注建筑楼层数

④ 点击确定之后,图层将会被着色并显示注记(实验图 2.8)。

实验图 2.8 成图效果示例

实验3　用地现状图遥感解译、建库和分析－1

1. 实验目的

（1）练习遥感影像配准。
（2）掌握无缝勾绘地块多边形。
（3）探讨 GIS 属性数据库的数据处理与统计方法在规划设计中的用途。

2. 操作示范

（1）使用 ArcToolbox 工具。
（2）线划生成封闭面。

3. 实验数据

对照影像图练习研判各类重要地块的影像特征，主要根据影像地图绘制土地利用图，地块应不少于 50 个，注意地块彼此间衔接。

实验提供了 4 组数据：

（1）ct_re_5m，有正确空间位置（已配准好）的遥感影像图，地面分辨率约 5 m，因分辨率限制，无法分辨详细的用地特征（实验图 3.1）。

实验图 3.1　5 m 分辨率遥感影像图

（2）landuse.jpg，局部土地利用图，未配准，可以用来作为地块划分和用地边界参考，但需要根据高分辨率影像更新（实验图 3.2）。

（3）ct_hr.jpg，高分辨率影像地图局部，未配准，地面分辨率约 2.5 m，可以较好地分辨不同类型用地的影像特征（实验图 3.3）。

（4）Exp3.mdb，样本数据库（Personal GeoDatabase）一个，内含一个 dataset：ds_ct（实验图3.4），该 dataset 的空间参考是目标区域的地方坐标系所用空间参考。

实验图 3.2　东北局部土地利用图(旧)

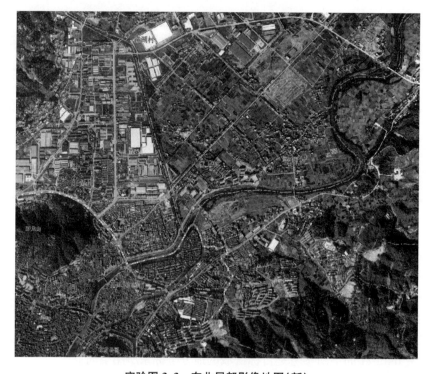

实验图 3.3　东北局部影像地图(新)

实验图 3.4　数据库中提供了有地方坐标系空间参考的 dataset：ds_ct

4. 实验主要步骤

（1）以 5 m 影像为标准底图，配准 2.5 m 影像图。

（2）配准土地利用图。

（3）参考土地利用图，勾绘不少于 50 个地块并录入用地类型，制作用地现状图，注意地块彼此间衔接。

（4）对照影像图练习研判各类重要地块的影像特征。

5. 实验要点和释疑

（1）以 5 m 影像为标准底图，配准 2.5 m 影像图

① 因 5 m 影像图上无法分辨地面情况，无法判断用地类型，而 2.5 m 影像图没有配准，又不在正确的空间位置上，所以我们需要先行以空间位置正确的 5 m 影像图对 2.5 m 影像地图进行配准。

② 一般地，城市影像地图使用城市地方坐标系，故使用实验提供的数据库中 dataset 所预设的地方坐标系对应空间参考。

③ 在指定空间参考对话框中，点击右上侧小地球按钮下拉菜单，使用 Import 命令，浏览并选中 ds_ct 数据集的空间参考（实验图 3.5）。

④ 参考实验 1 要点 6 配准操作，进行影像配准。

⑤ 配准完成之后的图形类似实验图 3.6。

（2）配准土地利用图

① 土地利用 landuse.jpg 同样使用地方坐标系，使用与影像地图一样的空间参考。

② 参考实验 1 要点 6 配准操作，进行图像配准。

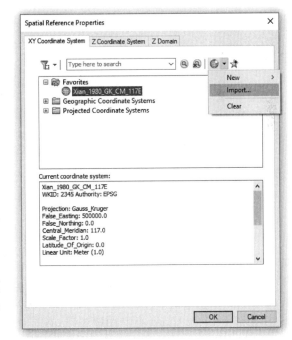

实验图 3.5　使用 Import 导入已有数据的空间参考

③ 配准完成后得到的结果应与实验图 3.7 类似。

（3）参考用地图，勾绘不少于 50 个地块并录入用地类型，制作用地现状图，注意地块彼此间衔接

实验图 3.6　影像地图配准完成效果

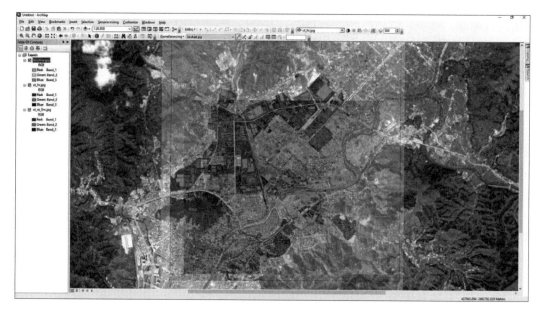

实验图 3.7　土地利用图配准完成效果

① 新建 Feature Class 存储用地边界

a. 在 ArcCatalog 中,首先新建 GeoDatabase。

b. 在其中新建一个 Feature Dataset,命名任意,如"ds",Spatial Reference 设置直接导入(Import)已配准好用地图的空间参考。

c. 在 Dataset 中新建一个土地利用 Feature Class,命名为"lu_lines",用来数字化用地边界线,类型为线"Line Features"。

② 生成用地边界（线状）

a. 勾绘：在 ArcMap 中调入新建的 lu_lines 与长汀用地.jpg，并在 lu_lines 上勾绘边界（线）（实验图 3.8）。

【Hint：可以使用 Snapping 工具栏（实验图 3.9）功能进行抓点，以使得所有线段相互连接，形成封闭的多边形边界】

b. 由用地边界线生成用地地块多边形，使用 ArcToolbox 中的 Feature to Polygon 命令生成用地多边形。

操作步骤：

● ArcMap 右侧找到 Search 面板并打开，在搜索框中输入 Feature to Polygon，搜索得到对应的工具（实验图 3.10）。

● 单击"Feature To Polygon"打开工具，从左侧图层列表中将 lu_lines 拖拽进入工具上方的列表框内，在下方 Output Feature Class 框中设定输出 Feature Class，这里命名为 lu_polygons（实验图 3.11）。

实验图 3.8　用地边界线绘制

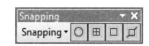

实验图 3.9　Snapping 节点捕获工具栏

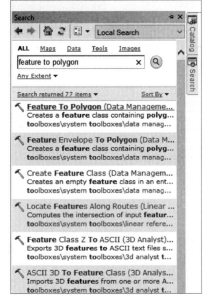

实验图 3.10　使用 Search 搜索面板搜索
ArcToolbox 内的工具

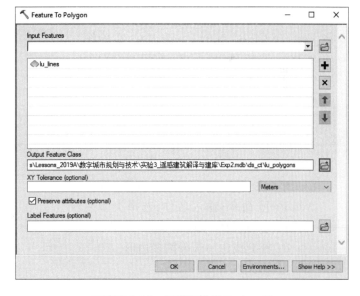

实验图 3.11　设置和操作 Feature To
Polygon 工具

● 点击确定按钮，完成多边形生成，生成结果应类似实验图 3.12。

【Hint：若发现有些多边形没有如预期中一样生成，请检查 lu_lines 中线段间是否相交以封闭】

实验图 3.12　由边界线生成封闭用地地块面

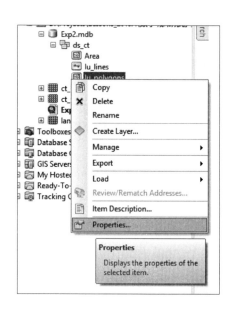

实验图 3.13　在 ArcCatalog 中打开 Feature Class
属性窗口,查看和编辑属性

c. 在 ArcCatalog 或 ArcMap 中新
建字段 landuse,设置类型为 Text,长度
为 10 以输入用地类型。

操作步骤:

● 在 ArcCatalog 中右击多边形
Feature Class,点击 Properties(实验图
3.13);选择 Fields 标签;在下方空白处
输入新字段名并设置类型(实验图
3.14)。

● 在 ArcMap 中退出编辑状态(如果
在编辑状态的话);右键点击图层,选
Open Attribute Table(实验图 3.15)。

● 点右下方的 Options 按钮,选择
Add Field 命令;输入名称、选择类型并
设置长度(实验图 3.16)。

d. 补充或进一步分割多边形。

操作步骤:

● 使用 Auto Complete Polygon 绘
制共享边界多边形。

● 将 生 成 的 多 边 形 数 据 调 入
ArcMap,并进入编辑状态,设置目标图层为多边形所在图层。

● 将 Editor 工具栏中的任务(Task)设置为 Auto Complete Polygon。

● 通过勾绘与现有多边形外框交叉且共同作用封闭的线段,建立紧密接边的多边形。

实验图 3.14　在 ArcCatalog 中打开 Feature Class
属性窗口中批量新增字段

● 使用 Cut Polygon 切割多边形。

● 设置 Task 为 Cut Polygon,使用选择工具(小箭头),用鼠标点选要切割的多边形,再绘制与现有多边形交叉的线以切割多边形。

e. 录入用地类型代码三种常用方法。

【Hint:下述方法①②需要先进入编辑状态(Start Editing)才可以操作】

● 打开 Editor 工具栏中 Attribute 按钮▦,选择地块多边形,并在 landuse 格子中录入用地类型代码(实验图 3.17)。

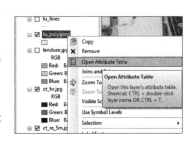

实验图 3.15 在 ArcMap 中打开图层属性表

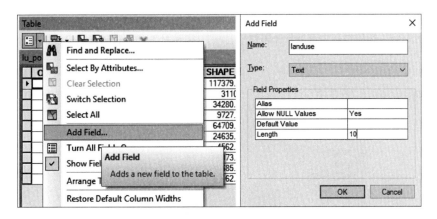

实验图 3.16 在 ArcMap 中通过图层属性表界面新增字段

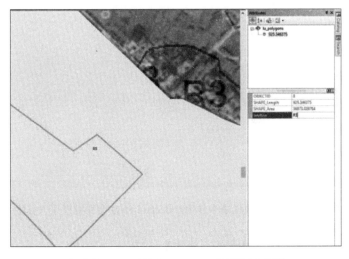

实验图 3.17 通过 Attributes 面板录入属性

● 打开地块图层属性表,录入用地类型代码(实验图 3.18)。

● 选择多个类型一样的地块,在属性表中右击需要录入属性的字段列名,点击 Calculate Field(实验图 3.19);在弹出的对话框中输入表达式,以一次批量录入多个属性(实验图3.20)。

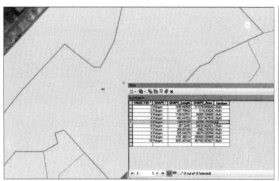

实验图 3.18　在属性表中直接录入属性

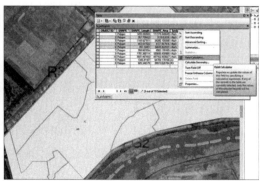

实验图 3.19　在属性表中调用 Calculate Field
　　　　　　命令计算字段值

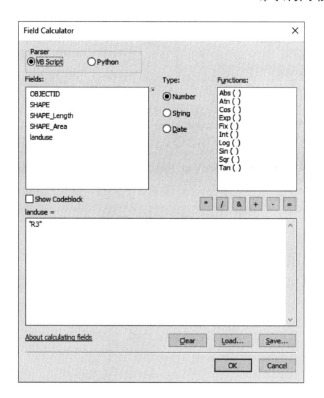

实验图 3.20　在属性表中使用 Calculate Field 命令批量录入属性

【Hint 1：此方法不需要在编辑状态下操作】

【Hint 2：表达式包含字符串（用地属性分类代码）时，需使用英文半角双引号括住】

③ 参考实验 2 要点 5，使用 Unique values 独立值符号化方法根据用地类型字段进行专题制图，按照规划用地类型制图规范设置不同类型的色彩。

a. 右键点击地块多边形图层，选择 Properties。

b. 选择 Symbology 标签，左侧选择 Catagories-Unique values 方法。

c. 右侧 Value Field 字段设置为 lu_type 用地类型代码字段,并点击 Add all values 添加所有用地类型代码。

d. 设置每种类型代码的颜色,并点击确定按钮。

④ 参考实验 2 要点 5,使用 Label 功能标注用地类别。

a. 右键点击地块多边形图层,选择 Properties。

b. 选择 Labels 标签,最上面 Label features in this layer 打钩。

c. 在 Text String 框中设置字段等,并在下方设置类型字体、颜色。

d. 点击确定按钮完成。

e. 全部完成后结果应类似实验图 3.21。

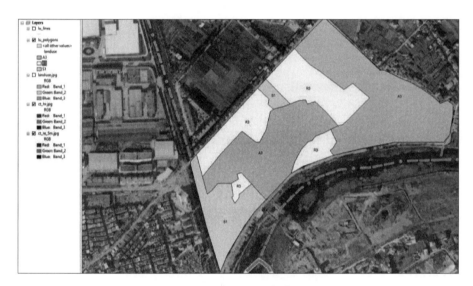

实验图 3.21 用地现状图初步效果示例

(4) 保存 mxd 地图文件

① 如实验图 3.22 所示,在保存地图文件之前,可以先行点击 File—Map Document Properties,勾选 Store relative pathnames to data sources,以相对路径的形式保存地图文件所使用数据资源的关联关系,方便复制和分发。

【Hint:该对话框内还可以设置 Default GeoDatabase 项目,以设置默认数据库,方便以后的操作】

② 点击 File—Save 或 Save as 命令保存地图为 mxd 地图文件(实验图 3.23)。

【Hint:Save A Copy 命令可以保存成较低的 ArcGIS 版本可以识别打开的 mxd 文件】

(5) 对照影像图练习研判各类重要地块的影像特征

参考本书相关章节和实验数据,对照土地利用图和遥感影像,熟悉各类用地在遥感影像上的不同特征。

实验图 3. 22　地图文档属性设置对话框

实验图 3. 23　使用 Save（As / A Copy）命令保存地图文档

实验 4　用地现状图遥感解译、建库和分析－2

1. 实验目的

（1）练习遥感影像配准。

（2）练习掌握 GIS 面状要素编辑与建库技能。

（3）基本掌握 GIS 叠置分析功能的实现方法。

（4）掌握分类统计与统计图制作方法与操作技能。

（5）探讨 GIS 属性数据库的数据处理与统计方法在规划设计中的用途。

2. 操作示范

（1）矢量数据空间叠置。

（2）专题图制作。

3. 实验要求

（1）根据用地图绘制一些道路中心线。

（2）用道路中心线生成双线（面状）道路图，并进一步制作土地利用图，地块数不少于 100 个。

（3）将用地图斑分为至少 2 个空间区域，统计各分区的用地分类并生成饼图统计图。

4. 实验数据

本实验数据部分基于实验 3 提供的数据开展。

新提供的 cr_hr3.jpg(实验图 4.1)是一张范围更大一些的局部影像地图。

实验图 4.1　实验提供的局部影像地图 ct_hr3.jpg

5. 实验主要步骤

(1) 配准 ct_hr3.jpg。

(2) 绘制单线道路图(道路中心线)。

(3) 使用单线道路图赋予道路宽度,并生成双线(面状)道路图。

(4) 将上述双线道路图作为用地地块基础边界,辅以内部分割线,生成矢量用地图版不少于 100 个,使用属性字段标注用地类型。

(5) 将用地图版分为至少 2 个空间区域。

(6) 统计各分区的用地分类并生成饼图统计图。

6. 实验要点和释疑

(1) 参考实验 3 要点 1 配准过程,配准 ct_hr3.jpg。

(2) 绘制单线道路图(道路中心线)不少于 20 条。

(3) 一般来说,一条道路的宽度在一定范围内维持稳定,不会发生剧烈的变化。进一步的,城市内部道路可以通过等级划分,分为数个等级,相同等级的道路宽度有自己的典型值。我们可以借助这一点,近似生成道路边界线,在精度要求不太高的场合作为基础用地边界线。我们先绘制道路中心线并区分道路等级。

操作步骤:

① 在实验 2 的长汀数据库中新建 Line Features 类型的 Feature Class,命名为 road_line。
② 设置字段 Class,类型短整型;设置字段 Width,类型浮点型(实验图 4.2)。

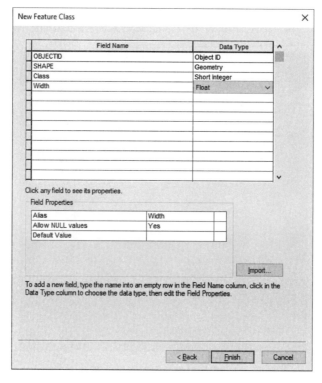

实验图 4.2　新建道路中心线 Feature Class 并设置字段用来存储等级和宽度属性

③ 在配准的影像图上勾绘主要道路不少于 20 条(段)(实验图 4.3)。

实验图 4.3　道路中心线勾绘结果示例

④ 根据观察的道路形式,设置道路等级,如 1、2、3 等,存储到 Class 字段。

【Hint:这里也可以不录入道路等级而在下一步中直接录入每条道路的宽度】

(4) 使用单线道路图赋予道路宽度,并生成双线(面状)道路图。

操作步骤:

① 用 Measure 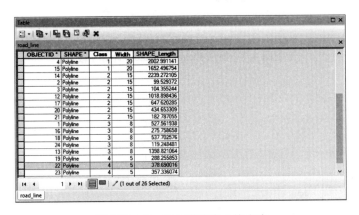 标尺工具量算某一等级道路的图面道路宽度(如实验图 4.4 所示约 9 m)。

实验图 4.4　量算大致道路宽度

② 打开图层属性表窗口。

③ 用 Select by Attribute 根据道路等级选择该等级的道路。

④ 右键单击 Width 字段列标题,用 Calculate Field,输入宽度值 n,如"15"(实验图 4.5)。

⑤ 重复 1~4 步,直至所有道路线都录入了宽度数据。

OBJECTID *	SHAPE *	Class	Width	SHAPE_Length
4	Polyline	1	20	2002.991141
15	Polyline	1	20	1652.496754
14	Polyline	2	15	2239.272105
2	Polyline	2	15	99.529372
3	Polyline	2	15	104.355244
12	Polyline	2	15	1018.898436
17	Polyline	2	15	647.620285
20	Polyline	2	15	434.653309
21	Polyline	2	15	182.787055
1	Polyline	3	8	527.561938
16	Polyline	3	8	275.758658
18	Polyline	3	8	537.702576
24	Polyline	3	8	119.248481
13	Polyline	3	8	1398.821064
19	Polyline	4	5	288.255853
22	Polyline	4	5	378.690016
23	Polyline	4	5	357.336074

实验图 4.5　录入道路中心线宽度

⑥ 去除线状道路图层的选择状态(无选择集),右键单击 road_line 图层名称,点击 Selection—Clear Selected Features。

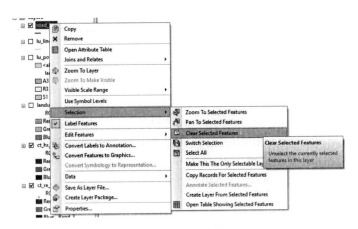

实验图 4.6　清除选择集

⑦ 使用 Add Field 命令新建一个字段 rad，类型为 Float。

⑧ 计算字段 rad 的值为道路宽度的一半即 Width/2。右击属性表窗口中的 rad 列列名，点击 Calculate Field，在对话框中输入[Width]/2 并点击 OK 运行（实验图 4.7 和实验图 4.8）。【Hint：也可以双击 Fields 列表中的 Width，下面表达式框中将自动弹出"[Width]"字样，在后面加上"/2"后即可】

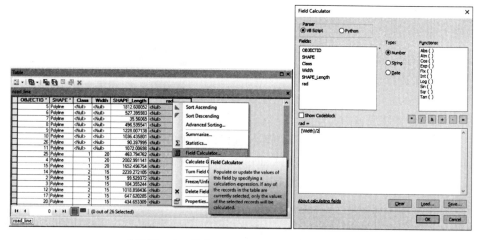

实验图 4.7　使用 Field Calculator 计算字段值

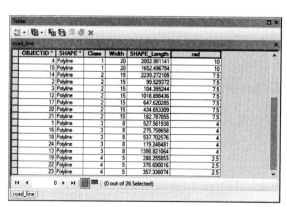

实验图 4.8　字段计算结果示例

实验图 4.9　使用 Search 面板搜索 Buffer 缓冲区工具

⑨ 打开搜索面板，搜索 buffer 关键字，并点击打开 Buffer（Analysis）工具（实验图 4.9）。

⑩ 将线状道路图层拖入 Buffer 工具对话框，在 Distance 选项上选择 Field：rad；Dissolve 选项：ALL（实验图 4.10）。

⑪ 设置 Output Feature Class 输出图层后运行 Buffer 工具，我们将获得一些双线道路图（实验图 4.11）。

（5）使用上述双线道路图为用地地块基础边界，辅以内部分割线，生成矢量用地图斑不

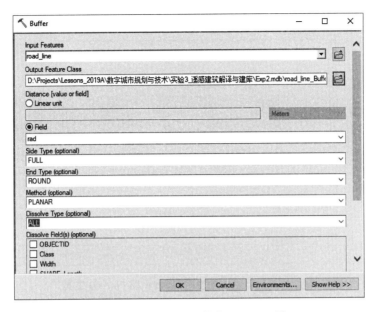

实验图 4.10　设置和操作 Buffer 工具

少于 100 个,使用属性字段标注用地类型。

操作步骤:

① 新建线状 Feature Class,命名为 lines_aux。

② 绘制用地边界(线状),注意与面状道路图层的关系(实验图 4.12)。

③ 将上面两步完成的用地边界线数据(现状)和面状道路一同加载到 Feature to Polygon 工具中,生成用地面 lu_3(实验图 4.13)。

④ 可将用地面数据中的道路部分删除(在编辑状态下用点选删除,或使用 Erase 工具删除)(实验图 4.14)。

实验图 4.11　使用 Buffer 工具生成双线道路图

实验图 4.12　勾绘道路围合地块内部的用地边界线

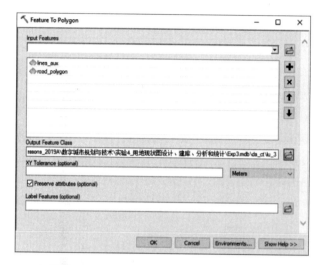

实验图 4.13　设置和使用 Feature To Polygon 工具

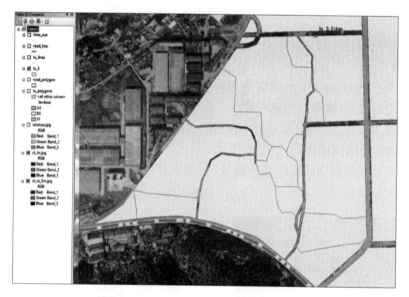

实验图 4.14　删除道路面之后的用地块数据

⑤ 用地数据补全和修正。

a. 使用 Auto Complete Polygon 绘制共享边界多边形。

b. 使用 Cut Polygon 切割多边形。

⑥ 新建用地类型代码字段 landuse,录入地块用地类型代码。

⑦ 使用 Unique values 独立值符号化方法根据用地类型字段进行专题制图。

⑧ 使用 Label 功能标注,完成后获得类似实验图 4.15 的结果。

【Hint:本演示中的分类仅作为练习结果形式示意,并不一定是准确的分类】

(6) 将用地图版分为至少 2 个空间区域。

① 新建 Polygon Features 面状 Feature Class,命名为 zones。

② 使用类似上述方法生成功能分区范围图（面状），并新建字段"zone_id"（文本型，10字节），输入分区代码"Z1""Z2"等（实验图 4.16）。

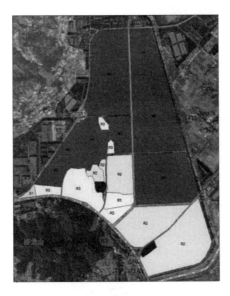

实验图 **4.15** 录入属性、分类着色和标注后
土地利用图结果示例

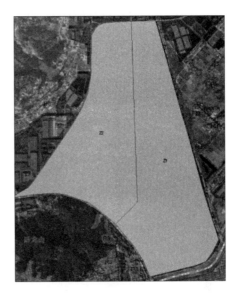

实验图 **4.16** 新建分区多边形数据

（7）统计各分区的用地分类并生成饼图统计图。

操作步骤：

① 使用 Intersect 或 Union 工具，将用地现状图 lu_3 和功能分区 zones 图加入工具输入框并运行输出到新 Feature Class，命名为 z_out（实验图 4.17）。

【Hint：可以在 zones 图层中选择特定的一个或几个分区进行 Intersect 或 Clip，即可提取特定分区的用地】

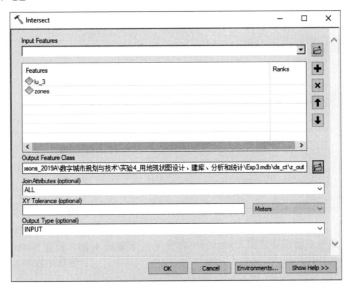

实验图 **4.17** 设置和使用 Intersect 工具

② 使用 Summarize 命令进行用地分类统计。

a. 将 z_out 地图项类调入 ArcMap 中。

b. 右击该图层,并打开属性表 Open Attribute Table。

c. 使用 Option—Select by Attributes 选择工具,选出某个分区的 zone_id 所包含的图版(实验图 4.18)。

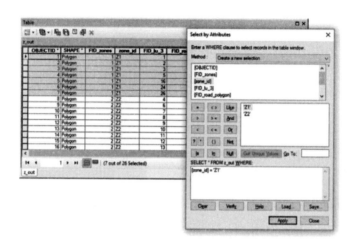

实验图 4.18　使用 Select by Attributes 命令根据条件创建选择集

d. 右键点击土地利用类型(landuse)字段,点击 Summarize(实验图 4.19)。

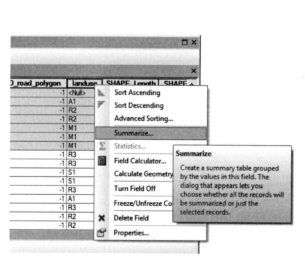

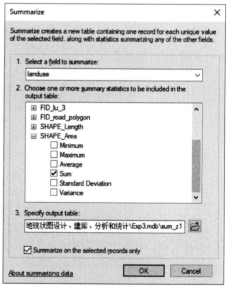

实验图 4.19　在属性表窗口中使用 Summarize 命令　　**实验图 4.20　设置 Summarize 命令要汇总的信息字段和汇总方式**

e. 在 shape_area 下的 Sum 条目前打钩,设置输出表文件的位置和名称,点击确定按钮,生成面积统计表(实验图 4.20)。

③ 生成饼图统计图。

a. 使用 View—Graphs—Create Graph 生成饼图(实验图 4.21)。

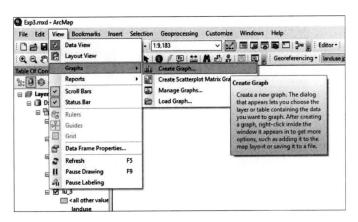

实验图 4.21　ArcMap 统计图创建菜单

b. 调整各项参数,可以生成饼图,右击饼图点击 Add to Layout View 可以将其添加到排版视图(实验图 4.22)。

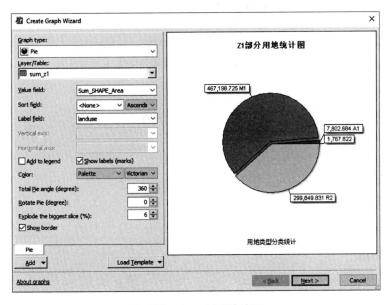

实验图 4.22　创建统计图

【Hint:点击地图面板左下角的 Layout View 小按钮可以切换到排版视图】

(8) 最终结果类似实验图 4.23。

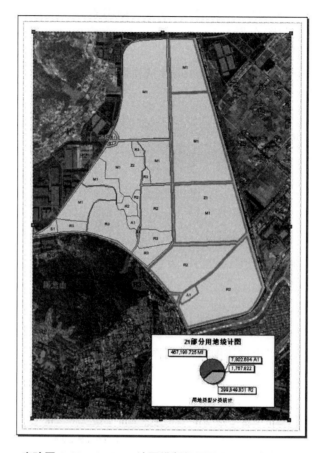

实验图 4.23 ArcMap 地图排版视图图文混排功能示例

实验 5 控规技术指标制图与可视化分析

1. 实验目的

（1）掌握控制性详细规划技术指标制图分析方法。
（2）掌握控规指标统计生成方法。

2. 操作示范

（1）ArcGIS 数据导入导出。
（2）属性数据表关联。
（3）使用字段计算功能和 Summarize 工具对基本空间信息进行统计。
（4）空间信息三维可视化。
（5）排版出图。

3. 实验要求

(1) 建立 4 个历史街区范围、部分用地和建筑现状数据库。

(2) 绘制建设现状技术指标专题分析图及其三维建筑示意图。

(3) 初步尝试进行地块控规技术指标设计。

4. 实验数据

本实验提供了三组特征类数据存放于个人数据库中：

(1) 历史街区多边形数据 historical_block,包括 ID 字段标识 4 个不同的历史街区(实验图5.1)。

实验图 5.1 历史街区分区范围	**实验图 5.2 建筑数据**

(2) 局部建筑数据,该数据是从 AutoCAD 中导出的数据,有字段存储建筑楼层数(实验图 5.2)。

(3) 局部土地利用数据(实验图 5.3)。

5. 实验主要步骤

(1) 新建 File GeoDatabase,将提供的数据导入其中。

(2) 对历史街区图的属性表建字段:总建筑底面积、总建筑面积、建筑密度、建筑容积率;对建筑图的属性表建字段:建筑底面积、建筑面积;计算各字段值。

(3) 制作地块建筑密度等级分布图。

实验图 5.3 局部土地利用地块

(4) 将数据加载到 ArcScene 中,通过图层属性对话框中的 Extrude 标签对数据进行拉伸,生成三维专题图:

① 地块容积率三维分布图。

② 建筑三维立体图。

(5) 对土地利用图进行上述开发建设强度统计分析。

6. 实验要点和释疑

（1）新建 File GeoDatabase，将提供的数据导入其中。

操作步骤：

① 使用 ArcCatalog 新建 File GeoDatabase。

② 新建 dataset，使用提供的 Personal GeoDatabase 中的数据集 ds 的空间参考。

③ 在提供的 Personal GeoDatabase 的数据集 ds 图标上，点击鼠标右键，选择 Export—To GeoDatabase（multiple）（实验图 5.4）。

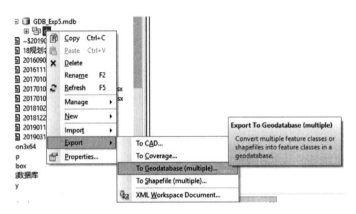

实验图 5.4　在 ArcCatalog 中使用 Export 导出数据

④ 设置输出位置为新建的 File GeoDatabase 中新建的 dataset，可以同时加入多个要导出的 Feature Classes（实验图 5.5），点击"OK"后完成数据导入。

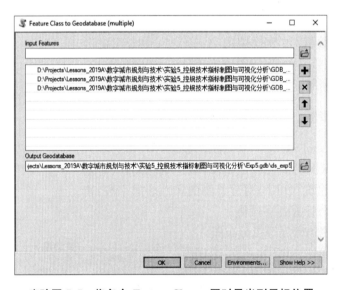

实验图 5.5　将多个 Feature Classes 同时导出到目标位置

（2）对历史街区图的属性表建字段：总建筑底面积、总建筑面积、建筑密度、建筑容积率；对建筑图的属性表建字段：建筑底面积、建筑面积。

操作步骤：

① 使用 ArcCatalog 为 historical_block 和 building_new 地图项类添加上述属性表字段【参考实验 3 要点 3】，字段类型均为浮点型 Float。

② 在 ArcMap 中调入上述两个图层，并使用 Intersect 工具将地块与建筑图层叠置，或使用 Union 工具操作，保留互相相交的部分【参考实验 4 要点 6】。

③ 打开叠置所得图层属性表【参考实验 2 要点 4】。

④ 右击建筑底面积字段名，通过 Calculate Geometry 命令计算（实验图 5.6）得到每一建筑的建筑底面积数值，注意计算所在的坐标系应为正确的投影坐标系。

【Hint：若图形本身在正确的投影坐标系空间参考下且在 GeoDatabase 中，则表将自动生成 Shape_Area 字段，其值为图形面积】

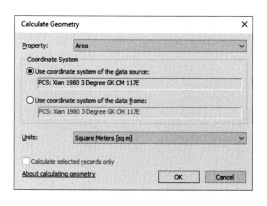

实验图 5.6　使用 Calculate Geometry
计算几何/位置参数

实验图 5.7　使用 Field Calculator
计算建筑面积字段

通过 Field Calculator 表达式："[建筑底面积]×[层数]"来计算"建筑面积"字段数值（实验图 5.7）。

【Hint：请检查图形面积数值，若其中出现负值，显示图形因从别的数据源导入，边线方向存在反向，请使用 Repair Geometry 工具修复图形异常后（实验图 5.8）重新计算】

⑤ 通过 Summarize 统计每个地块中的建筑的总建筑底面积、总建筑面积。

在叠置操作产生数据的属性表中右击"ID"字段名，使用 Summarize 命令，打开并勾选建筑面积、建筑底面积两个节点下的 Sum 项目（实验图 5.9（左）），输出汇总表。在后续对话框中选择 Yes（实验图 5.9（右）），将表添加到当前地图。

【Hint：将数据表添加到当前地图之后，地图内容列表（左侧）面板将切换为数据源视图，若要切换回图层视图，请点击该面板顶部的第一个小按钮 List by Drawing Order ▦，但在此视图下将无法显示纯数据表信息】

⑥ 将统计结果表通过地块代码与历史街区图层关联，并使用 Data Export 另存为新表。

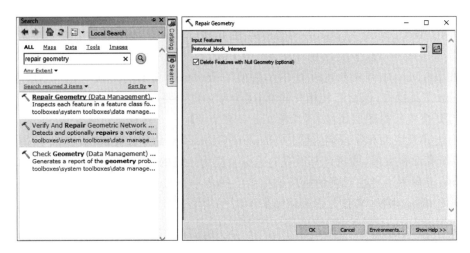

实验图 5.8 使用 Repair Geometry 工具修正图形数据几何错误

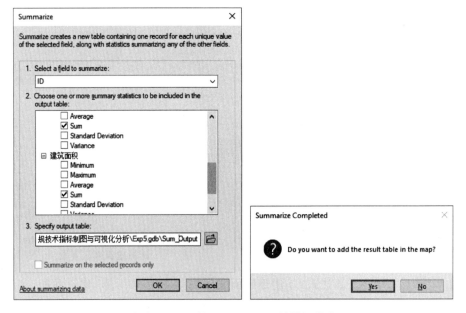

实验图 5.9 使用 Summarize 计算汇总表

⑦ 右键单击 historical_block 图层名,点选 Join and Relates-Join。在弹出对话框中(实验图 5.10)选择:

a. 操作数据的关联标志字段,设置为 ID。

b. 被关联表,设置为要关联的数据表,算刚输出的汇总表 Sum_Output。

c. 关联数据表中的标志字段,设置为 ID。

d. 点击 OK 完成。

⑧ 打开 historical_block 数据属性表,将"Sum_建筑底面积"字段的值计算赋值到"总建筑底面积"字段;将"Sum_建筑面积"字段的值计算赋值到"总建筑面积"字段。

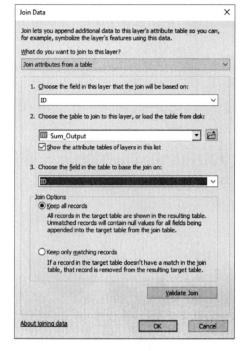

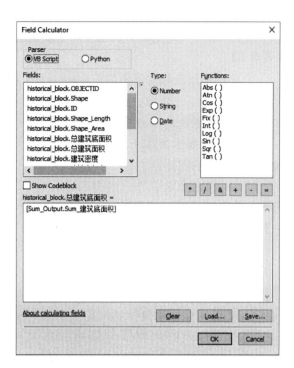

实验图 5.10 使用 Join 将汇总表关联回到地块数据表中　　**实验图 5.11 提取汇总表中需要保留在图形数据表中的信息**

　　a. 右击"总建筑底面积"字段名,使用 Field Calculator,在对话框左上列表中找到"Sum_建筑底面积"项目【Hint:项目前可能会显示来源数据表名称】,双击该项目,其将自动添加在下方表达式框中(实验图 5.11),点击 OK 计算。

　　b. 对总建筑面积字段进行相似的操作。

　　【Hint:注意在表达式框中需先行删除之前残留的上一轮计算的表达式。】

　　⑨ 点击属性表窗口左上角的 Table Options 按钮 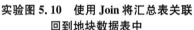－Join and Relates-Remove Joins-Remove All Joins 以移除不再需要的关联。

　　⑩ 添加字段"地块面积",并计算其值为图形面积。

　　【Hint:参考要点 2】

　　【Hint2:想想是否也可以直接使用 Shape_Area 字段当作地块面积呢?】

　　⑪ 运用表达式:[总建筑底面积] / [地块面积]×100、[总建筑面积] / [地块面积]对建筑密度、建筑容积率字段进行计算。

　　⑫ 计算完成的属性表看起来应类似实验图 5.12:

OBJECTID *	Shape *	ID	Shape_Length	Shape_Area	总建筑底面积	总建筑面积	建筑密度	建筑容积率
1	Polygon	1	2022.515107	124583.288083	65155.9	130213.5	52.29907	1.045192
2	Polygon	2	1660.323256	78875.312847	59382.29	103662.4	75.28628	1.314257
3	Polygon	3	1532.390162	150749.871173	97470.05	208232.4	64.6568	1.38131
4	Polygon	4	2080.102193	173100.296127	85727.3	160587.5	49.52464	0.927713

实验图 5.12 计算完成后的历史街区数据属性表

（3）建筑密度等级图

① 对 historical_blocks 图层使用字段建筑密度的值进行渐变色分层设色。【参考实验2要点5】

② 使用地图面板左下角的 Layout View 按钮 ▣ 将视图切换到排版视图。

③ 使用 Insert 菜单，添加指北针、比例尺和图例。

【Hint：注意比例尺的单位和图例中包括的图层】

④ 调整图面后使用 File-Export Map 命令输出完成的图片。

【Hint：请注意设置图片的分辨率，一般纸面输出建议分辨率设置在 300dpi 左右】

⑤ 最终效果应类似实验图 5.13。

（4）生成建筑三维立体图和容积率三维立体图。

① 打开 ArcScene 程序。

② 使用 ArcMap 程序类似的 Add Data 按钮，添加 historical _ block 和 building_new 两个地图项类。

③ 右击图层，点击 Properties，并切换到 Extrusion 标签。

实验图 5.13　建筑密度专题图效果示例

④ 勾选 Extrude features in layer，在表达式框中填入拉升高度表达式，对建筑图层，使用"［层数］＊3"计算大致的拉升高度；对用地图层，本例中根据"［建筑容积率］＊100"计算拉升高度（实验图 5.14）。

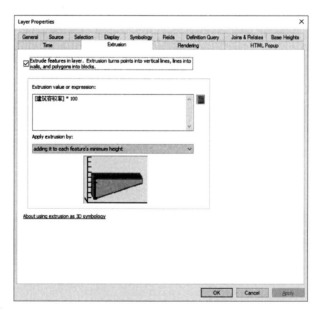

实验图 5.14　Extrusion 标签拉伸多边形为三维体块

【Hint1：可以切换到符号化 Symbology 标签根据楼层数分层设色提高表达效果】

【Hint2：如果要表达不平整的地面，可以切换到 Base Heights 标签提供基础高程信息】

（5）结果效果应类似实验图 5.15 左：

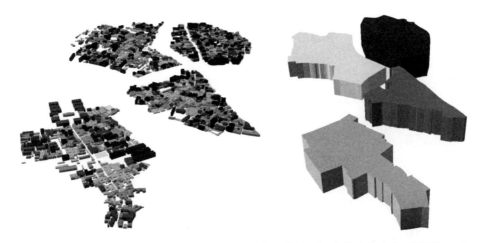

实验图 5.15 三维展示图效果示例（左：建筑三维图；右：分块建筑密度三维图）

（6）对土地利用图进行上述开发建设强度统计分析，将上述过程中的四个历史街区图换成土地利用图实验图 5.15 右，同样流程操作即可。

实验 6 城市发展区多因子空间叠置分析

1. 实验目的

（1）了解 GIS 空间分析功能的特点和用途。

（2）掌握基础 GIS 三维分析方法。

（3）掌握 ArcGIS 环境下空间查询与量算、空间缓冲区分析、空间叠置分析的操作流程，并对运用空间分析方法解决实际规划问题能建立初步认识。

2. 操作示范

（1）ArcGIS 矢量/栅格数据互转。

（2）栅格空间叠合。

3. 实验要求

根据不同高程、水体、农田、建设用地、道路等信息建立敏感区范围图层，并叠合为分析总图，评价空间发展适宜性。

4. 实验数据

本实验以地理数据库的形式提供了一组栅格数据（实验图 6.1）和三组矢量数据（实验

图 6.2)。

(1) 栅格高程数据 DEM15,地面分辨率约 15 m(实验图 6.1)。

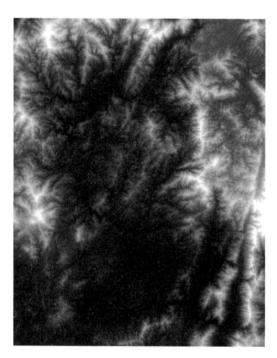

实验图 6.1　DEM 栅格高程图　　　实验图 6.2　实验提供的矢量数据展示

(2) 水域信息,存储在 E1 水域矢量要素类中(实验图 6.2)。

(3) 基本农田信息,存储在 E2 基本农田要素类中(实验图 6.2)。

(4) 建成区信息,存储在 E6 村镇居住要素类中(实验图 6.2)。

5. 实验主要步骤

(1) 先将提供的 3 组矢量数据加入 ArcMap,再加入栅格 DEM 数据。

(2) 使用 Slope (Spatial Analyst)工具生成坡度图。

(3) 使用 Reclassify 工具对 DEM 高程和坡度图进行分级打分。

(4) 使用 Buffer 工具对水域建立缓冲区并进行分级打分。

(5) 将基本农田数据赋分值为 5(不适宜)。

(6) 将建成区数据赋分值为 1(适宜)。

(7) 使用 Feature to Raster 工具将上述预处理后产生的矢量数据与基本农田图一起进行矢量转栅格操作。

(8) 使用 Mosaic to New Raster 工具将栅格图进行叠合操作,生成总图。

(9) 统计各个等级的空间面积。

6. 实验要点和释疑

(1) 先将提供的 3 组矢量数据加入 ArcMap,再加入栅格 DEM 数据。

（2）使用 Slope（Spatial Analyst）工具根据 DEM 数据生成坡度图（实验图 6.3），注意操作中点击 Slope 工具窗口下方的 Environments 按钮，在 Environment Settings 内设置 Output Coordinates 为 Same as Display，按地图面板的当前投影输出结果；设置 XY Resolution 为 30 Meters（实验图 6.4）。

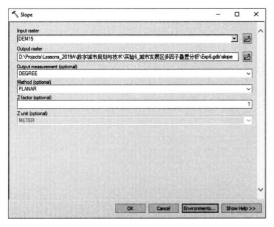 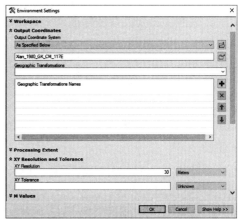

实验图 6.3 从 DEM 生成坡度图　　**实验图 6.4 设置 Environment 参数**

（3）使用 Reclassify（Spatial Analyst）工具对 DEM 高程和坡度图进行分级打分。

① DEM 高程分级参考标准：320 m 以下，1 分；320～360 m，2 分；360～400 m，3 分；400～450 m，4 分；450 m 以上，5 分。

② 坡度图分级参考标准：0°～5°，1 分；5°～10°，2 分；10°～15°，3 分；15°～25°，4 分；25°以上，5 分。

（4）打开 Reclassify 工具对话框并调入 Input raster（实验图 6.5），点击 Classify 按钮，按上述分级设置 Classes 数量，再在右侧列表中输入中断点（实验图 6.6）。

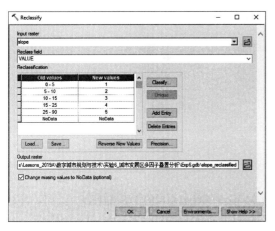 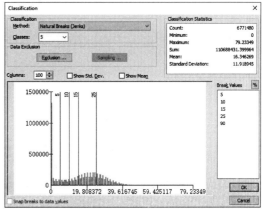

实验图 6.5 使用重分类对坡度图打分　　**实验图 6.6 设置重分类详细参数**

【Hint：在处理 DEM 分级时，记得在 Environment Settings 内（实验图 6.7）设置 Output Coordinates 为 Same as Display，按地图面板的当前投影输出结果；设置 XY

Resolution 为 30 Meters；在 Processing Extent 中设置 Snap Raster 为之前生成的坡度图(这里是 slope)】

(5) 使用 Multiple Ring Buffer (Analysis) 工具对水域建立缓冲区并进行分级打分。

① 缓冲区图分级参考标准：0～100 m，5 分；100～300 m，3 分；300 m 以上，1 分(此级不用实际生成)。

② 打开 Multiple Ring Buffer (Analysis) 工具后调入 E1 水域作为输入，设置 Distances 为 100、300 两项，输出命名为 water_buffer(实验图 6.8)。

③ 打开 water_buffer 属性表，并添加字段 score，类型 Float。

④ 设置 100 m 缓冲区的项目 score 值为 5，300 m 缓冲区项目的 score 值为 3。

⑤ 结果类似实验图 6.9。

(6) 将基本农田数据赋分值为 5(不适宜)。

① 为 E9 基本农田 2006 数据增加字段 score，类型 Float。

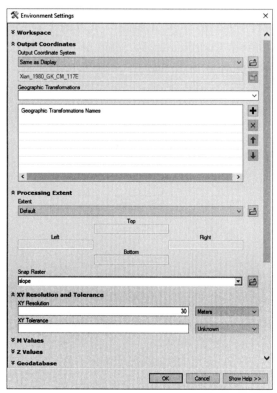

实验图 6.7　设置 Environment 参数使得输出栅格数据彼此对齐

实验图 6.8　设置和使用 Multiple Ring Buffer 工具生成水域的多重缓冲区

② 计算 score 字段值为 5。

(7) 将建成区数据赋分值为 1(适宜)。

① 为 E6 村镇居住数据增加字段 score，类型 Float。

② 计算 score 字段值为 1。

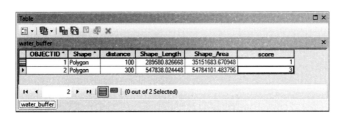

实验图 6.9　为不同半径的缓冲区范围打分

（8）使用 Feature to Raster 工具将上述预处理后产生的矢量数据与基本农田图一起进行矢量转栅格操作。

对上述数据依次使用 Feature to Raster 工具，Field 选择为 score 字段，Output cell size 统一设置为 30（实验图 6.10）。

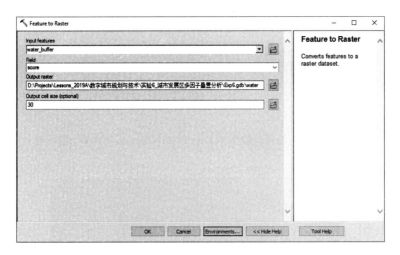

实验图 6.10　使用 Feature To Raster 工具将矢量数据转换后成栅格数据

【Hint：为使得生成的栅格相互对齐，参考本实验要点 3，点击 Environments 按钮，展开 Processing Extent 项目，设置其 Snap Raster 为一致的栅格数据（这里选择之前用到的 slope），以使栅格数据之间相互对齐】

（9）使用 Mosaic To New Raster 工具将栅格图进行叠合操作（实验图 6.11），生成总图。

① 注意选择叠合数据的类型（整型/浮点型）。此处分值都是整数，若不使用平均值法等会产生小数的叠合方法，可以选择整型，其余情况建议可选择浮点型，这里选择 32_BIT_SIGNED 带符号整型。

② 注意选择叠合方式（First/Last/Maximum/Minimum 等）。这里分值小代表适宜开发，分值大代表不适宜开发，在叠合除建成区外的数据时，应按照木桶原则，采用最大值叠合。考虑到已有建成区已经开发，具有较好的开发适宜性，故有时候再将上述叠合的结果与现有建成区叠合，并按最小值叠合。

③ 叠合波段数 Number of Bands 输入 1。

（10）与建成区二次 Mosaic 叠合后获得的总评价图应类似实验图 6.12。

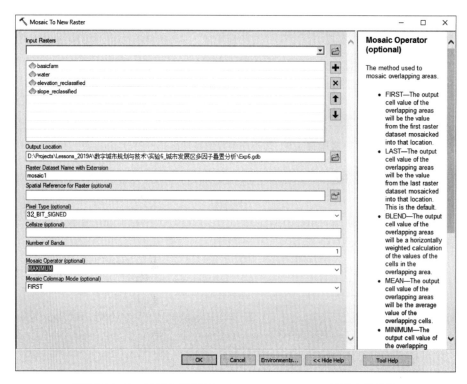

实验图 6.11　设置和使用 Mosaic To New Raster 工具叠合栅格图

实验图 6.12　适宜性分析总图局部

（11）统计各个等级的空间面积。

① 若需要计算各个等级的空间面积，则需要对分级图做重分类为有限类别。

【Hint：如果上一步操作时选择了 Mosaic 数据类型为整型，则此时可以不用再重分类】

② 调出 Reclassify 工具，并参考实验图 6.13 进行设置以进行重分类。

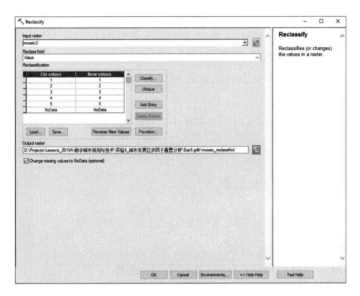

实验图 6.13　使用重分类 Reclassify 工具生成分级分类图

③ 右击重分类后的数据生成的新图层 mosaic_reclassifed，点击 Open Attribute Table 打开属性表，可以看到每一个类别的栅格数量（实验图 6.14）。每个栅格大小这里是 30 m× 30 m，故只要将该数乘以 900，即可计算得到每一个级别的面积。

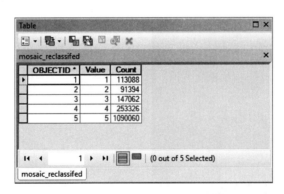

实验图 6.14　查看分级图属性表，可以获取每个等级或类别的栅格数（Count）

实验 7   AutoCAD 互操作与城市三维地形分析

1. 实验目的

（1）掌握基本的 AutoCAD 数据转换到 ArcGIS 数据的方法和操作步骤。

（2）更深入地了解 GIS 空间分析功能的特点和用途。

（3）掌握 ArcGIS 环境下数字地形模型的生成方法，并对运用空间分析方法解决实际规划问题建立初步认识。

2. 操作示范

（1）AutoCAD 数据导入。

（2）从矢量数据生成 GIS 表面数据。

3. 实验要求

（1）将 CAD 地形图转入 ArcGIS。

（2）建立数字地形模型表面（surface）并创建 3D 地图。

（3）进行三维可视性等表面分析操作。

4. 实验数据

本实验提供了 AutoCAD 存储的地形图文件 ctcw. dwg（实验图 7.1 左），其中，DGX 图层存储等高线，GCD 图层存储高程点。在 ArcCatalog 中，通常可以直接预览 ctcw. dwg 文件的大致形态（实验图 7.1 右）。

实验图 7.1   AutoCAD 数据文件 ctcw. dwg 在 AutoCAD 软件（左）和 ArcCatalog 软件中（右）的预览效果

5. 实验主要步骤

（1）将提供的 CAD 地形图线划信息转入 ArcGIS GeoDatabase 中，设置合适的空间参考以存放转入数据。

（2）对转入数据进行清理和修正，通过数据可视化寻找异常值的等高线和/或高程点。

（3）使用高程信息建立 TIN 和 Raster 两种形式的数字地形模型表面（surface）并创建 3D 地图，进行观察。

（4）尝试进行三维可视性等表面分析操作。

6. 实验要点和释疑

（1）将提供的 CAD 地形图线划信息转入 ArcGIS GeoDatabase 中，设置合适的空间参考以存放转入数据。

① 新建 GeoDatabase，在其中新建 dataset，坐标系统选择高斯-克吕格- Xian1980-3°带第 39 投影带投影"Xian_1980_3_Degree_GK_CM_117E"。

② 在 ArcCatalog 中浏览到 ctcw. dwg 文件并左键单击展开，找到里面的 Point 和 Polyline Feature Class。分别右键单击每个 Feature Class，选择 Export to-GeoDatabase（Single 或 Multiple 均可），在弹出对话框底部单击 Environments 按钮，并选择 Z Values 和 M Values 的 Output has Z/M Values 均设置为 Disabled（实验图 7.2），点出"OK"按键导出到刚新建的空 dataset 中。

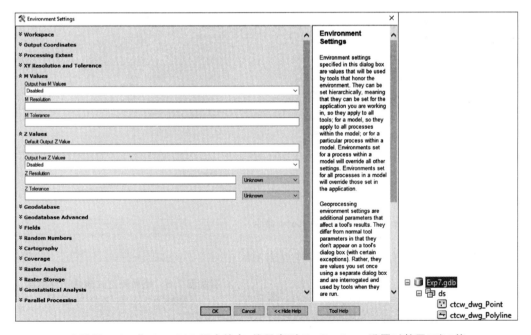

实验图 7.2 将 AutoCAD 图中的点、线导出到 GeoDatabase，设置以禁用 Z/M 值

③ 使用 Repair Geometry 工具对导出后的 Polyline 进行修复，修正自相交问题【参考实验 5 要点 2】。

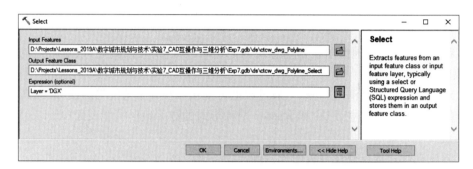

实验图 7.3　使用 Select 工具删选出目标层(AutoCAD 图层 GCD)的记录

(2) 对转入数据进行清理和修正,通过数据可视化寻找异常值的等高线和/或高程点。

① 将 Polyline 数据中 Layer 字段为 DGX(等高线)的线和 Layer 字段为 GCD(高程点)的点,提取另存。

a. 可以用 Select 工具完成。在 ArcCatalog 中使用右侧 Search 面板搜索 Select 工具,选择输入数据后,使用表达式"Layer ='DGX'"(Polyline 数据)或"Layer ='GCD'"(Point 数据)提取到新 Feature Class(实验图 7.4)。

b. 或者在 ArcMap 中用条件选择工具按字段值创建选择集(选定),再右键单击图层,Export(默认将导出当前选择集对象)即可。

● 将数据加载进入 ArcMap。

● 使用 Selection-Select By Attributes 命令(实验图7.4)。

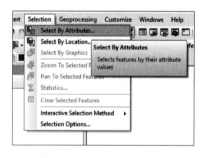

实验图 7.4　使用 ArcMap 的 Select By Attributes 命令

● 编辑录入表达式(实验图 7.5),并点击 OK 生成选择集。

● 在图层上点右键,Data-Export Data,将选中的数据导出到新的 Feature Class(实验图 7.6)。

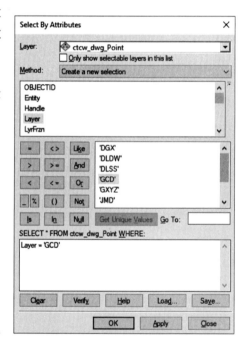

实验图 7.5　使用表达式删选出目标层
(AutoCAD 图层 GCD)的记录

② 通过 Elevation 字段值筛选删除(或修正)错误的数据。

a. 使用 Elevation 字段,对等高线和高程点进行着色(实验图 7.7),并使用 Elevation 字段标注(Label)。

b. 仔细观察图形,发现部分等高线的 Elevation 数值存在异常,等高线应当按高程间隔

实验图 7.6　在 ArcMap 中将指定层的当前选择集导出到新的 Feature Class

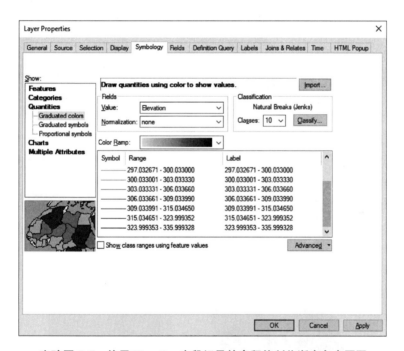

实验图 7.7　使用 Elevation 字段记录的高程值制作渐变色专题图

（等高距）连续分布，不应出现反复跳跃（实验图 7.8 左）。

c. 可以删除这些异常线（实验图 7.8 右），或者根据等高距间隔赋给正确的高程值。

（3）使用高程信息建立 TIN 和 Raster 两种形式的数字地形模型表面（surface）并创建 3D 地图，进行观察。

① 取等高线的高程信息使用 Create TIN 生成 TIN（不规则三角网）。

a. 搜索并调出 Create TIN 工具。

b. 用 Create TIN 命令，并选择合适的图层及存储高程值的字段（Elevation）（实验图 7.9）。

【Hint：生成 TIN 之后可以直观地看到因存在异常线或者异常点造成的异常问题（实验图7-10左），需要对应修正（或删除）异常值后重新生成（实验图 7.10 右）】

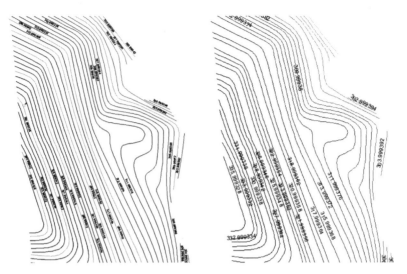

实验图 7.8　原始数据中可以发现等高线中存在异常值(左),需先行将异常值的等高线删除(右)

实验图 7.9　设置和使用 Create TIN 工具生成 TIN

实验图 7.10　由原始带有异常值的高程点数据生成的 TIN(左)和删除异常值之后生成的 TIN(右)

② 使用 ArcToolbox 中的 Topo to Raster 工具将等高线转换成 Grid 栅格形式 DEM 三维地形模型,并将结果与 TIN 进行比较。

搜索并调出 Topo to Raster 工具,将等高线和高程点数据加入工具中的 Input feature data 列表,注意正确设置 Field 和 Type 字段,设置输出栅格尺寸 Output cell size 为 30(实验图 7.11)。

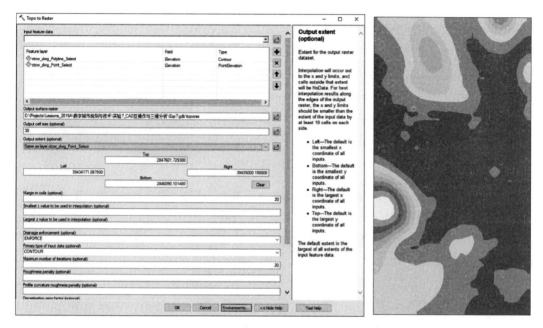

实验图 7.11 使用 Topo to Raster 工具生成栅格高程表面

(4) 将所生成的 TIN 或 Raster 表面调入 ArcScene,进行检视,对各种可视化选项(颜色等)进行修改,达到合适效果。

① 将数据加入 ArcScene 之后 TIN 会直接以三维立体方式显示(实验图 7.12)。

实验图 7.12 在 ArcScene 中展示 TIN

② 栅格数据默认按平面显示,需要在图层名上右击,选择 Properties,在 Base Heights 选项卡下(实验图 7.13),设置 Floating on a custom surface 为其自身,即从自身取值作为高程值,抬升基础高程。

【Hint:为提高显示效果,可以通过 Factor to convert layer elevation values to scene units 项目增加高程放大倍数(如实验图 7.13 中,该值被设置为 3)】

(5) 尝试进行三维可视性等表面分析操作。

① 在 ArcMap 中通过 3D Analyst 工具栏的视线分析工具进行即时视线分析。

a. 在 ArcMap 中,打开 3D Analyst 工具栏(实验图 7.14)。

b. 工具栏应自动激活,在工具栏中选中生成的 TIN 或者栅格表面数据。

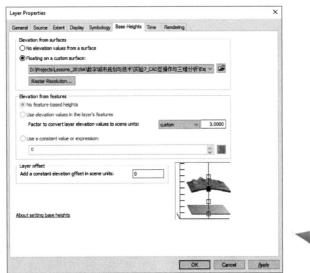

实验图 7.13 在 ArcScene 中设置图层的 Base Heights 属性以展示栅格高程表面

实验图 7.14 3D Analyst 工具栏

c. 选中 Create Line of Sight 工具，在表面图形上先点击观察员所在位置，再向目标方向拉动，绘制视线（实验图 7.15）。结果线会被着色为绿色/红色。绿色部分表示在观察位置可以看到对应绿色覆盖位置的地面，红色部分表示被遮挡无法看到对应位置的地面。

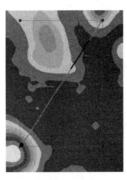

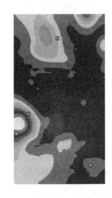

实验图 7.15 使用 Create Line of Sight 进行视线分析　　**实验图 7.16 绘制一些点作为观察点**

② 尝试使用 Viewshed 工具在栅格 DEM 表面上进行视线分析。

a. 在数据库中的 dataset 里新建 observers 地图项类（数据类型为点），调入 ArcMap后，在山体位置上绘制几个观察点（实验图 7.16）。

b. 使用 Viewshed 工具进行视线分析。

搜索并调出 Viewshed 工具，设置 Input raster 为栅格表面，observer features 为刚新建的观察点（实验图 7.17）。

c. 生成的结果图(实验图 7.18)上,绿色表示对应位置至少可以被一个观察点看到,红色表示对应位置无法被任何观察点看到。

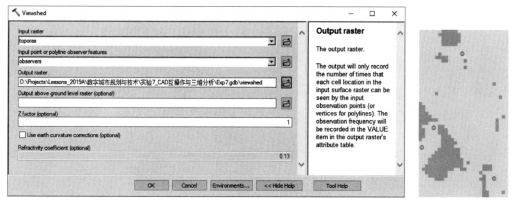

实验图 7.17　使用 Viewshed 工具进行视域分析

实验图 7.18　Viewshed 视域分析结果

实验 8　统计数据空间建库与制图

1. 实验目的

(1) 练习空间数据配准的操作流程。
(2) 练习行政区划图形数据建库。
(3) 掌握 ArcGIS 空间数据与属性数据表关联的方式方法和操作过程。
(4) 练习社会经济统计数据空间制图。

2. 操作示范

(1) Excel 数据清洗和关联。
(2) 使用 ArcScan 进行栅格数据自动矢量化。
(3) 统计图样式专题制图和在同一张图上同时展示两组专题信息。

3. 实验要求

(1) 建立村级行政区划矢量地图数据。
(2) 通过空间关联赋予一些属性。
(3) 在同一张专题图上同时显示:某个指标值和某个指标值的连年变化情况。

4. 实验数据

本实验提供了一组矢量数据、两组栅格数据和一张 Excel 表:
(1) 矢量数据配准用边界,是带有空间参考的区域边界,可以用来作为底图配准栅格图。
(2) 栅格数据"村社_边界.jpg"文件(实验图 8.1(左)),是村庄/社区边界图,没有配准。

（3）栅格数据"村社_名.jpg"文件（实验图8.1（右）），是带有名称的村社图，没有配准。

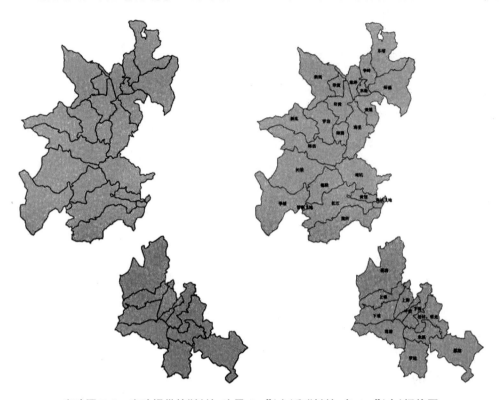

实验图 8.1　实验提供的"村社_边界.jpg"（左）和"村社_名.jpg"（右）栅格图

上述两组栅格图可以使用提供的 GeoDatabase 中名为村级行政区划的 dataset 的空间参考。

（4）Excel 表"2008—2011 年全县各乡镇村社人口数据.xls"（实验图8.2），存储了一些村社人口信息，注意其由于各种原因，可能并没有一一对应。

实验图 8.2　实验提供的 Excel 数据表

5. 实验主要步骤

（1）将村级边界图配准。

（2）数字化村级行政区划并录入名称。

（3）调整 Excel 统计表中对应名称列以用来关联。

（4）将矢量图形数据和统计数据表进行关联。

（5）运用关联好的数据选取指标制作该指标多年变化专题图 1 张，尝试不同的制图方式。

6. 实验要点和释疑

（1）将村级边界图配准。

参照实验 1 要点 6 的标准配准流程将"村社_边界.jpg"配准（该图是西安 1980 下的高斯-克吕格 6 度带投影，中央经线东经 117 度，"Xian_1980_GK_CM_117E"），配准底图为 GDB 中提供的"配准用边界线"。

【Hint：为方便下面操作，建议同时配准"村社_名.jpg"图】

（2）数字化村级行政区划并录入名称。

① 新建 File GeoDatabase，新建 dataset 并在其下新建一个线类型的 Feature Class，命名为 lines。

② 新打开一个 ArcMap，将 lines 调入。

③ 点击 Add Data 后，浏览到"村社_边界.jpg"，双击之，将显示其中的三个通道（实验图8.3），任选一个通道，点击 Add 按钮将其加入 ArcMap 地图，比如这里选择 Band_1。

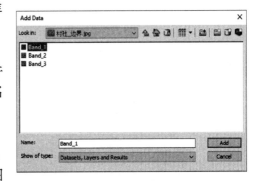

实验图 8.3　添加栅格彩色图片数据的一个通道

④ 右击左侧图层列表中的"村社_边界.jpg - Band_1"图层，选择 Properties，转到 Symbology 标签，如实验图 8.4 所示，左侧选择 Classified，右侧 Classes 设置为 2，并点击 Classify 按钮。

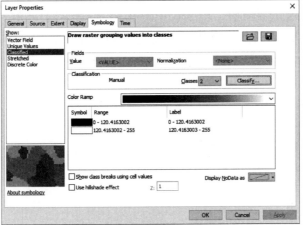

实验图 8.4　通过 Symbology 符号化操作进行单通道栅格数据的二值化

⑤ 在右侧 Break Values 列表中，更改第一个间断值项目为 100。

⑥ 确定完成后，"村社_边界.jpg-Band_1"图层即完成了显示上的二值化，边线为黑色，其余为白色。

⑦ 打开 ArcScan 工具栏（实验图 8.5），并从 Editor 工具栏 Start Editing，开始编辑，ArcScan 工具栏将被激活，默认选中"村社_边界.jpg-Band_1"图层。【Hint：若 ArcScan 工具栏无法打开，请确认你有相应的 ArcScan 插件授权，然后点击 Custom-Extensions，找到 ArcScan 并勾选即可】

实验图 8.5　ArcScan 工具栏

⑧ 点击 Vectorization—Show Preview，可以预览自动矢量化结果（实验图 8.6）。

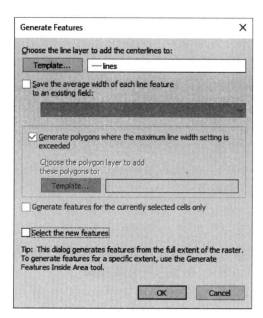

实验图 8.6　ArcScan 边界　　　　**实验图 8.7　使用 ArcScan 进行**

自动矢量化结果预览　　　　　　**自动矢量化生成矢量数据**

⑨ 如果结果不满意，可以调整数据或者通过 Vectorization—Options 调整参数。

⑩ 如果满意，可以点击 Vectorization—Generate Features 完成矢量化，对话框（实验图 8.7）中选取 lines 用来存储数字化得到的线划。

⑪ 使用 Feature To Polygon 工具将 lines 转换成面【参考实验 3 要点 3】，命名为 village。

⑫ 为 village 新建 Text 文本型字段 name 以存储村名。

⑬ 根据村社_名.jpg 录入名称，注意请不要录入"飞地"两字。【Hint：录入过程中会发现，因行政区划调整等原因，存在一些不明确的区划。因此处为演示技术过程，所以我们暂时将一个没有命名的和一个无法进一步划分为松林、明光独立区划的剔除，但依然需要处理飞地等情形】

⑭ 使用 Dissolve 工具(实验图 8.8),输入 village 数据,勾选字段 name,进行合并操作。同名称的飞地将会合并到同一条记录里,输出命名为 village2。

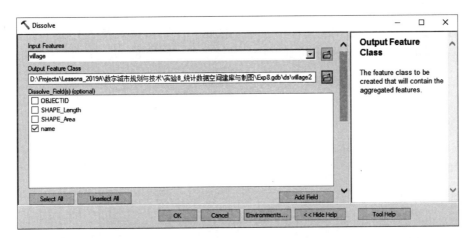

实验图 8.8　使用 Dissolve 工具,通过名称字段,将同名称多边形合并成一条记录

⑮ 合并完成后的数据里依然会存在一两个面积很小的多边形,可以将其手工合并到旁边的大多边形中,也可以使用 Eliminate 工具自动操作,选中要合并的多边形,并运行 Eliminate 工具(实验图 8.9)即可,结果命名为 village3。

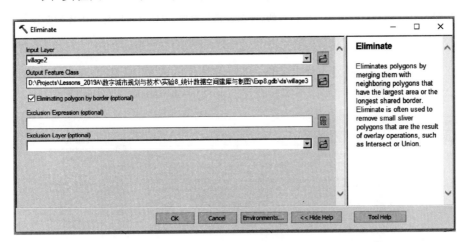

实验图 8.9　使用 Eliminate 工具,去除边界处一些细碎的多边形

(3) 统计数据表规整。

① 打开 Excel 统计表文件,核对村社名称与村社行政区划图中名称是否一致。

② 经核对我们发现不一致,首先处理村社名称。【Hint:在这里我们只关心村社的项目,在第一列之前新增一列后,可以使用自动表达式(以 A14 格为例)"＝IF(RIGHT(B14,2)＝"社区", LEFT(B14,LEN(B14)－2),(IF(RIGHT(B14,1)＝"村",LEFT(B14,LEN(B14)－1),(B14))))"来提取村社的名称生成新的名称列,该表达式提供在配套数据的数据表 2013 中】

③ 新建列存储为与行政区划图中一致的名称,或在行政区划图中新建列存储统计表中

用的名称。经观察,Excel 表中每一个表单的表头结构一致,所以在顶部新增一行,使用一些表达式,可以快速生成一行新表头,其中新生成的第一列名称列命名为 name,该表头提供在配套数据的数据表 2013 中。

④ 对除 2013 之外的数据表在首行首列前添加一个行列,贴入表 2013 的首行列,即可自动计算得到新的表头和名称列,完成之后的新表类似实验图 8.10。

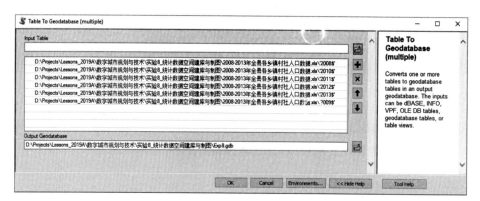

实验图 8.10 为数据表添加首行和首列,并用公式计算值,以使其可以与 GIS 图形数据关联

(4)统计数据空间关联。

① 在 ArcCatalog 中,展开 Excel 文件,并右击其中的表单,点选 Export-To GeoDatabase(multiple)命令,将所有表单导出到本实验新建的 File GeoDatabase 里(实验图 8.11)。

实验图 8.11 将 Excel 工作表导出到 GeoDatabase 数据表,以避免一些后续操作上的问题

② 在 ArcMap 中使用 Add Data 调入刚导入数据库里的全部表单(实验图 8.12)。

③ 右击图形图层,使用菜单中的 Join 功能(实验图 8.13)关联统计数据到空间数据图层上。

④ 选择图形图层关联字段 name 和数据表的关联用字段 name 执行关联操作(实验图8.14)。

【Hint：操作前可以使用对话框下方的 Validate Join 按钮来检验关联是否存在问题】

⑤ 依次分别操作以关联 2008—2013 年的全部数据表单。

实验图 8.12　将数据表加入 ArcMap

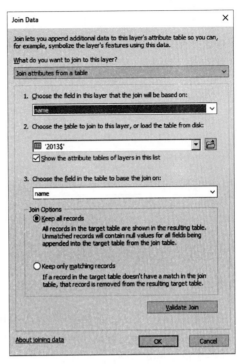

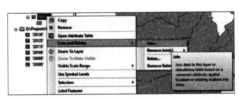

实验图 8.13　使用 Join 功能关联数据表　　　实验图 8.14　使用名称字段 name 关联表

（5）制图。

① 将关联好的数据图层 village3 右键导出（Data—Export Data）为新的 Feature Class（实验图 8.15），命名为 village4。

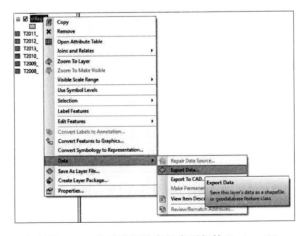

实验图 8.15　将关联好的表导出到新的 Feature Class

【Hint：此步可以忽略不做，此处仅为演示导出后所有动态关联项目将固定，并成为目

标数据表的静态组成部分】

② 由于 Excel 导出到数据表时，数据字段类型很容易被错误地保存成非数值型字段，故需要新建一些字段来存储我们需要的数值信息（实验图 8.16），这里新建 F2008～F2013 和 F0 一共 7 个字段，类型为 Float。

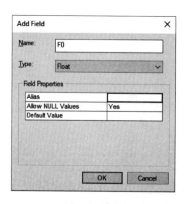

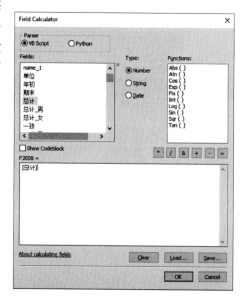

实验图 8.16　新建数值型字段以存储数值属性　　**实验图 8.17　计算以保存数值到新建的数值字段**

③ 使用 Calculate Field 计算其值为某些年段变化属性的值，这里将 F2008—F2013 计算为每年的总出生人口数，并将 F0 计算为 2013 年末人口数（实验图 8.17）。经过此操作，信息将以数值形式存储到新字段中。

④ 计算完成后，属性表将类似实验图 8.18。

本年二女出生数_12_13	自然增长率_12_13_14	SHAPE_Length	SHAPE_Area	F2008	F2009	F2010	F2011	F2012	F2013	F0
6	10.79	21604.66946	15053808.400134	57	56	53	65	78	78	4678
5	5.92	12162.015217	3283477.270305	22	14	17	19	21	21	1193
0	6.65	21843.807654	1092381.056374	30	44	39	39	49	45	3015
4	7.94	23495.86759	12065168.019721	47	27	35	36	40	57	2605
6	6.92	14532.258558	6730845.536526	41	42	45	34	63	54	2522
5	9.61	5897.555115	1264860.198977	28	22	33	31	36	43	2413
8	7.69	21613.169706	9859640.553201	75	72	61	74	89	55	5525
5	3.41	19736.895194	13931715.173786	40	47	27	39	55	47	2962
2	7.37	25419.153519	11785467.370422	28	24	24	31	42	45	2457
2	8.40	5103.597853	2119590.599056	3	2	2	2	2	5	361
4	6.91	12763.846719	4688895.277751	25	14	27	29	21	31	1896
8	14.36	21295.038354	14463241.316213	48	35	30	32	52	73	2962
7	11.74	9789.591305	3405051.941885	28	18	33	16	34	38	2148
2	6.92	19888.413198	11565428.610971	23	12	24	17	24	32	2043
4	16.71	13830.956938	7518548.400854	9	20	16	26	21	40	1641
4	13.12	14426.647795	6782910.95285	37	37	39	45	54	62	3312
3	11.43	20117.697995	10126274.565692	12	15	17	11	14	20	1137
1	12.12	17253.966733	8316656.708969	10	20	13	13	16	18	1258
3	6.20	15845.472445	743193.2.269245	32	43	43	43	57	56	3739
4	16.74	7293.454286	2637450.163745	12	10	15	14	12	17	968
8	13.55	10008.639735	3096083.191546	32	31	45	57	47	89	4267
6	4.70	14679.593253	4849902.866221	27	27	29	29	43	68	3009
5	6.63	17690.49018	11062143.93361	50	37	37	49	57	68	4095
2	12.22	14859.706205	4286559.918996	27	32	36	47	50	62	3403
0	13.43	13443.535945	5746333.344945	36	34	27	30	37	68	3168
0	5.54	19645.537013	10949245.533294	27	24	18	17	24	29	1633
4	8.00	17578.954454	8471873.72737	10	11	9	5	10	7	624
4	7.01	15668.970277	7460654.344722	14	22	17	12	20	17	1437
4	15.12	7871.532108	1354404.345509	28	34	40	51	62	93	4319
4	15.50	14143.931623	4305884.656952	9	12	11	24	31	37	1373

实验图 8.18　将数值计算并赋予新列后的数据表

（6）使用专题图制图工具（符号着色器等）进行某一项指标多年变化的专题制图。

① 右击 village4 图层，选择 Properties，并切换到 Symbology 标签。

② 选择 Charts—Bar/Column，将 F2008～F2013 加入右侧列表中，将 Background 设置

为无填充(实验图 8.19)。

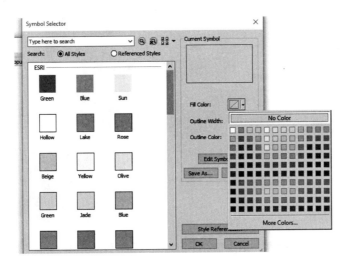

实验图 8.19　将多边形背景填充色设为透明无填充

③ 点击"OK"确定即可生成统计图专题图。

④ 生成好之后的图形类似实验图 8.20。

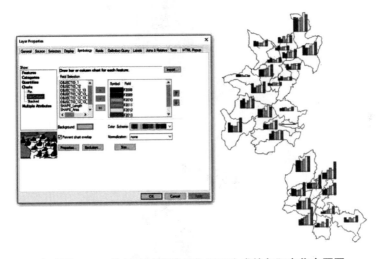

实验图 8.20　使用统计图符号化制图生成的年际变化专题图

⑤ 再次使用 Add Data 加入 village4 数据,将新加的图层放在现有图层下方。

⑥ 使用下方 village4 图层属性对话框的 Symbology 标签,选择左侧 Quantities-Graduate colors,并选择 F0 字段为着色字段。结果应类似实验图 8.21 所示。这样我们就完成了在同一张专题图上同时展示两组属性数据。

⑦ 使用 Layout 视图添加比例尺、指北针、图例、图名等要素后输出为图片文件,结果应类似实验图 8.22。

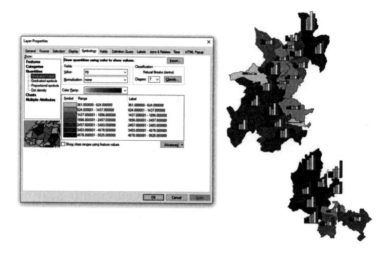

实验图 8.21　使用同一组数据的两个图层，在同一张图上展示两组专题信息

实验图 8.22　结果成图效果示例

实验 9　ArcGIS 网络分析

1. 实验目的

（1）理解网络分析的应用领域。
（2）学习网络分析扩展工具栏的使用模式。
（3）尝试通过城市局部地区设施布点和交通网络，运行网络分析。
（4）尝试理解分析结果。

2. 操作示范

（1）建立拓扑（topology）。
（2）建立网络（network）。
（3）使用网络求解路径问题。

3. 实验要求

（1）通过道路网络建立网络数据集。
（2）进行最近设施网络分析。

4. 实验数据

本实验提供 landuse. jpg 土地利用图（实验图 9.1），未配准，需要根据实验 1 提供的底图进行配准。

5. 实验主要步骤

（1）将用地底图配准。
（2）根据用地底图，绘制单线交通路网图。
（3）绘制道路网络图。
（4）建立网络。
（5）新建设施点。
（6）进行最近设施网络分析。
（7）查看结果。

实验图 9.1　实验提供的土地利用图栅格图

6. 实验要点和释疑

（1）将用地底图配准。

① 参照实验 1 要点 6 的标准配准流程将底图配准到实验 2 提供的 ct_re_5m. jpg 图像上。

② 空间参考使用。"Xian_1980_GK_CM_117E"（Xian80 椭球面的高斯-克吕格投影 6°

带,中央经线为东经117度)。

③ 根据用地底图,绘制单线交通路网图。新建 File GeoDatabase,新建 Dataset,并在 Dataset 中新建 Line Features 线类型的 Feature Class,数字化不少于10条道路线(实验图9.2)。

【Hint:注意道路线需要严格相交,不能出现异常间断】

实验图9.2 勾绘一些道路线

(2) 建立拓扑。

① 在 ArcCatalog 中,右击 dataset,选择 New—Topology(实验图9.3)。

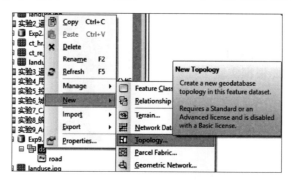

实验图9.3 在 dataset 中新建拓扑

② 前几个对话框取默认值,点击 Next,在选择数据对话框中(实验图9.4),勾选道路线数据。

③ 在拓扑规则页面(实验图9.5),选择 Must Not Have Dangles 可以帮助识别间断点。

④ 点击 Finish 完成,并在后续对话框中选择 Yes,允许 ArcGIS 立即进行计算以验证拓扑。

⑤ 将 dataset 中新生成的拓扑数据集加入 ArcMap,查看拓扑生成结果(实验图9.6)。红色标志点表示此处存在不符合拓扑规则(不允许悬挂点)的位置。若在道路中间出现悬挂点,则有可能存在不相交的情况,需要修正数据。

【Hint:一旦生成拓扑,用来生成拓扑的数据将会在拓扑容限范围内(生成拓扑的第一个对话框页面内设置容限)被修正,即原始数据将会被生成拓扑的过程改变,并且无法恢复,故在实际工作中生成拓扑之前建议将原始数据备份】

实验图 9.4 勾选用来生成拓扑的数据

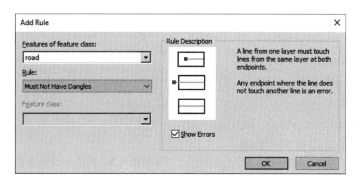

实验图 9.5 设置拓扑规则(图示为悬挂点)

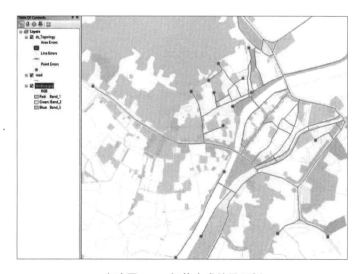

实验图 9.6 拓扑生成结果示例

（3）建立网络。

① 在 ArcCatalog 中 GeoDatabase 的 Dataset 中右键单击，并选择 New—Network Dataset（实验图 9.7）以新建网络。

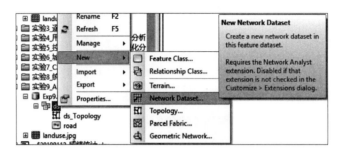

实验图 9.7　在 Dataset 中新建网络数据集

② 在"Do you want to model turns in this network?"对话框中，选择 No。我们这里不对转弯做详细建模。

③ 在 New Network Dataset 对话框（实验图 9.8），点击 Connectivity 按钮。

④ 将 Connectivity Policy 改为 Any Vertex（实验图 9.9），使得任何节点都可以作为道路网络连接点。我们之前生成拓扑时，若道路线相交处一条或多条线没有节点，则拓扑生成过程会自动增加节点，以使这里生成网络时可以连接成功。

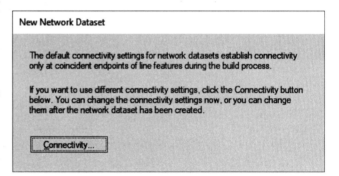

实验图 9.8　网络连通性设置页面

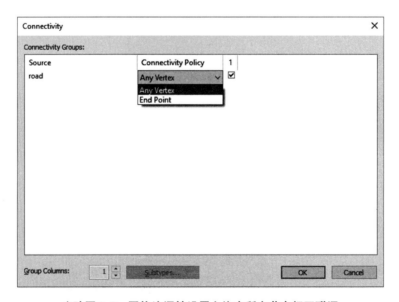

实验图 9.9　网络连通性设置允许在所有节点相互联通

⑤ 在"How would you like to model the elevation of your network features?"对话框中,选择 None(实验图 9.10),这里我们不使用地图项的高程信息来建模。

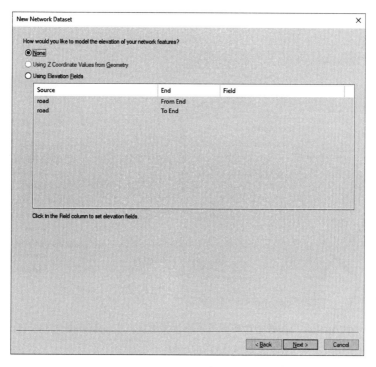

实验图 9.10 不使用高程进行网络建模

⑥ 其余页面使用默认值,并点击 Finish 完成。

⑦ 在随后的对话框中点击 Yes,允许 ArcGIS 立刻生成网络。

⑧ 将网络添加到 ArcMap 中。

(4) 在数据库中的 dataset 里,新建 Point Features 点类型的 Feature Class 以存储公共设施点,命名为 service,设置 name 字段存储名称或识别号,并参考公共服务用地、商业服务用地,绘制不少于 5 个点;在数据库中的 dataset 里,新建 Point Features 点类型的 Feature Class 以分析对象点,命名为 target,设置 name 字段存储名称或识别号,并参考居住用地地块,绘制不少于 20 个点(实验图 9.11)。

实验图 9.11 新增加一些设施点(三角形)和分析目标点(圆点)

(5) 最近服务设施图生成。

① 在 ArcMap 中激活 Network Analyst 工具栏(实验图 9.12),调入之前生成的 Network。

② 在 Network Analyst 工具栏中点击 Network Analyst—New Closest Facility 添加分析图层(实验图 9.13)。

实验图 9.12　ArcMap 中的 Network Analyst 工具栏

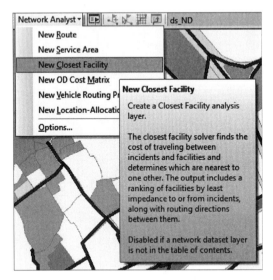

实验图 9.13　在 Network Analyst 工具栏中新建最近设施分析图层

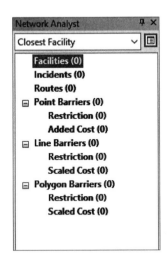

实验图 9.14　Network Analyst 面板

③ 通过 Network Analyst 工具上的 Network Analyst Window 按钮 ▣ 点击打开 Network Analyst 面板（实验图 9.14）。

④ 将设施和分析对象点分别载入 Facilities 和 Incidents。

a. 右键单击 Facilities，点击 Load Locations（实验图 9.15 左），选择 service 设施点数据载入（实验图 9.15 右）。

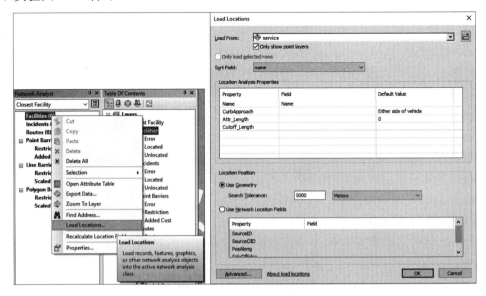

实验图 9.15　载入数据设施点数据

b. 同理,将目标点 target 数据载入 Incidents 中。

⑤ 在图层列表中,鼠标左键点击选中最近设施分析图层(实验图 9.16),使用 Network Analyst 工具栏的 Solve 命令按钮 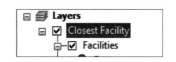 运算求解网络。

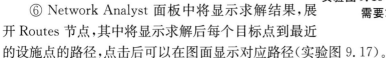

实验图 9.16　在求解网络操作前,先点选需要求解的网络分析图层

⑥ Network Analyst 面板中将显示求解结果,展开 Routes 节点,其中将显示求解后每个目标点到最近的设施点的路径,点击后可以在图面显示对应路径(实验图 9.17)。

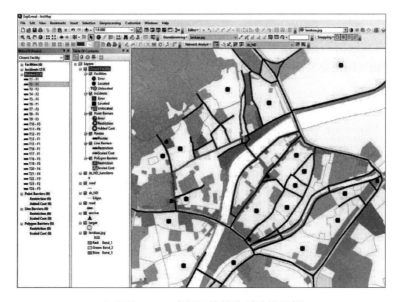

实验图 9.17　求解网络操作后结果示例

(6) 查看并尝试理解计算结果,尝试其他 Network 分析

正常情况下,获得的路径(route)数量应该与目标点一致,若出现路径小于目标点的情况,请检查是否有因路网存在中断造成网络不连续故无法求解的问题。

实验 10　空间句法实践

1. 实验目的

(1) 学习空间句法的基本概念和分析原则。

(2) 学习 Axwoman 软件的使用。

(3) 在局部街巷网络底图上,练习空间句法分析操作。

(4) 尝试理解分析结果。

2. 操作示范

(1) Axwoman 软件的获取和安装。

（2）Axwoman 软件所需数据生产。

（3）Axwoman 软件操作。

（4）Axwoman 软件结果解读。

3. 实验要求

（1）通过 Axwoman 将道路交通图局部制作成空间句法轴线图。

（2）计算集成度值并查看结果。

4. 实验数据

（1）本次实验使用实验 9 配准好的用地图 landuse. jpg 作为底图数据。

（2）实验操作需要安装 Axwoman 软件。

5. 实验主要步骤

（1）安装 Axwoman 软件。

（2）空间句法轴线图生成。

（3）计算空间句法值并查看结果。

6. 实验要点和释疑

（1）获取和安装 Axwoman 软件。

Axwoman 软件是一款由 Bin Jiang 博士开发的 ArcGIS for Desktop 插件。该软件在为学术目的使用时免费，但下载和安装需要发送电子邮件联系 Bin Jiang 博士本人，信箱地址是 bin. jiang@hig. se。目前最新的软件版本是 6.3 版，支持 ArcGIS 版本 10.2,10.3.1和 10.4（需下载不同的文件）。请从这个链接获取详细的说明和联系方式：http://giscience. hig. se/binjiang/axwoman/。

如果你使用的是 ArcGIS 10.5 或者是更新的版本（本书中使用 10.6.1 版本），您可以获取 Axwoman for ArcGIS 10.2 版本并通过一些方法使得软件可以正常安装和运行。

Axwoman 软件安装程序在安装时会检查 Windows 系统注册表，查看是否有对应版本的 ArcGIS for Desktop 软件版本存在，具体来说，会检查是否有注册表键值"HKEY_CURRENT_USER\Software\ESRI\Desktop10. x"，其中 10. x 表示版本号，如 10.1 版本 ArcGIS 安装后 x=1,依此类推。我们在安装 Axwoman for ArcGIS 10.2 软件时只要新增"HKEY_CURRENT_USER\Software\ESRI\Desktop10.2"键即可。若不知道如何编辑注册表，请在本次实验数据包中找到 Reg_10.2. reg 文件 ![Reg_10.2.reg]，双击并确认导入注册表，即可安装对应的 Axwoman for ArcGIS 10.2 版本软件。

① 使用 Axwoman 自带的安装程序安装。【Hint：在安装时请关闭 ArcGIS 的所有程序】

② 打开 ArcMap。

③ 在 Customize-Extensions 中勾选以打开 Axwoman 6.0 扩展（实验图 10.1）。

④ 右键工具栏空白处，调出 Axwoman 6.0 工具栏（实验图 10.2）。

（2）空间句法轴线图生成

因 Axwoman 软件只能操作 shape 文件,故我们这里需要以 shape 文件形式存储输入轴线。

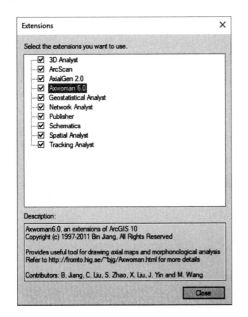

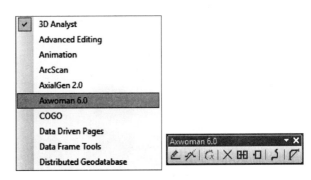

实验图 10.1　在 ArcMap 中激活 Axwoman 扩展插件　　　　**实验图 10.2　在 ArcMap 中调出 Axwoman 工具栏**

① 在 ArcCatalog 中右击存储数据的文件夹,New—Feature Class—Shapefile(实验图 10.3 左)以创建 Shape 文件格式的 Feature Class,类型为 Polyline(Line),注意选择合适的空间参考(实验图 10.3 右)。

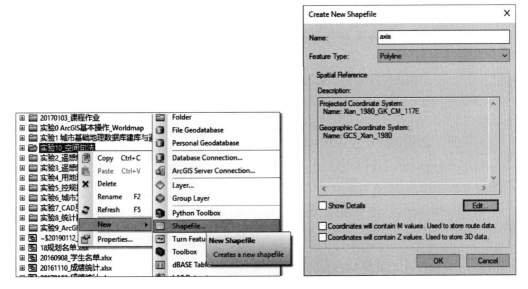

实验图 10.3　在 ArcCatalog 中创建 Shapefile 线型数据以存储空间句法轴线

② 在 ArcMap 中调入上述 Shape 文件。

③ 进入编辑状态(Start Editing),Axwoman 工具栏会自动激活。

④ 参考实验图 10.4 所示,首先点选右侧 Create Features 面板中上方的轴线图层名,然后再选中 Axwoman 工具栏的 Draw axial lines 工具，之后使用"鼠标左键点—拽—松开"的方式绘制轴线绘图。

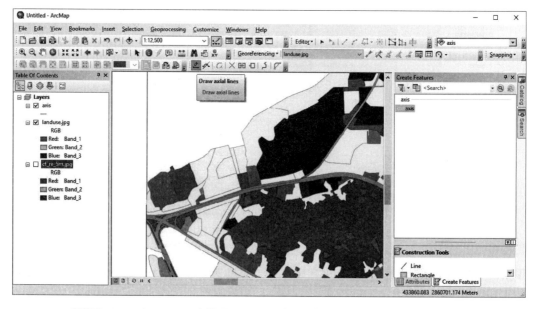

实验图 10.4　在 ArcMap 中使用 Axwoman 提供的 Draw axial lines 工具绘制轴线

⑤ 使用"以最少的轴线覆盖自由空间"原则在道路空间中绘制轴线(实验图 10.5),绘制时务必使得轴线的有效部分(首尾与其他轴线相交角点间的部分)不要超出道路范围,彼此间首尾相接或交叉,完成后保存编辑结果并退出编辑。

(3) 计算空间句法值。

① 左键单击左侧图层列表中的轴线图层以选中该图层。

② 用选择工具选取任意一根轴线。

③ 使用 Axwoman 工具栏的 Get isolate lines 工具检查孤立线。

④ 若存在孤立线,软件将会找到,自动选中孤立线并弹框提示(实验图 10.6),通常需要修改线以使得整个网络相互连接。

⑤ 使用 Calculate parameters in case of lines with lines 工具计算空间句法轴线集成度参数(实验图 10.7)。

实验图 10.5　空间句法轴线绘制结果示例

实验图 10.6　Axwoman 孤立线检查提示存在 1 条孤立线可能需要修正

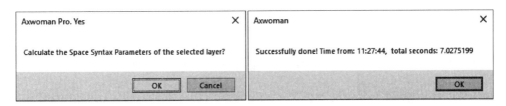

实验图 10.7　Axwoman 空间句法计算操作开始(左)和完成(右)提示

（4）查看计算结果并尝试理解。

计算完成后，Axwoman 软件将会自动为轴线数据表添加计算结果字段并着色，同时增加一个新层覆盖在上面。将最上面 GPL0 图层关闭即可查看属性着色结果。使用 LInteg 字段着色(实验图 10.8)即显示局部集成度高低。打开轴线图层的属性表可以查看详细的空间句法参数情况。

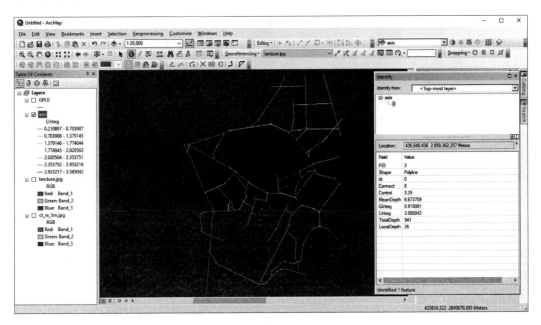

实验图 10.8　Axwoman 自动生成的空间句法参数结果图示例

参 考 文 献

［1］(美)布莱恩·伍德. ADOBE ILLUSTRATOR CC 2017 中文版经典教程彩色版［M］. 北京：人民邮电出版社，2018.

［2］2017 年第一季度国内共享单车市场调研报告［J］. 互联网天地，2017(04)：21-24. http://www.360doc.com/content/19/0608/14/10340385_841137344.shtml.

［3］百度百科. 中华人民共和国自然资源部［EB/OL］. 2018-3-5. https://baike.baidu.com/item/%E4%B8%AD%E5%8D%8E%E4%BA%BA%E6%B0%91%E5%85%B1%E5%92%8C%E5%9B%BD%E8%87%AA%E7%84%B6%E8%B5%84%E6%BA%90%E9%83%A8/22428849?fromtitle=%E8%87%AA%E7%84%B6%E8%B5%84%E6%BA%90%E9%83%A8&fromid=22439584&fr=aladdin.

［4］北京中研智库. 空间规划与传统规划的区别［EB/OL］. 2018-6-12. https://kuaibao.qq.com/s/20180612G0YET700?refer=cp_1026.

［5］曹阳，甄峰，熊丽芳. 基于微博大数据的城市群边界划定方法研究［C］// 中国科协年会，2015.

［6］柴利全. 城市规划中遥感图像目视解译方法及影响因素分析［J］. 中外建筑，2013(6)：82-84.

［7］陈昌勇，尹海伟，徐建刚. 吴江东部地区城镇发展用地生态适宜性评价［J］. 陕西师范大学学报(自然科学版)，2005(3)：114-118.

［8］陈昌勇. 城市住区容积率的确定方法［J］. 城市问题，2012(2)：46-50.

［9］陈健飞，连莲. 地理信息系统导论［M］. 7 版. 北京：电子工业出版社，2017.

［10］陈婧，史培军. 土地利用功能分类探讨［J］. 北京师范大学学报(自然科学版)，2005(05)：536-540.

［11］程鹏飞. 2000 国家大地坐标系实用宝典［M］. 北京：测绘出版社，2008.

［12］仇保兴. 从绿色建筑到低碳生态城［J］. 城市发展研究，2009，16(7)：1-11.

［13］董莉，许梦媛，李成名. 三维规划辅助决策系统的设计与实现［J］. 测绘与空间地理信息，2018，41(07)：83-84，87，91.

［14］段进，比尔·希列尔. 空间句法与城市规划［M］. 南京：东南大学出版社，2007,(1)：11,33.

［15］福建省住房和城乡建设厅. 福建省城市控制性详细规划编制成果 CAD 制图规范［M］. 福建，2018.

［16］高洁宇. 基于生态敏感性的城市土地承载力评估［J］. 城市规划，2013，37(3)：39-42.

［17］顾朝林，张勤. 新时期城镇体系规划理论与方法［J］. 城市规划刊，1997(2)：14-26,65.

［18］顾鸣东，尹海伟. 公共设施空间可达性与公平性研究概述［J］. 城市问题，2010(5)：25-29.

［19］郭佳宁. 天津市静海区城市开发边界划定研究［D］. 天津：天津工业大学，2017.

［20］郭仁忠. 空间分析［M］. 2 版. 北京：高等教育出版社，2001.

［21］国家空间规划局. 市县国土空间总体规划编制指南［EB/OL］. 2019-6-24. https://www.sohu.com/a/322745591_825181.

［22］韩鹏鹏. 遥感信息技术在城市规划中的应用分析［J］. 城市建设理论研究(电子版)，2018(17)：77.

［23］韩王荣. 迈向信息时代［M］. 上海：上海科学技术文献出版社，2000.

［24］韩越. 基于 POI 大数据的城市用地功能识别：以南京主城区为例［D］. 南京：南京大学，2017.

［25］郝利娟，刘冬枝. 智慧城市时空大数据云平台建设技术大纲研究［J］. 地理空间信息，2019，17(06)：33-

35，8.

[26] 侯华丽,周璞,王尧,等. 开展国土开发风险评估区划推进生态文明建设[J]. 中国国土资源经济,2013，26(08)：43-46.

[27] 胡俊. 中国城市：模式与演进[M]. 北京：中国建筑工业出版社,1995.

[28] 湖南自然资源厅,湖南省国土资源规划院. 湖南省乡镇国土空间规划编制技术指南(讨论稿)[EB/OL]. 2019-05-23. https://wenku. baidu. com/view/dab5e51f900ef12d2af90242a8956bec0875a548. html.

[29] 黄梯云,李一军. 管理信息系统[M]. 北京：高等教育出版社,2009.

[30] 姜佳怡. 基于大数据的上海市功能区识别与绿地评价及优化策略研究[D]. 武汉：华中科技大学,2018.

[31] 戴斗勇. 文化生态学论纲[J]. 佛山科学技术学院学报(社会科学版),2004(05)：6-12.

[32] 焦思颖. 《中共中央国务院关于建立国土空间规划体系并监督实施的若干意见》解读(上)构建"多规合一"的国土空间规划体系[J]. 青海国土经略,2019(03)：41-43.

[33] 焦思颖. 《中共中央国务院关于建立国土空间规划体系并监督实施的若干意见》解读(下)将国土空间规划一张蓝图绘到底[J]. 青海国土经略,2019(03)：44-46.

[34] kikita. 空间分析之密度分析[EB/OL]. https://blog. csdn. net/kikitaMoon/article/details/7835942? utm_source=blogxgwz2,2012-08-06.

[35] 康雨豪,王玥瑶,夏竹君,等. 利用 POI 数据的武汉城市功能区划分与识别[J]. 测绘地理信息,2018,43(01)：81-85.

[36] 赖明,王蒙徽,等. 数字城市的理论与实践[M]. 北京：世界图书出版公司,2001.

[37] 李爱民. 基于遥感影像的城市建成区扩张与用地规模研究[D]. 解放军信息工程大学,2009.

[38] 李德旺,李红清. 基于 GIS 技术及层次分析法的长江上游生态敏感性研究[J]. 长江流域资源与环境,2013,22(5)：633.

[39] 李航. 统计学习方法[M]. 北京：清华大学出版社,2012.

[40] 刘畅. 城市景观对房地产价值的影响初探——以苏州为例的享乐价格模型分析[J]. 学术探索,2012(9)：67-71.

[41] 龙奋杰,石朗,郑龙飞,等. 多源大数据视角下的贵州省城镇体系空间分异特征[J]. 城市问题,2017(12)：26-32.

[42] 龙景园. 国际空间规划的主要经验与启示(2)[EB/OL]. [2018-06-15]. http://www. bjljy. net/lvyoucehuaguihua/7504_2. html.

[43] 陆锡明,顾啸涛. 上海市第五次居民出行调查与交通特征研究[J]. 城市交通,2011,9(05)：1-7.

[44] 陆锡明,王祥. 国际大都市交通发展战略[J]. 国际城市规划,2001(5)：17-19.

[45] 吕安民,李成名,林宗坚,等. 基于遥感影像的城市人口密度模型[J]. 地理学报,2005,60(1)：158-164.

[46] Mee_box. 国土空间规划实施评估内容与方法[EB/OL]. 2019-06-20. http://www. 360doc. com/content/19/0620/11/31157154_843703823. shtml.

[47] 马雅方. 上海市开发区发展与城市空间结构演变[D]. 上海：华东师范大学,2014.

[48] 马永俊. 城乡规划与设计实验教程[M]. 武汉：武汉大学出版社,2014.

[49] 毛赞猷,朱良,周占鳌,等. 新编地图学教程[M]. 3 版. 北京：高等教育出版社,2017.

[50] 梅安新,彭望琭,秦其明,等. 遥感导论[M]. 北京：高等教育出版社,2010.

[51] 南京市规划局. 南京市城市设计成果技术标准(试行)[M]. 南京,2018.

[52] 宁津生,陈俊勇,李德仁,等. 测绘学概论[M]. 3 版. 武汉：武汉大学出版社,2016.

[53] 牛强,宋小冬. 基于元数据的城市规划信息管理新方法探索——走向规划信息的全面管理[J]. 城市规

划学刊,2012(02):39-46.

[54] 牛强. 城市规划大数据的空间化及利用之道[J]. 上海城市规划,2014(05):35-38.

[55] 钮心毅,丁亮,宋小冬. 基于手机数据识别上海中心城的城市空间结构[J]. 城市规划学刊,2014(06):61-67.

[56] 孙斌栋,涂婷,石巍,等. 特大城市多中心空间结构的交通绩效检验——上海案例研究[J]. 城市规划学刊,2013(02):63-69.

[57] 彭建,魏海,武文欢. 基于土地利用变化情景的城市暴雨洪涝灾害风险评估——以深圳市茅洲河流域为例[J]. 生态学报,2018,38(11):3741-3755.

[58] 祁毅. 规划支持系统与城市公共交通[M]. 南京:东南大学出版社,2010.

[59] 秦明周. 土地利用分类及其影响因素研究[J]. 地域研究与开发,1997(01):14-17.

[60] 覃文忠. 地理加权回归基本理论与应用研究[D]. 上海:同济大学,2007.

[61] R. E. 帕克,E. N. 伯吉斯,R. D. 麦肯齐. 城市社会学:芝加哥学派城市研究[C] //城市社会学——芝加哥学派城市研究文集,1987.

[62] 上海市人民政府交通办公室,上海市经济学会. 交通大辞典(增补本)[M]. 上海:上海交通大学出版社,2008.

[63] 沈昕,沈大林. 中文 Photoshop CS6 案例教程[M]. 北京:中国铁道出版社,2018.

[64] 史慧珍. 数字城市规划的技术方法研究[D]. 北京:清华大学,2004.

[65] 史同广,国强,王智勇,等. 中国土地适宜性评价研究进展[J]. 地理科学进展,2007,26(2):106-115.

[66] 宋家泰,顾朝林. 城镇体系规划的理论与方法初探[J]. 地理学报,1988(2):97-107.

[67] 宋小冬,庞磊,孙澄宇. 住宅地块容积率估算方法再探[J]. 城市规划学刊,2010(2):61-67.

[68] 宋正娜,陈雯,张桂香,等. 公共服务设施空间可达性及其度量方法[J]. 地理科学进展,2010,29(10):1217-1224.

[69] 苏世ից,吕再扬,王伟,等. 国土空间规划实施评估:概念框架与指标体系构建[J]. 地理信息世界,2019,26(04):20-23.

[70] 孙鸿鹄,甄峰,罗桑扎西. 基于网络大数据的城市内部便利性供需空间特征研究——以南京市中心城区为例[J]. 人文地理,2018,33(06):62-68,151.

[71] 孙姗姗,杨东援,陈川. 外围大型居住社区居民出行特征分析[J]. 上海城市规划,2013(05):100-104.

[72] TalkingData. 2016 共享单车人群分析报告[EB/OL]. [2019-2-15]. http://www.199it.com/archives/522305.html

[73] 汤庆园,徐伟,艾福利. 基于地理加权回归的上海市房价空间分异及其影响因子研究[J]. 经济地理,2012,32(2):52-58.

[74] 特色小镇研究院. 图解国国土空间规划五级三类四体系[EB/OL]. [2019-05-29]. http://www.sohu.com/a/317269624_825181.

[75] 王翠萍. AutoCAD 2019 从入门到精通 中文版[M]. 北京:中国青年出版社,2019.

[76] 王芳,高晓路,许泽宁. 基于街区尺度的城市商业区识别与分类及其空间分布格局——以北京为例[J]. 地理研究,2015,34(06):1125-1134.

[77] 王宏远,林永新,胡晓华,等. 城乡统筹中的基本公共服务均等化规划技术探讨[J]. 城市发展研究,2011,18(9):133-137.

[78] 王江萍. 基于生态原则的城市滨水区景观规划[J]. 武汉大学学报(工学版),2004(02):179-181.

[79] 王兴平,胡畔,沈思思,等. 基于社会分异的城市公共服务设施空间布局特征研究[J]. 规划师,2014(5):17-24.

[80] 王兴中. 中国城市社会空间结构研究[M]. 北京:科学出版社,2000.

[81] 卫涛,陈李波,王松. SketchUp 建筑设计[M]. 北京:中国电力出版社,2007.

[82] 温晓金,杨新军,王子侨.多适应目标下的山地城市社会——生态系统脆弱性评价[J].地理研究, 2016,35(2):299-312.

[83] 吴志强,德华.城市规划原理[M].4版.北京:中国建筑工业出版社,2010.

[84] 伍光和,王乃昂,胡双熙,等.自然地理学[M].4版.北京:高等教育出版社,2008.

[85] 武廷海.国土空间规划体系中的城市规划初论[J/OL].城市规划,2019:1-9.

[86] 席鹏轩.安康市中心城区开发边界划定研究[D].西安:西北大学,2018.

[87] 夏鹏.城市规划快速设计与表达[M].2版.北京:中国电力出版社,2006.

[88] 徐建刚,韩雪培,陈启宁,等.城市规划信息技术开发与应用[M].南京:东南大学出版社,2000.

[89] 徐建刚,何郑莹,王桂圆,等.名城保护规划中的空间信息整合与应用研究——以福建长汀为例[J].遥感信息,2005(03):24-26,83.

[90] 徐建刚,祁毅,张翔,等.智慧城市规划方法:适应性视角下的空间分析模型[M].南京:东南大学出版社,2016.

[91] 徐建刚,祁毅.城市内河复兴的民生价值[J].建筑与文化,2013(4):9-14.

[92] 徐建刚,杨钦宇,张翔.文化生态融合,美丽城乡典范——中国历史文化名城福建长汀[J].建筑与文化,2014(06):168-173.

[93] 徐建刚,宗跃光,王振波.基于GIS的城市生态规划技术与方法体系初探[J].数字城市,2008(11):42-45.

[94] 徐建华,等.计量地理学[M].2版.北京:高等教育出版社,2014.

[95] 许嘉巍,刘惠清.长春市城市建设用地适宜性评价[J].经济地理,1999(6):101-104.

[96] 许珊珊.大城市内部隧道交通影响范围研究:以南京市汉口路西延隧道工程为例[D].南京:南京大学,2009.

[97] 杨钦宇,徐建刚,等.基于引力可达性的公共服务设施公平性评价模型构建[J].规划师,2015(7):96-101.

[98] 杨小波,吴庆书,等.城市生态学[M].3版.北京:科学出版社,2014.

[99] 叶贵勋,金忠民.上海城市总体规划指标体系研究[J].城市规划汇刊,2002(3):32-36.

[100] 尹海伟,孔繁花.城市与区域规划空间分析实验教程[M].南京:东南大学出版社,2014.

[101] 尹海伟,徐建刚,陈昌勇,等.基于GIS的吴江东部地区生态敏感性分析[J].地理科学,2006(01):64-69.

[102] 于沛洋.上海共享单车大数据空间特征分析及其规划应用研究[D].南京:南京大学,2017.

[103] 于晓亮.草图大师SketchUp环境艺术设计应用教程[M].杭州:中国美术学院出版社,2012.

[104] 余建辉,张文忠,董冠鹏.北京市居住用地特征价格的空间分异特征[J].地理研究,2013,32(6):1113-1120.

[105] 袁艳华,徐建刚,张翔.基于适宜性分析的城市遗产廊道网络构建研究:以古都洛阳为例[J].遥感信息,2014(03):119-126.

[106] 翟国方.日本洪水风险管理研究新进展及对中国的启示[J].地理科学进展,2010,29(1):3-9.

[107] 张浩为,吴江.生态文明理念视角下的国土空间规划[J].住宅与房地产,2019(27):53-54.

[108] 张恒,李刚,冯惠莉,等.基于GIS的城市规划编制信息资源协同系统应用研究[J].规划师,2011,27(07):80-83.

[109] 张建召,徐建刚,胡畔.城市中心区的大学文化特色空间整体性研究:基于南京实证区的空间定量分析[J].城市发展研究,2009,16(11):71-77.

[110] 张然.石嘴山市"永久性"与"阶段性"城市增长边界划定研究[D].西安:西安建筑科技大学,2018.

[111] 张天然.基于手机信令数据的上海市域职住空间分析[J].规划师,2018:289-300.

[112] 张翔,胡宏,徐建刚.基于GIS的山地平整三维定量分析技术与应用——以福建长汀河梁开发为例

[J]. 遥感信息,2009(01):75-82.

[113] 张新焕,祁毅,杨德刚,等.基于 CA 模型的乌鲁木齐都市圈城市用地扩展模拟研究[J].中国沙漠, 2009,29(05):820-827.

[114] 张游,王绍强,葛全胜,等.基于 GIS 的江西省洪涝灾害风险评估[J].长江流域资源与环境,2011 (s1):166-172.

[115] 赵卫锋,李清泉,李必军.利用城市 POI 数据提取分层地标[J].遥感学报,2011,15(05):973-988.

[116] 郑颖,张翔,徐建刚,等.基于移动格网法和蚁群算法的城市开发边界划定方法研究——以福建长汀南部新区为例[J].遥感信息,2019,34(05):146-154.

[117] 郑颖,张翔,徐建刚.城镇开发边界划定"3S"模型构建与应用——以福建长汀南部新区为例[J].城市与区域规划研究,2018,10(03):139-159.

[118] 中共中央,国务院.发布关于建立国土空间规划体系并监督实施的若干意见[J].江苏城市规划,2019 (05):4-6,12.

[119] 中国土地勘测规划院.省级国土空间规划编制技术指南(初稿)全文[EB/OL].2019-6-8.

[120] 中华人民共和国住房和城乡建设部.城市、镇控制性详细规划编制审批办法[EB/OL].2010-12-1.

[121] 中研智业集团.市县国土空间规划编制方案[EB/OL].[2019-1-17].https://www.douban.com/ note/714649483/.

[122] 周成虎,骆剑承,杨晓梅,等.遥感影像地学理解与分析[M].北京:科学出版社,1999.

[123] 朱玮,翟宝昕,简单.基于可视化 SP 法的城市道路自行车出行环境评价及优化——模型构建及上海中心城区的应用[J].城市规划学刊,2016(03):85-92.

[124] 卓莉,陈晋,史培军,等.基于夜间灯光数据的中国人口密度模拟[J].地理学报,2005,60(2): 266-276.

[125] 自然资源部.资源环境承载能力和国土空间开发适宜性评价技术指南(征求意见稿)[EB/OL]. [2019-03].https://www.ciyew.com/policy/2110-3891.html.

[126] 宗跃光,王蓉,汪成刚,等.城市建设用地生态适宜性评价的潜力—限制性分析——以大连城市化区为例[J].地理研究,2007,26(6):1117-1126.

[127] Chau C K , Tse M S , Chung K Y. A choice experiment to estimate the effect of green experience on preferences and willingness-to-pay for green building attributes[J]. Building and Environment,2010, 45(11):2553-2561.

[128] Chica-Olmo J, Cano-Guervos R, Chica-Olmo M. A coregionalized model to predict housing prices [J]. Urban Geography. 2013. 34(3),395-412.

[129] Goodman A C. Hedonic prices, price indices and housing markets[J]. Journal of Urban Economics, 1978,5(4):0-484.

[130] Hashemi BL, Sébastien V, Leblanc DI et al. A GIS -based Approach in Support of an Assessment of Food Safety Risks[J]. Transactions in Gis, 2011, 15(s1):95-108.

[131] Hiller B, Hanson J. The Social logic of space[M]. London:Cambridge University Press. 1984. 52-140.

[132] Hiller B. Space is the machine:a configurational theory of architecture. London:Cambridge University Press. 1996. 149-200.

[133] Hong Hu, Stan Geertman, Pieter Hooimeijer. Planning support in estimating green housing opportunities for different socioeconomic groups in Nanjing, China[J]. Environment and Planning B: Planning and Design, 2015, 42:316-337.

[134] Howie P, Murphy S M, Wicks J, An application of a stated preference method to value urban amenities[J]. Urban Studies, 2010, 47:235-256.

[135] Hu H , Geertman S , Hooimeijer P. Market-Conscious Planning: A Planning Support Methodology for Estimating the Added Value of Sustainable Development in Fast Urbanizing China[J]. Applied Spatial Analysis & Policy, 2016:1-17.

[136] Li S. Housing inequalities under market deepening: the case of Guangzhou, China[J]. Environment and Planning A. 2012,44(12): 2852-2866.

[137] Liu J F, Jing L I, Liu J, et al. Integrated GIS/AHP-based flood risk assessment: a case study of Huaihe River Basin in China[J]. Journal of Natural Disasters, 2008.

[138] Ndatimana, Theogene, Satoshi, et al. Using GIS to Evaluate Spatial Accessibility and Delivery of Health Resources in Niigata Prefecture, Japan[J]. Epidemiology, 2011, 22(1): S270.

[139] Song Z, Chen W, Zhang G, et al. Spatial Accessibility to Public Service Facilities and Its Measurement Approaches[J]. Progress in Geography, 2010, 29(10): 1217-1224.

[140] Wang F. Quantitative Methods and Socio-Economic Applications in GIS, Second Edition[M]. CRC Press, 2015.

[141] Xiaorui Zhang, Zhenbo Wang, Jing Lin. GIS Based Measurement and Regulatory Zoning of Urban Ecological Vulnerability[J]. Sustainability, 2015, 7(8): 9924-9942.

[142] Zhou C H, Wan Q, Huang S F, et al. A GIS-based Approach to Flood Risk Zonation[J]. Acta Geographica Sinica, 2000, 55(1): 15-24.